高等院校大学数学系列教材

微积分 （第3版）

主　编　张海燕　穆志民
副主编　刘　琦　孙丽洁

清华大学出版社
北京

内 容 简 介

本书内容包括：函数、极限与连续，导数与微分，微分中值定理与导数的应用，不定积分，定积分，定积分的应用。微分方程，空间解析几何简介，多元函数微分学及其应用，二重积分等，书末还附有基本初等函数图形、初等数学常用公式、习题参考答案。

本书的特色是首次将思政元素融入微积分教材之中，在编写中力求结构严谨、由浅入深、通俗易懂，在强调基本概念的同时更注重"思政元素"在高等数学教学中的育人作用。本书是清华大学出版社"十四五"规划教材，适合高等院校非数学专业的学生使用，也可供具有相当数学基础的读者自修之用。

图书在版编目(CIP)数据

微积分/张海燕，穆志民主编. —3 版. —北京：清华大学出版社，2022.11
高等院校大学数学系列教材
ISBN 978-7-302-62057-0

Ⅰ. ①微… Ⅱ. ①张… ②穆… Ⅲ. ①微积分－高等学校－教材 Ⅳ. ①O172

中国版本图书馆 CIP 数据核字(2022)第 194618 号

责任编辑：佟丽霞
封面设计：傅瑞学
责任校对：王淑云
责任印制：刘海龙

出版发行：清华大学出版社
   网   址：http://www.tup.com.cn，http://www.wqbook.com
   地   址：北京清华大学学研大厦 A 座   邮 编：100084
   社 总 机：010-83470000   邮 购：010-62786544
   投稿与读者服务：010-62776969，c-service@tup.tsinghua.edu.cn
   质量反馈：010-62772015，zhiliang@tup.tsinghua.edu.cn
印 装 者：三河市铭诚印务有限公司
经 销：全国新华书店
开 本：185mm×260mm 印 张：18.5 字 数：446 千字
版 次：2015 年 8 月第 1 版 2022 年 12 月第 3 版 印 次：2022 年 12 月第 1 次印刷
定 价：56.00 元

产品编号：091997-01

前　言

　　本书在 2017 年第 2 版的基础上修订了部分内容，着力将教书育人落实于课堂教学及教材之中，梳理出多个扩展阅读以"数学文化""数学之美""人生启迪"等形式融入本书之中，本书也是天津农学院特色教材建设研究项目"基于'新工科、新医科、新农科、新文科'背景下的大学数学课程建设体系中特色教材的开发建设与研究"(项目编号：2021-C-02)的研究成果。

　　参加第 3 版编写和修订工作的是天津农学院的教师：张海燕、穆志民、刘琦、孙丽洁、徐利艳、崔军文、朱文新、俞竺君、王伟晶。全书的统稿与审阅工作由张海燕、穆志民负责完成。

　　天津农学院基础科学学院及教材科的领导及老师在本教材的出版过程中给予了大力支持，在此一并致谢！

　　教材中难免不妥之处，敬请读者不吝指正。

编　者

2022 年 2 月于天津

第 2 版前言

第 1 版前言

第 **1** 章

函数、极限与连续

初等数学的研究对象基本上是不变的量,而高等数学是以变量作为研究对象的一门数学。函数刻画的就是变量之间的某种依赖关系,用极限来研究函数是高等数学的一种基本方法。本章在复习函数有关内容的基础上,着重学习函数极限的概念及其求法,使读者能够熟练掌握这些内容,为后面的学习打下良好的基础。

1.1 函数的基本概念

1.1.1 函数的定义

在一个问题中往往同时存在几个变量在变化,而这些变量并不是孤立地变化的,它们相互联系并遵循着一定的变化规律,下面先来分析两个例子。

例 1 圆的面积。考虑圆的面积 A 与它的半径 r 之间的相依关系。大家知道,它们之间符合如下公式:

$$A = \pi r^2 。$$

当半径 r 在区间 $(0, +\infty)$ 内任意取定一个数值时,由上式可以唯一确定圆的面积 A 的相应数值。

例 2 自由落体运动。设物体下落的时间为 t,落下的距离为 s。假定开始下落的时刻为 $t=0$,那么 s 与 t 之间的相依关系符合如下公式:

$$s = \frac{1}{2} g t^2 ,$$

其中,g 是重力加速度。假定物体着地的时刻为 $t=T$,那么当时间 t 在闭区间 $[0, T]$ 上任意取定一个数值时,由上式可以唯一确定 s 的相应数值。

撇开上面这两个例子中所涉及变量的实际意义,就会发现,它们都反映了两个变量之间的相依关系,这种相依关系就是当其中的一个变量在其变化范围内任意取定一个数值时,另一个变量就有唯一确定的数值与之对应,两个变量之间的这种相依关系就是函数概念的实质。

定义 1 设 D 为非空实数集,若存在一个对应法则 f,使得对 D 中的任意实数 x,按照法则 f 都有唯一确定的实数 y 与之对应,则称 f 是定义在 D 上的函数,记作 $y=f(x)$,y 称为函数在 x 处的函数值。其中 x 称为自变量,y 称为因变量,数集 D 称为函数 $f(x)$ 的定义域。

函数值的集合

$$f(D) = \{ y \mid y = f(x), x \in D \}$$

称为函数 $y=f(x)$ 的值域,记作 R_f。

表示函数的记号是任意选取的,除了常用的记号 f 外,还可以用其他字母,例如 ϕ,φ 等,这时函数就分别记作 $y=\phi(x),y=\varphi(x)$ 等。有时还直接用因变量的记号来表示函数,即把函数记作 $y=y(x)$。但应该注意,在同一问题中,讨论几个不同的函数时,为了表示它们的区别,需要用不同的符号来表示函数。例如,函数 $y=y_1(x),y=y_2(x)$。

函数的对应法则和函数的定义域是函数的两个要素。如果两个函数的定义域相同,对应法则也相同,那么这两个函数就是相同的,否则就是不同的。例如,函数 $f(x)=x$ 与 $g(x)=\sqrt{x^2}$ 不相同,因为二者的对应法则不同。

在实际问题中,函数的定义域是根据问题的实际意义而确定的。如例 1 中,定义域 $D=(0,+\infty)$;例 2 中,定义域 $D=[0,T]$。

在高等数学中,有时不考虑函数的实际意义,而研究用抽象解析式来表示的函数,这时我们约定:函数的定义域就是使得函数解析式有意义的一切自变量的全体构成的集合。例如,函数 $y=\sqrt{4-x^2}$ 的定义域为闭区间 $[-2,2]$,函数 $y=\dfrac{1}{\sqrt{1-x^2}}$ 的定义域为开区间 $(-1,1)$。

函数除了用解析式来表示外,还可以用表格、图像来表示,因此函数的表示方法主要有三种:表格法、图像法、解析法(公式法)。

如果函数的自变量在定义域内任取一个数值时,对应的函数值有且只有一个,则称这种函数为单值函数;否则称为多值函数。本书中所讨论的函数若无特殊说明,均指单值函数。

在函数中,有时一个函数要用几个表达式来表示,这种在定义域的不同范围内,对应法则用不同的表达式来表示的函数,称为分段函数。例如,函数 $y=\begin{cases}2x+1, & x\geqslant 0,\\ \mathrm{e}^x, & x<0\end{cases}$ 就是一个分段函数。

下面给出几个函数的例子。

例 3　常函数 $y=2$,其定义域为 $D=(-\infty,+\infty)$,值域为 $W=\{2\}$。它的图形是一条平行于 x 轴的直线,如图 1.1 所示。

例 4　绝对值函数
$$y=|x|=\begin{cases}x, & x\geqslant 0,\\ -x, & x<0,\end{cases}$$
其定义域为 $D=(-\infty,+\infty)$,值域为 $W=[0,+\infty)$。它的图形是两条从原点出发的射线,如图 1.2 所示。

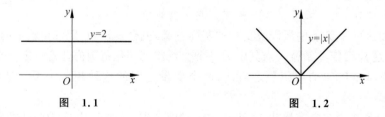

图　1.1　　　　　　　　　　　　图　1.2

例 5　符号函数
$$y=\mathrm{sgn}\,x=\begin{cases}1, & x>0,\\ 0, & x=0,\\ -1, & x<0,\end{cases}$$

其定义域为 $D=(-\infty,+\infty)$，值域为 $W=\{-1,0,1\}$。它的图形是原点和两条平行于 x 轴的射线，如图 1.3 所示。对于任何实数 x，总有等式 $x=\mathrm{sgn}x\cdot|x|$ 成立。

例 6 取整函数。设 x 为任一实数，不超过 x 的最大整数称为 x 的整数部分，记作 $[x]$，例如

$$\left[\frac{4}{9}\right]=0, \quad [\sqrt{2}]=1, \quad [\pi]=3, \quad [-1]=-1, \quad [-3.6]=-4.$$

其定义域为 $D=(-\infty,+\infty)$，值域为 $W=\mathbb{Z}$。它的图形为阶梯曲线，在 x 为整数值处发生跳跃，且跳跃的高度为 1，如图 1.4 所示。

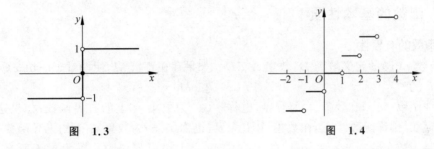

图 1.3　　　　　　　　　　　　　　图 1.4

1.1.2　反函数与复合函数

设函数 $y=f(x)$ 的定义域为 D，值域为 W。一般地，对于任一数值 $y\in W$，在 D 中有一个确定数值 x 与之对应，这个数值 x 适合关系：

$$f(x)=y.$$

此时，如果把 y 看作自变量，x 看作因变量，按照函数概念，得到一个新的函数 $x=\varphi(y)$，则称这个新的函数 $x=\varphi(y)$ 为原来函数 $y=f(x)$ 的反函数，记作 $x=f^{-1}(y)$。相对于反函数 $x=f^{-1}(y)$ 来说，原来的函数 $y=f(x)$ 称为直接函数。习惯上，用字母 x 表示函数的自变量，用字母 y 表示函数的因变量。这样，反函数 $x=f^{-1}(y)$ 可表示为 $y=f^{-1}(x)$ 的形式。由于函数的实质是对应法则，我们改变的只是表示函数的自变量和因变量的字母，而没有改变函数的对应法则，所以函数 $x=f^{-1}(y)$ 与 $y=f^{-1}(x)$ 实质上还是同一个函数。

在同一个坐标平面上，直接函数 $y=f(x)$ 与反函数 $y=f^{-1}(x)$ 的图形关于直线 $y=x$ 对称（见图 1.5）。因为如果 $P(a,b)$ 是函数 $y=f(x)$ 图形上的点，则 $Q(b,a)$ 就是函数 $y=f^{-1}(x)$ 图形上的点；反之，若 $Q(b,a)$ 是函数 $y=f^{-1}(x)$ 图形上的点，则 $P(a,b)$ 就是函数 $y=f(x)$ 图形上的点，而点 $P(a,b)$ 和点 $Q(b,a)$ 是关于直线 $y=x$ 对称的，故函数 $y=f(x)$ 与函数 $y=f^{-1}(x)$ 的图形关于直线 $y=x$ 对称。

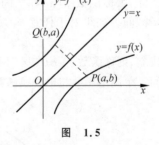

图 1.5

例如，对数函数 $y=\log_a x$ 的反函数是指数函数 $y=a^x$，二者的图形关于直线 $y=x$ 对称。

下面来讨论复合函数。

一般地，若函数 $y=f(u)$ 的定义域为 D_1，函数 $u=\varphi(x)$ 的定义域为 D_2、值域为 W_2，并且 $W_2\subset D_1$，那么对于每个数值 $x\in D_2$，有确定的数值 $u\in W_2$ 与之对应，而 $W_2\subset D_1$，相应地也有确定的数值 y 与数值 u 对应。即对于每个数值 $x\in D_2$，通过变量 u 有确定的数值 y

与之对应,这样我们就得到了一个以 x 为自变量、以 y 为因变量的函数,这个函数称为由函数 $y=f(u)$ 与函数 $u=\varphi(x)$ 构成的复合函数,记作 $y=f[\varphi(x)]$。其中 $y=f(u)$ 称为外层函数,$u=\varphi(x)$ 称为内层函数,u 称为中间变量。

例如,函数 $y=\sin x^2$ 就是一个由 $y=\sin u$ 与 $u=x^2$ 构成的复合函数,复合函数的定义域为 $(-\infty,+\infty)$,它也是内层函数 $u=x^2$ 的定义域。

必须注意,不是任何两个函数都能构成复合函数。例如,$y=\arcsin u$ 与 $u=2+x^2$ 就不能构成复合函数,因为内层函数 $u=2+x^2$ 的值域完全不在外层函数 $y=\arcsin u$ 的定义域内。

1.1.3 函数的基本性质

1. 函数的有界性

设函数 $f(x)$ 的定义域为 D,数集 $A\subset D$。如果存在正数 M,使得对于一切 $x\in A$,恒有
$$|f(x)|\leqslant M$$
成立,则称函数 $f(x)$ 在数集 A 上有界,也称 $f(x)$ 为数集 A 上的有界函数;如果这样的正数 M 不存在,则称函数 $f(x)$ 在数集 A 上无界,也称 $f(x)$ 为数集 A 上的无界函数。

例如,函数 $y=\sin x,y=\cos x$ 在 $(-\infty,+\infty)$ 上是有界函数。因为对于所有 x,都有 $|\sin x|\leqslant 1,|\cos x|\leqslant 1$。而函数 $y=x^3$ 在 $(-\infty,+\infty)$ 上是无界函数。

从几何图形上看,函数 $f(x)$ 在数集 A 上有界,就是函数 $f(x)$ 在数集 A 上的图形位于直线 $y=-M$ 与 $y=M$ 之间。

有界函数的另一种等价定义如下。

设函数 $f(x)$ 的定义域为 D,数集 $A\subset D$。如果存在两个数 m,M,使得对于一切 $x\in A$,恒有
$$m\leqslant f(x)\leqslant M$$
成立,则称函数 $f(x)$ 在数集 A 上有界。

2. 函数的单调性

设函数 $f(x)$ 的定义域为 D,区间 $I\subset D$,如果对于任意 $x_1,x_2\in I$,当 $x_1<x_2$ 时,恒有
$$f(x_1)<f(x_2)$$
成立,则称函数 $f(x)$ 在区间 I 上是单调增函数(见图 1.6)。区间 I 称为函数 $f(x)$ 的单调增区间。如果对于任意 $x_1,x_2\in I$,当 $x_1<x_2$ 时,恒有
$$f(x_1)>f(x_2)$$
成立,则称函数 $f(x)$ 在区间 I 上是单调减函数(见图 1.7)。区间 I 称为函数 $f(x)$ 的单调减区间。单调增函数与单调减函数统称为单调函数。单调增区间与单调减区间统称为单调区间。

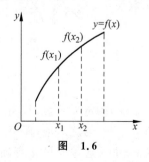

图 1.6

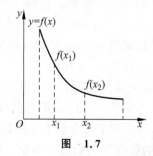

图 1.7

例如,函数 $y=x^2$ 在区间 $(-\infty,0]$ 上是单调减函数,在区间 $[0,+\infty)$ 上是单调增函数,但在区间 $(-\infty,+\infty)$ 上不具有单调性。函数 $y=x^3$ 在区间 $(-\infty,+\infty)$ 上是单调增函数。

3. 函数的奇偶性

设函数 $f(x)$ 的定义域 D 关于坐标原点对称(即若 $x\in D$,则 $-x\in D$)。如果对于任何 $x\in D$,恒有

$$f(-x)=-f(x)(f(-x)=f(x))$$

成立,则称函数 $f(x)$ 为奇(偶)函数。

例如,函数 $f(x)=\sin x$, $f(x)=x^3$ 是奇函数。函数 $f(x)=\cos x$, $f(x)=x^2$ 是偶函数。函数 $f(x)=\sin x+\cos x$ 既非奇函数也非偶函数。

由函数奇偶性的定义可知,偶函数的图形关于 y 轴对称,奇函数的图形关于坐标原点对称。

4. 函数的周期性

设函数 $f(x)$ 的定义域为 D,如果存在正数 T,使得对于任意 $x\in D$, $x+T\in D$,恒有

$$f(x+T)=f(x)$$

成立,则称函数 $f(x)$ 为周期函数,正数 T 称为函数 $f(x)$ 的周期。

通常所说的周期均指其最小正周期。例如,函数 $\sin x$, $\cos x$ 的周期均为 $T=2\pi$。函数 $\tan x$, $\cot x$ 的周期均为 $T=\pi$。

思考题 任何周期函数都有最小正周期吗?

1.1.4 初等函数

基本初等函数是指中学时所学过的以下六类函数,由于它们在高等数学中具有非常基础但很重要的地位,希望读者熟练掌握这些函数的性质及其图形等,这里不再一一赘述。

(1) 常函数: $\quad y=C(C$ 为常数)。

(2) 幂函数: $\quad y=x^\mu(\mu$ 是常数)。

(3) 指数函数: $\quad y=a^x(a>0,a\neq 1)$。

(4) 对数函数: $\quad y=\log_a x(a>0,a\neq 1)$。

(5) 三角函数: $\quad y=\sin x$, $y=\cos x$, $y=\tan x$, $y=\cot x$, $y=\sec x$, $y=\csc x$。

(6) 反三角函数: $y=\arcsin x$, $y=\arccos x$, $y=\arctan x$, $y=\text{arccot}\,x$。

所谓**初等函数**,是指由基本初等函数经有限次四则运算及有限次复合所构成的,并可用一个式子来表示的函数。

例如,函数 $y=\sin(2x+1)$, $y=\log_a(1+\sqrt{1+x^2})$, $y=10^{\arcsin x}$ 等都是初等函数。

在实际应用中也常常遇到非初等函数。分段函数就是一种常见的非初等函数,例如,

$$y=\begin{cases}\sin 2x, & x\geqslant 0 \\ 1+x^2, & x<0\end{cases}$$ 就是一个非初等函数。

习　题　1.1

1. 求下列函数的表达式:

(1) 已知 $f(x+1)=x^2+x$,求 $f(x)$;

(2) 已知 $f\left(x+\dfrac{1}{x}\right)=x^2+\dfrac{1}{x^2}$，求 $f(x)$；

(3) 已知 $2f(x)+f(1-x)=x^2$，求 $f(x)$；

(4) 已知 $f(x_1+x_2)=\sin x_1\cos x_2+\cos x_1\sin x_2$，求 $f(x)$。

2. 求下列函数的定义域：

(1) $y=\dfrac{1}{\sqrt{4-x^2}}$；

(2) $y=\tan(x+2)$；

(3) $y=\arcsin(x-3)$；

(4) $y=\ln(x+1)$；

(5) $y=\dfrac{1}{x}-\sqrt{1-x^2}$；

(6) $y=\sqrt{3-x}+\arctan\dfrac{1}{x}$。

3. 下列各题中，函数 $f(x)$ 和 $g(x)$ 是否相同？为什么？

(1) $f(x)=\lg x^2,\ g(x)=2\lg x$；

(2) $f(x)=x,\ g(x)=\sqrt{x^2}$；

(3) $f(x)=\sqrt[3]{x^4-x^3},\ g(x)=x\sqrt[3]{x-1}$；

(4) $f(x)=1,\ g(x)=\sec x^2-\tan x^2$。

4. 判断下列函数在所给区间上的单调性：

(1) $f(x)=\mathrm{e}^{\cos x},\ x\in\left[0,\dfrac{\pi}{2}\right]$；

(2) $f(x)=\mathrm{e}^{-\sin x},\ x\in\left[0,\dfrac{\pi}{2}\right]$；

(3) $f(x)=\sin(\sin x),\ x\in\left[0,\dfrac{\pi}{2}\right]$；

(4) $f(x)=\cos(\sin x),\ x\in\left[0,\dfrac{\pi}{2}\right]$。

5. 下列函数中哪些是偶函数？哪些是奇函数？哪些既非奇函数又非偶函数？

(1) $y=x(x-1)(x+1)$；

(2) $y=\dfrac{1-x^2}{1+x^2}$；

(3) $y=\sin x-\cos x+1$；

(4) $y=\dfrac{a^x+a^{-x}}{2}$；

(5) $y=\ln(x+\sqrt{1+x^2})$；

(6) $y=\dfrac{\mathrm{e}^x+\mathrm{e}^{-x}}{\mathrm{e}^x-\mathrm{e}^{-x}}$。

6. 下列各函数中哪些是周期函数？对于周期函数，指出其周期。

(1) $y=\cos(x-2)$；

(2) $y=\sin 4x$；

(3) $y=2+\sin\pi x$；

(4) $y=x\cos x$；

(5) $y=\cos^2 x$。

7. 设 $f(x)$ 的定义域为 $D=[0,1]$，求下列各函数的定义域：

(1) $f(x^2)$；

(2) $f(\sin x)$；

(3) $f(x+a)(a>0)$；

(4) $f(x+a)+f(x-a)(a>0)$。

8. 设 $f(x)=\dfrac{x}{\sqrt{1+x^2}}$，求 $f_4(x)=f(f(f(f(x))))$。

9. 讨论狄利克雷(Dirichlet)函数

$$D(x)=\begin{cases}1, & x\ \text{为有理数},\\ 0, & x\ \text{为无理数}\end{cases}$$

的单调性、有界性、周期性。

10. 设下面所考虑的函数都是定义在对称区间 $(-l,l)$ 上的,证明:

(1) 两个偶函数的和是偶函数,两个奇函数的和是奇函数;

(2) 两个偶函数的乘积是偶函数,两个奇函数的乘积是偶函数,偶函数与奇函数的乘积是奇函数。

11. 设 $f(x)$ 是定义在 $(-l,l)$ 内的奇函数,若 $f(x)$ 在 $(0,l)$ 内单调增加,证明 $f(x)$ 在 $(-l,0)$ 内也单调增加。

12. 在下列各题中,求所给函数构成的复合函数,并求复合函数在自变量给定取值 x_1 和 x_2 的函数值。

(1) $y=\ln u,u=1+x^2,x_1=0,x_2=2$;   (2) $y=u^2,u=\sin x,x_1=0,x_2=\dfrac{\pi}{2}$;

(3) $y=\sin u,u=2x,x_1=\dfrac{\pi}{8},x_2=\dfrac{\pi}{4}$;   (4) $y=e^u,u=x^2,x_1=0,x_2=1$。

13. 设函数 $f(x)$ 的定义域为 $(-l,l)$,证明:

(1) $F(x)=f(x)+f(-x)(x\in(-l,l))$ 为偶函数;

(2) $G(x)=f(x)-f(-x)(x\in(-l,l))$ 为奇函数;

(3) 函数 $f(x)$ 可以表示为奇函数与偶函数之和。

1.2 数列的极限

高等数学的研究对象是变量,为了很好地掌握变量的变化规律,不仅要考察变量的变化过程,更重要的是要通过它的变化过程来判断它的变化趋势,而变量确定的变化趋势就是变量的极限。本节研究数列的极限。

1.2.1 数列极限问题举例

极限概念是在求某些实际问题之精确值的过程中产生的。例如,我国古代数学家刘徽利用圆内接正多边形来推算圆面积的方法——割圆术,就是极限思想在几何学上的应用。

设有一个圆,首先作圆的内接正六边形,把它的面积记为 A_1;再作内接正十二边形,其面积记为 A_2;再作内接正二十四边形,其面积记为 A_3;按此规律作下去。一般地,把内接正 $6\times 2^{n-1}$ 边形的面积记为 $A_n(n\in \mathbf{N}^+)$,这样就得到一列内接正多边形的面积:

$$A_1,A_2,A_3,\cdots,A_n,\cdots$$

它们构成一列有次序的数,当 n 越大,内接正多边形与圆的差别就越小,从而用 A_n 作为圆面积的近似值也就越精确。因此,设想 n 无限增大(记为 $n\to\infty$,读作 n 趋于无穷大)时,内接正多边形就无限接近于圆,同时 A_n 也无限接近于某个确定的数值,这个确定的数值就是圆的面积。在数学上这个确定的数值称为这一列有序数(所谓数列) A_1, A_2, $A_3,\cdots,A_n,\cdots$ 在 $n\to\infty$ 时的极限。在求圆面积的问题中,我们看到,正是这个数列的极限才精确地表达了圆的面积。

上述实际问题的解决就体现了极限的思想,如今极限的方法已经成为高等数学中的一种基本方法,应用非常广泛。

1.2.2 数列的概念

按照一定的法则,依次由自然数 $1,2,\cdots,n,\cdots$ 编号排成的一列数

$$x_1,x_2,\cdots,x_n,\cdots$$

称为数列,记作 $\{x_n\}$。数列中的每一个数称为数列的项,第 n 项 x_n 称为数列的一般项或通项。例如:

$$1,\frac{1}{2},\frac{1}{3},\cdots,\frac{1}{n},\cdots$$

$$2,\frac{3}{2},\frac{4}{3},\cdots,\frac{n+1}{n},\cdots$$

$$1,-1,1,\cdots,(-1)^{n+1},\cdots$$

都是数列,它们的通项分别为

$$x_n=\frac{1}{n},\quad x_n=\frac{n+1}{n},\quad x_n=(-1)^{n+1}。$$

数列 $\{x_n\}$ 可看作是自变量为正整数 n 的函数,即

$$x_n=f(n)。$$

它的定义域是全体正整数,当自变量 n 依次取 $1,2,3,\cdots$ 时,对应的函数值就构成了一个数列 $\{x_n\}$。

1. 单调数列

如果数列 $\{x_n\}$ 满足条件:

$$x_1\leqslant x_2\leqslant x_3\leqslant\cdots\leqslant x_n\leqslant x_{n+1}\leqslant\cdots,$$

则称数列 $\{x_n\}$ 为单调递增数列。

如果数列 $\{x_n\}$ 满足条件:

$$x_1\geqslant x_2\geqslant x_3\geqslant\cdots\geqslant x_n\geqslant x_{n+1}\geqslant\cdots,$$

则称数列 $\{x_n\}$ 为单调递减数列。

单调递增数列和单调递减数列统称为单调数列。例如,数列 $\left\{\frac{1}{n}\right\}$ 是一个单调递减数列,数列 $\{2^n\}$ 是一个单调递增数列。

2. 有界数列

对于数列 $\{x_n\}$,如果存在正数 M,使得对任何正整数 n,都有

$$|x_n|\leqslant M$$

成立,则称数列 $\{x_n\}$ 是有界数列;否则,称数列 $\{x_n\}$ 是无界数列。例如,数列 $\left\{\frac{1}{n}\right\}$,$\left\{1+\frac{1}{n}\right\}$,$\{(-1)^{n+1}\}$ 都是有界数列,数列 $\{2^n\}$ 是无界数列。

对于给定的数列 $\{x_n\}$,我们要讨论的问题是:当项数 n 无限增大(即 $n\to\infty$)时,对应的项 x_n 是否能够无限趋近于或等于某一个确定的常数,如果能够,那么这个常数是多少? 这就是数列极限所要研究的问题。

1.2.3 数列极限的定义

对于给定的数列 $\{x_n\}$,如果当项数 n 无限增大($n\to\infty$)时,对应的项 x_n 无限趋近于或等

于一个确定的常数 A,则称常数 A 为数列 $\{x_n\}$ 的极限,记作 $\lim\limits_{n\to\infty}x_n=A$ 或 $x_n\to A(n\to\infty)$。例如,数列 $\left\{1+\dfrac{1}{n}\right\}$ 的一般项 $x_n=1+\dfrac{1}{n}$,从直观上可以看出,当项数 n 无限增大时,数列的项 x_n 无限接近常数 1。也就是说,常数 1 是数列 $\left\{1+\dfrac{1}{n}\right\}$ 的极限。

显然,对于比较简单的数列,很容易从数列通项的变化趋势上分析出数列的极限。当然如果数列的通项比较复杂,要想从直观上得出数列的极限就不太容易了,况且上述定义只是一种描述性定义,不够准确和严谨,为了准确地描述"无限增大"和"无限趋近"的意义,揭示数列极限的实质,我们必须用精确的数学语言来描述这一概念。

我们知道,两个数之间的接近程度可以用这两个数之差的绝对值来度量。例如,$|b-a|$ 越小,说明数 a 与 b 越接近。

再来考察数列 $\left\{1+\dfrac{1}{n}\right\}$,从数列的变化趋势来看,当 $n\to\infty$ 时,有 $x_n\to1$。这就意味着,当项数 n 充分大时,数 x_n 与 1 可以任意接近,即 $|x_n-1|$ 可以任意地小。换句话说,只要 n 充分大,$|x_n-1|=\dfrac{1}{n}$ 就可以任意小于预先给定的正数 ε。由此可知,对于任意给定的正数 ε (不论它多么小),总存在正整数 N,当 $n>N$ 时,恒有不等式

$$\left|\frac{n+1}{n}-1\right|<\varepsilon$$

成立。这就是当 $n\to\infty$ 时,数列 $x_n=\dfrac{1+n}{n}\to1$ 的实质。由此推广到一般,便得到数列极限的精确定义。

定义 1 给定数列 $\{x_n\}$,a 为一常数,如果对于任意给定的正数 ε(不论它多么小),总存在正整数 N,当 $n>N$ 时,恒有不等式

$$|x_n-a|<\varepsilon$$

成立,则称常数 a 是数列 $\{x_n\}$ 的极限,记作 $\lim\limits_{n\to\infty}x_n=a$ 或 $x_n\to a(n\to\infty)$。此时也称数列 $\{x_n\}$ 收敛于 a。反之,称数列 $\{x_n\}$ 没有极限,或称数列 $\{x_n\}$ 发散。

在上面定义中,正数 ε 的任意性很重要,因为只有这样,不等式 $|x_n-a|<\varepsilon$ 才能表达出 x_n 与 a 无限接近的意思。此外还应注意,定义中的正整数 N 与正数 ε 有关,正整数 N 随着 ε 的给定而选定。

从几何上来看,常数 a 和数列 $\{x_n\}$ 的各项都可用数轴上的对应点来表示。因为 $|x_n-a|<\varepsilon$ 等价于 $a-\varepsilon<x_n<a+\varepsilon$,所以数列 $\{x_n\}$ 以 a 为极限的几何解释就是:对于任意给定的正数 ε,总存在正整数 N,从第 N 项以后的所有项 $x_{N+1},x_{N+2},\cdots$ 的对应点都落在以 a 为中心、长度为 2ε 的开区间 $(a-\varepsilon,a+\varepsilon)$ 内,至多有有限个点在此区间之外(见图 1.8)。

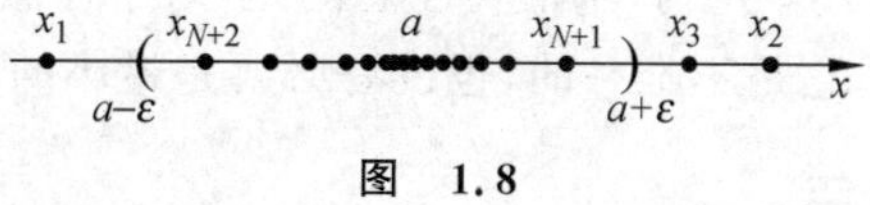

图 1.8

通常,我们将开区间 $(a-\varepsilon,a+\varepsilon)$ 内的所有点构成的集合称为点 a 的 ε 邻域,记作 $U(a,\varepsilon)$。点 a 称为邻域中心,ε 称为邻域半径。将点 a 的 ε 邻域中的邻域中心 a 去掉后所得到的集合称为点 a 的去心 ε 邻域,记作 $\mathring{U}(a,\varepsilon)$。因此,数列 $\{x_n\}$ 收敛于 a 的几何解释也可

以说成：对于任意给定的正数 ε，总存在正整数 N，第 N 项后的所有点都落在点 a 的 ε 邻域内。

数列极限 $\lim\limits_{n\to\infty}x_n=a$ 的定义可简单表述为：

$$\lim\limits_{n\to\infty}x_n=a\Leftrightarrow\forall\varepsilon>0,存在正整数 N,当 n>N 时,有 |x_n-a|<\varepsilon。$$

例 1 证明 $\lim\limits_{n\to\infty}\dfrac{n+(-1)^{n-1}}{n}=1$。

证 由于 $|x_n-a|=\left|\dfrac{n+(-1)^{n-1}}{n}-1\right|=\dfrac{1}{n}$，对于任意给定的正数 ε，要使

$\left|\dfrac{n+(-1)^{n-1}}{n}-1\right|=\dfrac{1}{n}<\varepsilon$，只要 $n>\dfrac{1}{\varepsilon}$，故取正整数 $N=\left[\dfrac{1}{\varepsilon}\right]$，则当 $n>N$ 时，恒有

$\left|\dfrac{n+(-1)^{n-1}}{n}-1\right|<\varepsilon$，即

$$\lim\limits_{n\to\infty}\dfrac{n+(-1)^{n-1}}{n}=1。$$

例 2 证明 $\lim\limits_{n\to\infty}\dfrac{(-1)^n}{(n+1)^2}=0$。

证 由于 $|x_n-a|=\left|\dfrac{(-1)^n}{(n+1)^2}-0\right|=\dfrac{1}{(n+1)^2}<\dfrac{1}{n+1}$，对于任意给定的正数 ε（设 $\varepsilon<$

1），要使 $|x_n-a|<\varepsilon$，只要 $\dfrac{1}{n+1}<\varepsilon$，即 $n>\dfrac{1}{\varepsilon}-1$，故取正整数 $N=\left[\dfrac{1}{\varepsilon}-1\right]$，则当 $n>N$ 时，

恒有 $\left|\dfrac{(-1)^n}{(n+1)^2}-0\right|<\varepsilon$，即

$$\lim\limits_{n\to\infty}\dfrac{(-1)^n}{(n+1)^2}=0。$$

例 3 设 $|q|<1$，证明等比数列 $1,q,q^2,\cdots,q^{n-1},\cdots$ 的极限是 0。

证 对于任意给定的 $\varepsilon>0$（设 $\varepsilon<1$），由于 $|x_n-a|=|q^{n-1}-0|=|q|^{n-1}<\varepsilon$，取自然对

数 $(n-1)\ln|q|<\ln\varepsilon$，解得 $n>1+\dfrac{\ln\varepsilon}{\ln|q|}$，故取正整数 $N=\left[1+\dfrac{\ln\varepsilon}{\ln|q|}\right]$，则当 $n>N$ 时，恒有

$|q^{n-1}-0|<\varepsilon$，即

$$\lim\limits_{n\to\infty}q^{n-1}=0。$$

通过以上几个例子，可总结出利用定义证明数列极限的一般步骤如下：

(1) 对于 $\forall\varepsilon>0$，假设 $|x_n-a|<\varepsilon$。

(2) 从上述假设的不等式出发，解出 $n>f(\varepsilon)$（一般可采用加强不等式的方法）。

(3) 取正整数 $N\geqslant f(\varepsilon)$ 即可。特别值得注意的是，对于任意给定的正数 ε，能求出满足定义要求的正整数 N 即可，它是不唯一的，也没有必要是最小的。

1.2.4 数列极限的性质

定理 1（极限的唯一性） 若数列 $\{x_n\}$ 收敛，则其极限唯一。

证 反证法。假设 $x_n\to a$ 及 $x_n\to b$，且 $a<b$。取 $\varepsilon=\dfrac{b-a}{2}>0$，因为 $\lim\limits_{n\to\infty}x_n=a$，故存在

正整数 N_1,使得对于 $n>N_1$ 的一切 x_n,恒有不等式

$$|x_n - a| < \frac{b-a}{2}$$

成立。

因为 $\lim\limits_{n\to\infty} x_n = b$,故存在正整数 N_2,使得对于 $n>N_2$ 的一切 x_n,恒有不等式

$$|x_n - b| < \frac{b-a}{2}$$

成立。取 $N = \max\{N_1, N_2\}$,当 $n>N$ 时,有不等式

$$x_n < \frac{a+b}{2} \text{ 与 } x_n > \frac{a+b}{2}$$

同时成立,这是矛盾的。故 $a=b$。

例 4 证明数列 $x_n = (-1)^{n+1}(n=1,2,\cdots)$ 是发散数列。

证 反证法。假设该数列收敛,即 $\lim\limits_{n\to\infty} x_n = a$。由数列极限的定义,对于 $\varepsilon = \frac{1}{2}$,存在正整数 N,当 $n>N$ 时,恒有不等式 $|x_n - a| < \frac{1}{2}$ 成立,即当 $n>N$ 时,所有 x_n 都落在开区间 $\left(a - \frac{1}{2}, a + \frac{1}{2}\right)$ 内,但这是不可能的。因为当 $n\to\infty$ 时,x_n 总是在 1 和 -1 之间跳动,而不可能同时属于长度为 1 的开区间 $\left(a - \frac{1}{2}, a + \frac{1}{2}\right)$ 内,故数列 $\{(-1)^{n+1}\}$ 发散。

定理 2(收敛数列的有界性) 如果数列 $\{x_n\}$ 收敛,则数列 $\{x_n\}$ 一定有界。

证 由于数列 $\{x_n\}$ 收敛,故不妨假设 $\lim\limits_{n\to\infty} x_n = a$。由数列极限的定义,对于给定的 $\varepsilon = 1$,存在正整数 N,使得对于 $n>N$ 的一切 x_n,总有 $|x_n - a| < \varepsilon = 1$。故当 $n>N$ 时,有

$$|x_n| = |x_n - a + a| \leqslant |x_n - a| + |a| < 1 + |a|。$$

取 $M = \max\{|x_1|, |x_2|, |x_3|, \cdots, |x_N|, 1+|a|\}$,则对于一切正整数 n,恒有不等式 $|x_n| \leqslant M$ 成立,所以数列 $\{x_n\}$ 有界。

根据该定理,如果数列 $\{x_n\}$ 无界,那么数列 $\{x_n\}$ 一定发散。需要注意,如果数列 $\{x_n\}$ 有界,却不能断定它一定收敛。例如,数列 $\{(-1)^n\}$ 虽然是有界数列,但它却是发散的。所以数列有界是数列收敛的必要非充分条件。

定理 3(收敛数列的保号性) 如果数列 $\{x_n\}$ 收敛于 a,且 $a>0$(或 $a<0$),则存在正整数 N,当 $n>N$ 时,有 $x_n>0$(或 $x_n<0$)。

证 仅证明 $a>0$ 的情形。由数列极限的定义,对于 $\varepsilon = \frac{a}{2}>0$,存在正整数 N,当 $n>N$ 时,有

$$|x_n - a| < \frac{a}{2},$$

从而

$$x_n > a - \frac{a}{2} = \frac{a}{2} > 0。$$

推论 1(收敛数列的保序性) 如果数列 $\{x_n\}$ 收敛于 a,数列 $\{y_n\}$ 收敛于 b,且 $a>b$,则存在正整数 N,当 $n>N$ 时,有 $x_n>y_n$。

推论 2 如果数列 $\{x_n\}$ 从某项起有 $x_n \geqslant 0$（或 $x_n \leqslant 0$），且数列 $\{x_n\}$ 收敛于 a，则 $a \geqslant 0$（或 $a \leqslant 0$）。

证 仅证明 $x_n \geqslant 0$ 的情形。设数列 $\{x_n\}$ 从 N_1 项起，即当 $n > N_1$ 时，有 $x_n \geqslant 0$ 成立。现用反证法证明。假设 $a < 0$，则由定理 3 知，存在正整数 N_2，当 $n > N_2$ 时，有 $x_n < 0$ 成立。现取 $N = \max\{N_1, N_2\}$，则当 $n > N$ 时，有 $x_n \geqslant 0$ 与 $x_n < 0$ 同时成立，这是矛盾的，所以必有 $a \geqslant 0$。

最后，介绍子数列的概念以及收敛数列与其子数列之间的关系。

在数列 $\{x_n\}$ 中任意抽取无限多项并保持这些项在原数列 $\{x_n\}$ 中的先后次序，这样得到的一个新数列称为原数列 $\{x_n\}$ 的子数列（或子列）。

设在数列 $\{x_n\}$ 中，第一次抽取 x_{n_1}，第二次在 x_{n_1} 之后抽取 x_{n_2}，第三次在 x_{n_2} 后抽取 x_{n_3}，……，这样一直继续下去，得到一个新数列

$$x_{n_1}, x_{n_2}, \cdots, x_{n_k}, \cdots$$

这个新数列 $\{x_{n_k}\}$ 称为数列 $\{x_n\}$ 的一个子数列（或子列）。

注意 由子数列的定义可知，x_{n_k} 是子数列的通项，它是子数列 $\{x_{n_k}\}$ 的第 k 项，而在原数列 $\{x_n\}$ 中却是第 n_k 项，显然 $n_k \geqslant k$。

定理 4（收敛数列与其子数列间的关系） 如果数列 $\{x_n\}$ 收敛于 a，那么它的任一子数列也收敛于 a。

证 设数列 $\{x_{n_k}\}$ 是数列 $\{x_n\}$ 的任一子数列。

由于 $\lim\limits_{n \to \infty} x_n = a$，故对于任意给定的正数 ε，存在正整数 N，当 $n > N$ 时，有不等式 $|x_n - a| < \varepsilon$ 成立。

取 $K = N$，则当 $k > K$，即 $n_k > n_K = n_N \geqslant N$ 时，恒有不等式

$$|x_{n_k} - a| < \varepsilon$$

成立，故 $\lim\limits_{k \to \infty} x_{n_k} = a$。

由定理 4 可知，如果数列 $\{x_n\}$ 中有两个子数列收敛于不同的极限或有一个子数列极限不存在，那么原数列 $\{x_n\}$ 一定发散。

例如，数列 $\{x_n = (-1)^{n+1}\}$ 的子数列 $\{x_{2k-1}\}$ 收敛于 1，而子数列 $\{x_{2k}\}$ 收敛于 -1，因此数列 $\{x_n = (-1)^{n+1}\}$ 是发散的。同时这个例子也说明，一个发散的数列也可能有收敛的子数列。

再如，数列 $1, 2, \dfrac{1}{3}, 4, \dfrac{1}{5}, \cdots, n^{(-1)^n}, \cdots$ 中有一个发散的子数列 $x_{2k} = 2k$，因此数列 $x_n = n^{(-1)^n}$ 发散。

【数学文化】

刘徽，我国魏晋时期杰出的数学家，早在公元 3 世纪就给出了计算圆的面积的方法——割圆术。所谓"割圆术"，就是用圆内接正多边形的面积去无限逼近圆面积的一种方法。这是一种朴素的极限思想，通过无限分割，无穷累加来近似得到圆的面积。刘徽的"割圆术"方法将圆周率精确到小数点后三位，这是当时世界上圆周率最精确的数据。南北朝时期数学

家祖冲之又在刘徽研究的基础上,将圆周率精确到了小数点后 7 位,这一成就比欧洲人要早一千多年。

习　题　1.2

1. 观察下列数列 $\{x_n\}$ 的变化趋势,写出它们的极限:

(1) $x_n = \dfrac{1}{3^n}$;　　　(2) $x_n = (-1)^n \dfrac{1}{n}$;　　(3) $x_n = 2 + \dfrac{1}{n^2}$;

(4) $x_n = \dfrac{n-1}{n+1}$;　　　(5) $x_n = n(-1)^n$。

2. 根据数列极限的定义证明:

(1) $\lim\limits_{n\to\infty} \dfrac{1}{n^2} = 0$;　　(2) $\lim\limits_{n\to\infty} \dfrac{3n+1}{2n+1} = \dfrac{3}{2}$;

(3) $\lim\limits_{n\to\infty} \dfrac{\sqrt{n^2+a^2}}{n} = 1$;　(4) $\lim\limits_{n\to\infty} \underbrace{0.999\cdots 9}_{n\uparrow} = 1$。

3. 设 $|x| < 1$,求极限 $\lim\limits_{n\to\infty}(1+x)(1+x^2)(1+x^4)\cdots(1+x^{2^n})$。

4. 设数列 $\{x_n\}$ 有界,又 $\lim\limits_{n\to\infty} y_n = 0$,证明 $\lim\limits_{n\to\infty} x_n y_n = 0$。

5. 对于数列 $\{x_n\}$,若 $x_{2k} \to a(k\to\infty)$,$x_{2k+1} \to a(k\to\infty)$,证明 $x_n \to a(n\to\infty)$。

6. 如果数列 $\{x_n\}$ 收敛于 a,数列 $\{y_n\}$ 收敛于 b,且 $a < b$,证明存在正整数 N,当 $n > N$ 时,有 $x_n < y_n$。

7. 如果数列 $\{x_n\}$ 从某项起有 $x_n \leqslant 0$,且数列 $\{x_n\}$ 收敛于 a,证明 $a \leqslant 0$。

8. 证明数列 $x_n = \dfrac{(-1)^n}{n} + \dfrac{1+(-1)^n}{2}$ 是发散的。

1.3　函数的极限

在 1.2 节中研究了数列的极限,因为数列 $\{x_n\}$ 可看成是自变量为正整数 n 的特殊函数 $x_n = f(n)$,所以我们把数列的极限问题推广到一般的函数上,便得到一般函数的极限问题,这就是本节所要研究的主要内容。

函数的极限实质上就是研究在自变量的某种变化趋势下相应的函数值的变化趋势,所以函数值的变化趋势是由自变量的变化趋势所决定的。自变量的变化趋势一般可分两种情形:①自变量的绝对值 $|x|$ 无限增大,即 x 趋向于无穷大(记作 $x\to\infty$);②自变量 x 任意接近于一个常数 x_0 或者说趋近于有限值 x_0(记作 $x\to x_0$)。下面我们分别就这两种情形来讨论函数的极限。

1.3.1　自变量趋于无穷大时函数的极限

与数列极限的意义类似,对于函数 $y = f(x)$,如果当自变量 x 趋向于无穷大时,对应的函数值无限接近于或等于某个确定的常数,那么这个确定的常数称为函数 $f(x)$ 在自变量 x 趋于无穷大时的极限,其精确定义如下。

定义 1 设函数 $f(x)$ 在 $|x|>M(M>0)$ 时有定义,A 为常数。如果对于任意给定的正数 ε,总存在正数 $X(X\geqslant M)$,使得对于适合 $|x|>X$ 的一切 x,恒有不等式

$$|f(x)-A|<\varepsilon$$

成立,则称常数 A 为函数 $f(x)$ 在 $x\to\infty$ 时的极限,记作

$$\lim_{x\to\infty}f(x)=A \text{ 或 } f(x)\to A(x\to\infty)。$$

如果 $x>0$ 且趋向于无穷大(记作 $x\to+\infty$),那么只要把上面定义中的"$|x|>X$"改为"$x>X$",便得到 $\lim\limits_{x\to+\infty}f(x)=A$ 的定义。同样,如果 $x<0$ 且 $|x|$ 无限增大(记作 $x\to-\infty$),那么只要把"$|x|>X$"改为"$x<-X$",便得到 $\lim\limits_{x\to-\infty}f(x)=A$ 的定义。

命题 $\lim\limits_{x\to\infty}f(x)=A$ 的充分必要条件是 $\lim\limits_{x\to+\infty}f(x)=\lim\limits_{x\to-\infty}f(x)=A$。

例如,由于 $\lim\limits_{x\to+\infty}\arctan x=\dfrac{\pi}{2}$,$\lim\limits_{x\to-\infty}\arctan x=-\dfrac{\pi}{2}$,$\lim\limits_{x\to+\infty}\arctan x\neq\lim\limits_{x\to-\infty}\arctan x$,故 $\lim\limits_{x\to\infty}\arctan x$ 不存在。

函数极限 $\lim\limits_{x\to\infty}f(x)=A$ 的定义可作如下简述:

$\lim\limits_{x\to\infty}f(x)=A\Leftrightarrow\forall\varepsilon>0$,存在正数 X,当 $|x|>X$ 时,有 $|f(x)-A|<\varepsilon$。

$\lim\limits_{x\to\infty}f(x)=A$ 的几何解释:对于任意给定的正数 ε,作直线 $y=A+\varepsilon$ 和 $y=A-\varepsilon$,得一带形区域,不论这一带形区域多么窄,总存在正数 X,使得只要 x 落入区间 $(-\infty,-X)$ 与 $(X,+\infty)$ 内时,所对应的函数 $y=f(x)$ 的图形就都落在这两条直线 $y=A+\varepsilon$ 和 $y=A-\varepsilon$ 之间(见图 1.9)。

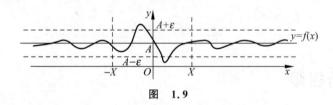

图 1.9

例 1 证明 $\lim\limits_{x\to\infty}\dfrac{\sin x}{x}=0$。

证 由于 $|f(x)-0|=\left|\dfrac{\sin x}{x}-0\right|=\left|\dfrac{\sin x}{x}\right|\leqslant\dfrac{1}{|x|}$,对于任意给定的正数 ε,要使 $\left|\dfrac{\sin x}{x}-0\right|<\varepsilon$,只需 $\dfrac{1}{|x|}<\varepsilon$,即 $|x|>\dfrac{1}{\varepsilon}$,故取 $X=\dfrac{1}{\varepsilon}$,当 $|x|>X$ 时,恒有不等式

$$\left|\dfrac{\sin x}{x}-0\right|<\varepsilon$$

成立,故 $\lim\limits_{x\to\infty}\dfrac{\sin x}{x}=0$。

一般地,如果 $\lim\limits_{x\to\infty}f(x)=c$,则称直线 $y=c$ 是函数 $y=f(x)$ 图形的水平渐近线。

1.3.2 自变量趋于有限值时函数的极限

在自变量 $x \to x_0$ 的过程中,对应的函数值 $f(x)$ 无限接近于或等于常数 A,就是 $|f(x)-A|$ 能任意小。正如数列极限概念中那样,$|f(x)-A|$ 能任意小这件事可以用 $|f(x)-A|<\varepsilon$(ε 是任意给定的正数)来描述,因为函数值 $f(x)$ 无限接近于 A 是在 $x \to x_0$ 的过程中实现的,所以对于任意给定的正数 ε,要求充分接近 x_0 的 x 所对应的函数值 $f(x)$ 满足不等式 $|f(x)-A|<\varepsilon$;而充分接近 x_0 的 x 可表达为 $0<|x-x_0|<\delta(\delta>0)$,其中 δ 体现了 x 接近 x_0 的程度。

基于以上分析,下面给出当 $x \to x_0$ 时函数极限的定义。

定义 2 设函数 $f(x)$ 在 x_0 的某去心邻域内有定义,A 为常数。如果对于任意给定的正数 ε(无论它多么小),总存在正数 δ,使得对于满足不等式 $0<|x-x_0|<\delta$ 的一切 x,恒有不等式

$$|f(x)-A|<\varepsilon$$

成立,则称常数 A 为函数 $f(x)$ 在 $x \to x_0$ 时的极限,记作

$$\lim_{x \to x_0} f(x) = A \quad \text{或} \quad f(x) \to A(x \to x_0)。$$

在定义中,不等式 $0<|x-x_0|<\delta$ 表示自变量 x 与 x_0 很接近,但 $x \neq x_0$。所以当 $x \to x_0$ 时函数 $f(x)$ 是否有极限与函数 $f(x)$ 在点 x_0 处是否有定义无关。

函数极限 $\lim_{x \to x_0} f(x) = A$ 的定义可作如下简述:

$\lim_{x \to x_0} f(x) = A \Leftrightarrow \forall \varepsilon > 0$,存在 $\delta > 0$,当 $0<|x-x_0|<\delta$ 时,有 $|f(x)-A|<\varepsilon$。

$\lim_{x \to x_0} f(x) = A$ 的几何解释:对于任意给定的正数 ε,作直线 $y = A+\varepsilon$ 和 $y = A-\varepsilon$,得一带形区域,无论这一带形区域多么窄,总存在点 x_0 的某去心 δ 邻域,使得只要当 x 落入该邻域内时,其所对应的函数 $y = f(x)$ 的图形就落在这两直线 $y = A+\varepsilon$ 和 $y = A-\varepsilon$ 之间(见图 1.10)。

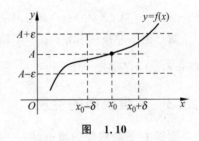

图 1.10

例 2 证明 $\lim_{x \to x_0} c = c$,其中 c 为一常数。

证 由于 $|f(x)-A|=|c-c|=0$,因此对于任意给定的正数 ε,可任取一正数 δ,当 $0<|x-x_0|<\delta$ 时,恒有不等式

$$|f(x)-A|=0<\varepsilon$$

成立,所以 $\lim_{x \to x_0} c = c$。

例 3 证明 $\lim_{x \to 2} \dfrac{x^2-4}{x-2} = 4$。

证 由于 $|f(x)-A| = \left| \dfrac{x^2-4}{x-2} - 4 \right| = |(x+2)-4| = |x-2|$,对于任意给定的正数 ε,要使 $\left| \dfrac{x^2-4}{x-2} - 4 \right| < \varepsilon$,只需 $|x-2|<\varepsilon$,故取 $\delta = \varepsilon$,则当 $0<|x-2|<\delta$ 时,恒有不等式

$$\left| \dfrac{x^2-4}{x-2} - 4 \right| < \varepsilon$$

成立，所以 $\lim\limits_{x \to 2} \dfrac{x^2-4}{x-2} = 4$。

在上述极限讨论中，自变量 x 是从 x_0 的左右两侧趋近于 x_0，但有时只能或只需考虑自变量 x 从 x_0 的一侧趋近于 x_0 的情形，这便是单侧极限（左极限和右极限）的概念。

如果 $x < x_0$ 且 x 趋近于 x_0（记作 $x \to x_0^-$）时，函数 $f(x) \to A$ 或 $f(x) = A$，则称常数 A 是函数 $f(x)$ 在 $x \to x_0$ 时的左极限，记作 $\lim\limits_{x \to x_0^-} f(x) = A$ 或 $f(x_0^-) = A$。

类似地，如果当 $x > x_0$ 且 x 趋近于 x_0（记作 $x \to x_0^+$）时，函数 $f(x) \to A$ 或 $f(x) = A$，则称常数 A 是函数 $f(x)$ 在 $x \to x_0$ 时的右极限，记作 $\lim\limits_{x \to x_0^+} f(x) = A$ 或 $f(x_0^+) = A$。

左极限 $\lim\limits_{x \to x_0^-} f(x) = A$ 与右极限 $\lim\limits_{x \to x_0^+} f(x) = A$ 的定义作如下简述：

$\lim\limits_{x \to x_0^-} f(x) = A \Leftrightarrow \forall \varepsilon > 0$，存在 $\delta > 0$，当 $x_0 - \delta < x < x_0$ 时，有 $|f(x) - A| < \varepsilon$。

$\lim\limits_{x \to x_0^+} f(x) = A \Leftrightarrow \forall \varepsilon > 0$，存在 $\delta > 0$，当 $x_0 < x < x_0 + \delta$ 时，有 $|f(x) - A| < \varepsilon$。

命题 $\lim\limits_{x \to x_0} f(x) = A$ 的充分必要条件是 $\lim\limits_{x \to x_0^-} f(x) = \lim\limits_{x \to x_0^+} f(x) = A$。

例 4 给定函数

$$f(x) = \begin{cases} x - 2, & x < 0, \\ 0, & x = 0, \\ x + 5, & x > 0. \end{cases}$$

讨论当 $x \to 0$ 时，函数 $f(x)$ 的极限是否存在。

解 由于左极限 $\lim\limits_{x \to 0^-} f(x) = \lim\limits_{x \to 0^-} (x-2) = -2$，右极限 $\lim\limits_{x \to 0^+} f(x) = \lim\limits_{x \to 0^+} (x+5) = 5$，所以 $\lim\limits_{x \to 0} f(x)$ 不存在。

1.3.3 函数极限的性质

定理 1（函数极限的唯一性） 如果极限 $\lim\limits_{x \to x_0} f(x)$ 存在，那么其极限唯一。

定理 2（函数极限的局部有界性） 如果 $f(x) \to A(x \to x_0)$，那么存在常数 $M > 0$ 和 $\delta > 0$，使得当 $0 < |x - x_0| < \delta$ 时，有 $|f(x)| \leqslant M$。

证 因为 $f(x) \to A(x \to x_0)$，所以对于 $\varepsilon = 1$，存在 $\delta > 0$，当 $0 < |x - x_0| < \delta$ 时，有不等式

$$|f(x) - A| < \varepsilon = 1,$$

于是

$$|f(x)| = |f(x) - A + A| \leqslant |f(x) - A| + |A| < 1 + |A|。$$

故函数 $f(x)$ 在 x_0 的去心邻域 $\{x \mid 0 < |x - x_0| < \delta\}$ 内有界。

定理 3（函数极限的局部保号性） 如果 $f(x) \to A(x \to x_0)$，而且 $A > 0$（或 $A < 0$），那么存在正数 $\delta > 0$，使得当 $0 < |x - x_0| < \delta$ 时，有 $f(x) > 0$（或 $f(x) < 0$）。

证 仅证明 $A > 0$ 的情形。

因为 $\lim\limits_{x \to x_0} f(x) = A$，所以对于 $\varepsilon = \dfrac{A}{2} > 0$，存在 $\delta > 0$，当 $0 < |x - x_0| < \delta$ 时，有不等式

$$| f(x) - A | < \varepsilon = \frac{A}{2},$$

从而

$$f(x) > \frac{A}{2} > 0。$$

推论 如果在 x_0 的某一去心邻域内 $f(x) \geqslant 0$(或 $f(x) \leqslant 0$),而且 $f(x) \to A(x \to x_0)$,那么 $A \geqslant 0$(或 $A \leqslant 0$)。

证 仅证明 $f(x) \geqslant 0$ 的情形。假设上述论断不成立,即设 $A < 0$,那么由定理 3 可知,存在 x_0 的某一去心邻域,在该邻域内 $f(x) < 0$,这与 $f(x) \geqslant 0$ 的假定矛盾,所以 $A \geqslant 0$。

定理 4(函数极限与数列极限的关系) 如果 $f(x) \to A(x \to x_0)$,$\{x_n\}$ 为函数 $f(x)$ 的定义域内任一收敛于 x_0 的数列,且 $x_n \neq x_0 (n \in \mathbf{N}^+)$,那么函数值数列 $\{f(x_n)\}$ 必收敛,且 $f(x_n) \to A(n \to \infty)$。

证 设 $\lim\limits_{x \to x_0} f(x) = A$,则 $\forall \varepsilon > 0, \exists \delta > 0$,当 $0 < |x - x_0| < \delta$ 时,有 $|f(x) - A| < \varepsilon$。

又因 $\lim\limits_{n \to \infty} x_n = x_0$,故对上述 $\delta > 0$,存在正整数 N,当 $n > N$ 时,有 $|x_n - x_0| < \delta$。

由假设 $x_n \neq x_0 (n \in \mathbf{N}^+)$,故当 $n > N$ 时,有不等式 $0 < |x_n - x_0| < \delta$ 成立,从而 $|f(x_n) - A| < \varepsilon$,即 $\lim\limits_{n \to \infty} f(x_n) = A$。

本定理常常用来判断函数在某点处的极限不存在。

例 5 证明 $\lim\limits_{x \to 0} \sin \dfrac{1}{x}$ 不存在。

证 取数列

$$x_n' = \frac{1}{2n\pi} \to 0 (n \to \infty),$$

$$x_n'' = \frac{1}{2n\pi + \dfrac{\pi}{2}} \to 0 (n \to \infty)。$$

显然

$$\lim_{n \to \infty} \sin \frac{1}{x_n'} = \lim_{n \to \infty} \sin 2n\pi = \lim_{n \to \infty} 0 = 0,$$

$$\lim_{n \to \infty} \sin \frac{1}{x_n''} = \lim_{n \to \infty} \sin \left(2n\pi + \frac{\pi}{2} \right) = \lim_{n \to \infty} 1 = 1,$$

所以,根据定理 4 知,$\lim\limits_{x \to 0} \sin \dfrac{1}{x}$ 不存在。

习 题 1.3

1. 根据函数极限的定义证明:

(1) $\lim\limits_{x \to 3} (3x - 1) = 8$;

(2) $\lim\limits_{x \to 2} (5x + 2) = 12$;

(3) $\lim\limits_{x \to -2} \dfrac{x^2 - 4}{x + 2} = -4$;

(4) $\lim\limits_{x \to -\frac{1}{2}} \dfrac{1 - 4x^2}{2x + 1} = 2$。

2. 当 $x \to 2$ 时，$y = x^2 \to 4$。问：δ 等于多少，使当 $|x-2| < \delta$ 时，$|y-4| < 0.001$?

3. 设函数 $f(x) = \dfrac{|x-2|}{x-2}$，求 $\lim\limits_{x \to 2^-} f(x)$，$\lim\limits_{x \to 2^+} f(x)$，$\lim\limits_{x \to 2} f(x)$。

4. 设函数 $f(x) = \begin{cases} x^2, & x \geqslant 3, \\ -ax, & x < 3, \end{cases}$：(1) 求 $\lim\limits_{x \to 3^-} f(x)$，$\lim\limits_{x \to 3^+} f(x)$；(2) 若 $\lim\limits_{x \to 3} f(x)$ 存在，a 应取何值。

5. 根据函数极限的定义证明：$\lim\limits_{x \to \infty} \dfrac{x^3+1}{2x^3} = \dfrac{1}{2}$。

6. 设 $\lim\limits_{x \to x_0} f(x) = a$，证明 $\lim\limits_{x \to x_0} |f(x)| = |a|$。举例说明反之不成立。

7. 根据极限的定义证明：$\lim\limits_{x \to \infty} f(x) = A$ 的充分必要条件是

$$\lim\limits_{x \to +\infty} f(x) = A, \quad \lim\limits_{x \to -\infty} f(x) = A。$$

8. 根据极限的定义证明：函数 $f(x)$ 当 $x \to x_0$ 时极限存在的充分必要条件是 $f(x)$ 在 x_0 处的左极限、右极限存在并且相等。

9. 如果 $\lim\limits_{x \to x_0} f(x) = A \neq 0$，证明存在 x_0 的某去心邻域 $\mathring{U}(x_0)$，当 $x \in \mathring{U}(x_0)$ 时，有 $|f(x)| > \dfrac{|A|}{2}$。

1.4 无穷小量与无穷大量

1.4.1 无穷小量

如果函数 $f(x)$ 在 $x \to x_0$（或 $x \to \infty$）时的极限为零，则称函数 $f(x)$ 为 $x \to x_0$（或 $x \to \infty$）时的无穷小量，简称无穷小。因此只要在函数极限的定义中，令常数 $A = 0$，便得到无穷小的精确定义。

定义 1 如果对于任意给定的正数 ε（不论它多么小），总存在正数 δ（或正数 X），使得对于满足不等式 $0 < |x - x_0| < \delta$（或 $|x| > X$）的一切 x，恒有不等式

$$|f(x)| < \varepsilon$$

成立，则称函数 $f(x)$ 是 $x \to x_0$（或 $x \to \infty$）时的无穷小量。

应该注意，无穷小量是以零为极限的变量，不能把它和很小的数（例如百万分之一）混为一谈，除零以外的任何常数都不是无穷小量，并且无穷小量还与自变量的某一变化过程有关系。否则，空谈某个变量是无穷小量是没有意义的。

函数 $f(x)$ 是 $x \to x_0$ 的无穷小量可作如下简述：

$\lim\limits_{x \to x_0} f(x) = 0 \Leftrightarrow \forall \varepsilon > 0$，存在 $\delta > 0$，当 $0 < |x - x_0| < \delta$ 时，有 $|f(x)| < \varepsilon$。

特别地，以零为极限的数列 $\{x_n\}$ 是 $n \to \infty$ 时的无穷小量。

例如，因为 $\lim\limits_{x \to \infty} \dfrac{1}{x^2} = 0$，所以函数 $\dfrac{1}{x^2}$ 是 $x \to \infty$ 时的无穷小量；因为 $\lim\limits_{x \to 1}(x-1) = 0$，所以函数 $x-1$ 是 $x \to 1$ 时的无穷小量；因为 $\lim\limits_{n \to \infty} \dfrac{1}{n+1} = 0$，所以数列 $\left\{\dfrac{1}{n+1}\right\}$ 是 $n \to \infty$ 时的无穷小量。

定理 1 在自变量的同一变化过程 $x \to x_0$(或 $x \to \infty$)中,函数 $f(x)$ 极限等于 A 的充分必要条件是 $f(x) = A + \alpha$,其中 α 是无穷小量。

证 仅证明当 $x \to x_0$ 时的情形。

(1) 必要性

设 $\lim\limits_{x \to x_0} f(x) = A$,则 $\forall \varepsilon > 0$,$\exists \delta > 0$,当 $0 < |x - x_0| < \delta$ 时,有

$$|f(x) - A| < \varepsilon。$$

令 $\alpha = f(x) - A$,则 α 是 $x \to x_0$ 时的无穷小量,且

$$f(x) = A + \alpha,$$

故函数 $f(x)$ 等于它的极限 A 与一个无穷小量 α 之和。

(2) 充分性

设 $f(x) = A + \alpha$,其中 A 是常数,于是

$$|f(x) - A| = |\alpha|。$$

因为 α 是 $x \to x_0$ 时的无穷小量,则 $\forall \varepsilon > 0$,$\exists \delta > 0$,使得当 $0 < |x - x_0| < \delta$,有

$$|f(x) - A| = |\alpha| < \varepsilon,$$

故常数 A 是 $f(x)$ 在 $x \to x_0$ 时的极限。

类似地可以证明当 $x \to \infty$ 时的情形。

【数学之美】

无穷小量是指以零为极限的量,这一概念让我们联想到了唐代著名诗人李白的一首诗"故人西辞黄鹤楼,烟花三月下扬州,孤帆远影碧空尽,唯见长江天际流",这首诗亦诗亦画,意境深远,淋漓尽致地刻画了无穷小的意境,其中后两句描写的是孤船的帆影随着时间的变化慢慢消逝在天际边,读者能从多重感官来理解"无穷小"的概念。在这里"孤帆远影碧空尽"是极限的结果(碧空尽),而"唯见长江天际流"是极限的过程(天际流)。

1.4.2　无穷大量

如果当 $x \to x_0$(或 $x \to \infty$)时,函数值的绝对值 $|f(x)|$ 无限增大,则称函数 $f(x)$ 是 $x \to x_0$(或 $x \to \infty$)时的无穷大量,简称为无穷大。

定义 2 如果对于任意给定的正数 M(不论它多么大),总存在正数 δ(或正数 X),使得对于适合不等式 $0 < |x - x_0| < \delta$(或 $|x| > X$)的一切 x,恒有不等式

$$|f(x)| > M$$

成立,则称函数 $f(x)$ 是 $x \to x_0$(或 $x \to \infty$)时的无穷大量。

应该注意,无穷大量是一个变量,不能把它与很大很大的常数(如一千万、一亿等)混为一谈,任何常数都不是无穷大量,并且无穷大量还与自变量的某一变化过程有关。否则,空谈某个变量是无穷大量是没有意义的。

例如,函数 $\dfrac{1}{x-1}$ 是 $x \to 1$ 时的无穷大量。

根据函数极限的定义,如果 $f(x)$ 是当 $x \to x_0$(或 $x \to \infty$)时的无穷大量,那么函数 $f(x)$

在 $x \to x_0$(或 $x \to \infty$)时的极限是不存在的,但为了讨论方便,我们通常也说"函数 $f(x)$ 的极限是无穷大",并记作

$$\lim_{x \to x_0} f(x) = \infty \ (或 \lim_{x \to \infty} f(x) = \infty)。$$

类似地,可定义正无穷大量和负无穷大量。

在无穷大的定义中,如果把"$|f(x)| > M$"换成"$f(x) > M$",则称函数 $f(x)$ 是 $x \to x_0$ (或 $x \to \infty$)时的正无穷大量,并记作 $\lim\limits_{x \to x_0} f(x) = +\infty$(或 $\lim\limits_{x \to \infty} f(x) = +\infty$)。

在无穷大的定义中,如果把"$|f(x)| > M$"换成"$f(x) < -M$",则称函数 $f(x)$ 是 $x \to x_0$ (或 $x \to \infty$)时的负无穷大量,并记作 $\lim\limits_{x \to x_0} f(x) = -\infty$(或 $\lim\limits_{x \to \infty} f(x) = -\infty$)。

无穷大量 $\lim\limits_{x \to x_0} f(x) = \infty$ 与 $\lim\limits_{x \to \infty} f(x) = \infty$ 的定义可作如下简述:

$\lim\limits_{x \to x_0} f(x) = \infty \Leftrightarrow \forall M > 0,$ 存在 $\delta > 0,$ 当 $0 < |x - x_0| < \delta$ 时,有 $|f(x)| > M$。

$\lim\limits_{x \to \infty} f(x) = \infty \Leftrightarrow \forall M > 0,$ 存在 $X > 0,$ 当 $|x| > X$ 时,有 $|f(x)| > M$。

例 1 证明 $\lim\limits_{x \to 3} \dfrac{1}{x-3} = \infty$。

证 对于任意给定的正数 M,要使 $\left| \dfrac{1}{x-3} \right| > M$,只要 $|x-3| < \dfrac{1}{M}$,取 $\delta = \dfrac{1}{M}$,则对于适合不等式 $0 < |x-3| < \delta = \dfrac{1}{M}$ 的一切 x,恒有不等式 $\left| \dfrac{1}{x-3} \right| > M$ 成立,所以 $\lim\limits_{x \to 3} \dfrac{1}{x-3} = \infty$。

直线 $x = 3$ 是函数 $y = \dfrac{1}{x-3}$ 图形的铅直渐近线。

一般来说,如果 $\lim\limits_{x \to x_0} f(x) = \infty$,则称直线 $x = x_0$ 是函数 $y = f(x)$ 图形的铅直渐近线。

定理 2(无穷大量与无穷小量之间的关系) 在自变量的同一变化过程中,如果 $f(x)$ 为无穷大量,则 $\dfrac{1}{f(x)}$ 为无穷小量;反之,如果 $f(x)$ 为无穷小量,且 $f(x) \neq 0$,则 $\dfrac{1}{f(x)}$ 为无穷大量。

证 下面仅证明当 $x \to x_0$ 时的情形。

设 $\lim\limits_{x \to x_0} f(x) = \infty$,任意给定 $\varepsilon > 0$,根据无穷大量的定义,对于 $M = \dfrac{1}{\varepsilon} > 0$,总存在正数 δ,当 $0 < |x - x_0| < \delta$ 时,有 $|f(x)| > M = \dfrac{1}{\varepsilon}$,即 $\left| \dfrac{1}{f(x)} \right| < \varepsilon$,所以函数 $\dfrac{1}{f(x)}$ 是 $x \to x_0$ 时的无穷小量。

反之,设 $\lim\limits_{x \to x_0} f(x) = 0$,且 $f(x) \neq 0$,任意给定 $M > 0$,根据无穷小量的定义,对于正数 $\varepsilon = \dfrac{1}{M}$,总存在 $\delta > 0$,当 $0 < |x - x_0| < \delta$ 时,有 $|f(x)| < \varepsilon = \dfrac{1}{M}$。由于 $f(x) \neq 0$,从而 $\left| \dfrac{1}{f(x)} \right| > M$,所以函数 $\dfrac{1}{f(x)}$ 是 $x \to x_0$ 时的无穷大量。

类似地,可以证明当 $x \to \infty$ 时的情形。

习 题 1.4

1. 请举例说明下述结论不正确:

(1) 无界函数必是无穷大量;　　　　　(2) 两个无穷小量的商仍是无穷小量;

(3) 两个无穷大量的和仍为无穷大量; (4) 有界函数与无穷大量的积仍是无穷大量。

2. 根据无穷小量定义证明:

(1) 函数 $y = \dfrac{x^2 - 9}{x + 3}$ 是当 $x \to 3$ 时的无穷小量;

(2) 函数 $y = x^2 \sin \dfrac{1}{x}$ 是当 $x \to 0$ 时的无穷小量。

3. 根据函数极限定义和无穷大量定义,填写表 1.1。

表 1.1

	$f(x) \to A$	$f(x) \to \infty$	$f(x) \to -\infty$	$f(x) \to +\infty$
$x \to x_0$	$\forall \varepsilon > 0, \exists \delta > 0,$ 当 $0 < \|x - x_0\| < \delta$ 时, 恒有 $\|f(x) - A\| < \varepsilon$			
$x \to x_0^+$				
$x \to x_0^-$				
$x \to \infty$		$\forall M > 0, \exists X > 0,$ 当 $\|x\| > X$ 时, 恒有 $\|f(x)\| > M$		
$x \to +\infty$				
$x \to -\infty$				

4. 函数 $y = x \cos x$ 在 $(-\infty, +\infty)$ 内是否有界? 这个函数是否为当 $x \to +\infty$ 时的无穷大量? 为什么?

1.5　极限的运算法则

前面介绍了函数极限的概念,但是利用函数极限的定义来求极限并非易事,因此,有必要进一步讨论求极限的方法。本节将给出求数列极限和函数极限的四则运算法则,通过运用这些四则运算法则,可以求出很多复杂函数的极限。

在下面的讨论中,记号 $\lim$ 代表 $\lim\limits_{x \to x_0}$ 或 $\lim\limits_{x \to \infty}$ 两种情况。证明时,我们仅证明 $x \to x_0$ 的情形,而 $x \to \infty$ 的情形可以类似证明。

定理 1　有限个无穷小的和是无穷小。

证　仅考虑两个无穷小和的情形。

设 α 及 β 均为 $x \to x_0$ 时的无穷小,且 $\gamma = \alpha + \beta$。对于任意的 $\varepsilon > 0$,因为 α 是 $x \to x_0$ 时

的无穷小,对于 $\dfrac{\varepsilon}{2}>0$,存在 $\delta_1>0$,当 $0<|x-x_0|<\delta_1$ 时,有不等式

$$|\alpha|<\dfrac{\varepsilon}{2}$$

成立。

因为 β 是当 $x\to x_0$ 时的无穷小,对于 $\dfrac{\varepsilon}{2}>0$,存在 $\delta_2>0$,当 $0<|x-x_0|<\delta_2$ 时,有不等式

$$|\beta|<\dfrac{\varepsilon}{2}$$

成立。取 $\delta=\min\{\delta_1,\delta_2\}$,则当 $0<|x-x_0|<\delta$ 时,有不等式

$$|\alpha|<\dfrac{\varepsilon}{2}\ \text{及}\ |\beta|<\dfrac{\varepsilon}{2}$$

同时成立,从而 $|\gamma|=|\alpha+\beta|\leqslant|\alpha|+|\beta|=\dfrac{\varepsilon}{2}+\dfrac{\varepsilon}{2}=\varepsilon$,故 γ 也是 $x\to x_0$ 时的无穷小。

类似地可以证明其他情形。

定理 2 有界函数与无穷小的乘积是无穷小。

证 设函数 u 在 x_0 的某一去心邻域内有界,即 $\exists M>0$,当 $0<|x-x_0|<\delta_1$ 时,有 $|u|\leqslant M$。

又设 α 是当 $x\to x_0$ 时的无穷小,即 $\forall\varepsilon>0$,存在 $\delta_2>0$,当 $0<|x-x_0|<\delta_2$ 时,有 $|\alpha|<\dfrac{\varepsilon}{M}$。

取 $\delta=\min\{\delta_1,\delta_2\}$,则当 $0<|x-x_0|<\delta$ 时,有

$$|u\alpha|<M\cdot\dfrac{\varepsilon}{M}=\varepsilon,$$

故 $u\alpha$ 也是无穷小。

例如,当 $x\to\infty$ 时,函数 $\dfrac{1}{x}$ 是无穷小量,函数 $\arctan x$ 是有界函数,所以 $\dfrac{1}{x}\arctan x$ 也是无穷小量。

推论 1 常数与无穷小的乘积是无穷小。

推论 2 有限个无穷小的乘积也是无穷小。

定理 3(函数极限的四则运算法则) 设 $\lim f(x)=A$,$\lim g(x)=B$,则有

法则 I $\lim[f(x)\pm g(x)]=\lim f(x)\pm\lim g(x)=A\pm B$。

法则 II $\lim[f(x)\cdot g(x)]=\lim f(x)\cdot\lim g(x)=A\cdot B$。

特别地:

(1) $\lim[kf(x)]=k\lim f(x)=kA(k\ \text{为常数})$;

(2) $\lim[f(x)]^n=[\lim f(x)]^n=A^n(n\ \text{为正整数})$。

法则 III $\lim\dfrac{f(x)}{g(x)}=\dfrac{\lim f(x)}{\lim g(x)}=\dfrac{A}{B}(B\neq 0)$。

其中,法则 I 和法则 II 均可推广到有限多个函数的情形。例如,如果 $\lim f(x)$,$\lim g(x)$,$\lim h(x)$ 都存在,则有

$$\lim[f(x)+g(x)-h(x)]=\lim f(x)+\lim g(x)-\lim h(x),$$
$$\lim[f(x)\cdot g(x)\cdot h(x)]=\lim f(x)\cdot \lim g(x)\cdot \lim h(x)。$$

下面仅证明法则 I 和法则 II,法则 III 读者可自证。

证 法则 I 的证明如下。

因 $\lim f(x)=A,\lim g(x)=B$,由 1.4 节定理 1 有
$$f(x)=A+\alpha, \quad g(x)=B+\beta,$$
其中,α 和 β 是与 $f(x)$ 和 $g(x)$ 同一变化过程的无穷小量。于是有
$$f(x)\pm g(x)=(A+\alpha)\pm(B+\beta)=(A\pm B)+(\alpha\pm\beta)。$$

因为 $\alpha\pm\beta$ 是无穷小量,所以得
$$\lim[f(x)\pm g(x)]=A\pm B=\lim f(x)\pm \lim g(x)。$$

法则 II 的证明如下。

因 $\lim f(x)=A,\lim g(x)=B$,由 1.4 节定理 1 有
$$f(x)=A+\alpha, \quad g(x)=B+\beta,$$
其中,α 和 β 是与 $f(x)$ 和 $g(x)$ 同一变化过程的无穷小量。于是有
$$f(x)\cdot g(x)=(A+\alpha)\cdot(B+\beta)=A\cdot B+(A\beta+B\alpha+\alpha\beta)。$$

因为 $A\beta+B\alpha+\alpha\beta$ 是无穷小量,所以得
$$\lim[f(x)\cdot g(x)]=A\cdot B=\lim f(x)\cdot \lim g(x)。$$

关于数列,也有类似的四则运算法则。

定理 4 给定数列 $\{x_n\}$ 和 $\{y_n\}$,如果 $\lim\limits_{n\to\infty}x_n=a$,$\lim\limits_{n\to\infty}y_n=b$,那么

(1) $\lim\limits_{n\to\infty}(x_n\pm y_n)=a\pm b$;

(2) $\lim\limits_{n\to\infty}(x_n\cdot y_n)=a\cdot b$;

(3) 当 $y_n\neq0(n=1,2,\cdots)$ 且 $b\neq0$ 时,$\lim\limits_{n\to\infty}\dfrac{x_n}{y_n}=\dfrac{a}{b}$。

证明略。

定理 5 如果 $\varphi(x)\geqslant\psi(x)$,而 $\lim\varphi(x)=A$,$\lim\psi(x)=B$,那么 $A\geqslant B$。

证 令 $f(x)=\varphi(x)-\psi(x)$,则 $f(x)\geqslant0$,且 $\lim f(x)=\lim\varphi(x)-\lim\psi(x)=A-B$,由函数极限局部保号性的推论,故 $A\geqslant B$。

例 1 设 $f(x)=a_0x^n+a_1x^{n-1}+\cdots+a_{n-1}x+a_n$,求 $\lim\limits_{x\to x_0}f(x)$。

解
$$\lim_{x\to x_0}f(x)=\lim_{x\to x_0}(a_0x^n+a_1x^{n-1}+\cdots+a_{n-1}x+a_n)$$
$$=a_0(\lim_{x\to x_0}x)^n+a_1(\lim_{x\to x_0}x)^{n-1}+\cdots+a_{n-1}(\lim_{x\to x_0}x)+\lim_{x\to x_0}a_n$$
$$=a_0x_0^n+a_1x_0^{n-1}+\cdots+a_{n-1}x_0+a_n=f(x_0)。$$

即有理整函数 $f(x)$ 在 x_0 处的极限等于函数 $f(x)$ 在 x_0 处的函数值 $f(x_0)$。例如,
$$\lim_{x\to2}(x^3-3x^2+6)=2^3-3\times2^2+6=2。$$

例 2 求 $\lim\limits_{x\to2}\dfrac{2x^2+1}{x^3-2x^2+3}$。

解 $\lim\limits_{x \to 2} \dfrac{2x^2+1}{x^3-2x^2+3} = \dfrac{\lim\limits_{x \to 2}(2x^2+1)}{\lim\limits_{x \to 2}(x^3-2x^2+3)} = \dfrac{2\lim\limits_{x \to 2}x^2+\lim\limits_{x \to 2}1}{\lim\limits_{x \to 2}x^3-2\lim\limits_{x \to 2}x^2+\lim\limits_{x \to 2}3}$

$$= \dfrac{2(\lim\limits_{x \to 2}x)^2+1}{(\lim\limits_{x \to 2}x)^3-2(\lim\limits_{x \to 2}x)^2+3} = \dfrac{2^3+1}{2^3-2^3+3} = \dfrac{9}{3} = 3.$$

例 3 求 $\lim\limits_{x \to 4} \dfrac{x^2-16}{x-4}$。

解 $\lim\limits_{x \to 4} \dfrac{x^2-16}{x-4} = \lim\limits_{x \to 4} \dfrac{(x-4)(x+4)}{x-4} = \lim\limits_{x \to 4}(x+4) = \lim\limits_{x \to 4}x+\lim\limits_{x \to 4}4 = 8.$

例 4 求 $\lim\limits_{x \to 1} \dfrac{2x-3}{x^2-5x+4}$。

解 由于 $\lim\limits_{x \to 1} \dfrac{x^2-5x+4}{2x-3} = \dfrac{\lim\limits_{x \to 1}(x^2-5x+4)}{\lim\limits_{x \to 1}(2x-3)} = \dfrac{1^2-5 \times 1+4}{2 \times 1-3} = 0$，根据无穷大量与无穷

小量的关系，得

$$\lim\limits_{x \to 1} \dfrac{2x-3}{x^2-5x+4} = \infty.$$

由例 2、例 3、例 4 可以总结出如下一般结论。

设有理分式函数

$$R(x) = \dfrac{P(x)}{Q(x)},$$

其中，$P(x)$，$Q(x)$ 都是有理函数，且 $\lim\limits_{x \to x_0}P(x) = P(x_0)$，$\lim\limits_{x \to x_0}Q(x) = Q(x_0)$。

(1) 如果 $Q(x_0) \neq 0$，则有

$$\lim\limits_{x \to x_0}R(x) = \dfrac{\lim\limits_{x \to x_0}P(x)}{\lim\limits_{x \to x_0}Q(x)} = \dfrac{P(x_0)}{Q(x_0)} = R(x_0).$$

(2) 如果 $Q(x_0) = 0$ 且 $P(x_0) \neq 0$，则有

$$\lim\limits_{x \to x_0} \dfrac{1}{R(x)} = \dfrac{\lim\limits_{x \to x_0}Q(x)}{\lim\limits_{x \to x_0}P(x)} = \dfrac{Q(x_0)}{P(x_0)} = 0,$$

根据无穷小量和无穷大量的关系，知 $\lim\limits_{x \to x_0}R(x) = \dfrac{\lim\limits_{x \to x_0}P(x)}{\lim\limits_{x \to x_0}Q(x)} = \infty.$

(3) 如果 $Q(x_0) = 0$ 且 $P(x_0) = 0$，先将分子分母中的公因式 $x-x_0$ 约去后再求极限。

例 5 求 $\lim\limits_{x \to \infty} \dfrac{4x^3-5x^2+1}{3x^3+4x^2+2}$。

解 先用 x^3 去除分子及分母，然后再取极限，得

$$\lim\limits_{x \to \infty} \dfrac{4x^3-5x^2+1}{3x^3+4x^2+2} = \lim\limits_{x \to \infty} \dfrac{4-\dfrac{5}{x}+\dfrac{1}{x^3}}{3+\dfrac{4}{x}+\dfrac{2}{x^3}} = \dfrac{4}{3}.$$

例 6 求 $\lim\limits_{x\to\infty}\dfrac{2x^2+7x-3}{4x^3+x^2-6}$。

解 先用 x^3 去除分子及分母,然后再取极限,得

$$\lim_{x\to\infty}\frac{2x^2+7x-3}{4x^3+x^2-6}=\lim_{x\to\infty}\frac{\dfrac{2}{x}+\dfrac{7}{x^2}-\dfrac{3}{x^3}}{4+\dfrac{1}{x}-\dfrac{6}{x^3}}=\frac{0}{4}=0。$$

例 7 求 $\lim\limits_{x\to\infty}\dfrac{4x^3+x^2-6}{2x^2+7x-3}$。

解 因为 $\lim\limits_{x\to\infty}\dfrac{2x^2+7x-3}{4x^3+x^2-6}=0$,根据无穷小量和无穷大量的关系,得

$$\lim_{x\to\infty}\frac{4x^3+x^2-6}{2x^2+7x-3}=\infty。$$

例 5、例 6、例 7 是下列一般情况的特例。即当 $a_0\neq0,b_0\neq0,m,n$ 为非负整数时,有如下结论:

$$\lim_{x\to\infty}\frac{a_0x^n+a_1x^{n-1}+\cdots+a_n}{b_0x^m+b_1x^{m-1}+\cdots+b_m}=\begin{cases}0, & n<m,\\[2mm]\dfrac{a_0}{b_0}, & n=m,\\[2mm]\infty, & n>m。\end{cases}$$

例 8 求 $\lim\limits_{x\to\infty}\dfrac{\sin x}{x^2}$。

解 由于当 $x\to\infty$ 时,分子及分母的极限都不存在,故不能应用极限运算法则中商的运算法则。

注意到当 $x\to\infty$ 时,函数 $\dfrac{1}{x^2}$ 是无穷小量,$\sin x$ 是有界函数,由于无穷小量与有界函数的乘积是无穷小量,故 $\lim\limits_{x\to\infty}\dfrac{\sin x}{x^2}=0$。

下面我们给出求复合函数极限的运算法则。

定理 6(复合函数的极限运算法则) 设函数 $y=f[g(x)]$ 是由函数 $u=g(x)$ 与函数 $y=f(u)$ 复合而成,复合函数 $y=f[g(x)]$ 在 x_0 的某去心邻域内有定义,如果 $\lim\limits_{x\to x_0}g(x)=u_0$,$\lim\limits_{u\to u_0}f(u)=A$,且存在 $\delta_0>0$,当 $x\in\mathring{U}(x_0,\delta_0)$ 时,有 $g(x)\neq u_0$,则 $\lim\limits_{x\to x_0}f[g(x)]=\lim\limits_{u\to u_0}f(u)=A$。

证 根据函数极限的定义,由于 $\lim\limits_{u\to u_0}f(u)=A$,则 $\forall\varepsilon>0,\exists\eta>0$,当 $0<|u-u_0|<\eta$ 时,有 $|f(u)-A|<\varepsilon$ 成立。

又由于 $\lim\limits_{x\to x_0}g(x)=u_0$,对于上述的 $\eta>0,\exists\delta_1>0$,当 $0<|x-x_0|<\delta_1$ 时,有 $|g(x)-u_0|<\eta$ 成立。

因此,当 $0<|x-x_0|<\delta$ 时,有 $|g(x)-u_0|<\eta$ 与 $|g(x)-u_0|\neq0$ 同时成立,即有 $0<|g(x)-u_0|<\eta$ 成立,从而有

$$|f[g(x)]-A|=|f(u)-A|<\varepsilon,$$

故 $\lim\limits_{x\to x_0}f[g(x)]=\lim\limits_{u\to u_0}f(u)=A$。

定理 6 表明,如果函数 $g(x)$ 和 $f(x)$ 满足该定理的条件,则可作变量替换 $u=g(x)$,把求复合函数极限 $\lim\limits_{x \to x_0} f[g(x)]$ 转化成求外层函数极限 $\lim\limits_{u \to u_0} f(u)$,其中 $u_0 = \lim\limits_{x \to x_0} g(x)$。

例 9 求 $\lim\limits_{x \to 2} \ln(x^2 + 2x - 4)$。

解 函数 $y = \ln(x^2 + 2x - 4)$ 可看作由函数 $y = \ln u$ 与 $u = x^2 + 2x - 4$ 复合而成,并且函数 $y = \ln u$ 与 $u = x^2 + 2x - 4$ 满足定理 6 的条件,而 $\lim\limits_{x \to 2}(x^2 + 2x - 4) = 4$,故 $\lim\limits_{x \to 2} \ln(x^2 + 2x - 4) = \lim\limits_{u \to 4} \ln u = \ln 4$。

习 题 1.5

1. 计算下列极限:

(1) $\lim\limits_{x \to 2} \dfrac{x^2 - 4x + 1}{2x + 3}$; (2) $\lim\limits_{x \to 1} \dfrac{x^2 - 2x + 1}{x^2 - 1}$; (3) $\lim\limits_{h \to 0} \dfrac{(x + h)^2 - x^2}{h}$;

(4) $\lim\limits_{x \to 0} \dfrac{4x^3 - 2x^2 + x}{3x^2 + 2x}$; (5) $\lim\limits_{x \to 1} \dfrac{x^m - 1}{x^n - 1}$; (6) $\lim\limits_{x \to 0} \dfrac{\sqrt{1 + x} - \sqrt{1 - x}}{x}$;

(7) $\lim\limits_{x \to 4} \dfrac{x^2 - 6x + 8}{x^2 - 5x + 4}$; (8) $\lim\limits_{x \to 1}\left(\dfrac{1}{1 - x} - \dfrac{3}{1 - x^3}\right)$; (9) $\lim\limits_{x \to \infty} \dfrac{x^2 - 1}{2x^2 - x - 1}$;

(10) $\lim\limits_{x \to \infty} \dfrac{x^2 + x}{x^4 - 3x^2 - 1}$; (11) $\lim\limits_{x \to \infty} \dfrac{5x^3 + x}{2x^2 + 1}$; (12) $\lim\limits_{x \to \infty}\left(1 + \dfrac{1}{x}\right)\left(2 - \dfrac{1}{x^2}\right)$;

(13) $\lim\limits_{x \to \infty} \dfrac{(2x - 3)^{30}(3x - 2)^{20}}{(5x + 1)^{50}}$; (14) $\lim\limits_{n \to \infty} \dfrac{1 + 2 + 3 + \cdots + (n - 1)}{n^2}$;

(15) $\lim\limits_{n \to \infty} \dfrac{(n + 1)(n + 2)(n + 3)}{5n^3}$; (16) $\lim\limits_{n \to \infty}\left(1 + \dfrac{1}{2} + \dfrac{1}{4} + \cdots + \dfrac{1}{2^n}\right)$;

(17) $\lim\limits_{n \to \infty}\left(1 - \dfrac{1}{2^2}\right)\left(1 - \dfrac{1}{3^2}\right)\cdots\left(1 - \dfrac{1}{n^2}\right)$; (18) $\lim\limits_{n \to \infty} \dfrac{1 + \dfrac{1}{2} + \dfrac{1}{2^2} + \cdots + \dfrac{1}{2^n}}{1 + \dfrac{1}{3} + \dfrac{1}{3^2} + \cdots + \dfrac{1}{3^n}}$;

(19) $\lim\limits_{n \to \infty}\left(\dfrac{1}{1 \times 3} + \dfrac{1}{3 \times 5} + \cdots + \dfrac{1}{(2n - 1)(2n + 1)}\right)$。

2. 计算下列极限:

(1) $\lim\limits_{x \to 0} x^2 \sin \dfrac{1}{x}$; (2) $\lim\limits_{x \to \infty} \dfrac{x + 4\sin x}{5x - 2\cos x}$;

(3) $\lim\limits_{x \to \infty} \dfrac{\arctan x}{x^2}$。

3. 试求下列极限中的常数 a, b:

(1) $\lim\limits_{x \to 1} \dfrac{x^2 + ax + b}{1 - x} = 5$; (2) $\lim\limits_{x \to \infty}\left(\dfrac{x^2 + 1}{x + 3} - ax - b\right) = 0$;

(3) $\lim\limits_{x \to +\infty}(\sqrt{x^2 - x + 1} - ax - b) = 0$; (4) $\lim\limits_{x \to -\infty}(\sqrt{x^2 - x + 1} - ax - b) = 0$。

4. 设 $\lim\limits_{x \to 2}[f(x) + g(x)] = 5$, $\lim\limits_{x \to 2} g(x) = 11$,求下列极限:

(1) $\lim\limits_{x \to 2} f(x)$; (2) $\lim\limits_{x \to 2}\{[f(x)]^2 - [g(x)]^2\}$; (3) $\lim\limits_{x \to 2} \dfrac{3g(x)}{f(x) - g(x)}$。

5. 下列陈述中,哪些是对的? 哪些是错的? 如果是对的,说明理由;如果是错的,试给出一个反例。

(1) 如果 $\lim\limits_{x \to x_0} f(x)$ 存在,但 $\lim\limits_{x \to x_0} g(x)$ 不存在,那么 $\lim\limits_{x \to x_0}[f(x)+g(x)]$ 不存在;

(2) 如果 $\lim\limits_{x \to x_0} f(x)$ 和 $\lim\limits_{x \to x_0} g(x)$ 都不存在,那么 $\lim\limits_{x \to x_0}[f(x)+g(x)]$ 不存在;

(3) 如果 $\lim\limits_{x \to x_0} f(x)$ 存在,但 $\lim\limits_{x \to x_0} g(x)$ 不存在,那么 $\lim\limits_{x \to x_0}[f(x) \cdot g(x)]$ 不存在。

1.6 两个重要极限

前面介绍了求极限的四则运算法则,本节将给出判定极限存在的两个准则,并利用它们推导出两个重要极限。不论是极限的判定准则还是两个重要极限,它们在求极限的过程中都具有十分重要的作用。

准则 I (夹逼准则) 如果数列 $\{x_n\}$,$\{y_n\}$,$\{z_n\}$ 满足下列条件:

(1) $y_n \leqslant x_n \leqslant z_n (n=1,2,3,\cdots)$;

(2) $\lim\limits_{n \to \infty} y_n = a$,$\lim\limits_{n \to \infty} z_n = a$。

那么数列 $\{x_n\}$ 的极限存在,并且 $\lim\limits_{n \to \infty} x_n = a$。

证 由于 $y_n \to a$,$z_n \to a (n \to \infty)$,根据数列极限的定义,对于任意给定的正数 ε,存在正整数 N_1,当 $n > N_1$ 时,有 $|y_n - a| < \varepsilon$;存在正整数 N_2,当 $n > N_2$ 时,有 $|z_n - a| < \varepsilon$。

现取 $N = \max\{N_1, N_2\}$,则当 $n > N$ 时,有

$$|y_n - a| < \varepsilon, \quad |z_n - a| < \varepsilon$$

同时成立,即

$$a - \varepsilon < y_n < a + \varepsilon, \quad a - \varepsilon < z_n < a + \varepsilon$$

同时成立。又因 x_n 介于 y_n 与 z_n 之间,所以,当 $n > N$ 时,有

$$a - \varepsilon < y_n \leqslant x_n \leqslant z_n < a + \varepsilon,$$

即有

$$|x_n - a| < \varepsilon,$$

故

$$\lim_{n \to \infty} x_n = a。$$

例 1 求 $\lim\limits_{n \to \infty}\left(\dfrac{1}{n^2+n+1} + \dfrac{2}{n^2+n+2} + \cdots + \dfrac{n}{n^2+2n}\right)$。

解 由于 $\dfrac{\frac{1}{2}n(n+1)}{n^2+2n} \leqslant \dfrac{1}{n^2+n+1} + \dfrac{2}{n^2+n+2} + \cdots + \dfrac{n}{n^2+2n} \leqslant \dfrac{\frac{1}{2}n(n+1)}{n^2+n+1}$,

又因为

$$\lim_{n \to \infty} \frac{\frac{1}{2}n(n+1)}{n^2+2n} = \lim_{n \to \infty} \frac{n^2+n}{2n^2+4n} = \lim_{n \to \infty} \frac{1+\frac{1}{n}}{2+\frac{4}{n}} = \frac{1}{2},$$

$$\lim_{n \to \infty} \frac{\frac{1}{2}n(n+1)}{n^2+n+1} = \lim_{n \to \infty} \frac{n^2+n}{2n^2+2n+2} = \lim_{n \to \infty} \frac{1+\frac{1}{n}}{2+\frac{2}{n}+\frac{2}{n^2}} = \frac{1}{2},$$

故
$$\lim_{n \to \infty} \left(\frac{1}{n^2+n+1} + \frac{2}{n^2+n+2} + \cdots + \frac{n}{n^2+2n} \right) = \frac{1}{2}。$$

将准则 I 中的数列换成一般的函数，即得函数极限的夹逼准则。

准则 I′ 如果函数 $g(x), f(x), h(x)$ 满足：

(1) 当 $x \in \mathring{U}(x_0)$（或 $|x| > M$）时，$g(x) \leqslant f(x) \leqslant h(x)$；

(2) $\lim\limits_{\substack{x \to x_0 \\ (x \to \infty)}} g(x) = A$，$\lim\limits_{\substack{x \to x_0 \\ (x \to \infty)}} h(x) = A$。

那么 $\lim\limits_{\substack{x \to x_0 \\ (x \to \infty)}} f(x)$ 存在，并且 $\lim\limits_{\substack{x \to x_0 \\ (x \to \infty)}} f(x) = A$。

证明略。

作为准则 I′ 的应用，下面证明第一个重要极限：

$$\lim_{x \to 0} \frac{\sin x}{x} = 1。$$

证 函数 $\dfrac{\sin x}{x}$ 在一切 $x \neq 0$ 处都有定义，且 $\dfrac{\sin(-x)}{-x} = \dfrac{\sin x}{x}$，故主要分析 $x > 0$ 时的情况。设 $0 < x < \dfrac{\pi}{2}$，作单位圆（见图 1.11），其中 AD 与单位圆相切于 A 点，$BC \perp OA$，$\angle AOB = x$（弧度）为圆心角，则有

图 1.11

$$\sin x = BC, \quad x = \overset{\frown}{AB}, \quad \tan x = AD,$$

且有

$$S_{\triangle AOB} < S_{\text{扇形}AOB} < S_{\triangle OAD},$$

即

$$\frac{1}{2}\sin x < \frac{1}{2}x < \frac{1}{2}\tan x,$$

相应地有

$$\sin x < x < \tan x。$$

当 $0 < x < \dfrac{\pi}{2}$ 时，用 $\sin x$ 去除不等式的两边，得

$$1 < \frac{x}{\sin x} < \frac{1}{\cos x} \quad \text{或} \quad \cos x < \frac{\sin x}{x} < 1。 \tag{1.1}$$

当 $-\dfrac{\pi}{2} < x < 0$ 时，用 $-x$ 代替 x，表达式 (1.1) 的关系依然不变，结论依然成立。

由于 $\lim\limits_{x \to 0} 1 = 1$，$\lim\limits_{x \to 0} \cos x = 1$，根据不等式 (1.1) 及函数极限的夹逼准则 I′，即得 $\lim\limits_{x \to 0} \dfrac{\sin x}{x} = 1$。

由第一个重要极限 $\lim\limits_{x \to 0} \dfrac{\sin x}{x} = 1$ 与复合函数的极限法则，可以推出它的另外两种常用形式：

(1) 如果 $\alpha(x)$ 是 $x \to \Delta$ 时的无穷小，且 $\alpha(x) \neq 0$，那么 $\lim\limits_{x \to \Delta} \dfrac{\sin[\alpha(x)]}{\alpha(x)} = 1$；

(2) 如果 $\alpha(x)$ 是 $x \to \Delta$ 时的无穷小，且 $\alpha(x) \neq 0$，那么 $\lim\limits_{x \to \Delta} \dfrac{\alpha(x)}{\sin[\alpha(x)]} = 1$。

注意 这里符号 $\triangle$ 代表六种情形 $x_0, x_0^+, x_0^-, \infty, -\infty, +\infty$ 之一。

例 2 求 $\lim\limits_{x \to 0} \dfrac{\sin 5x}{x}$。

解 由于 $\dfrac{\sin 5x}{x} = \dfrac{\sin 5x}{5x} \cdot 5$，令 $\alpha = 5x$，当 $x \to 0$ 时，$\alpha \to 0$，所以有

$$\lim_{x \to 0} \frac{\sin 5x}{x} = 5 \cdot \lim_{\alpha \to 0} \frac{\sin \alpha}{\alpha} = 5 \times 1 = 5。$$

例 3 求 $\lim\limits_{x \to 0} \dfrac{\tan 3x}{\sin 4x}$。

解
$$\lim_{x \to 0} \frac{\tan 3x}{\sin 4x} = \lim_{x \to 0} \frac{\sin 3x}{3x} \cdot \frac{4x}{\sin 4x} \cdot \frac{1}{\cos 3x} \cdot \frac{3}{4} = \frac{3}{4} \lim_{x \to 0} \frac{\sin 3x}{3x} \cdot \lim_{x \to 0} \frac{4x}{\sin 4x} \cdot \lim_{x \to 0} \frac{1}{\cos 3x}$$

$$= \frac{3}{4} \times 1 \times 1 \times \frac{1}{1} = \frac{3}{4}。$$

例 4 求 $\lim\limits_{x \to 0} \dfrac{1 - \cos x}{x^2}$。

解
$$\lim_{x \to 0} \frac{1 - \cos x}{x^2} = \lim_{x \to 0} \frac{2 \sin^2 \dfrac{x}{2}}{x^2} = \lim_{x \to 0} \frac{2 \sin^2 \dfrac{x}{2}}{4 \cdot \left(\dfrac{x}{2}\right)^2} = \frac{1}{2} \left(\lim_{x \to 0} \frac{\sin \dfrac{x}{2}}{\dfrac{x}{2}} \right)^2 = \frac{1}{2}。$$

例 5 求 $\lim\limits_{x \to 1} \dfrac{\sin(x^2 - 1)}{\sin(x - 1)}$。

解
$$\lim_{x \to 1} \frac{\sin(x^2 - 1)}{\sin(x - 1)} = \lim_{x \to 1} \frac{\sin(x^2 - 1)}{x^2 - 1} \cdot \frac{x - 1}{\sin(x - 1)} \cdot \frac{x^2 - 1}{x - 1}$$

$$= \lim_{x \to 1} \frac{\sin(x^2 - 1)}{x^2 - 1} \cdot \lim_{x \to 1} \frac{x - 1}{\sin(x - 1)} \cdot \lim_{x \to 1}(x + 1)$$

$$= 1 \times 1 \times 2 = 2。$$

准则 Ⅱ 单调有界数列必有极限。

对于该准则的几何解释：单调数列的点 x_n 在数轴上只能作单向移动，单向移动只有两种情形：一种情形是点 x_n 沿数轴向右（或向左）移向无穷远；另一种情形是点 x_n 无限趋近某一定点 A。而又因为数列 $\{x_n\}$ 有界，有界数列 $\{x_n\}$ 的全部点落在某一闭区间 $[-M, M]$ 内，从而上述情形中只可能出现第二种情形，故单调有界数列必有极限。

在 1.2 节中曾证明：收敛的数列一定是有界数列；但也曾指出：有界数列不一定是收敛数列。准则 Ⅱ 表明：如果一个数列不仅有界，而且还单调，那么该数列一定收敛。

作为准则 Ⅱ 的应用，下面讨论第二个重要极限：

$$\lim_{x \to \infty} \left(1 + \frac{1}{x}\right)^x = \mathrm{e}。$$

证 这里只证明 x 取正整数 n 趋于 $+\infty$ 的情形。

设 $x_n = \left(1 + \dfrac{1}{n}\right)^n$（$n$ 为正整数），由二项式公式，有

$$x_n = \left(1+\frac{1}{n}\right)^n = 1 + \frac{n}{1!} \cdot \frac{1}{n} + \frac{n(n-1)}{2!} \cdot \left(\frac{1}{n}\right)^2 + \cdots + \frac{n(n-1)\cdots(n-n+1)}{n!}\left(\frac{1}{n}\right)^n$$

$$= 1 + 1 + \frac{1}{2!}\left(1-\frac{1}{n}\right) + \cdots + \frac{1}{n!}\left(1-\frac{1}{n}\right)\left(1-\frac{2}{n}\right)\cdots\left(1-\frac{n-1}{n}\right).$$

同样,有

$$x_{n+1} = 1 + 1 + \frac{1}{2!}\left(1-\frac{1}{n+1}\right) + \cdots + \frac{1}{n!}\left(1-\frac{1}{n+1}\right)\left(1-\frac{2}{n+1}\right)\cdots\left(1-\frac{n-1}{n+1}\right) +$$

$$\frac{1}{(n+1)!}\left(1-\frac{1}{n+1}\right)\left(1-\frac{2}{n+1}\right)\cdots\left(1-\frac{n}{n+1}\right).$$

两式相比较,易见 $x_n < x_{n+1}(n=1,2,\cdots)$,因此数列 $\{x_n\}$ 是单调递增数列。

下面证明数列 $\{x_n\}$ 的有界性。

将 x_n 展开式中的 $\frac{i}{n}(i=1,2,\cdots,n-1)$ 都换作 0,则有

$$0 < x_n < 1 + 1 + \frac{1}{2!} + \frac{1}{3!} + \cdots + \frac{1}{n!}$$

$$< 2 + \frac{1}{2} + \frac{1}{2^2} + \cdots + \frac{1}{2^{n-1}} = 2 + \frac{\frac{1}{2}\left(1-\frac{1}{2^{n-1}}\right)}{1-\frac{1}{2}} = 3 - \frac{1}{2^{n-1}} < 3,$$

故数列 $\{x_n\}$ 是有界数列。由准则 Ⅱ 可知,数列 $\{x_n\}$ 的极限一定存在,通常用字母 e 来表示,即 $\lim\limits_{n\to\infty}\left(1+\frac{1}{n}\right)^n = \mathrm{e}$。

可以证明,当 x 取实数趋于 $+\infty$ 或 $-\infty$ 时,函数 $\left(1+\frac{1}{x}\right)^x$ 的极限都存在且都等于 e。因此

$$\lim\limits_{x\to\infty}\left(1+\frac{1}{x}\right)^x = \mathrm{e}.$$

无论是在理论上还是在实际应用中,无理数 e 都有特殊作用,它是自然对数的底,其近似值是 2.71828。

由第二个重要极限 $\lim\limits_{x\to\infty}\left(1+\frac{1}{x}\right)^x = \mathrm{e}$ 和复合函数的极限法则,我们可以得到第二个重要极限的另外两种常用形式:

(1) 如果 $\alpha(x)$ 是 $x\to\Delta$ 时的无穷大,那么 $\lim\limits_{x\to\Delta}\left(1+\frac{1}{\alpha(x)}\right)^{\alpha(x)} = \mathrm{e}$;

(2) 如果 $\alpha(x)$ 是 $x\to\Delta$ 时的无穷小,且 $\alpha(x)\neq 0$,那么 $\lim\limits_{x\to\Delta}(1+\alpha(x))^{\frac{1}{\alpha(x)}} = \mathrm{e}$。

注意 这里符号 Δ 代表六种情形 $x_0, x_0^+, x_0^-, \infty, -\infty, +\infty$ 之一。

例 6 求 $\lim\limits_{x\to\infty}\left(1-\frac{1}{x}\right)^{kx}$($k$ 为正整数)。

解 $\lim\limits_{x\to\infty}\left(1-\frac{1}{x}\right)^{kx} = \lim\limits_{x\to\infty}\left(1+\frac{1}{-x}\right)^{(-x)(-k)} = \left[\lim\limits_{x\to\infty}\left(1+\frac{1}{-x}\right)^{-x}\right]^{-k} = \mathrm{e}^{-k}.$

例 7 求 $\lim\limits_{x\to\infty}\left(\dfrac{x-1}{x+2}\right)^{x+2}$。

解 $\lim\limits_{x\to\infty}\left(\dfrac{x-1}{x+2}\right)^{x+2}=\lim\limits_{x\to\infty}\left(1+\dfrac{-3}{x+2}\right)^{\frac{x+2}{-3}\cdot(-3)}=\left[\lim\limits_{x\to\infty}\left(1+\dfrac{-3}{x+2}\right)^{\frac{x+2}{-3}}\right]^{-3}=\mathrm{e}^{-3}$。

例 8 求 $\lim\limits_{x\to0}(1+3\tan x)^{\cot x}$。

解 $\lim\limits_{x\to0}(1+3\tan x)^{\cot x}=\lim\limits_{x\to0}(1+3\tan x)^{\frac{1}{3\tan x}\cdot3}=\left[\lim\limits_{x\to0}(1+3\tan x)^{\frac{1}{3\tan x}}\right]^3=\mathrm{e}^3$。

习 题 1.6

1. 计算下列极限:

(1) $\lim\limits_{x\to0}\dfrac{\sin(\sin x)}{x}$;

(2) $\lim\limits_{x\to0}\dfrac{\sin ax}{\sin bx}(b\neq0)$;

(3) $\lim\limits_{x\to0}x\cot3x$;

(4) $\lim\limits_{x\to0}\dfrac{\sin4x}{\sqrt{1+x}-1}$;

(5) $\lim\limits_{x\to1}\dfrac{\sin(x^2-1)}{x-1}$;

(6) $\lim\limits_{x\to0}\dfrac{\arctan x}{x}$;

(7) $\lim\limits_{x\to\infty}x\sin\dfrac{2}{x}$;

(8) $\lim\limits_{n\to\infty}2^n\sin\dfrac{x}{2^n}$ (x 为不等于零的常数)。

2. 计算下列极限:

(1) $\lim\limits_{x\to\infty}\left(1-\dfrac{1}{x^2}\right)^x$;

(2) $\lim\limits_{x\to+\infty}\left(\dfrac{x+a}{x-a}\right)^x$;

(3) $\lim\limits_{x\to\infty}\left(\dfrac{x^3+2}{x^3}\right)^{x^2}$;

(4) $\lim\limits_{x\to0}(1-2x)^{\frac{1}{x}}$;

(5) $\lim\limits_{x\to0}(1+3\tan^2x)^{\cot^2x}$;

(6) $\lim\limits_{x\to0}\left(\dfrac{1+x}{1-x}\right)^{\frac{1}{x}}$;

(7) $\lim\limits_{x\to\frac{\pi}{2}}(\sin x)^{\tan x}$;

(8) $\lim\limits_{x\to0^+}(\cos\sqrt{x})^{\frac{1}{x}}$;

(9) $\lim\limits_{x\to0}\left(\dfrac{2+\mathrm{e}^{\frac{1}{x}}}{1+\mathrm{e}^{\frac{4}{x}}}+\dfrac{\sin x}{|x|}\right)$;

(10) $\lim\limits_{n\to\infty}n[\ln n-\ln(n+2)]$。

3. 已知 $\lim\limits_{x\to\infty}\left(\dfrac{x+c}{x-c}\right)^x=4$,求常数 c。

4. 利用极限存在的准则证明:

(1) $\lim\limits_{n\to\infty}\left(\dfrac{1}{\sqrt{n^2+1}}+\dfrac{1}{\sqrt{n^2+2}}+\cdots+\dfrac{1}{\sqrt{n^2+n}}\right)=1$;

(2) $\lim\limits_{n\to\infty}\left(\dfrac{1}{2n^2+1}+\dfrac{2}{2n^2+2}+\cdots+\dfrac{n}{2n^2+n}\right)=\dfrac{1}{4}$。

1.7 无穷小量的比较

在 1.6 节中我们已经知道,两个无穷小量的和、差、积仍是无穷小。但是,对于两个无穷小的商,却会出现多种情况,例如,当 $x \to 0$ 时,x,$3x^2$,$\sin x$ 都是无穷小,而

$$\lim_{x \to 0} \frac{3x^2}{x} = 0, \quad \lim_{x \to 0} \frac{x}{3x^2} = \infty, \quad \lim_{x \to 0} \frac{\sin x}{x} = 1。$$

两个无穷小比值的极限的各种情况,反映了不同的无穷小趋于零的"快慢"程度。例如,对于上面的例子,在 $x \to 0$ 的过程中,$3x^2 \to 0$ 比 $x \to 0$"快些",反之,$x \to 0$ 比 $3x^2 \to 0$"慢些",$\sin x \to 0$ 与 $x \to 0$"快慢相同"。

下面我们分不同情况给出两个无穷小之间的比较,这里指出,下面的 α 及 β 都是在同一个自变量的变化过程中的无穷小,而 $\lim \frac{\beta}{\alpha}$ 也是在这个变化过程中的极限。

定义 1 (1) 如果 $\lim \frac{\beta}{\alpha} = 0$,则称 β 是比 α **高阶**的无穷小,记作 $\beta = o(\alpha)$;

(2) 如果 $\lim \frac{\beta}{\alpha} = \infty$,则称 β 是比 α **低阶**的无穷小;

(3) 如果 $\lim \frac{\beta}{\alpha} = C \neq 0$($C$ 为常数),则称 β 与 α 为**同阶无穷小**;

(4) 如果 $\lim \frac{\beta}{\alpha} = 1$,则称 β 与 α 为**等价无穷小**,记作 $\alpha \sim \beta$。

显然,等价无穷小是同阶无穷小的特例。

由定义可知,当 $x \to 0$ 时,$3x^2$ 是比 x 高阶的无穷小,x 是比 $3x^2$ 低阶的无穷小,而 x 与 $\sin x$ 则是等价无穷小。

又如,因为 $\lim\limits_{x \to 0} \frac{1 - \cos x}{x^2} = \frac{1}{2}$,所以当 $x \to 0$ 时,$1 - \cos x$ 与 x^2 为同阶无穷小。因为 $\lim\limits_{n \to \infty} \dfrac{\frac{1}{n}}{\frac{1}{n^2}} = \infty$,所以当 $n \to \infty$ 时,$\frac{1}{n}$ 是比 $\frac{1}{n^2}$ 低阶的无穷小。

对于等价无穷小量有如下定理。

定理 1 设当 $x \to x_0$(或 $x \to \infty$)时,α,β,α',β' 都为无穷小量,且 $\alpha' \sim \alpha$,$\beta' \sim \beta$。若 $\lim \frac{\beta'}{\alpha'}$ 存在(或为无穷大量),则

$$\lim \frac{\beta}{\alpha} = \lim \frac{\beta'}{\alpha'}。$$

证

$$\lim \frac{\beta}{\alpha} = \lim \left(\frac{\beta}{\beta'} \cdot \frac{\beta'}{\alpha'} \cdot \frac{\alpha'}{\alpha} \right) = \lim \frac{\beta}{\beta'} \cdot \lim \frac{\beta'}{\alpha'} \cdot \lim \frac{\alpha'}{\alpha} = \lim \frac{\beta'}{\alpha'}。$$

该定理称为等价无穷小量代换定理。利用等价无穷小量代换求极限时,往往能使计算更为简便。

例 1　求 $\lim\limits_{x \to 0} \dfrac{\sin 3x}{\tan 2x}$。

解　当 $x \to 0$ 时,$\sin 3x \sim 3x$,$\tan 2x \sim 2x$,因此

$$\lim_{x \to 0} \frac{\sin 3x}{\tan 2x} = \lim_{x \to 0} \frac{3x}{2x} = \lim_{x \to 0} \frac{3}{2} = \frac{3}{2}。$$

例 2　求 $\lim\limits_{x \to 0} \dfrac{\sqrt{1+x^2}-1}{x \sin \dfrac{x}{2}}$。

解　当 $x \to 0$ 时,$\sqrt{1+x^2}-1 \sim \dfrac{1}{2}x^2$,$\sin \dfrac{x}{2} \sim \dfrac{x}{2}$。因此

$$\lim_{x \to 0} \frac{\sqrt{1+x^2}-1}{x \sin \dfrac{x}{2}} = \lim_{x \to 0} \frac{\dfrac{1}{2}x^2}{x \dfrac{x}{2}} = 1。$$

例 3　求 $\lim\limits_{x \to 0} \dfrac{\tan x - \sin x}{\sin^3 x}$。

解　因为 $\tan x - \sin x = \dfrac{\sin x (1 - \cos x)}{\cos x}$,当 $x \to 0$ 时,$\sin x \sim x$,$1 - \cos x \sim \dfrac{x^2}{2}$,所以

$$\lim_{x \to 0} \frac{\tan x - \sin x}{\sin^3 x} = \lim_{x \to 0} \left(\frac{1}{\cos x} \cdot \frac{1 - \cos x}{\sin^2 x} \right)$$

$$= \lim_{x \to 0} \frac{1}{\cos x} \cdot \lim_{x \to 0} \frac{1 - \cos x}{\sin^2 x} = 1 \times \frac{1}{2} = \frac{1}{2}。$$

习　题　1.7

1. 当 $x \to 0$ 时,$2x - x^2$ 与 $x^2 - x^3$ 相比,哪一个是高阶无穷小?

2. 证明:当 $x \to 0$ 时,下列各对无穷小是等价的。

(1) $\arctan x$ 与 x;　　　　　　　　(2) $\sin x - \dfrac{1}{2}\sin 2x$ 与 $\dfrac{x^3}{2}$。

3. 求下列极限:

(1) $\lim\limits_{x \to 0} \dfrac{\sin x^m}{\sin x^n}$ $(m, n \neq 0)$;　　　　(2) $\lim\limits_{x \to 0} \dfrac{\tan(x^2 + 2x)}{x}$;

(3) $\lim\limits_{x \to 0} \dfrac{\tan^2 2x}{1 - \cos x}$;　　　　　　　(4) $\lim\limits_{x \to 0} \dfrac{x \sin x}{\sqrt{1+x^2}-1}$;

(5) $\lim\limits_{x \to 0} \dfrac{\sin(\tan x)}{\tan(\sin x)}$;　　　　　　(6) $\lim\limits_{x \to 0} \dfrac{\sin x}{3x + x^3}$;

(7) $\lim\limits_{x \to 0} \dfrac{\cos ax - 1}{\cos bx - 1}$ $(a, b \neq 0)$;　　(8) $\lim\limits_{x \to 0} \dfrac{\ln(1 - 3x)}{\arcsin 2x}$。

4. 证明无穷小的等价关系具有下列性质：

(1) $\alpha \sim \alpha$（自反性）；　　　　　　(2) 若 $\alpha \sim \beta$，则 $\beta \sim \alpha$（对称性）；

(3) 若 $\alpha \sim \beta, \beta \sim \gamma$，则 $\alpha \sim \gamma$（传递性）。

1.8 函数的连续性与间断点

1.8.1 函数的连续性

自然界中有许多自然现象，如生物的生长、液体的流动、气温的变化、人体的增高等都是连续变化的，这种现象反映在函数关系上，就是函数的连续性。

以气温变化为例，当时间变动很小时，气温的变化也很小，而且随着时间变动的减少而减少，这种现象就反映了温度函数的连续性。下面我们先引进增量的概念，再给出连续性的定义。

设函数 $y = f(x)$ 在 x_0 的某个邻域内有定义，x 是这个邻域内的另一点，当自变量由 x_0 变到 x 时，差 $x - x_0$ 叫作自变量在点 x_0 的增量（或改变量），用 Δx 来表示，即 $\Delta x = x - x_0$，对应的函数值之差 $f(x) - f(x_0) = f(x_0 + \Delta x) - f(x_0)$ 称为函数 $f(x)$ 在点 x_0 的增量，记为 Δy，即

$$\Delta y = f(x_0 + \Delta x) - f(x_0)。$$

我们先从几何上来解释一下函数连续变化的意思，通常说一个函数是连续的，就是说它的图形是一条连续曲线，如图 1.12 所示。这样的曲线的特点是：在任意一点 x_0 处，当自变量的增量 Δx 很小时，函数的增量 Δy 也很小，并且当 Δx 趋于零时，Δy 也趋于零。

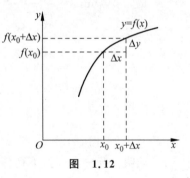

图　1.12

定义 1 设函数 $y = f(x)$ 在点 x_0 的某个邻域内有定义，如果当自变量 x 在 x_0 点的增量 Δx 趋于零时，函数的相应增量 Δy 也趋于零时，即

$$\lim_{\Delta x \to 0} \Delta y = \lim_{\Delta x \to 0} [f(x_0 + \Delta x) - f(x_0)] = 0, \quad (1.2)$$

则称函数 $y = f(x)$ 在点 x_0 连续，x_0 叫作函数 $f(x)$ 的连续点。

为了应用方便起见，下面把函数 $y = f(x)$ 在点 x_0 处连续的定义用不同的方式来叙述。

设 $x = x_0 + \Delta x$，则 $\Delta x \to 0$ 就是 $x \to x_0$。又由于

$$\Delta y = f(x_0 + \Delta x) - f(x_0) = f(x) - f(x_0)，$$

即

$$f(x) = f(x_0) + \Delta y，$$

可见 $\Delta y \to 0$ 就是 $f(x) \to f(x_0)$，因此式（1.2）与

$$\lim_{x \to x_0} f(x) = f(x_0)$$

相当。所以，函数 $y = f(x)$ 在点 x_0 处连续的定义也可叙述如下。

定义 2 设函数 $y=f(x)$ 在点 x_0 的某个邻域内有定义，当 $x \to x_0$ 时，若函数 $f(x)$ 的极限存在，且极限值等于 $f(x)$ 在点 x_0 的函数值 $f(x_0)$，即

$$\lim_{x \to x_0} f(x) = f(x_0),\tag{1.3}$$

则称函数 $y=f(x)$ 在点 x_0 处连续。

仿照极限的定义，也可以给出连续性的 ε-δ 形式的定义。

定义 3 设函数 $y=f(x)$ 在点 x_0 的某个邻域内有定义，对于任意给定的正数 ε，都存在 $\delta > 0$，当 $|x-x_0| < \delta$ 时，恒有

$$|f(x) - f(x_0)| < \varepsilon,$$

则称函数 $y=f(x)$ 在点 x_0 处连续。

下面介绍左连续和右连续的概念。

如果 $f(x)$ 在点 x_0 的左侧邻域内有定义，且 $\lim\limits_{x \to x_0^-} f(x) = f(x_0)$，则称 $f(x)$ 在点 x_0 处左连续。

如果 $f(x)$ 在点 x_0 的右侧邻域内有定义，且 $\lim\limits_{x \to x_0^+} f(x) = f(x_0)$，则称 $f(x)$ 在点 x_0 处右连续。

性质 1 函数 $f(x)$ 在点 x_0 处连续的充分必要条件是 $f(x)$ 在点 x_0 处既左连续，也右连续。

定义 4 设函数 $y=f(x)$ 在区间 (a,b) 内每点处都连续，则称 $f(x)$ 是 (a,b) 内的连续函数。若 $f(x)$ 在 (a,b) 内连续，且在区间的左端点 a 处右连续，在区间的右端点 b 处左连续，则称 $f(x)$ 在闭区间 $[a,b]$ 上连续。

可以证明，基本初等函数在其定义区间内每一点处都连续。

【人生启迪】

函数连续的定义体现了动静结合的过程，说明当自变量变化很小的时候，因变量的变化也很小。连续函数在生活中的体现就是连续现象，像动植物的生长、水的流动、气温的变化、知识的积累等。结合连续的定义，我们可以发现处理连续问题要遵循它的客观规律，如果违背这一规律，就如同拔苗助长一样，只能适得其反。

1.8.2 函数的间断点

从函数连续性的定义可以看出，函数 $f(x)$ 在点 x_0 处连续，必须具备三个条件：

(1) $f(x)$ 在 x_0 处有定义，即 $f(x_0)$ 存在；

(2) 极限 $\lim\limits_{x \to x_0} f(x)$ 存在；

(3) 极限值 $\lim\limits_{x \to x_0} f(x)$ 与函数值 $f(x_0)$ 相等。

这三个条件中的任何一个被破坏，函数在 x_0 点就不连续，而不连续的点称为函数的间断点，或者说 $f(x)$ 在点 x_0 处间断，所以函数在 x_0 处间断属于下列情形之一：

(1) $f(x)$ 在 x_0 处没有定义；

(2) $f(x)$ 在 x_0 处有定义，但 $\lim\limits_{x \to x_0} f(x)$ 不存在；

(3) $f(x)$ 在 x_0 处有定义，且 $\lim\limits_{x \to x_0} f(x)$ 存在，但 $\lim\limits_{x \to x_0} f(x) \neq f(x_0)$。

例 1 函数 $f(x) = \dfrac{x^2 - 1}{x - 1}$ 在 $x = 1$ 处没有定义，尽管 $\lim\limits_{x \to 1} \dfrac{x^2 - 1}{x - 1} = 2$，但 $x = 1$ 仍是函数 $f(x) = \dfrac{x^2 - 1}{x - 1}$ 的间断点。

例 2 函数

$$f(x) = \begin{cases} x, & x < 0, \\ \dfrac{1}{2}, & x = 0, \\ -x + 1, & x > 0 \end{cases}$$

在 $x = 0$ 处有定义，但

$$f(0^-) = \lim_{x \to 0^-} f(x) = \lim_{x \to 0^-} x = 0,$$
$$f(0^+) = \lim_{x \to 0^+} f(x) = \lim_{x \to 0^+} (-x + 1) = 1,$$
$$f(0^-) \neq f(0^+).$$

极限 $\lim\limits_{x \to 0} f(x)$ 不存在，所以 $f(x)$ 在点 $x = 0$ 处间断。

例 3 函数 $f(x) = \begin{cases} x^2 - 1, & x \leqslant 0, \\ x, & x > 0, \end{cases}$ 试判定 $f(x)$ 在点 $x = 0$ 处的连续性。

解 函数 $f(x)$ 在点 $x = 0$ 处有定义，$f(0) = -1$。由

$$\lim_{x \to 0^-} f(x) = \lim_{x \to 0^-} (x^2 - 1) = -1,$$
$$\lim_{x \to 0^+} f(x) = \lim_{x \to 0^-} x = 0,$$

可知 $\lim\limits_{x \to 0^-} f(x) \neq \lim\limits_{x \to 0^+} f(x)$，所以 $f(x)$ 在点 $x = 0$ 处间断。

以上 3 个例子有一个共同特点，就是函数在间断点处左、右极限都存在，我们把左、右极限都存在的间断点称为**第一类间断点**，其他间断点称为**第二类间断点**。

例 4 $y = \sin \dfrac{1}{x}$ 在点 $x = 0$ 处没有定义，因此点 $x = 0$ 为其间断点，且是第二类间断点。当 $x \to 0$ 时，函数值在 -1 与 1 之间无限次振荡。

对于间断点，如果按照几何形态划分，还可以分为以下几类：

(1) 跳跃间断点，指 $\lim\limits_{x \to x_0^-} f(x)$ 与 $\lim\limits_{x \to x_0^+} f(x)$ 都存在，但 $\lim\limits_{x \to x_0^-} f(x) \neq \lim\limits_{x \to x_0^+} f(x)$；

(2) 无穷间断点，指 $\lim\limits_{x \to x_0} f(x) = \infty$，或 $\lim\limits_{x \to x_0^-} f(x) = \infty$，或 $\lim\limits_{x \to x_0^+} f(x) = \infty$；

（3）振荡间断点，指函数在间断点两侧无限振荡的情形。

在第一类间断点中，如对于

$$y = \frac{x^2 - 1}{x - 1}, \quad f(x) = \begin{cases} \dfrac{x^2 - 1}{x - 1}, & x \neq 1, \\ 0, & x = 1, \end{cases}$$

点 $x = 1$ 为两个函数的第一类间断点，且 $\lim\limits_{x \to 1} y$ 与 $\lim\limits_{x \to 1} f(x)$ 都存在。常称这类间断点为**可去间断点**，这是因为可以补充定义 $f(x_0)$ 或修改 $f(x_0)$ 的值，构成一个新函数：

$$F(x) = \begin{cases} f(x), & x \neq x_0, \\ \lim\limits_{x \to x_0} f(x), & x = x_0, \end{cases}$$

则 $F(x)$ 在点 x_0 处连续。

习 题 1.8

1. 研究下列函数的连续性：

(1) $f(x) = \dfrac{x-1}{x^2-1}$；   (2) $f(x) = \sqrt{x-1}$；

(3) $f(x) = \begin{cases} x^2, & 0 \leqslant x \leqslant 1, \\ 2-x, & 1 < x \leqslant 2; \end{cases}$ (4) $f(x) = \begin{cases} x, & -1 \leqslant x \leqslant 1, \\ 1, & x < -1 \text{ 或 } x > 1. \end{cases}$

2. 讨论下列函数的连续性，如有间断点，指出间断点的类型，若是可去间断点，则补充定义，使其在该点处连续。

(1) $f(x) = \dfrac{1}{(x+1)^2}$；   (2) $f(x) = \dfrac{x^2-1}{x^2-3x+2}$；

(3) $f(x) = \dfrac{1}{\ln x}$；   (4) $f(x) = \dfrac{x}{\tan x}$。

3. 讨论函数 $f(x) = \lim\limits_{n \to \infty} \dfrac{1-x^{2n}}{1+x^{2n}} x$ 的连续性，若有间断点，判别其类型。

1.9 连续函数的运算与初等函数的连续性

1.9.1 连续函数的运算

1. 连续函数的和、差、积、商的连续性

由函数在某点连续的定义和极限的四则运算法则，立即可得出下面的定理。

定理 1 设函数 $f(x)$ 和函数 $g(x)$ 在点 x_0 处连续，则它们的和（差）$f(x) \pm g(x)$、积 $f(x) \cdot g(x)$ 及商 $\dfrac{f(x)}{g(x)}$（当 $g(x_0) \neq 0$ 时）都在点 x_0 处连续。

例 1 因 $\tan x = \dfrac{\sin x}{\cos x}$，$\cot x = \dfrac{\cos x}{\sin x}$，而 $\sin x$ 和 $\cos x$ 都在区间 $(-\infty, +\infty)$ 内连续，故由定理 1 知，$\tan x$ 和 $\cot x$ 在它们的定义区间内是连续的。

2. 反函数与复合函数的连续性

定理 2 如果函数 $y = f(x)$ 在区间 I_x 上单调增加（或单调减少）且连续，那么它的反函数 $x = f^{-1}(y)$ 也在对应的区间 $I_y = \{y \mid y = f(x), x \in I_x\}$ 上单调增加（或单调减少）且连续。

例 2 由于 $y = \sin x$ 在闭区间 $\left[-\dfrac{\pi}{2}, \dfrac{\pi}{2}\right]$ 上单调增加且连续，所以它的反函数 $y = \arcsin x$ 在闭区间 $[-1,1]$ 上也是单调增加且连续的。

同样，应用定理 2 可证：$y = \arccos x$ 在闭区间 $[-1,1]$ 上单调减少且连续，$y = \arctan x$

在区间 $(-\infty,+\infty)$ 上单调增加且连续，$y=\operatorname{arccot}x$ 在区间 $(-\infty,+\infty)$ 上单调减少且连续。

总之，反三角函数 $\arcsin x$，$\arccos x$，$\arctan x$，$\operatorname{arccot}x$ 在它们的定义域内都是连续的。

定理 3 设函数 $y=f[g(x)]$ 由函数 $u=g(x)$ 与函数 $y=f(u)$ 复合而成，$\mathring{U}(x_0)\subset D_{f\circ g}$。若 $\lim\limits_{x\to x_0}g(x)=u_0$，而函数 $y=f(u)$ 在 $u=u_0$ 处连续，则

$$\lim_{x\to x_0}f[g(x)]=\lim_{u\to u_0}f(u)=f(u_0)。\tag{1.4}$$

证 由于 $f(u)$ 在点 $u=u_0$ 处连续，故对于任意给定的正数 ε，存在正数 η，使当 $|u-u_0|<\eta$ 时，$|f(u)-f(u_0)|<\varepsilon$ 成立。又因为 $\lim\limits_{x\to x_0}g(x)=u_0$，故对于上面得到的正数 η，存在着正数 δ，使当 $0<|x-x_0|<\delta$ 时，$|g(x)-u_0|<\eta$ 成立。

将上面两个步骤合起来，得到：对于任意给定的正数 ε，存在正数 δ，使当 $0<|x-x_0|<\delta$ 时，有

$$|f(u)-f(u_0)|=|f[g(x)]-f(u_0)|<\varepsilon$$

成立，这就证明了 $\lim\limits_{x\to x_0}f[g(x)]=\lim\limits_{u\to u_0}f(u)=f(u_0)$。

定理 4 设函数 $y=f[g(x)]$ 由函数 $u=g(x)$ 与函数 $y=f(u)$ 复合而成，$U(x_0)\subset D_{f\circ g}$。若 $u=g(x)$ 在 $x=x_0$ 处连续，且 $g(x_0)=u_0$，而函数 $y=f(u)$ 在 $u=u_0$ 处连续，则复合函数 $y=f[g(x)]$ 在 $x=x_0$ 处也连续。

证 只要在定理 3 中令 $u_0=g(x_0)$，这就表示 $g(x)$ 在点 x_0 处连续，于是由式(1.4)得

$$\lim_{x\to x_0}f[g(x)]=f(u_0)=f[g(x_0)]，$$

这就证明了复合函数 $y=f[g(x)]$ 在点 $x=x_0$ 处连续。

1.9.2 初等函数的连续性

前面已经讨论了三角函数和反三角函数的连续性，我们还可以证明幂函数 $y=x^\mu$、指数函数 $y=a^x(a>0,a\neq 1)$、对数函数 $y=\log_a x$ 在其定义域内是连续的，在此我们不做证明。

综合起来得到：基本初等函数在它们的定义域内都是连续的，根据连续函数的运算性质即可得到下面的定理。

定理 5 任何初等函数在它的定义区间内都是连续的。

故对于任意初等函数 $f(x)$ 定义区间内的点 x_0 都有：$\lim\limits_{x\to x_0}f(x)=f(x_0)$。

1.9.3 利用函数的连续性求极限

我们利用上面的结论，来求函数的极限。

例 3 求 $\lim\limits_{x\to 3}\sqrt{\dfrac{x-3}{x^2-9}}$。

解 $y=\sqrt{\dfrac{x-3}{x^2-9}}$ 可看作由函数 $y=\sqrt{u}$ 与函数 $u=\dfrac{x-3}{x^2-9}$ 复合而成。因为 $\lim\limits_{x\to 3}\dfrac{x-3}{x^2-9}=$

$\dfrac{1}{6}$,而函数 $y=\sqrt{u}$ 在点 $u=\dfrac{1}{6}$ 处连续,所以有

$$\lim_{x\to 3}\sqrt{\frac{x-3}{x^2-9}}=\sqrt{\lim_{x\to 3}\frac{x-3}{x^2-9}}=\sqrt{\frac{1}{6}}=\frac{\sqrt{6}}{6}。$$

例 4 求 $\lim\limits_{x\to 0}\dfrac{\sqrt{1+x^2}-1}{x}$。

解 $\lim\limits_{x\to 0}\dfrac{\sqrt{1+x^2}-1}{x}=\lim\limits_{x\to 0}\dfrac{(\sqrt{1+x^2}-1)(\sqrt{1+x^2}+1)}{x(\sqrt{1+x^2}+1)}=\lim\limits_{x\to 0}\dfrac{x}{\sqrt{1+x^2}+1}=0$。

例 5 求 $\lim\limits_{h\to 0}\dfrac{\ln(1+h)}{h}$。

解 $\lim\limits_{h\to 0}\dfrac{\ln(1+h)}{h}=\lim\limits_{h\to 0}\ln(1+h)^{\frac{1}{h}}=\ln\{\lim\limits_{h\to 0}(1+h)^{\frac{1}{h}}\}=\ln e=1$。

例 6 求 $\lim\limits_{x\to 0}\dfrac{e^x-1}{x}$。

解 令 $e^x-1=h$,则 $x=\ln(1+h)$,且在 $x\to 0$ 时,$h\to 0$,则

$$\lim_{x\to 0}\frac{e^x-1}{x}=\lim_{h\to 0}\frac{h}{\ln(1+h)}=1。$$

例 7 求 $\lim\limits_{x\to 0}\dfrac{(1+x)^a-1}{x}$。

解 $\lim\limits_{x\to 0}\dfrac{(1+x)^a-1}{x}=\lim\limits_{x\to 0}\dfrac{e^{a\ln(1+x)}-1}{x}=\lim\limits_{x\to 0}\dfrac{e^{a\ln(1+x)}-1}{a\ln(1+x)}\cdot\dfrac{\ln(1+x)}{x}\cdot a$

$$=\lim_{y\to 0}\frac{e^y-1}{y}\cdot\lim_{x\to 0}\frac{\ln(1+x)}{x}\cdot a=a。$$

1.9.4 闭区间上连续函数的性质

闭区间上的连续函数具有一些重要的性质,在几何直观上是十分明显的,但严格证明比较困难,因此,下面的定理证明均略去。

定理 6(有界性与最大值、最小值定理) 设 $y=f(x)$ 是闭区间 $[a,b]$ 上的连续函数,则它在这个区间上有界且一定能取得它的最大值和最小值。

这就是说,如果 $f(x)$ 在闭区间 $[a,b]$ 上连续,那么存在常数 $M>0$,对任一 $x\in[a,b]$,满足 $|f(x)|\leqslant M$;且至少有一点 ξ_1,使 $f(\xi_1)$ 是 $f(x)$ 在 $[a,b]$ 上的最大值;又至少有一点 ξ_2,使 $f(\xi_2)$ 是 $f(x)$ 在 $[a,b]$ 上的最小值(见图 1.13)。

注意 如果函数在开区间内连续,或函数在闭区间上有间断点,那么函数在该区间上不一定有界,也不一定有最大值或最小值。例如,函数 $y=\tan x$ 在开区间 $\left(-\dfrac{\pi}{2},\dfrac{\pi}{2}\right)$ 内是连续的,但它在开区间 $\left(-\dfrac{\pi}{2},\dfrac{\pi}{2}\right)$ 内是无界的,且既无最大值又无最小值。

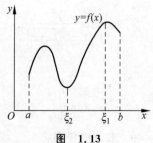

图 1.13

定理 7（零点定理）　设函数 $f(x)$ 在闭区间 $[a,b]$ 上连续,且 $f(a)$ 与 $f(b)$ 异号(即 $f(a) \cdot f(b) < 0$),那么在开区间 (a,b) 内至少有一点 ξ,使得

$$f(\xi) = 0 .$$

定理 8（介值定理）　设函数 $f(x)$ 在闭区间 $[a,b]$ 上连续,且在这区间的端点取不同的函数值,$f(a) = A$ 及 $f(b) = B$,那么,对于 A 与 B 之间的任意一个数 C,在开区间 (a,b) 内至少有一点 ξ,使得

$$f(\xi) = C , \quad a < \xi < b .$$

证　设 $\varphi(x) = f(x) - C$,则 $\varphi(x)$ 在闭区间 $[a,b]$ 上连续,且 $\varphi(a) = A - C$ 与 $\varphi(b) = B - C$ 异号。根据零点定理,开区间 (a,b) 内至少有一点 ξ,使得

$$\varphi(\xi) = 0 , \quad a < \xi < b ,$$

又 $\varphi(\xi) = f(\xi) - C$,因此由上式即得

$$f(\xi) = C , \quad a < \xi < b .$$

推论　在闭区间上的连续函数必取得介于最大值 M 与最小值 m 之间的任何值。

例 8　证明方程 $x^3 - 4x^2 + 1 = 0$ 在区间 $(0,1)$ 内至少有一个根。

证　函数 $f(x) = x^3 - 4x^2 + 1$ 在闭区间 $[0,1]$ 上连续,又

$$f(0) = 1 > 0 , \quad f(1) = -2 < 0 ,$$

根据零点定理,在 $(0,1)$ 内至少有一点 ξ,使得

$$f(\xi) = 0 ,$$

即

$$\xi^3 - 4\xi^2 + 1 = 0 , \quad 0 < \xi < 1 .$$

该等式说明方程 $x^3 - 4x^2 + 1 = 0$ 在区间 $(0,1)$ 内至少有一个根是 ξ。

习　题　1.9

1. 求下列函数或数列的极限:

(1) $\lim\limits_{x \to 0} \sqrt{x^2 - 2x + 5}$;

(2) $\lim\limits_{t \to -2} \dfrac{e^t + 1}{t}$;

(3) $\lim\limits_{x \to \frac{\pi}{4}} (\sin 2x)^3$;

(4) $\lim\limits_{x \to \frac{\pi}{9}} \ln(2\cos 3x)$;

(5) $\lim\limits_{x \to \frac{\pi}{4}} \dfrac{\sin 2x}{2\cos(\pi - x)}$;

(6) $\lim\limits_{x \to 0} \dfrac{\sqrt{x+1} - 1}{x}$;

(7) $\lim\limits_{x \to 0} \dfrac{x^2}{1 - \sqrt{1 + x^2}}$;

(8) $\lim\limits_{x \to 1} \dfrac{\sqrt{5x-4} - \sqrt{x}}{x - 1}$;

(9) $\lim\limits_{n \to \infty} \dfrac{\sin \dfrac{5}{n}}{\tan \dfrac{1}{n^2}}$;

(10) $\lim\limits_{n \to \infty} \dfrac{\ln\left(1 + \dfrac{2}{\sqrt{n}}\right)}{\sqrt{n}}$ 。

2. 求下列极限:

(1) $\lim\limits_{x \to \infty} e^{\frac{1}{x}}$;

(2) $\lim\limits_{x \to 0} \ln \dfrac{\sin x}{x}$;

(3) $\lim\limits_{x \to \infty} \left(\dfrac{x^2}{x^2-1} \right)^x$;

(4) $\lim\limits_{x \to 0} (1 + 3\tan^2 x)^{\cot^2 x}$;

(5) $\lim\limits_{x \to 0} \dfrac{e^x-1}{x}$ 。

3. 证明方程 $x^5 - 3x = 1$ 至少有一个根介于 1 和 2 之间。

4. 证明方程 $e^x \cos x = 0$ 在 $(0, \pi)$ 内至少有一个根。

总 习 题 1

1. 填空题

(1) 函数 $f(x) = \sqrt{25-x^2} + \dfrac{x-10}{\ln x}$ 的连续区间是_____。

(2) 设函数 $f(x) = \begin{cases} \dfrac{1-x^2}{1+x}, & x \neq -1 \\ A, & x = -1 \end{cases}$ ，当 $A =$_____时，函数 $f(x)$ 在 $x = -1$ 处连续。

(3) 若 $\lim\limits_{x \to \infty} \left(1 + \dfrac{2}{x} \right)^{-kx} = e^{-10}$，则 $k =$_____。

(4) $\lim\limits_{x \to 1} \left[(x-1)\sin\dfrac{2}{x-1} + \dfrac{2}{x-1}\sin(x-1) \right] =$_____。

(5) $\lim\limits_{x \to \infty} \dfrac{(x^{10}-2)(3x+1)^{20}}{(2x+3)^{30}} =$_____。

(6) $\lim\limits_{x \to 0} \dfrac{1-e^{\tan x}}{\arcsin\dfrac{x}{2}} =$_____。

(7) 要使函数 $f(x) = \dfrac{2e^{\frac{1}{x}}+1}{3e^{\frac{1}{x}}+\dfrac{3}{2}}$ 在 $x = 0$ 处连续，需定义 $f(0) =$_____。

2. 选择题

(1) $\lim\limits_{x \to \infty} \dfrac{ax^2+bx+c}{x-1} = 3$，则 a, b, c 的值为（　　）。

    A. $0, 3$,任意   B. $0, -3$,任意

    C. $3, -1$,任意   D. 前三组都不对

(2) $\lim\limits_{x \to +\infty} \dfrac{2e^x - e^{-x}}{e^x + e^{-x}} = （　　）$。

    A. 2   B. -2 C. 0   D. 不存在

(3) 当 $x \to 0$ 时，$(1-\cos x)\ln(1+x^2)$ 是比 $x\sin x^n$ 高阶的无穷小，而 $x\sin x^n$ 是比 $(e^{x^2}-1)$ 高阶的无穷小，则正整数 n 等于（　　）。

    A. 4   B. 3   C. 2   D. 1

(4) 设 $f(x)=\begin{cases}\dfrac{\sqrt{x+1}-1}{x}, & x\neq 0,\\ 0, & x=0,\end{cases}$ 则 $x=0$ 是函数 $f(x)$ 的( )。

    A. 可去间断点   B. 无穷间断点

    C. 连续点   D. 跳跃间断点

(5) 函数 $f(x)$ 在 x_0 点处连续的充分必要条件是( )。

    A. 函数 $f(x)$ 在 x_0 点处有定义

    B. 函数 $f(x)$ 在 x_0 点处的左、右极限存在且相等

    C. 函数 $f(x)$ 在 x_0 点处的左、右极限均存在

    D. 函数 $f(x)$ 在 x_0 点处的极限等于 $f(x_0)$

(6) 方程 $x^4-x-1=0$ 至少有一个实根的区间是( )。

    A. $\left(0,\dfrac{1}{2}\right)$ B. $\left(\dfrac{1}{2},1\right)$ C. $(2,3)$ D. $(1,2)$

(7) $\lim\limits_{x\to 1}\dfrac{\sin^2(1-x)}{(x-1)^2(x+2)}=($)。

    A. 1 B. ∞ C. 0 D. $\dfrac{1}{3}$

(8) 设 $f(x)=\begin{cases}\dfrac{1}{x}\sin\dfrac{x}{3}, & x\neq 0,\\ a, & x=0.\end{cases}$ 要使 $f(x)$ 在 $(-\infty,+\infty)$ 处连续,则 $a=($)。

    A. 0 B. 1 C. $1/3$ D. 3

3. 计算下列极限:

(1) $\lim\limits_{x\to 0}\dfrac{\tan x-\sin x}{x^3}$;

(2) $\lim\limits_{x\to 0}\dfrac{(1+mx)^n-(1+nx)^m}{x^2}$;

(3) $\lim\limits_{x\to 0}(x+e^x)^{\frac{1}{x}}$;

(4) $\lim\limits_{x\to 0^+}\left(\dfrac{\sin x}{x}\right)^{\frac{1}{x}}$;

(5) $\lim\limits_{x\to 0}[1+\ln(1+x)]^{\frac{2}{x}}$;

(6) $\lim\limits_{x\to 0}\dfrac{1-\cos x}{x\sin x}$;

(7) $\lim\limits_{x\to 0}\dfrac{\arcsin 3x}{x^2+2x}$;

(8) $\lim\limits_{x\to 0}\dfrac{\ln(1-\sin^2 x)}{e^{x^2}-1}$;

(9) $\lim\limits_{x\to 0}\dfrac{\sin(x^n)}{(\sin x)^m}$($n,m$ 为正整数);

(10) $\lim\limits_{x\to 0}\dfrac{\sin x-\tan x}{(\sqrt[3]{1+x^2}-1)(\sqrt{1+\sin x}-1)}$;

(11) $\lim\limits_{x\to 0}\dfrac{1-e^{\tan x}}{\ln\left(1+\arcsin\dfrac{x}{2}\right)}$;

(12) $\lim\limits_{n\to\infty}\sum\limits_{k=1}^{n}\dfrac{1}{k(k+1)(k+2)}$。

4. 已知 $\lim\limits_{x\to\infty}\left(\dfrac{x+a}{x-a}\right)^x=9$,求 a 的值。

5. 已知 $\lim\limits_{x\to 3}\dfrac{x^2+ax+b}{x-3}=4$,求 a,b。

6. 设函数 $f(x) = \begin{cases} \dfrac{1-\mathrm{e}^{\tan x}}{\arcsin\dfrac{x}{2}}, & x>0, \\ a\,\mathrm{e}^{2x}, & x\leqslant 0 \end{cases}$ 在 $x=0$ 处连续,求常数 a 的值。

7. 证明方程 $x^5-3x=1$ 在 $(1,2)$ 内至少存在一个实根。

8. 设 $f(x)$ 在区间 $[a,b]$ 上连续,$x_1,x_2,\cdots,x_n$ 为 $[a,b]$ 上的任意一组数。证明:$\exists\, x_0 \in [a,b]$,使得 $f(x_0)=\dfrac{1}{n}[f(x_1)+f(x_2)+\cdots+f(x_n)]$。

9. 设 $f(x),g(x)$ 在区间 $[a,b]$ 上连续,且 $f(a)<g(a),f(b)>g(b)$。证明:在区间 (a,b) 内至少存在一点 ξ,使得 $f(\xi)=g(\xi)$。

导数与微分

高等数学最重要的组成部分是微分和积分,统称微积分。它是近代数学乃至自然科学中很多学科的基础,它是人们认识客观世界、探索实际生活规律的典型数学手段之一。

微积分学包含微分学与积分学两个主要部分,其中微分学包括一元函数微分学与多元函数微分学两个部分。本章研究一元函数微分学的两个最基本内容:导数与微分。

2.1 导数的概念

2.1.1 导数概念的引出

数学上的概念很多来源于解决实际问题的需要。在实际生活中,人们除了需要研究变量之间的函数关系以外,还需要研究变量变化快慢的程度,也就是变化率问题,例如物体运动的速度、国家人口增长速度、经济发展速度、劳动生产率等。下面我们来讨论两个具体的问题:变速直线运动的瞬时速度问题与曲线的切线问题,这两个问题与导数概念的形成有着密切的关系。

1. 变速直线运动的瞬时速度

设某物体作变速直线运动,在$[0,t]$内所走过的路程为$s=s(t)$,其中$t>0$为时间,求物体在时刻t_0的瞬时速度$v=v(t_0)$。

我们知道,当物体作匀速直线运动时,速度v等于物体所走过的路程s除以所用的时间t,即$v=\dfrac{s}{t}$。这一速度其实是物体走过某段路程的平均速度,平均速度通常记为$\bar{v}$。由于匀速直线运动物体的速度是不变的,所以瞬时速度$v=\bar{v}$。但变速直线运动物体的速度$v(t)$是随时间t的变化而变化的,不同时刻的速度可能不同,因此,用上述公式算出的平均速度$\bar{v}$不能真实反映物体在t_0时的瞬时速度$v=v(t_0)$。

为求$v(t_0)$,我们可先求出物体在$[t_0,t_0+\Delta t]$这一小段时间内的平均速度$\bar{v}$,当Δt很小时,通常速度的变化不会很大,因此平均速度$\bar{v}$可作为$v(t_0)$的近似值。容易看出,Δt越小,则$\bar{v}$越接近于$v(t_0)$,当Δt无限变小时,则$\bar{v}$将无限接近于$v(t_0)$,即$v(t_0)=\lim\limits_{\Delta t\to 0}\bar{v}$。这就是我们求$v(t_0)$的基本思路。以下具体求$v(t_0)$。

设物体在$[0,t_0]$内所走过的路程为$s(t_0)$,在$[0,t_0+\Delta t]$内所走过的路程为$s(t_0+\Delta t)$,从而物体在$[t_0,t_0+\Delta t]$这段时间内所走过的路程为

$$\Delta s=s(t_0+\Delta t)-s(t_0),$$

物体在 $[t_0, t_0 + \Delta t]$ 这段时间内的平均速度为

$$\bar{v} = \frac{\Delta s}{\Delta t} = \frac{s(t_0 + \Delta t) - s(t_0)}{\Delta t}。$$

根据前面的分析,当 Δt 无限变小时,则 $\bar{v}$ 将无限接近于 $v(t_0)$,由极限的概念知,

$$v(t_0) = \lim_{\Delta t \to 0} \bar{v} = \lim_{\Delta t \to 0} \frac{\Delta s}{\Delta t} = \lim_{\Delta t \to 0} \frac{s(t_0 + \Delta t) - s(t_0)}{\Delta t}。 \tag{2.1}$$

2. 曲线的切线问题

在初等数学中,将圆的切线定义为"与圆只有一个交点的直线"。但对于一般曲线而言,这种定义显然不能表示切线的真正含义。

那么,怎样来定义并求出曲线的切线呢? 法国数学家费马(Fermat)在 17 世纪给出了切线的如下定义和求法。

设曲线 L 及 L 上一点 M_0,在 L 上另取一点 M,作割线 M_0M。当 M 点沿曲线 L 趋向于 M_0 时,割线 M_0M 绕 M_0 点旋转,若割线 M_0M 存在极限位置 M_0T,则直线 M_0T 为曲线 L 在点 M_0 处的**切线**。这里,极限位置的含义是:当点 M 沿曲线 L 趋向于 M_0 时,$\angle MM_0T$ 趋于零(见图 2.1)。

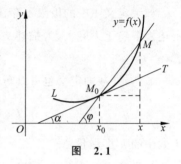

图 2.1

设曲线 L 的方程为 $y = f(x)$,$M_0(x_0, y_0)$ 是 L 上的点,即 $y_0 = f(x_0)$。要求曲线 L 在点 M_0 处的切线方程,只需求出切线的斜率即可。

根据切线的定义,如果曲线 L 在 M_0 处的切线存在,切线的斜率就应该是割线 M_0M 的斜率的极限。因此,设点 M 的坐标为 (x, y),则割线 M_0M 的斜率为

$$k_{M_0M} = \frac{y - y_0}{x - x_0} = \frac{f(x) - f(x_0)}{x - x_0}。$$

若设 $x = x_0 + \Delta x$,则割线 M_0M 的斜率也可以表示为

$$k_{M_0M} = \frac{f(x_0 + \Delta x) - f(x_0)}{\Delta x} = \frac{\Delta y}{\Delta x}。$$

当点 M 沿着 L 趋向于 M_0 时,即 $x \to x_0$,$\Delta x \to 0$,割线斜率 k_{M_0M} 的极限就是切线 M_0T 的斜率 k,即

$$k = \lim_{M \to M_0} k_{M_0M} = \lim_{\Delta x \to 0} \frac{f(x_0 + \Delta x) - f(x_0)}{\Delta x} = \lim_{\Delta x \to 0} \frac{\Delta y}{\Delta x}。 \tag{2.2}$$

显然式(2.2)与前面讨论的直线运动的瞬时速度(即式(2.1))在本质上是相同的,都可以归结为计算函数的增量与自变量的增量比值的极限,也就是求因变量对自变量的变化率。

无论是在自然科学还是在社会科学的研究过程中,涉及很多关于变化率的问题,如线密度、电流、反应速度等,都可以归结到形如式(2.1)或式(2.2)的数学形式。我们撇开不同变化率的具体意义,抽出它们在数量关系上的共同本质,就得到函数导数的概念。

2.1.2 导数的定义

定义 1 设函数 $y = f(x)$ 在点 x_0 的某邻域内有定义,当自变量 x 在点 x_0 取得增量

Δx（点 $x_0 + \Delta x$ 仍在该邻域）时，相应地函数取得增量

$$\Delta y = f(x_0 + \Delta x) - f(x_0),$$

如果极限

$$\lim_{\Delta x \to 0} \frac{\Delta y}{\Delta x} = \lim_{\Delta x \to 0} \frac{f(x_0 + \Delta x) - f(x_0)}{\Delta x}$$

存在，则称函数 $y = f(x)$ 在点 x_0 处可导，并称上述极限值为函数 $y = f(x)$ 在点 x_0 处的导数，记为 $f'(x_0)$，即

$$f'(x_0) = \lim_{\Delta x \to 0} \frac{\Delta y}{\Delta x} = \lim_{\Delta x \to 0} \frac{f(x_0 + \Delta x) - f(x_0)}{\Delta x},$$

也可以记成 $y'|_{x=x_0}$，$\dfrac{\mathrm{d}y}{\mathrm{d}x}\Big|_{x=x_0}$ 或 $\dfrac{\mathrm{d}f(x)}{\mathrm{d}x}\Big|_{x=x_0}$。

如果定义 1 中的极限不存在，则称函数 $y = f(x)$ 在点 x_0 处**不可导**或**导数不存在**，如果上述极限趋于无穷大，为描述方便，也说函数 $y = f(x)$ 在点 x_0 处的导数为无穷大，记为 $f'(x_0) = \infty$。

显然，导数的定义也可以写成下面的形式：

$$f'(x_0) = \lim_{h \to 0} \frac{f(x_0 + h) - f(x_0)}{h},$$

上式中的 h 即增量 Δx。

如果令 $\Delta x = x - x_0$，则有

$$f'(x_0) = \lim_{x \to x_0} \frac{f(x) - f(x_0)}{x - x_0}。$$

导数是各种具体变化率概念的抽象概括，导数从纯粹的数量方面刻画了变化率的本质，反映了函数 $y = f(x)$ 在点 x_0 处当自变量 x 变化时，因变量 y 变化的快慢程度。

导数的定义是依赖于极限的定义的，而极限有左极限和右极限的概念，因此就有下面的左导数和右导数的概念。

定义 2 设函数 $y = f(x)$ 在点 x_0 处的左侧 $(x_0 - \delta, x_0]$ 上有定义，如果极限

$$\lim_{\Delta x \to 0^-} \frac{f(x_0 + \Delta x) - f(x_0)}{\Delta x}$$

存在，则称此极限为函数 $y = f(x)$ 在 x_0 处的左导数，记为 $f'_-(x_0)$，即

$$f'_-(x_0) = \lim_{\Delta x \to 0^-} \frac{f(x_0 + \Delta x) - f(x_0)}{\Delta x},$$

左导数也可以写成

$$f'_-(x_0) = \lim_{x \to x_0^-} \frac{f(x) - f(x_0)}{x - x_0}。$$

类似地，可以定义函数 $y = f(x)$ 在点 x_0 处的右导数，即

$$f'_+(x_0) = \lim_{\Delta x \to 0^+} \frac{f(x_0 + \Delta x) - f(x_0)}{\Delta x},$$

也可以写成

$$f'_+(x_0) = \lim_{x \to x_0^+} \frac{f(x) - f(x_0)}{x - x_0}.$$

左导数和右导数统称为单侧导数。

根据函数极限存在的充要条件(左极限、右极限存在并且相等)可得如下结论:

$f(x)$ 在点 x_0 处可导的充要条件是 $f(x)$ 在点 x_0 处的左导数 $f'_-(x_0)$ 和右导数 $f'_+(x_0)$ 都存在且相等。

若函数 $y = f(x)$ 在开区间 (a, b) 内的每一点处都可导,则称 $f(x)$ 在区间 (a, b) 内可导。如果 $f(x)$ 在 (a, b) 内可导,且 $f'_-(b)$ 及 $f'_+(a)$ 都存在,则称 $f(x)$ 在闭区间 $[a, b]$ 上可导。

若函数 $f(x)$ 在区间 I 上可导,这时区间 I 上的每一个确定的 x 值都对应着 $f(x)$ 的一个确定的导数值 $f'(x)$,这样就构成了一个新的函数,这个函数叫作函数 $y = f(x)$ 的导函数,记作 y',$f'(x)$,$\dfrac{\mathrm{d}y}{\mathrm{d}x}$ 或 $\dfrac{\mathrm{d}f(x)}{\mathrm{d}x}$。

将导数定义中的 x_0 换成 x,即得导函数的定义

$$f'(x) = \lim_{\Delta x \to 0} \frac{f(x + \Delta x) - f(x)}{\Delta x}.$$

虽然在上式中 x 可以取区间 I 上的任何数值,但在取极限的过程中 x 是常数,Δx 是变量。

为了方便起见,导函数 $f'(x)$ 也常简称为导数,$f'(x_0)$ 称为 $f(x)$ 在点 x_0 处的导数或导函数 $f'(x)$ 在点 x_0 处的值。

有了导数的概念我们就可以利用导数的定义来求一些函数的导数。

利用导数的定义求函数的导数,应该由下面三个步骤完成:

(1) 求函数的增量 $\Delta y = f(x + \Delta x) - f(x)$;

(2) 作增量的比值 $\dfrac{\Delta y}{\Delta x}$;

(3) 求当 $\Delta x \to 0$ 时,$\dfrac{\Delta y}{\Delta x}$ 的极限,即

$$f'(x) = \lim_{\Delta x \to 0} \frac{f(x + \Delta x) - f(x)}{\Delta x}.$$

例 1 求函数 $y = c$(c 为常数)的导数。

解 求增量:

$$\Delta y = c - c = 0.$$

作比值:

$$\frac{\Delta y}{\Delta x} = \frac{0}{\Delta x} = 0.$$

求极限:

$$\lim_{\Delta x \to 0} \frac{\Delta y}{\Delta x} = 0,$$

所以,常数的导数是零,即

$$(c)' = 0 。$$

例 2 求函数 $y = x^n$(n 为正整数)的导数。

解 求增量:由二项式定理 $(a+b)^n = \sum_{i=0}^{n} C_n^i a^i b^{n-i}$ 得

$$\Delta y = (x + \Delta x)^n - x^n$$
$$= \left[x^n + C_n^1 x^{n-1} \Delta x + C_n^2 x^{n-2} (\Delta x)^2 + \cdots + (\Delta x)^n \right] - x^n$$
$$= n x^{n-1} \Delta x + o(\Delta x) 。$$

作比值:

$$\frac{\Delta y}{\Delta x} = n x^{n-1} + \frac{o(\Delta x)}{\Delta x} 。$$

求极限:

$$\lim_{\Delta x \to 0} \frac{\Delta y}{\Delta x} = n x^{n-1} ,$$

即

$$(x^n)' = n x^{n-1} 。$$

一般地,在幂函数的定义区间内,有

$$(x^\mu)' = \mu x^{\mu-1} , \quad \mu \text{ 为实数}。$$

这就是幂函数的求导公式。利用此公式,可以容易地求出幂函数的导数,例如:

$$(\sqrt{x})' = (x^{\frac{1}{2}})' = \frac{1}{2} x^{\frac{1}{2}-1} = \frac{1}{2\sqrt{x}} ,$$

$$\left(\frac{1}{x^2} \right)' = (x^{-2})' = -2 x^{-2-1} = -\frac{2}{x^3} 。$$

例 3 求函数 $y = \cos x$ 的导数。

解 求增量:

$$\Delta y = f(x + \Delta x) - f(x) = \cos(x + \Delta x) - \cos x = -2\sin\left(x + \frac{\Delta x}{2}\right) \sin \frac{\Delta x}{2} 。$$

作比值:

$$\frac{\Delta y}{\Delta x} = -\sin\left(x + \frac{\Delta x}{2}\right) \frac{\sin \frac{\Delta x}{2}}{\frac{\Delta x}{2}} 。$$

求极限:由重要极限 Ⅰ 及 $\sin x$ 的连续性,有

$$\lim_{\Delta x \to 0} \frac{\Delta y}{\Delta x} = -\sin x ,$$

即

$$(\cos x)' = -\sin x 。$$

类似地可得到 $(\sin x)' = \cos x$。

例 4 求函数 $y = \ln x$ 的导数。

解 求增量：

$$\Delta y = \ln(x + \Delta x) - \ln x = \ln \frac{x + \Delta x}{x} = \ln\left(1 + \frac{\Delta x}{x}\right).$$

作比值：

$$\frac{\Delta y}{\Delta x} = \frac{1}{\Delta x}\ln\left(1 + \frac{\Delta x}{x}\right) = \frac{\ln\left(1 + \dfrac{\Delta x}{x}\right)}{x \cdot \dfrac{\Delta x}{x}}.$$

求极限：当 $\Delta x \to 0$ 时，$\ln\left(1 + \dfrac{\Delta x}{x}\right) \sim \dfrac{\Delta x}{x}$，因此得

$$\lim_{\Delta x \to 0} \frac{\Delta y}{\Delta x} = \frac{1}{x},$$

即

$$(\ln x)' = \frac{1}{x}.$$

用类似的方法可以得到对数函数 $f(x) = \log_a x \, (a > 0, a \neq 1)$ 的导数为

$$(\log_a x)' = \frac{1}{x}\log_a e = \frac{1}{x \ln a}.$$

例 5 求 $y = a^x \, (a > 0, a \neq 1)$ 的导数。

解 求增量：

$$\Delta y = a^{x + \Delta x} - a^x = a^x(a^{\Delta x} - 1).$$

作比值：

$$\frac{\Delta y}{\Delta x} = a^x \frac{a^{\Delta x} - 1}{\Delta x}.$$

求极限：当 $\Delta x \to 0$ 时，$a^{\Delta x} - 1 \sim \Delta x \ln a$，因此得

$$\lim_{\Delta x \to 0} \frac{\Delta y}{\Delta x} = a^x \ln a,$$

即

$$(a^x)' = a^x \ln a.$$

特别地，当 $a = e$ 时，有

$$(e^x)' = e^x.$$

例 6 设 $f(x) = \begin{cases} x, & x < 0, \\ \sin x, & x \geq 0, \end{cases}$ 求 $f'(x)$。

解 当 $x < 0$ 时，有

$$f'(x) = (x)' = 1;$$

当 $x > 0$ 时，有

$$f'(x) = (\sin x)' = \cos x;$$

当 $x = 0$ 时，有

$$f'_-(0) = \lim_{\Delta x \to 0^-} \frac{f(0 + \Delta x) - f(0)}{\Delta x} = \lim_{\Delta x \to 0^-} \frac{\Delta x}{\Delta x} = 1,$$

$$f'_+(0) = \lim_{\Delta x \to 0^+} \frac{f(0+\Delta x)-f(0)}{\Delta x} = \lim_{\Delta x \to 0^+} \frac{\sin\Delta x}{\Delta x} = 1。$$

因此有

$$f'_-(0) = f'_+(0) = 1,$$

所以

$$f'(0) = 1。$$

综上所述,得

$$f'(x) = \begin{cases} 1, & x < 0, \\ \cos x, & x \geqslant 0。\end{cases}$$

通过例 6 可以看出,对于分段函数 $f(x)$ 求导,可用分段函数的分点将定义域分成几个区间,在每个区间上分别求 $f(x)$ 的导数。在分点处,计算左导数和右导数以确定 $f(x)$ 在该点处的可导性,最后写出 $f(x)$ 的导数表达式。

2.1.3 导数的几何意义

在前面的讨论中我们已经知道,函数 $y=f(x)$ 在点 $x=x_0$ 处的导数 $f'(x_0)$ 在几何上表示曲线 $y=f(x)$ 在点 $M_0(x_0, f(x_0))$ 处的切线的斜率,即

$$f'(x_0) = \tan\alpha,$$

其中 α 是切线的倾角(见图 2.2)。

若 $f'(x_0)=\infty$,则说明连续曲线 $y=f(x)$ 的割线以垂直于 x 轴的直线 $x=x_0$ 为极限位置,即曲线 $y=f(x)$ 在点 $M_0(x_0, f(x_0))$ 处具有垂直于 x 轴的切线 $x=x_0$。

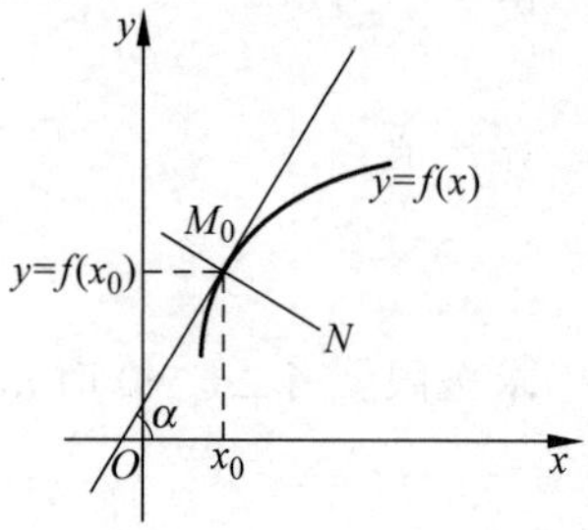

由导数的几何意义,并应用直线的点斜式方程,可知曲线 $y=f(x)$ 在点 $(x_0, f(x_0))$ 处的切线方程为

$$y - f(x_0) = f'(x_0)(x-x_0)。$$

我们将过切点 $M_0(x_0, f(x_0))$ 且与切线垂直的直线叫作曲线 $y=f(x)$ 在点 M_0 处的法线(如图 2.2 中的 M_0N)。如果 $f'(x_0)\neq 0$,法线的斜率为 $-\dfrac{1}{f'(x_0)}$,则曲线 $y=f(x)$ 在点 $M_0(x_0, f(x_0))$ 处的法线方程为

图 2.2

$$y - f(x_0) = -\frac{1}{f'(x_0)}(x-x_0)。$$

例 7 求曲线 $y=-\dfrac{1}{x}$ 在点 $\left(2, -\dfrac{1}{2}\right)$ 处的切线方程和法线方程。

解 因为 $y'=\dfrac{1}{x^2}$,所以有

$$y'|_{x=2} = \frac{1}{2^2} = \frac{1}{4}。$$

所求切线方程为

$$y + \frac{1}{2} = \frac{1}{4}(x-2),$$

即

$$x - 4y - 4 = 0。$$

所求法线方程为

$$y + \frac{1}{2} = -4(x - 2),$$

即

$$8x + 2y - 15 = 0。$$

2.1.4 函数的可导性与连续性之间的关系

函数的连续性和可导性都是逐点定义的,那么同一个函数 $f(x)$ 在同一个点 x_0 处的可导性与连续性有什么关系呢? 也就是需要回答下面两个问题:

(1) 如果函数 $f(x)$ 在点 x_0 处连续,$f(x)$ 在点 x_0 处是否一定可导?

(2) 如果函数 $f(x)$ 在点 x_0 处可导,$f(x)$ 在点 x_0 处是否一定连续?

定理 1 如果函数 $y = f(x)$ 在点 x_0 处可导,则 $f(x)$ 在点 x_0 处连续。

证 由于 $y = f(x)$ 在点 x_0 处可导,即

$$\lim_{\Delta x \to 0} \frac{\Delta y}{\Delta x} = \lim_{\Delta x \to 0} \frac{f(x_0 + \Delta x) - f(x_0)}{\Delta x}$$

存在,所以

$$\lim_{\Delta x \to 0} \Delta y = \lim_{\Delta x \to 0} \left(\frac{\Delta y}{\Delta x} \Delta x\right) = \lim_{\Delta x \to 0} \frac{\Delta y}{\Delta x} \cdot \lim_{\Delta x \to 0} \Delta x = 0。$$

根据连续的定义,可知 $y = f(x)$ 在点 x_0 处连续。

定理 1 回答了前面的第二个问题。简单地说,可导一定连续;但是其逆命题不一定成立,即 $y = f(x)$ 在点 x_0 处连续,但不一定可导。举例说明如下。

例 8 函数 $f(x) = |x|$ 在 $(-\infty, +\infty)$ 内连续,但在点 $x = 0$ 处,有

$$f'_-(0) = \lim_{\Delta x \to 0^-} \frac{|\Delta x| - 0}{\Delta x} = \lim_{\Delta x \to 0^-} \frac{-\Delta x}{\Delta x} = -1,$$

$$f'_+(0) = \lim_{\Delta x \to 0^+} \frac{|\Delta x| - 0}{\Delta x} = \lim_{\Delta x \to 0^+} \frac{\Delta x}{\Delta x} = 1,$$

$$f'_-(0) \neq f'_+(0)。$$

因此 $f'(0)$ 不存在,即 $f(x)$ 在点 $x = 0$ 处不可导。从几何上直观来看,$y = |x|$ 在原点处没有切线(见图 2.3)。

例 9 函数 $f(x) = \sqrt[3]{x}$ 在 $(-\infty, +\infty)$ 内连续,但在点 $x = 0$ 处,有

$$\lim_{x \to 0} \frac{f(x) - f(0)}{x} = \lim_{x \to 0} \frac{\sqrt[3]{x} - 0}{x} = \lim_{x \to 0} x^{-\frac{2}{3}} = \infty,$$

即导数为无穷大,因此 $f(x)$ 在点 $x = 0$ 处导数不存在。

这一结论在几何上直观表现为曲线 $y = \sqrt[3]{x}$ 在原点处具有垂直于 x 轴的切线 $x = 0$(见图 2.4)。

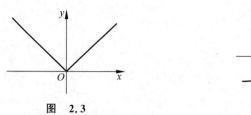

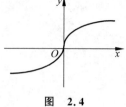

图　2.3　　　　　　　　　　　　　　图　2.4

例 10　a,b 取何值时,函数 $f(x)=\begin{cases} e^x, & x\leqslant 0, \\ x^2+ax+b, & x>0 \end{cases}$ 在点 $x=0$ 处可导?

解　由于 $f(x)$ 在点 $x=0$ 处可导,因此 $f(x)$ 在点 $x=0$ 处连续,即

$$\lim_{x\to 0^-} f(x)=\lim_{x\to 0^+} f(x)=f(0)。$$

因为 $\lim\limits_{x\to 0^+} f(x)=\lim\limits_{x\to 0^+}(x^2+ax+b)=b, f(0)=1$,所以有 $b=1$。

$$f'_-(0)=\lim_{x\to 0^-}\frac{f(x)-f(0)}{x}=\lim_{x\to 0^-}\frac{e^x-1}{x}=1,$$

$$f'_+(0)=\lim_{x\to 0^+}\frac{f(x)-f(0)}{x}=\lim_{x\to 0^+}\frac{x^2+ax+1-1}{x}=a。$$

若 $f(x)$ 在点 $x=0$ 处可导,则应有 $f'_+(0)=f'_-(0)$,即 $a=1$。所以,当 $a=1,b=1$ 时,函数 $f(x)$ 在点 $x=0$ 处可导。

【人生启迪】

爬山时,有时轻松,有时很累。究其原因,便是平坦与陡峭之别。这种平坦与陡峭的数学量化,就是导数。导数的概念来源于生活,是先利用数形结合进行动态分析,再通过取极限得到静态的结果进而推导出来的。这一过程体现了认识来源于实践(数形结合)、量变到质变(近似到精确)、动与静结合(对立统一规律)等马克思主义哲学思想。我们应该认识到:任何事物的变化都是从量变开始的,当量变累积到一定程度,必定会引起质变。

习　题　2.1

1. 思考题

(1) 若连续函数 $y=f(x)$ 在点 x_0 不可导,则曲线 $y=f(x)$ 在点 $(x_0,f(x_0))$ 处是否一定没有切线?

(2) 设 x_0 为函数 $y=f(x)$ 的第一类间断点,则左导数 $f'_-(x)$ 与右导数 $f'_+(x)$ 是否同时存在?

(3) 设函数 $y=f(x)$ 在点 x_0 处可导,则 $|f(x)|$ 在点 x_0 处是否可导?

(4) 设 $|f(x)|$ 在点 x_0 处可导,则 $f(x)$ 在点 x_0 处是否可导?

2. 设 $f'(x_0)$ 存在,指出下列极限各表示什么。

(1) $\lim\limits_{\Delta x \to 0} \dfrac{f(x_0 - \Delta x) - f(x_0)}{\Delta x}$;　　　　(2) $\lim\limits_{h \to 0} \dfrac{f(x_0) - f(x_0 + h)}{h}$;

(3) $\lim\limits_{h \to 0} \dfrac{f(x_0 + h) - f(x_0 - 2h)}{h}$;　　　　(4) $\lim\limits_{x \to 0} \dfrac{f(x)}{x}$(假设 $f(0) = 0, f'(0)$存在)。

3. 一物体的运动方程为 $s = \dfrac{1}{3}t^3 + t$, 求该物体在 $t = 3$ 时的瞬时速度。

4. 求曲线 $y = x^2 - 1$ 在点 $(2,3)$ 处的切线方程和法线方程。

5. x 取何值时, 曲线 $y = x^2$ 与曲线 $y = x^3$ 的切线相互垂直?

6. 讨论下列函数在指定点处是否连续, 是否可导。

(1) $f(x) = \begin{cases} x^2, & x < 0, \\ x^3, & x \geqslant 0, \end{cases}$ 在点 $x = 0$ 处;

(2) $f(x) = \begin{cases} x\arctan\dfrac{1}{x}, & x \neq 0, \\ 0, & x = 0, \end{cases}$ 在点 $x = 0$ 处;

(3) $f(x) = \begin{cases} \dfrac{\sin(x-1)}{x-1}, & x \neq 1, \\ 0, & x = 1, \end{cases}$ 在点 $x = 1$ 处。

7. 设 $f(x) = \begin{cases} x^2, & x \leqslant 1, \\ ax + b, & x > 1, \end{cases}$ 为了使函数 $f(x)$ 在点 $x = 1$ 处可导, a, b 应取什么值?

8. 已知 $f(x)$ 在点 $x = 1$ 处连续, 且 $\lim\limits_{x \to 1} \dfrac{f(x)}{x-1} = 2$, 求 $f'(1)$。

2.2　函数的求导法则

前面我们利用导数的定义求出了几个基本初等函数的导数, 但是对于比较复杂的函数要用定义去讨论可导性并求出导数, 是十分困难的, 因此, 有必要研究导数的运算规律以及基本初等函数的导数, 以便能够比较容易地判断一个初等函数的可导性, 并求出它的导数。

2.2.1　函数的和、差、积、商的求导法则

鉴于导数是利用极限来定义的, 因此由极限的四则运算法则及导数的定义可以得到函数的和、差、积、商的求导法则。

定理 1　如果函数 $u = u(x)$ 和 $v = v(x)$ 都在点 x 处可导, 则函数 $u(x) \pm v(x)$ 也在点 x 处可导, 并且

$$[u(x) \pm v(x)]' = u'(x) \pm v'(x)。 \tag{2.3}$$

证　设当 x 取得增量 $\Delta x(\Delta x \neq 0)$时, 函数 $u = u(x)$ 及 $v = v(x)$ 分别有增量

$$\Delta u = u(x + \Delta x) - u(x),$$
$$\Delta v = v(x + \Delta x) - v(x),$$

从而有

$$\Delta(u \pm v) = [u(x + \Delta x) \pm v(x + \Delta x)] - [u(x) \pm v(x)]$$
$$= [u(x + \Delta x) - u(x)] \pm [v(x + \Delta x) - v(x)]$$
$$= \Delta u \pm \Delta v。$$

所以

$$\lim_{\Delta x \to 0} \frac{\Delta(u \pm v)}{\Delta x} = \lim_{\Delta x \to 0} \frac{\Delta u}{\Delta x} \pm \lim_{\Delta x \to 0} \frac{\Delta v}{\Delta x},$$

即

$$[u(x) \pm v(x)]' = u'(x) \pm v'(x)。$$

推论 1 有限个可导函数的代数和的导数等于它们的导数的代数和,即若函数 $u_1(x)$, $u_2(x), \cdots, u_n(x)$ 都在点 x 处可导,则函数 $u_1(x) \pm u_2(x) \pm \cdots \pm u_n(x)$ 也在点 x 处可导, 并且

$$[u_1(x) \pm u_2(x) \pm \cdots \pm u_n(x)]' = u'_1(x) \pm u'_2(x) \pm \cdots \pm u'_n(x)。$$

定理 2 如果函数 $u = u(x)$ 及 $v = v(x)$ 都在点 x 处可导,则函数 $u(x)v(x)$ 也在点 x 处可导,并且

$$[u(x)v(x)]' = u'(x)v(x) + u(x)v'(x)。 \tag{2.4}$$

证 利用定理 1 证明中的记号,有

$$\Delta(uv) = u(x + \Delta x)v(x + \Delta x) - u(x)v(x)$$
$$= [u(x) + \Delta u][v(x) + \Delta v] - u(x)v(x)$$
$$= u(x)\Delta v + v(x)\Delta u + \Delta u \Delta v。$$

由于 $u(x)$ 及 $v(x)$ 都在点 x 处可导,因此 $u(x)$ 及 $v(x)$ 都在点 x 处连续,所以

$$\lim_{\Delta x \to 0} \frac{\Delta(uv)}{\Delta x} = \lim_{\Delta x \to 0} \left[u(x) \frac{\Delta v}{\Delta x} + v(x) \frac{\Delta u}{\Delta x} + \Delta u \frac{\Delta v}{\Delta x} \right]$$
$$= u(x)v'(x) + v(x)u'(x) + 0 \cdot v'(x),$$

即

$$[u(x)v(x)]' = u'(x)v(x) + u(x)v'(x)。$$

在式(2.4)中令 $v = C$,那么 $v' = 0$,可得以下推论。

推论 2 设 C 是常数,则

$$[Cu(x)]' = Cu'(x)。 \tag{2.5}$$

若 $u = u(x), v = v(x), w = w(x)$ 在点 x 处可导,由公式(2.4),有

$$(uvw) = [(uv)w]' = (uv)'w + (uv)w' = (u'v + uv')w + uvw'$$
$$= u'vw + uv'w + uvw'。$$

一般地,有如下推论。

推论 3 设函数 $u_1 = u_1(x), u_2 = u_2(x), \cdots, u_n = u_n(x)$ 在点 x 处可导,则函数 $u_1(x)u_2(x) \cdots u_n(x)$ 也在点 x 处可导,并且

$$(u_1 u_2, \cdots u_n)' = u'_1 u_2 \cdots u_n + u_1 u'_2 \cdots u_n + \cdots + u_1 u_2 \cdots u'_n。 \tag{2.6}$$

定理 3 如果函数 $u = u(x)$ 及 $v = v(x)$ 都在点 x 处可导,则函数 $\dfrac{u(x)}{v(x)}(v(x) \neq 0)$ 也在 点 x 处可导,并且

$$\left[\frac{u(x)}{v(x)}\right]' = \frac{u'(x)v(x) - u(x)v'(x)}{v^2(x)}.$$

证 利用定理 1 证明中的记号,有

$$\Delta\left[\frac{u}{v}\right] = \frac{u(x+\Delta x)}{v(x+\Delta x)} - \frac{u(x)}{v(x)} = \frac{u(x)+\Delta u}{v(x)+\Delta v} - \frac{u(x)}{v(x)} = \frac{v(x)\Delta u - u(x)\Delta v}{v(x)[v(x)+\Delta v]}.$$

由于 $v(x)$ 在 x 点处可导,从而在点 x 处连续,所以

$$\lim_{\Delta x \to 0} \frac{\Delta\left[\dfrac{u}{v}\right]}{\Delta x} = \lim_{\Delta x \to 0} \frac{\left[v(x)\dfrac{\Delta u}{\Delta x} - u(x)\dfrac{\Delta v}{\Delta x}\right]}{v(x)[v(x)+\Delta v]} = \frac{u'(x)v(x) - u(x)v'(x)}{v^2(x)},$$

即当 $v(x) \neq 0$ 时,有

$$\left[\frac{u(x)}{v(x)}\right]' = \frac{u'(x)v(x) - u(x)v'(x)}{v^2(x)}. \tag{2.7}$$

特殊地,若令 $u(x)=1$,则可得以下推论。

推论 4 如果函数 $v=v(x)$ 可导,且 $v(x) \neq 0$,则

$$\left[\frac{1}{v(x)}\right]' = -\frac{v'(x)}{v^2(x)}.$$

例 1 求 $y = x^4 + \sqrt[3]{x} + 3^x - \log_3 x - \ln 3$ 的导数。

解 由定理 1,有

$$y' = (x^4)' + (\sqrt[3]{x})' + (3^x)' - (\log_3 x)' - (\ln 3)'$$

$$= 4x^3 + \frac{1}{3}x^{-\frac{2}{3}} + 3^x \ln 3 - \frac{1}{x \ln 3}.$$

例 2 设 $y = \dfrac{2x^3 - x\sqrt{x} + 3x - \sqrt{x} - 4}{x\sqrt{x}}$,求 $y'|_{x=1}$。

解 由于

$$y = 2x^{\frac{3}{2}} - 1 + 3x^{-\frac{1}{2}} - x^{-1} - 4x^{-\frac{3}{2}},$$

故

$$y' = 2 \times \frac{3}{2}x^{\frac{1}{2}} + 3 \times \left(-\frac{1}{2}\right)x^{-\frac{1}{2}-1} - (-1)x^{-1-1} - 4 \times \left(-\frac{3}{2}\right)x^{-\frac{3}{2}-1}$$

$$= 3x^{\frac{1}{2}} - \frac{3}{2}x^{-\frac{3}{2}} + x^{-2} + 6x^{-\frac{5}{2}},$$

因此 $y'|_{x=1} = 3 - \dfrac{3}{2} + 1 + 6 = \dfrac{17}{2}$。

例 3 求函数 $y = x\ln x \cdot \sin x$ 的导数。

解 由推论 3,有

$$y' = (x)'\ln x \cdot \sin x + x(\ln x)'\sin x + x\ln x \cdot (\sin x)'$$

$$= \ln x \cdot \sin x + \sin x + x\ln x \cdot \cos x.$$

例 4 求余切函数 $y = \cot x$ 的导数。

解 由于 $\cot x = \dfrac{\cos x}{\sin x}$,利用式(2.7)可得

$$y' = \left(\frac{\cos x}{\sin x}\right)' = \frac{(\cos x)' \sin x - \cos x (\sin x)'}{\sin^2 x} = -\frac{\sin^2 x + \cos^2 x}{\sin^2 x} = -\csc^2 x,$$

即

$$(\cot x)' = -\csc^2 x。$$

同理可得

$$(\tan x)' = \sec^2 x。$$

例 5　求正割函数 $y = \sec x$ 的导数。

解　因 $\sec x = \dfrac{1}{\cos x}$，由定理 3 的推论 4，有

$$y' = (\sec x)' = \left(\frac{1}{\cos x}\right)' = -\frac{(\cos x)'}{\cos^2 x} = \frac{\sin x}{\cos^2 x} = \sec x \tan x,$$

即

$$(\sec x)' = \sec x \tan x。$$

同理可得

$$(\csc x)' = -\csc x \cot x。$$

至此，在基本初等函数中，仅剩下反三角函数的导数公式尚未导出。下面先来讨论反函数的导数，进而得到反三角函数的导数公式。

2.2.2　反函数的求导法则

定理 4　设函数 $x = g(y)$ 在区间 I_y 上单调且可导，它的值域为 I_x，而 $g'(y) \neq 0$，则其反函数 $y = g^{-1}(x) = f(x)$ 在区间 I_x 上可导，并且有

$$f'(x) = \frac{1}{g'(y)} \text{ 或} \frac{\mathrm{d}y}{\mathrm{d}x} = \frac{1}{\dfrac{\mathrm{d}x}{\mathrm{d}y}}。 \tag{2.8}$$

证　由于函数 $x = g(y)$ 在区间 I_y 上单调且可导，因此其在区间 I_x 上的反函数 $y = f(x)$ 是单调连续的。对于任意的点 $x \in I_x$，当 $\Delta x \neq 0$ 时，$\Delta y \neq 0$，所以有

$$\frac{\Delta y}{\Delta x} = \frac{1}{\dfrac{\Delta x}{\Delta y}}。$$

又函数 $y = f(x)$ 连续，所以当 $\Delta x \to 0$ 时，$\Delta y \to 0$，因此

$$\lim_{\Delta x \to 0} \frac{\Delta y}{\Delta x} = \frac{1}{\lim\limits_{\Delta y \to 0} \dfrac{\Delta x}{\Delta y}}。$$

由已知 $g'(y) \neq 0$，故

$$f'(x) = \lim_{\Delta x \to 0} \frac{\Delta y}{\Delta x} = \frac{1}{\lim\limits_{\Delta y \to 0} \dfrac{\Delta x}{\Delta y}} = \frac{1}{g'(y)}。$$

例 6　求反余弦函数 $y = \arccos x$ 的导数。

解　$y = \arccos x$ 是 $x = \cos y (0 < y < \pi)$ 的反函数，而 $x = \cos y$ 在 $(0, \pi)$ 内单调、可导，且

$$(\cos y)' = -\sin y \neq 0。$$

由定理 4 可知,在对应区间 $(-1,1)$ 内,$y=\arccos x$ 可导,且

$$(\arccos x)' = \frac{1}{(\cos y)'} = \frac{1}{-\sin y},$$

而 $\sin y = \sqrt{1-\cos^2 y}$,故

$$(\arccos x)' = -\frac{1}{\sqrt{1-\cos^2 y}} = -\frac{1}{\sqrt{1-x^2}}.$$

用同样的方法可得

$$(\arcsin x)' = \frac{1}{\sqrt{1-x^2}}.$$

例 7 求反正切函数 $y=\arctan x$ 的导数。

解 $y=\arctan x (-\infty < x < +\infty)$ 是 $x=\tan y \left(-\frac{\pi}{2} < y < \frac{\pi}{2}\right)$ 的反函数,而 $x=\tan y$ 在 $\left(-\frac{\pi}{2}, \frac{\pi}{2}\right)$ 内单调、可导,且

$$(\tan y)' = \sec^2 y \neq 0.$$

由定理 4 可知,在对应区间 $I_x = (-\infty, +\infty)$ 内,$y=\arctan x$ 可导,且

$$(\arctan x)' = \frac{1}{(\tan y)'} = \frac{1}{\sec^2 y}.$$

而

$$\sec^2 y = 1 + \tan^2 y = 1 + x^2,$$

故

$$(\arctan x)' = \frac{1}{1+x^2}, \quad -\infty < x < +\infty.$$

用同样的方法可得

$$(\operatorname{arccot} x)' = -\frac{1}{1+x^2}, \quad -\infty < x < +\infty.$$

如果利用三角学中的公式 $\arcsin x = \frac{\pi}{2} - \arccos x$ 和 $\operatorname{arccot} x = \frac{\pi}{2} - \arctan x$,以及例 6 和例 7 的结果,也可以得到 $\arcsin x$ 及 $\operatorname{arccot} x$ 的导数表达式。

2.2.3 复合函数求导法则

前面讨论了函数的四则运算求导法则,求出了基本初等函数的导数。但是,大量的初等函数是由基本初等函数经过有限次复合运算得到的,它们是否可导?如何计算出它们的导数?这些问题可以通过下面的讨论得到解决,从而可以基本上解决初等函数求导的问题。

定理 5(复合函数求导法则) 如果函数 $u=\varphi(x)$ 在点 x 处可导,函数 $y=f(u)$ 在点 $u=\varphi(x)$ 处可导,则复合函数 $y=f[\varphi(x)]$ 在点 x 处可导,且其导数为

$$\frac{\mathrm{d}y}{\mathrm{d}x} = f'(u)\varphi'(x) = f'[\varphi(x)]\varphi'(x). \tag{2.9}$$

证 设 x 有增量 Δx 时,u 的增量为 Δu,从而 y 也有增量 Δy。因为

$$\lim_{\Delta u \to 0} \frac{\Delta y}{\Delta u} = f'(u),$$

根据极限与无穷小量的关系定理有

$$\frac{\Delta y}{\Delta u} = f'(u) + \alpha,$$

其中 $\lim\limits_{\Delta u \to 0} \alpha = 0$。于是

$$\Delta y = f'(u) \cdot \Delta u + \alpha \cdot \Delta u。$$

当 $\Delta u = 0$ 时，由于 $\Delta y = 0$，上式仍成立（这时取 $\alpha = 0$），于是

$$\lim_{\Delta x \to 0} \frac{\Delta y}{\Delta x} = \lim_{\Delta x \to 0} \left(f'(u) \cdot \frac{\Delta u}{\Delta x} + \alpha \cdot \frac{\Delta u}{\Delta x} \right) = f'(u) \cdot \lim_{\Delta x \to 0} \frac{\Delta u}{\Delta x} + \lim_{\Delta x \to 0} \alpha \cdot \lim_{\Delta x \to 0} \frac{\Delta u}{\Delta x}。$$

由于 $u = \varphi(x)$ 在点 x 处连续，所以当 $\Delta x \to 0$ 时 $\Delta u \to 0$，从而

$$\lim_{\Delta x \to 0} \alpha = \lim_{\Delta u \to 0} \alpha = 0。$$

由上式即得到

$$\frac{dy}{dx} = \frac{dy}{du} \cdot \frac{du}{dx},$$

亦即

$$\frac{dy}{dx} = f'(u)\varphi'(x) = f'[\varphi(x)]\varphi'(x)。$$

上式说明，复合函数 y 对自变量 x 的导数，等于函数 y 对中间变量 u 的导数乘以中间变量 u 对自变量 x 的导数。

例 8 求函数 $y = \cot 2x$ 的导数。

解 $y = \cot 2x$ 可以看作是由 $y = \cot u$，$u = 2x$ 复合而成的函数，由公式（2.9）得

$$y' = \frac{dy}{du} \cdot \frac{du}{dx} = -\csc^2 u \cdot 2 = -2\csc^2 2x。$$

应当注意，在将复合函数对自变量 x 求导时，最终表达式的中间变量一定要用自变量 x 的函数代入。

例 9 求函数 $y = \ln \sin x$ 的导数。

解 $y = \ln \sin x$ 可以看作是由 $y = \ln u$，$u = \sin x$ 复合而成，因此有

$$\frac{dy}{dx} = \frac{dy}{du} \cdot \frac{du}{dx} = \frac{1}{u}\cos x = \frac{1}{\sin x}\cos x = \cot x。$$

定理可推广到多重复合函数的情形。

例如，$y = f(u)$，$u = g(x)$，$x = \varphi(t)$ 都可导，则复合函数 $y = f(g(\varphi(t)))$ 可导，且

$$\frac{dy}{dt} = \frac{dy}{du} \cdot \frac{du}{dx} \cdot \frac{dx}{dt} = f'(u)g'(x)\varphi'(t)。$$

由此可见，复合函数 $y = f(g(x(t)))$ 的导数等于在构成复合关系的变量

$$y \to u \to x \to t$$

中，每一个在前面的变量对对在后面的相邻变量的导数的乘积。因此，复合函数的求导法则也称为**链式法则**。

例 10 求函数 $y = \mathrm{e}^{\arctan\sqrt{x}}$ 的导数。

解 所给函数可以看作是由 $y = \mathrm{e}^u$，$u = \arctan v$，$v = \sqrt{x}$ 复合而成的函数，由链式法则可得

$$\frac{\mathrm{d}y}{\mathrm{d}x} = \frac{\mathrm{d}y}{\mathrm{d}u} \cdot \frac{\mathrm{d}u}{\mathrm{d}v} \cdot \frac{\mathrm{d}v}{\mathrm{d}x} = \mathrm{e}^u \frac{1}{1+v^2} \frac{1}{2\sqrt{x}} = \frac{1}{2\sqrt{x}(1+x)} \mathrm{e}^{\arctan\sqrt{x}}.$$

在对复合函数求导比较熟练以后，函数的复合过程就可以不写出来了。只要分清中间变量和自变量，把中间变量看作是一个整体，然后逐层求导就可以了。这里的关键是必须搞清楚每一步骤究竟在对哪个变量求导。

例如，例 10 的过程可以这样进行：

$$y' = (\mathrm{e}^{\arctan\sqrt{x}})' = \mathrm{e}^{\arctan\sqrt{x}}(\arctan\sqrt{x})' = \mathrm{e}^{\arctan\sqrt{x}} \frac{1}{1+(\sqrt{x})^2}(\sqrt{x})' = \frac{1}{2\sqrt{x}(1+x)}\mathrm{e}^{\arctan\sqrt{x}}.$$

例 11 求函数 $y = \cos(\sin^3(x^2))$ 的导数。

解 根据链式法则，有

$$y' = -\sin(\sin^3 x^2) \cdot (\sin^3 x^2)' = -\sin(\sin^3 x^2) \cdot 3\sin^2 x^2 \cdot (\sin x^2)'$$
$$= -\sin(\sin^3 x^2) \cdot 3\sin^2 x^2 \cdot \cos x^2 (x^2)' = -6x\sin(\sin^3 x^2)\sin^2 x^2\cos x^2.$$

例 12 设 $y = \ln|x|$，求 y'。

解 由于 $y = \ln|x| = \begin{cases} \ln(-x), & x<0 \\ \ln x, & x>0, \end{cases}$ 所以，当 $x<0$ 时，有

$$y' = (\ln(-x))' = \frac{1}{-x} \cdot (-1) = \frac{1}{x},$$

当 $x>0$ 时，有

$$y' = (\ln x)' = \frac{1}{x},$$

因此得

$$(\ln|x|)' = \frac{1}{x}.$$

例 13 设 $x>0$，证明幂函数的导数公式

$$(x^\mu)' = \mu x^{\mu-1}, \quad \mu \text{ 为任意实数}.$$

解 因为 $x^\mu = \mathrm{e}^{\mu\ln x}$，所以

$$(x^\mu)' = (\mathrm{e}^{\mu\ln x})' = \mathrm{e}^{\mu\ln x}(\mu\ln x)' = x^\mu \frac{\mu}{x} = \mu x^{\mu-1}.$$

例 14 求幂指函数 $y = x^{\cos x}$ 的导数 $(x>0)$。

解 由于 $y = \mathrm{e}^{\cos x\ln x}$，故

$$y' = (\mathrm{e}^{\cos x\ln x})' = \mathrm{e}^{\cos x\ln x} \cdot (\cos x\ln x)' = x^{\cos x}[(\cos x)'\ln x + \cos x(\ln x)']$$
$$= x^{\cos x}\left(-\sin x\ln x + \frac{\cos x}{x}\right).$$

一般地，幂指函数 $y = [u(x)]^{v(x)}$（其中 $u(x), v(x)$ 是可导函数，且 $u(x)>0$）可以用类似的办法求出它的导数。另外，对于诸如下面例 15 这样的函数，用这种方法来求导也是比较方便的。

例 15 设 $y = \dfrac{\sqrt{x-1}\,(x^3+2)^3}{(2x+3)^2}$，求 y'。

解 因为

$$y = \mathrm{e}^{\frac{1}{2}\ln(x-1)+3\ln(x^3+2)-2\ln(2x+3)},$$

所以

$$y' = \mathrm{e}^{\frac{1}{2}\ln(x-1)+3\ln(x^3+2)-2\ln(2x+3)}\left(\frac{1}{2}\cdot\frac{1}{x-1}+3\cdot\frac{3x^2}{x^3+2}-\frac{2\times 2}{2x+3}\right)$$

$$= \frac{\sqrt{x-1}\,(x^3+2)^3}{(2x+3)^2}\left[\frac{1}{2(x-1)}+\frac{9x^2}{x^3+2}-\frac{4}{2x+3}\right]。$$

由于初等函数是由基本初等函数经过有限次四则运算和复合运算构成的，而我们已经求出了所有基本初等函数的导数，再利用导数的四则运算法则、链式法则，就可以求出所有初等函数的导数了。

基本初等函数的导数公式如下：

(1) $(C)' = 0$ (C 为常数)；

(2) $(x^{\mu})' = \mu x^{\mu-1}$；

(3) $(\sin x)' = \cos x$；

(4) $(\cos x)' = -\sin x$；

(5) $(\tan x)' = \sec^2 x$；

(6) $(\cot x)' = -\csc^2 x$；

(7) $(\sec x)' = \sec x\tan x$；

(8) $(\csc x)' = -\csc x\cot x$；

(9) $(a^x)' = a^x\ln a$ ($a>0,a\neq 1$)；

(10) $(\mathrm{e}^x)' = \mathrm{e}^x$；

(11) $(\log_a x)' = \dfrac{1}{x\ln a}$ ($a>0,a\neq 1$)；

(12) $(\ln x)' = \dfrac{1}{x}$；

(13) $(\arcsin x)' = \dfrac{1}{\sqrt{1-x^2}}$ ($|x|<1$)；

(14) $(\arccos x)' = -\dfrac{1}{\sqrt{1-x^2}}$ ($|x|<1$)；

(15) $(\arctan x)' = \dfrac{1}{1+x^2}$；

(16) $(\operatorname{arccot} x)' = -\dfrac{1}{1+x^2}$。

【人生启迪】

在高等数学中，运算法则是必不可少的内容，是培养我们计算能力和逻辑思维能力的有效载体，也是处理和解决问题不可或缺的有力工具。通过对基本求导公式进行归类记忆，可以锻炼我们的归纳和整理能力。复合函数的求导过程，使我们认识到：再复杂的事情也是由简单的事情组合起来的，只有将基本求导公式烂熟于心，复合函数求导才能得心应手。荀子曰："不积跬步，无以至千里；不积小流，无以成江海"。同样，学习需要踏实肯干和持之以恒，才能做到水滴石穿，厚积薄发。

习 题 2.2

1. 求下列函数的导数：

(1) $y = \dfrac{1}{2}x^2+x+1$；

(2) $y = x^3+3^x-\ln 3$；

(3) $y = \dfrac{\sqrt{x}-1}{x^2}$；

(4) $y = \sqrt{x\sqrt{x\sqrt{x}}}$；

(5) $y=\dfrac{x-1}{x+1}$;

(6) $y=\dfrac{1-\ln x}{1+\ln x}$;

(7) $y=(x+1)(x+2)(x+3)$;

(8) $y=2^x\cos x\ln x$。

2. 求下列函数在给定点的导数:

(1) $f(x)=\dfrac{5}{3-x}+\dfrac{x^3}{2}$ $(x=2)$;

(2) $S=t\sin t+\dfrac{1}{2}\cos t$ $\left(t=\dfrac{\pi}{4}\right)$。

3. 求下列函数的导数:

(1) $y=(1-2x)^{10}$;   (2) $y=\ln\tan\dfrac{x}{2}$;   (3) $y=\dfrac{1}{\sqrt{1-x^2}}$;

(4) $y=\mathrm{e}^{\sin\frac{1}{x}}$;   (5) $y=(\sin x)^{x^2}$。

2.3 高阶导数

在质点的变速直线运动中,不但要了解质点在时刻 t 的瞬时速度 $v(t)$ 是路程函数 $s(t)$ 在时刻 t 的导数,即 $v(t)=\dfrac{\mathrm{d}s}{\mathrm{d}t}$,而且还要研究速度的变化率 $\dfrac{\mathrm{d}v}{\mathrm{d}t}=v'(t)$,即质点在时刻 t 的加速度 $a(t)$,它是路程 $s(t)$ 关于 t 的导函数的导数,即

$$a(t)=\frac{\mathrm{d}v}{\mathrm{d}t}=\frac{\mathrm{d}\left(\dfrac{\mathrm{d}s}{\mathrm{d}t}\right)}{\mathrm{d}t},$$

我们将它称为 $s(t)$ 对 t 的二阶导数,记为

$$a(t)=\frac{\mathrm{d}^2s}{\mathrm{d}t^2}\ \text{或}\ a(t)=s''(t)。$$

一般地,若函数 $y=f(x)$ 的导函数 $y'=f'(x)$ 仍是可导函数,则把 $y'=f'(x)$ 的导数叫作函数 $y=f(x)$ 的二阶导数,记作

$$y''，\quad \frac{\mathrm{d}^2y}{\mathrm{d}x^2}，\quad f''(x)\quad \text{或}\quad \frac{\mathrm{d}^2f(x)}{\mathrm{d}x^2}。$$

如果二阶导数 y'' 仍可导,则称它的导数为函数 $y=f(x)$ 的三阶导数,记作

$$y'''，\quad \frac{\mathrm{d}^3y}{\mathrm{d}x^3}，\quad f'''(x)\quad \text{或}\quad \frac{\mathrm{d}^3f(x)}{\mathrm{d}x^3}。$$

以此类推,当 $y=f(x)$ 的 $n-1$ 阶导数 $f^{(n-1)}(x)$ 仍可导时,则称其导数为 $y=f(x)$ 的 n 阶导数,记作

$$\frac{\mathrm{d}^ny}{\mathrm{d}x^n}，\quad y^{(n)}，\quad f^{(n)}(x)\quad \text{或}\quad \frac{\mathrm{d}^nf(x)}{\mathrm{d}x^n}。$$

函数 $y=f(x)$ 具有 n 阶导数,也可以说成函数 $y=f(x)$ n 阶可导。当函数 $f(x)$ 在点 x 处 n 阶可导时,依定义知 $f(x)$ 在该点一定具有所有低于 n 阶的导数。为了表达方便,习惯上称 $f'(x)$ 为 $f(x)$ 的一阶导数,二阶及二阶以上的导数统称为 $f(x)$ 的高阶导数。有时也把函数 $f(x)$ 本身称为 $f(x)$ 的零阶导数,即 $f(x)=f^{(0)}(x)$。

高阶导数的计算就是对函数连续多次求导数,因此,可以反复运用前面所学的求导方法来计算高阶导数。

例 1 设 $y = x^3 - 2x^2 + 3$，求 y'''，$y^{(4)}$。

解 对函数依次求一阶、二阶、三阶、四阶导数，得

$$y' = 3x^2 - 4x,$$
$$y'' = 6x - 4,$$
$$y''' = 6,$$
$$y^{(4)} = 0。$$

一般地，设函数 $y = a_0 x^n + a_1 x^{n-1} + \cdots + a_{n-1} x + a_n$，则

$$y^{(n)} = a_0 n!, \quad y^{(n+1)} = 0。$$

例 2 设函数 $y = \sqrt{2x - x^2}$，证明 $y'' y^3 = -1$。

证 由于

$$y' = \frac{2 - 2x}{2\sqrt{2x - x^2}} = \frac{1 - x}{\sqrt{2x - x^2}},$$

$$y'' = \frac{(1-x)' \sqrt{2x - x^2} - (1-x)(\sqrt{2x - x^2})'}{2x - x^2} = \frac{-\sqrt{2x - x^2} - \dfrac{(1-x)^2}{\sqrt{2x - x^2}}}{2x - x^2}$$

$$= -\frac{1}{(2x - x^2)\sqrt{2x - x^2}} = -\frac{1}{y^3},$$

因此

$$y'' y^3 = -1。$$

例 3 求 $y = a^x (a > 0, a \neq 1)$ 的 n 阶导数。

解 由于

$$y' = a^x \ln a,$$
$$y'' = a^x \ln^2 a,$$
$$\vdots$$
$$y^{(n)} = a^x \ln^n a,$$

因此

$$(a^x)^{(n)} = a^x \ln^n a。$$

特别地，有

$$(e^x)^{(n)} = e^x。$$

例 4 求 $y = \sin x$ 的 n 阶导数。

解 由于 $y' = \cos x = \sin\left(x + \dfrac{\pi}{2}\right)$，$y'' = \cos\left(x + \dfrac{\pi}{2}\right) = \sin\left(x + \dfrac{\pi}{2} + \dfrac{\pi}{2}\right)$，

$$y''' = \cos\left(x + 2 \times \frac{\pi}{2}\right) = \sin\left(x + 3 \times \frac{\pi}{2}\right), \cdots$$

一般地，有 $y^{(n)} = \sin\left(x + n \cdot \dfrac{\pi}{2}\right)$。因此

$$(\sin x)^{(n)} = \sin\left(x + n \cdot \frac{\pi}{2}\right)。$$

类似地，可得

$$(\cos x)^{(n)} = \cos\left(x + n \cdot \frac{\pi}{2}\right)。$$

从前面几个例题的解题过程看,要想求出函数的 n 阶导数,应该善于发现和总结规律。另外,下面的定理对于计算函数的高阶导数也是很有用的。

定理 1　设函数 $u(x),v(x)$ 均有 n 阶导数,则对于任意常数 a 与 $b,au+bv$ 与 uv 也是 n 阶可导的,并且有

(1) $(au+bv)^{(n)}=au^{(n)}+bv^{(n)}$;

(2) $(uv)^{(n)}=u^{(n)}v+nu^{(n-1)}v'+\dfrac{n(n-1)}{2!}u^{(n-2)}v''+\cdots$

$$+\frac{n(n-1)\cdots(n-k+1)}{k!}u^{(n-k)}v^{(k)}+\cdots+uv^{(n)}$$

$$=\sum_{k=0}^{n}C_n^k u^{(n-k)}v^{(k)}。$$

定理中的(2)也称为**莱布尼茨**(Leibniz)公式,它的形式与二项式定理相似。

例 5　求函数 $y=\dfrac{4x}{3x^2+2x-1}$ 的二阶导数。

解　如果直接对函数求二阶导数,运算过程将非常繁琐,把函数先分成两部分,即

$$y=\frac{1}{x+1}+\frac{1}{3x-1},$$

利用定理 1 中的(1)有

$$y''=\left(\frac{1}{x+1}\right)''+\left(\frac{1}{3x-1}\right)''=\frac{2}{(x+1)^3}+\frac{18}{(3x-1)^3}。$$

例 6　设 $y=x^2\sin 2x$,求 y'''。

解　由于

$$(x^2)'=2x,\quad(x^2)''=2,\quad(x^2)'''=0,$$
$$(\sin 2x)'=2\cos 2x,\quad(\sin 2x)''=-4\sin 2x,$$
$$(\sin 2x)'''=-8\cos 2x。$$

由莱布尼茨公式,有

$$y'''=(x^2)'''\sin 2x+C_3^1(x^2)''(\sin 2x)'+C_3^2(x^2)'(\sin 2x)''+x^2(\sin 2x)'''$$
$$=12\cos 2x-24x\sin 2x-8x^2\cos 2x。$$

【人生启迪】

求高阶导数,只能从一阶导数开始,一次次地继续求导才能达到目标,这启发我们在日常的生活、学习和工作中,做事情不能好高骛远,要从基层做起,打好基础,脚踏实地,一步一个脚印,循序渐进。

习　题　2.3

1. 求下列函数的二阶导数:

(1) $y=\ln(1+x^2)$;

(2) $y=e^{\sin x}$;

(3) $y=(1+x^2)\arctan x$;

(4) $y=\dfrac{\ln x}{x^2}$。

2. 求下列函数的导数值:

(1) $f(x)=(x^3+10)^4$,求 $f''(0)$;

(2) $f(x)=x\mathrm{e}^{x^2}$,求 $f''(1)$;

(3) $f(x)=\dfrac{\mathrm{e}^x}{x}$,求 $f''(2)$。

3. 设 $f(u)$ 二阶可导,求下列函数的二阶导数 $\dfrac{\mathrm{d}^2 y}{\mathrm{d}x^2}$:

(1) $y=f(x^2)$;   (2) $y=f\left(\dfrac{1}{x}\right)$;   (3) $y=\ln[f(x)]$。

4. 验证函数 $y=\mathrm{e}^x\sin x$ 满足关系式 $y''-2y'+2y=0$。

2.4 隐函数及由参数方程所确定的函数的导数

前面所讨论的函数都可以表示为 $y=f(x)$ 的形式,其中 $f(x)$ 是 x 的解析式,例如 $y=x\mathrm{e}^{3x}$,$y=\tan x$ 等,上述用解析表达式表示函数关系的函数也称为**显函数**。除了显函数外,还可以由一个二元方程 $F(x,y)=0$ 来确定函数关系,或由参数方程确定函数关系。本节主要讨论这两类函数的导数问题。

2.4.1 隐函数的导数

在某些条件下,一个二元方程 $F(x,y)=0$ 能够表达两个变量之间的关系。例如,对于方程

$$y-2x=3,$$

如果给定 x 的一个值,则通过此方程可求得 y 的一个确定的值与之对应。也就是说,由这个方程确定了 y 是关于 x 的函数。这样的函数称为隐函数。

一般地,设有方程 $F(x,y)=0$,如果存在一个定义在某区间 I 上的函数 $f(x)$,使得 $F[x,f(x)]\equiv0$,则称 $y=f(x)$ 为由方程 $F(x,y)=0$ 确定的**隐函数**。

有些方程确定的隐函数是可以直接化为显函数的,这个过程称为隐函数的**显化**。比如,可以将方程 $y-2x=3$ 化成

$$y=2x+3,$$

这样就把隐函数化成了显函数。

但是有些隐函数显化是非常困难的,甚至是不可能的,例如,由方程 $y^2-\sin xy+\mathrm{e}^{xy}=3$ 所确定的隐函数就不能化成显函数。

下面我们讨论在隐函数存在并且可导的前提条件下,求隐函数的导数问题。

设 $y=f(x)$ 是由 $F(x,y)=0$ 确定的隐函数,将其代入方程,有

$$F[x,f(x)]\equiv0。$$

将这个恒等式两端对 x 求导数,所得结果也必然相等。而左端 $F[x,f(x)]$ 是将 $y=f(x)$ 代入

$F(x,y)$ 的结果,求导数时,y 是 x 的函数,应该用复合函数求导法,所得结果应该是含有 y' 的表达式。在等式中将 y' 解出,便可得到要求的导数。

例 1 求由方程 $xy-\sin y=3$ 确定的隐函数 $y=f(x)$ 的导数。

解 将 y 看成是关于 x 的函数,方程两边同时对 x 求导数得

$$y+xy'-y'\cos y=0,$$

解出方程中的 y' 得

$$y'=\frac{y}{\cos y-x}。$$

例 2 求曲线 $\dfrac{x^2}{9}+\dfrac{y^2}{3}=1$ 在点 $(\sqrt{3},\sqrt{2})$ 处的切线方程。

解 根据隐函数求导法则,将方程 $\dfrac{x^2}{9}+\dfrac{y^2}{3}=1$ 两边对 x 求导,可得

$$\frac{2x}{9}+\frac{2y}{3}y'=0,$$

将点 $(\sqrt{3},\sqrt{2})$ 代入,可得

$$y'|_{(\sqrt{3},\sqrt{2})}=-\frac{\sqrt{6}}{6},$$

可求得切线方程为

$$y=-\frac{\sqrt{6}}{6}x+\frac{3}{2}\sqrt{2}。$$

例 3 求由方程 $y=\sin(x+y)$ 所确定的隐函数的二阶导数 $\dfrac{\mathrm{d}^2 y}{\mathrm{d}x^2}$。

解 将方程两边分别对 x 求导,得

$$y'=\cos(x+y)(1+y'),$$

解得

$$y'=\frac{\cos(x+y)}{1-\cos(x+y)}。$$

两边再对 x 求导,得

$$y''=\frac{-\sin(x+y)(1+y')(1-\cos(x+y))-\cos(x+y)\sin(x+y)(1+y')}{(1-\cos(x+y))^2}$$

$$=\frac{-\sin(x+y)(1+y')}{(1-\cos(x+y))^2}=-\frac{\sin(x+y)}{(1-\cos(x+y))^3}。$$

说明 求由方程 $F(x,y)=0$ 确定的函数 $y=f(x)$ 的二阶导数时,可把 y 视为中间变量将 $F(x,y)=0$ 两边分别对 x 求导,求出 $y'=\varphi(x,y)$ 后,仍视 y 为中间变量,对 y' 再求一次导数,则表达式中有 y',将第一次求出的 y' 代入即可求出 y''。

由隐函数求导法还可得到一种新的求导法则——对数求导法。

先将函数 $y=f(x)$ 的两边取对数,然后利用隐函数求导法求出 y 的导数 y',这种方法称为**对数求导法**。

以下两类函数,使用对数求导法求导一般较为简便:

(1) 幂指函数 $y = f(x)^{g(x)}\,(f(x) > 0)$;

(2) 多个因式的积、商、乘方、开方构成的函数。

下面通过例题来说明对数求导法。

例 4　求幂指函数 $y = x^x\,(x > 0)$ 的导数。

解　解法 1　将函数 $y = x^x\,(x > 0)$ 两边取对数得 $\ln y = x \ln x$,两边分别对 x 求导,则由隐函数求导法则,有

$$\frac{1}{y}y' = 1 + \ln x,$$

解得

$$y' = y(1 + \ln x) = x^x(1 + \ln x)。$$

解法 2　因为 $y = x^x = \mathrm{e}^{x\ln x}\,(x > 0)$,所以由复合函数求导法则,得

$$y' = \mathrm{e}^{x\ln x}(x\ln x)' = x^x(1 + \ln x)。$$

例 5　已知 $y = (1 + x^3)^{\sin x}\,(x > 0)$,求 y'。

解　两边取对数得

$$\ln y = \sin x \ln(1 + x^3),$$

上式两边分别对 x 求导得

$$\frac{1}{y}y' = \cos x \cdot \ln(1 + x^3) + \frac{3x^2 \sin x}{1 + x^3},$$

解得

$$y' = (1 + x^3)^{\sin x}\left[\cos x \cdot \ln(1 + x^3) + \frac{3x^2 \sin x}{1 + x^3}\right]。$$

例 6　求函数 $y = \dfrac{x^2}{1 + x}\sqrt{\dfrac{3 + x}{(x + 2)^2}}\,(x > 0)$ 的导数。

解　两边取对数得

$$\ln y = 2\ln x - \ln(1 + x) + \frac{1}{2}\ln(3 + x) - \ln(x + 2),$$

两边分别对 x 求导得

$$\frac{1}{y}y' = \frac{2}{x} - \frac{1}{1 + x} + \frac{1}{6 + 2x} - \frac{1}{x + 2},$$

所以

$$y' = \frac{x^2}{1 + x}\sqrt{\frac{3 + x}{(x + 2)^2}}\left(\frac{2}{x} - \frac{1}{1 + x} + \frac{1}{6 + 2x} - \frac{1}{x + 2}\right)。$$

例 7　求函数 $y = \sqrt{\mathrm{e}^{-2}\sqrt{x^2\sqrt{\sin x}}}$ 的导数。

解　两边取对数得

$$\ln y = \frac{1}{2}\left[-2\ln\mathrm{e} + \frac{1}{2}\left(2\ln x + \frac{1}{2}\ln\sin x\right)\right] = -\ln\mathrm{e} + \frac{1}{2}\ln x + \frac{1}{8}\ln\sin x,$$

方程两端分别对 x 求导得

$$\frac{1}{y}y' = \frac{1}{2x} + \frac{\cot x}{8},$$

所以

$$y' = \sqrt{e^{-2}\sqrt{x^2\sqrt{\sin x}}}\left(\frac{1}{2x} + \frac{\cot x}{8}\right).$$

2.4.2 由参数方程所确定的函数的导数

在平面解析几何中,以原点为中心、a 为长半轴、b 为短半轴的椭圆可由参数方程

$$\begin{cases} x = a\cos t, \\ y = b\sin t, \end{cases} \quad 0 \leqslant t \leqslant 2\pi$$

表示,其中 t 为参数(离心角)。当参数 t 取定一个值时,就得到椭圆上的一个点 (x,y)。当 t 取遍 $[0,2\pi]$ 上所有实数时,就得到椭圆上的所有点。

如果把对应于同一个参数 t 的值 x,y(即曲线上同一点的横坐标和纵坐标)看作是对应的,那么就得到 y 与 x 之间的对应关系,也就是函数关系。如果从参数方程中消去参数 t,可得 $\dfrac{x^2}{a^2} + \dfrac{y^2}{b^2} = 1$,这就是变量 x 与 y 的隐函数表达式。

一般地,若参数方程 $\begin{cases} x = \varphi(t), \\ y = \psi(t) \end{cases}$ 确定了 y 与 x 之间的函数关系,则称此函数为由参数方程所确定的函数。

下面讨论由参数方程所确定的函数的求导问题。

首先想到的办法是消去参数方程中的参数 t,得到隐函数后再求导数。但是对于某些参数方程而言,消去参数 t 并不容易,因此这种方法并不总是可行的。于是,我们应该找到一种直接由参数方程来计算它所确定的函数的求导方法。

为了讨论问题方便,我们假设参数方程 $\begin{cases} x = \varphi(t), \\ y = \psi(t) \end{cases}$ 可以确定函数 $y = f(x)$,并且 $\varphi(t)$,$\psi(t)$ 均可导,$x = \varphi(t)$ 有反函数 $t = \varphi^{-1}(x)$,那么由参数方程确定的函数就可以看作是由函数 $y = \psi(t)$ 与 $t = \varphi^{-1}(x)$ 复合而成的函数 $y = \psi[\varphi^{-1}(x)]$。

再设 $\varphi'(t) \neq 0$,则由复合函数求导法则和反函数的求导公式,有

$$\frac{\mathrm{d}y}{\mathrm{d}x} = \frac{\mathrm{d}y}{\mathrm{d}t} \cdot \frac{\mathrm{d}t}{\mathrm{d}x} = \frac{\mathrm{d}y}{\mathrm{d}t} \cdot \frac{1}{\dfrac{\mathrm{d}x}{\mathrm{d}t}} = \frac{\psi'(t)}{\varphi'(t)},$$

即

$$\frac{\mathrm{d}y}{\mathrm{d}x} = \frac{\psi'(t)}{\varphi'(t)}, \tag{2.10}$$

这就是由参数方程所确定的函数的求导公式。如果 $\varphi(t)$,$\psi(t)$ 都二阶可导,还可以求出二阶导数 $\dfrac{\mathrm{d}^2 y}{\mathrm{d}x^2}$,即

$$\frac{\mathrm{d}^2 y}{\mathrm{d}x^2} = \frac{\mathrm{d}}{\mathrm{d}x}\left(\frac{\mathrm{d}y}{\mathrm{d}x}\right) = \frac{\mathrm{d}}{\mathrm{d}x}\left[\frac{\psi'(t)}{\varphi'(t)}\right] = \frac{\mathrm{d}}{\mathrm{d}t}\left[\frac{\psi'(t)}{\varphi'(t)}\right] \cdot \frac{\mathrm{d}t}{\mathrm{d}x} = \frac{\psi''(t)\varphi'(t) - \psi'(t)\varphi''(t)}{[\varphi'(t)]^2} \cdot \frac{1}{\varphi'(t)}$$

$$= \frac{\psi''(t)\varphi'(t) - \psi'(t)\varphi''(t)}{[\varphi'(t)]^3} \text{。}$$

在求二阶导数 $\dfrac{\mathrm{d}^2 y}{\mathrm{d}x^2}$ 时,一般是将由式(2.10)求得一阶导数 $\dfrac{\mathrm{d}y}{\mathrm{d}x}$ 的表达式直接对 t 求导数,再除以 $\varphi'(t)$,即

$$\frac{\mathrm{d}^2 y}{\mathrm{d}x^2} = \frac{\left(\dfrac{\psi'(t)}{\varphi'(t)}\right)'}{\varphi'(t)},$$

而不直接引用上面推导出来的公式。

例 8 证明星型线 $\begin{cases} x = a\cos^3 t, \\ y = a\sin^3 t \end{cases}$ $(a > 0)$ 在任何点的切线被坐标轴所截的线段为定长。

证 对应于参数 t,星型线上点 M 的坐标为 $(a\cos^3 t, a\sin^3 t)$,过点 M 的切线斜率为

$$\frac{\mathrm{d}y}{\mathrm{d}x} = \frac{(a\sin^3 t)'}{(a\cos^3 t)'} = \frac{3a\sin^2 t\cos t}{-3a\cos^2 t\sin t} = -\tan t,$$

星型线在点 M 的切线方程为

$$y - a\sin^3 t = -\tan t(x - a\cos^3 t)\text{。}$$

令 $y = 0$,得切线在 x 轴上的截距为

$$X(t) = a\cos t;$$

令 $x = 0$,得切线在 y 轴上的截距为

$$Y(t) = a\sin t\text{。}$$

所以切线被坐标轴所截的线段长度为

$$\sqrt{X^2(t) + Y^2(t)} = \sqrt{a^2\cos^2 t + a^2\sin^2 t} = a\text{。}$$

由于 M 是星型线上的任意点,故命题得证。

例 9 摆线的参数方程是

$$\begin{cases} x = a(t - \sin t), \\ y = a(1 - \cos t), \end{cases}$$

其中,a 是常数,且 $a > 0$,求 $\dfrac{\mathrm{d}^2 y}{\mathrm{d}x^2}$。

解 由公式(2.10)得

$$\frac{\mathrm{d}y}{\mathrm{d}x} = \frac{\dfrac{\mathrm{d}y}{\mathrm{d}t}}{\dfrac{\mathrm{d}x}{\mathrm{d}t}} = \frac{a\sin t}{a(1 - \cos t)} = \cot\frac{t}{2}, \quad t \neq 2n\pi, n \in \mathbb{Z},$$

$$\frac{\mathrm{d}^2 y}{\mathrm{d}x^2} = \frac{\mathrm{d}}{\mathrm{d}x}\left(\cot\frac{t}{2}\right) = \frac{\mathrm{d}}{\mathrm{d}t}\left(\cot\frac{t}{2}\right) \cdot \frac{\mathrm{d}t}{\mathrm{d}x}$$

$$= -\frac{1}{2}\csc^2\frac{t}{2} \cdot \frac{1}{\dfrac{\mathrm{d}x}{\mathrm{d}t}} = -\frac{1}{2}\csc^2\frac{t}{2} \cdot \frac{1}{a(1 - \cos t)}$$

$$= -\frac{1}{4a}\csc^4\frac{t}{2}, \quad t \neq 2n\pi, n \in \mathbb{Z}\text{。}$$

习 题 2.4

1. 求由下列方程所确定的隐函数 y 的导数：

(1) $y = x + \ln y$；

(2) $y \sin x = \cos(x - y)$；

(3) $x^y = y^x$；

(4) $e^y = x \tan y$。

2. 求由方程 $\ln(y - x) - x = 0$ 所确定的隐函数 y 在 $x = 0$ 处的导数。

3. 求下列方程所确定的隐函数 y 的二阶导数：

(1) $x^2 - y^2 = 4$；

(2) $y = \cos(x + y)$。

4. 求下列函数的导数：

(1) $y = \left(1 + \dfrac{1}{x}\right)^x$；

(2) $y = (x^2 + 1)^3 (x + 2)^2 x^6$；

(3) $y = \sqrt{\dfrac{(x-1)(x-2)}{(x-3)(x-4)}}$；

(4) $y = \dfrac{(3-x)^4 \sqrt{2+x}}{(x+1)^5}$。

5. 求下列曲线在指定点处的切线、法线方程：

(1) $\begin{cases} x = \cos t, \\ y = \sin t, \end{cases} t = \dfrac{\pi}{4}$；

(2) $\begin{cases} x = a\cos^2\theta, \\ y = a\sin^2\theta, \end{cases} \theta = \dfrac{\pi}{4}$。

6. 求下列参数方程所确定的函数 $y = f(x)$ 的一阶和二阶导数：

(1) $\begin{cases} x = 3e^{-t}, \\ y = 2e^t; \end{cases}$

(2) $\begin{cases} x = 1 - t^3, \\ y = t - t^3; \end{cases}$

(3) $\begin{cases} x = at^2, \\ y = bt^3. \end{cases}$

2.5 微分

微分是微分学的一个重要概念，它与导数既密切相关又有本质区别。导数反映函数在某点变化的快慢程度，而微分则描述函数的增量的近似程度。

2.5.1 微分的概念

前面研究了函数 $y = f(x)$ 在一点 x_0 处的连续性，将其定义为

$$\lim_{\Delta x \to 0} \Delta y = \lim_{\Delta x \to 0} [f(x_0 + \Delta x) - f(x_0)] = 0;$$

又研究了函数的导数，将其定义为

$$\lim_{\Delta x \to 0} \frac{\Delta y}{\Delta x} = \lim_{\Delta x \to 0} \frac{f(x_0 + \Delta x) - f(x_0)}{\Delta x} = f'(x_0)。$$

这两个重要概念都涉及了自变量的增量 Δx 与函数的增量 Δy，可见它们是了解函数性态的重要研究对象。这里，我们将从近似代替的角度出发，通过一个引例来研究函数的增量 Δy 与自变量的增量 Δx 之间的内在联系，从而得到微分的概念。

引例 一块正方形金属薄片受温度变化的影响，当边长 x 由 x_0 变到 $x_0 + \Delta x$（见图 2.5，假设金属薄片受热膨胀，即 $\Delta x \to 0$）时，问此薄片的面积改变了多少？

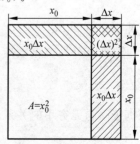

图 2.5

设此薄片的面积为 S，边长为 x，则 $S(x)=x^2$。上述问题相当于求当自变量在点 x_0 取得增量 Δx 时，函数 S 取得的增量 ΔS，有

$$\Delta S =(x_0 + \Delta x)^2 - x_0^2 = 2x_0 \Delta x +(\Delta x)^2 。$$

由此式可以看出，ΔS 由两部分构成：第一部分 $2x_0 \Delta x$ 是 Δx 的线性函数，即图中带有斜线的两个矩形面积之和；第二部分 $(\Delta x)^2$ 是图中带有双斜线的小正方形的面积。当 $\Delta x \to 0$ 时，第二部分面积 $(\Delta x)^2$ 是比 Δx 高阶的无穷小。由此可见，当 $|\Delta x|$ 很小时，面积的改变量 ΔS 可以近似用第一部分代替。

一般地，若函数 $y = f(x)$ 的增量 Δy 可写成

$$\Delta y = A \Delta x + o(\Delta x)，$$

其中，A 是不依赖于 Δx 的常数，$o(\Delta x)$ 是 $\Delta x \to 0$ 时比 Δx 高阶的无穷小，则当 $A \neq 0$ 且 $|\Delta x|$ 很小时，Δy 就可以近似地用 $A \Delta x$ 来表示。于是，便引出微分的概念。

定义 1　设函数 $y = f(x)$ 在某区间 I 内有定义，$x_0, x_0 + \Delta x \in I$。如果函数的增量 $\Delta y = f(x_0 + \Delta x) - f(x_0)$ 可表示为

$$\Delta y = A \Delta x + o(\Delta x)，$$

其中，A 是与 Δx 无关的常数，$o(\Delta x)$ 是当 $\Delta x \to 0$ 时比 Δx 高阶的无穷小，则称函数 $y = f(x)$ 在点 x_0 处可微，称 $A \Delta x$ 为函数 $y = f(x)$ 在点 x_0 处相应于自变量增量 Δx 的微分，简称为函数 $y = f(x)$ 在点 x_0 处的微分，记作 $\mathrm{d}y|_{x=x_0}$，即 $\mathrm{d}y|_{x=x_0} = A \Delta x$。

由定义 1 可知，函数 $y = f(x)$ 在点 x_0 处的微分就是当自变量 x 有增量 Δx 时，函数 y 的增量 Δy 的主要部分。由于 $\mathrm{d}y = A \Delta x$ 是 Δx 的线性函数，故称微分 $\mathrm{d}y$ 是 Δy 的线性主部。

现在要问，什么样的函数 $y = f(x)$ 在点 x_0 处可微呢？与 Δx 无关的常数 A 等于什么？下面的定理回答这个问题。

定理 1　函数 $y = f(x)$ 在点 x_0 处可微的充要条件是它在点 x_0 处可导。

证　先证必要性。设函数 $y = f(x)$ 在点 x_0 处可微，即

$$\Delta y = A \Delta x + o(\Delta x)，$$

其中，A 与 Δx 无关。将等式两端同时除以 Δx，且令 $\Delta x \to 0$ 求极限，得

$$\lim_{\Delta x \to 0} \frac{\Delta y}{\Delta x} = \lim_{\Delta x \to 0} \left[A + \frac{o(\Delta x)}{\Delta x} \right] = A，$$

即

$$f'(x_0) = A 。$$

因此得知，$y = f(x)$ 在点 x_0 处可导，必要性得证。

再证充分性。设函数 $y = f(x)$ 在点 x_0 处可导，即

$$\lim_{\Delta x \to 0} \frac{\Delta y}{\Delta x} = f'(x_0) 。$$

根据极限与无穷小的关系，有

$$\frac{\Delta y}{\Delta x} = f'(x_0) + \alpha，$$

其中，$\lim\limits_{\Delta x \to 0} \alpha = 0$。上式两端同乘以 Δx，得

$$\Delta y = f'(x_0)\Delta x + \alpha \cdot \Delta x,$$

其中，$f'(x_0)$ 与 Δx 无关，$\alpha \cdot \Delta x$ 是当 $\Delta x \to 0$ 时比 Δx 高阶的无穷小。由微分的定义知 $y = f(x)$ 在点 x_0 处可微。

由定理 1 可知，函数 $y = f(x)$ 在一点 x_0 处可微与可导是等价的，并且有

$$\mathrm{d}y \big|_{x=x_0} = f'(x_0)\Delta x。 \tag{2.11}$$

因此，我们可以将求函数的导数与求函数的微分的方法称为微分法，但导数和微分是两个不同的概念，不能混为一谈，导数 $f'(x_0)$ 反映的是函数 $f(x)$ 在 x_0 处的变化率，而微分 $\mathrm{d}y \big|_{x=x_0}$ 表示的是 $f(x)$ 在 x_0 处增量 Δy 的线性主部。导数的值只与 x_0 有关；微分的值既与 x_0 有关，又与 Δx 有关。

若 $y = f(x)$ 在区间 I 内的每一点都可微，称函数 $y = f(x)$ 在区间 I 内可微，对于 $x \in I$，有 $\mathrm{d}y = f'(x)\Delta x$。

因为函数 $y = x$ 的微分 $\mathrm{d}y = \mathrm{d}x = x'\Delta x = \Delta x$，即对于自变量 x 有 $\mathrm{d}x = \Delta x$，因而通常把自变量 x 的增量 Δx 记为 $\mathrm{d}x$，所以函数的微分可写为 $\mathrm{d}y = f'(x)\mathrm{d}x$，从而

$$\frac{\mathrm{d}y}{\mathrm{d}x} = f'(x),$$

即函数的微分 $\mathrm{d}y$ 与自变量的微分 $\mathrm{d}x$ 之商等于函数的导数，因此导数又称为**微商**。

例 1 求函数 $y = x^2 + x$ 当 $x = 2$，$\Delta x = 0.02$ 时的增量与微分。

解 当 $x = 2$，$\Delta x = 0.02$ 时函数的增量为

$$\Delta y = (2 + 0.02)^2 + (2 + 0.02) - 2^2 - 2 = 0.1004。$$

又

$$\mathrm{d}y = (x^2 + x)'\Delta x = (2x + 1)\Delta x,$$

当 $x = 2$，$\Delta x = 0.02$ 时，$\mathrm{d}y = (2 \times 2 + 1) \times 0.02 = 0.1$。

此例说明，当 $|\Delta x|$ 很小时用微分 $\mathrm{d}y$ 作函数增量 Δy 的近似值所产生的误差很小。

例 2 求函数 $y = \sin(x^2 + x)$ 的微分。

解 $\mathrm{d}y = (\sin(x^2 + x))'\mathrm{d}x = (2x + 1)\cos(x^2 + x)\mathrm{d}x$。

2.5.2 微分的几何意义

设函数 $y = f(x)$ 在点 x_0 处可微，如图 2.6 所示，MT 是曲线 $y = f(x)$ 上点 $M(x_0, y_0)$ 处的切线，它的倾角为 α，当横坐标 x 有增量 Δx 时，相应地曲线的纵坐标 y 有增量 Δy，对应曲线上的点 $N(x_0 + \Delta x, y_0 + \Delta y)$。

如图 2.6 所示，$MQ = \Delta x$，$QN = \Delta y$，则

$$QP = MQ \cdot \tan\alpha = \Delta x \cdot f'(x_0),$$

即

$$\mathrm{d}y = QP。$$

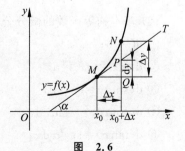

图 2.6

因此函数的微分 dy 是曲线 $y = f(x)$ 在点 M 处切线的纵坐标的相应增量。而 Δy 是曲线在点 M 处纵坐标的相应增量。用 dy 近似代替 Δy，产生的误差 $PN = |\Delta y - dy|$ 是比 Δx 高阶的无穷小。也就是说，在 M 点附近可用切线段近似代替曲线段，即"以直代曲"。

2.5.3 微分的基本公式和微分运算法则

由函数的微分及导数公式和求导法则可得微分公式与微分运算法则。

1. 微分的基本公式

（1）基本初等函数的求导公式如下：

① $(C)' = 0$；

② $(x^\mu)' = \mu x^{\mu-1}$；

③ $(\sin x)' = \cos x$；

④ $(\cos x)' = -\sin x$；

⑤ $(\tan x)' = \sec^2 x$；

⑥ $(\cot x)' = -\csc^2 x$；

⑦ $(\sec x)' = \sec x \tan x$；

⑧ $(\csc x)' = -\csc x \cot x$；

⑨ $(a^x)' = a^x \ln a$；

⑩ $(e^x)' = e^x$；

⑪ $(\log_a x)' = \dfrac{1}{x \ln a}$；

⑫ $(\ln x)' = \dfrac{1}{x}$；

⑬ $(\arcsin x)' = \dfrac{1}{\sqrt{1-x^2}}$；

⑭ $(\arccos x)' = \dfrac{-1}{\sqrt{1-x^2}}$；

⑮ $(\arctan x)' = \dfrac{1}{1+x^2}$；

⑯ $(\text{arccot} x)' = \dfrac{-1}{1+x^2}$。

（2）基本初等函数的微分公式如下：

① $dC = 0$；

② $d(x^\mu) = \mu x^{\mu-1} dx$；

③ $d(\sin x) = \cos x \, dx$

④ $d(\cos x) = -\sin x \, dx$；

⑤ $d(\tan x) = \sec^2 x \, dx$；

⑥ $d(\cot x) = -\csc^2 x \, dx$；

⑦ $d(\sec x) = \sec x \tan x \, dx$；

⑧ $d(\csc x) = -\csc x \cot x \, dx$；

⑨ $d(a^x) = a^x \ln a \, dx$；

⑩ $d(e^x) = e^x \, dx$；

⑪ $d(\log_a x) = \dfrac{1}{x \ln a} dx$；

⑫ $d(\ln x) = \dfrac{1}{x} dx$；

⑬ $d(\arcsin x) = \dfrac{1}{\sqrt{1-x^2}} dx$；

⑭ $d(\arccos x) = \dfrac{-1}{\sqrt{1-x^2}} dx$；

⑮ $d(\arctan x) = \dfrac{1}{1+x^2} dx$；

⑯ $d(\operatorname{arccot} x) = \dfrac{-1}{1+x^2} dx$。

2. 函数的和、差、积、商的微分运算法则

由函数导数的四则运算法则，可得相应的微分四则运算法则，设 $u = u(x), v = v(x)$ 都可微，则有：

(1) $d(u \pm v) = du \pm dv$；

(2) $d(Cu) = C \, du$；

(3) $d(uv) = v \, du + u \, dv$；

(4) $d\left(\dfrac{u}{v}\right) = \dfrac{v \, du - u \, dv}{v^2} (v \neq 0)$。

下面只对商的微分公式给出证明，其他微分公式都可以用类似的方法证明。由微分与导数之间的关系，有

$$d\left(\frac{u}{v}\right) = \left(\frac{u}{v}\right)' dx。$$

再由导数公式，有

$$\left(\frac{u}{v}\right)' = \frac{u'v - uv'}{v^2},$$

于是得

$$d\left(\frac{u}{v}\right) = \frac{u'v - uv'}{v^2} dx = \frac{u'v \, dx - uv' \, dx}{v^2}。$$

由于 $du = u' \, dx, dv = v' \, dx$，所以

$$d\left(\frac{u}{v}\right) = \frac{v \, du - u \, dv}{v^2}。$$

3. 复合函数的微分法则

与链式法则相对应，复合函数有如下微分法则。

设函数 $y=f(u)$ 及函数 $u=\varphi(x)$ 都可微,则复合函数 $y=f[\varphi(x)]$ 的微分为

$$\mathrm{d}y=y'\mathrm{d}x=f'[\varphi(x)]\varphi'(x)\mathrm{d}x。$$

由于 $\varphi'(x)\mathrm{d}x=\mathrm{d}\varphi(x)=\mathrm{d}u$,所以复合函数 $y=f[\varphi(x)]$ 的微分也可以写成

$$\mathrm{d}y=f'(u)\mathrm{d}u。$$

注意到,上式中 u 是一个中间变量($u=\varphi(x)$)。如果 u 是自变量,函数 $y=f(u)$ 的微分也是上述形式。由此可见,不管 u 是自变量还是关于另一个变量的可微函数,$y=f(u)$ 的微分形式

$$\mathrm{d}y=f'(u)\mathrm{d}u$$

总是不变的,这一性质称为一阶微分**形式不变性**。计算复合函数的导数或微分时要经常用到这一结论。

综上所述,我们有了基本初等函数的微分公式、函数的四则运算微分法则及复合函数的微分法则,原则上就可以求出所有初等函数的微分了。

例 3 将适当的函数填入下列括号内,使等式成立。

(1) $\mathrm{d}(\quad)=\sin3x\,\mathrm{d}x$;

(2) $\mathrm{d}(\quad)=\mathrm{e}^{-2x}\,\mathrm{d}x$。

解 由于 $(\cos3x)'=-3\sin3x$,可知

$$\left(-\frac{1}{3}\cos3x\right)'=\sin3x,$$

根据导数与微分的关系可得

$$\mathrm{d}\left(-\frac{1}{3}\cos3x+C\right)=\sin3x\,\mathrm{d}x。$$

同理可知

$$\mathrm{d}\left(-\frac{1}{2}\mathrm{e}^{-2x}+C\right)=\mathrm{e}^{-2x}\,\mathrm{d}x。$$

例 4 设 $y=\mathrm{e}^{x^2+3x}$,求 $\mathrm{d}y$。

解 解法 1 由于 $y'=(2x+3)\mathrm{e}^{x^2+3x}$,所以

$$\mathrm{d}y=(2x+3)\mathrm{e}^{x^2+3x}\,\mathrm{d}x。$$

解法 2 利用微分形式不变性,将 x^2+3x 看作中间变量 u,则有

$$\mathrm{d}y=\mathrm{e}^u\mathrm{d}u=\mathrm{e}^{x^2+3x}\mathrm{d}(x^2+3x)=\mathrm{e}^{x^2+3x}[\mathrm{d}(x^2)+\mathrm{d}(3x)]=(2x+3)\mathrm{e}^{x^2+3x}\,\mathrm{d}x。$$

计算熟练后,计算过程中中间变量可以不写出来。

例 5 设 $y=\cos\sqrt{1+x^2}$,求 $\mathrm{d}y$。

解 $$\mathrm{d}y=\mathrm{d}(\cos\sqrt{1+x^2})=-\sin\sqrt{1+x^2}\,\mathrm{d}(\sqrt{1+x^2})$$

$$=-\sin\sqrt{1+x^2}\,\frac{1}{2\sqrt{1+x^2}}\mathrm{d}(1+x^2)=-\frac{x\sin\sqrt{1+x^2}}{\sqrt{1+x^2}}\mathrm{d}x。$$

例 6 求由方程 $y+x\mathrm{e}^y=1$ 所确定的隐函数 $y=f(x)$ 的微分 $\mathrm{d}y$。

解 方程两端分别求微分,得

$$\mathrm{d}y+\mathrm{d}(x\mathrm{e}^y)=0,$$

$$\mathrm{d}y+\mathrm{e}^y\mathrm{d}x+x\mathrm{d}\mathrm{e}^y=0,$$

即
$$\mathrm{d}y + \mathrm{e}^y \mathrm{d}x + x\mathrm{e}^y \mathrm{d}y = 0,$$

解得
$$\mathrm{d}y = \frac{-\mathrm{e}^y}{1 + x\mathrm{e}^y}\mathrm{d}x。$$

例 7　利用微分形式不变性求函数 $\arctan\dfrac{y}{x} = \ln\sqrt{x^2 + y^2}$ 的导数。

解　对方程两边求微分,得
$$\frac{1}{1 + \left(\dfrac{y}{x}\right)^2}\mathrm{d}\left(\frac{y}{x}\right) = \frac{1}{2}\frac{1}{x^2 + y^2}\mathrm{d}(x^2 + y^2),$$

$$\frac{x^2}{x^2 + y^2}\frac{x\mathrm{d}y - y\mathrm{d}x}{x^2} = \frac{2x\mathrm{d}x + 2y\mathrm{d}y}{2(x^2 + y^2)},$$

整理得
$$\frac{\mathrm{d}y}{\mathrm{d}x} = \frac{x + y}{x - y}。$$

2.5.4　利用微分进行近似计算

在一些工程问题与经济问题中,经常需要计算一些复杂函数的值,直接计算将是很困难的。利用微分往往可将复杂的计算公式用简单的计算公式来近似代替。

通过前面的讨论可知,当 $|\Delta x|$ 很小时,有近似公式
$$\Delta y \approx \mathrm{d}y = f'(x_0)\Delta x,$$

即
$$f(x_0 + \Delta x) - f(x_0) \approx f'(x_0)\Delta x。 \tag{2.12}$$
令 $x = x_0 + \Delta x$,即 $\Delta x = x - x_0$,则上式可写成
$$f(x) - f(x_0) \approx f'(x_0)(x - x_0),$$

移项得
$$f(x) \approx f(x_0) + f'(x_0)(x - x_0)。 \tag{2.13}$$

上式的意义在于,当函数 $y = f(x)$ 在点 x 的值不易计算,而 $f(x_0), f'(x_0)$ 易算且 x 在 x_0 附近时,可通过式(2.13)近似地求得 $f(x)$ 的值。

若在式(2.13)中取 $x_0 = 0$,当 $|x|$ 很小时,则有
$$f(x) \approx f(0) + f'(0)x。 \tag{2.14}$$
应用式(2.14)可得工程上常用的几个近似计算公式(假定 $|x|$ 很小,三角函数中的 x 都是以 rad 为单位):

(1) $\sqrt[n]{1 + x} \approx 1 + \dfrac{1}{n}x$;

(2) $\sin x \approx x$;

(3) $\tan x \approx x$;

(4) $\mathrm{e}^x \approx 1 + x$;

(5) $\ln(1 + x) \approx x$;

（6）$\cos x \approx 1 - \dfrac{1}{2}x^2$；

（7）$\arctan x \approx x$。

例如，$\sqrt[3]{1.02} \approx 1 + \dfrac{1}{3} \times 0.02 = 1.0067$，$\ln(1.015) \approx 0.015$。

例 8 求 $\tan 46°$ 的近似值。

解 设 $f(x) = \tan x$，则 $f'(x) = \sec^2 x$。取 $x_0 = \dfrac{\pi}{4}$，$\Delta x = 1° = \dfrac{\pi}{180}$，由公式（2.13）得

$$\tan 46° \approx \tan 45° + \sec^2 45° \cdot \dfrac{\pi}{180} = 1.0349。$$

例 9 求下列各数的近似值：

（1）$\sqrt[3]{8.03}$；　　　　　　　　（2）$\ln 0.982$。

解 （1）由近似公式（2.13）得

$$\sqrt[3]{8.03} = 2\sqrt[3]{1 + \dfrac{0.03}{8}} \approx 2 \times \left(1 + \dfrac{1}{3} \times \dfrac{0.03}{8}\right) = 2.0025；$$

（2）由近似公式（2.14）得

$$\ln 0.982 = \ln[1 + (-0.018)] \approx -0.018。$$

最后，对导数与微分的概念及计算作一点补充说明。导数与微分因为关系非常密切，以致初学者常以为微分的概念与计算似乎是多余的，但实际上这两者都很重要。因为在概念上，导数是增量比的极限，它是一个新的量，在实际应用中通常作为一些物理、几何量的定义，如速度、切线斜率等。而微分则是函数增量的一部分，即线性主部。从物理角度看，微分和增量有相同的量纲，属同一种量。因此在实际应用中，微分的使用比较方便，例如在许多应用问题中，列出变量之间的微分关系式可能比较容易。在导数的计算上，利用微分形式不变性，有时可以简化计算过程。另外，微分概念也是学习后续内容，特别是多元函数积分的基础。因此，在本教材中，我们对微分的研究给予了必要的重视。

习　题　2.5

1. 求下列函数的微分：

（1）$y = 5x^2 + 3x + 1$；　　（2）$y = (x^2 + 2x)(x - 4)$；　　（3）$s = \ln(\sec t + \tan t)$。

2. 求下列函数的微分：

（1）$y = \dfrac{1}{(\tan x + 1)^2}$，当 x 从 $\dfrac{\pi}{6}$ 变到 $\dfrac{61\pi}{360}$ 时；

（2）$y = e^{\sqrt{x}}$，当 x 从 9 变到 8.99 时。

3. 求由方程 $\ln(xy) = x^2 y^2$ 所确定的 y 的微分。

4. 填空题

（1）$\mathrm{d}(\ \ ) = 2x\mathrm{d}x$；　　　　（2）$\mathrm{d}(\ \ ) = \dfrac{1}{x}\mathrm{d}x$；　　　　（3）$\mathrm{d}(\ \ ) = -\dfrac{1}{x^2}\mathrm{d}x$；

（4）$\mathrm{d}(\ \ ) = e^{-x}\mathrm{d}x$；　　　（5）$\mathrm{d}(\ \ ) = \sin 2x\mathrm{d}x$；　　　（6）$\mathrm{d}(\ \ ) = \dfrac{\mathrm{d}x}{2\sqrt{x}}$；

(7) $\mathrm{d}(\quad)=\mathrm{e}^{x^2}\mathrm{d}x^2$;　　　(8) $\mathrm{d}(\sin^2 x)=(\quad)\mathrm{d}\sin x=(\quad)\mathrm{d}x$。

5。利用微分计算下列各数的近似值：

(1) $\sin 29°$;　　　　　(2) $\sqrt[5]{1.01}$;　　　　　(3) $\ln 1.03$。

6。有一个内直径为 15cm 的空心薄壁铜球,壁厚 0.2mm。试求该空心球的质量的近似值(铜的密度为 $8.9\mathrm{g/cm}^3$)。

总 习 题 2

1. 填空题

(1) 设 $y=\dfrac{\arcsin x}{\sqrt{1-x^2}}$,则 $y'=$_____。

(2) 曲线 $\sin(xy)+\ln(y-x)=x$ 在点$(0,1)$处的切线方程是_____。

(3) 设函数 $y=y(x)$由方程 $y=1-x\mathrm{e}^y$ 确定,则 $\dfrac{\mathrm{d}y}{\mathrm{d}x}\bigg|_{x=0}=$_____。

(4) 设 $y=(1+\sin x)^x$,则$\mathrm{d}y|_{x=\pi}=$_____。

(5) 设函数 $f(x)$ 在 $x=2$ 的某邻域内可导,且 $f'(x)=\mathrm{e}^{f(x)}$,$f(2)=1$,则 $f'''(2)=$_____。

2. 选择题

(1) 设 $f(x)$在 $x=a$ 处可导,则 $\lim\limits_{h\to 0}\dfrac{f(a+h)-f(a-2h)}{h}=(\quad)$。

　　A. $f'(a)$　　　　　　　　　　B. $2f'(a)$

　　C. $3f'(a)$　　　　　　　　　　D. $3f'(a-2h)$

(2) 函数 $f(x)=(x^2-2x-3)|x^3-x|$ 的不可导点的个数为$(\quad)$。

　　A. 0　　　　　B. 1　　　　　C. 2　　　　　D. 3

(3) 设函数 $y=y(x)$由参数方程 $\begin{cases}x=t^2+2t,\\ y=\ln(1+t)\end{cases}$ 确定,则曲线 $y=y(x)$在 $x=3$ 处的法线与 x 轴交点的横坐标是$(\quad)$。

　　A. $\dfrac{1}{16}\ln 2+3$　　B. $\dfrac{1}{8}\ln 2+3$　　　C. $-16\ln 2+3$　　　D. $16\ln 2+3$

(4) 设函数 $f(x)$在 $x=0$ 处连续,且 $\lim\limits_{n\to 0}\dfrac{f(n^2)}{n^2}=1$,则$(\quad)$。

　　A. $f(0)=0$ 且 $f'_-(0)$存在　　　　B. $f(0)=1$ 且 $f_-'(0)$不存在

　　C. $f(0)=0$ 且 $f'_+(0)$存在　　　　D. $f(0)=1$ 且 $f'_+(0)$不存在

(5) 已知函数 $f(x)$具有任意阶导数,且 $f'(x)=[f(x)]^2$,则 $f^{(4)}(x)=(\quad)$。

　　A. $4!\,[f(x)]^5$　　　　　　　　B. $4!\,[f(x)]^6$

　　C. $4[f(x)]^5$　　　　　　　　　D. $[f(x)]^5$

3. 计算题

(1) 设 $\sin(xy) - \ln\dfrac{x+1}{y} = 1$，求 $\dfrac{\mathrm{d}y}{\mathrm{d}x}\Big|_{x=0}$。

(2) 求下列函数的导数：

① $y = \arcsin\dfrac{1}{x}$；

② $y = x\sqrt{1-x^2}$。

(3) 对于所给的 x_0 和 Δx，计算 $\mathrm{d}f$。

① $f(x) = \sqrt{x}$，$x_0 = 4$，$\Delta x = 0.2$；

② $f(x) = x^3 - 2x + 1$，$x_0 = 1$，$\Delta x = 0.01$。

4. 设函数 $f(x) = \begin{cases} x^k \sin\dfrac{1}{x}, & x \neq 0, \\ 0, & x = 0。 \end{cases}$ 问 k 满足什么条件，$f(x)$ 在 $x = 0$ 处连续但不可导。

第3章

微分中值定理与导数的应用

第2章从分析实际问题中因变量相对于自变量的变化快慢出发,引进了导数概念,并讨论了导数的计算方法。本章以微分学基本定理——微分中值定理为基础,进一步介绍利用导数研究函数的性态,例如判断函数的单调性和凹凸性,求函数的极限、极值、最大(小)值,以及描绘函数图形的方法。

3.1 微分中值定理

下面先介绍一个预备引理——费马(Fermat)引理,然后讲罗尔(Rolle)定理,再根据它推出拉格朗日(Lagrange)中值定理和柯西(Cauchy)中值定理。

3.1.1 费马引理

首先,从导数的概念知道,$f'(x)$ 表示 $f(x)$ 在点 x 处的变化率,观察图 3.1,容易看出在点 x_0 处的变化率为 0。由数学语言将这种几何现象描述出来,就可得到下面的费马引理。

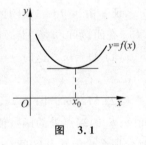

图 3.1

定理 1(费马引理) 设函数 $f(x)$ 在点 x_0 的某邻域 $U(x_0)$ 内有定义,并且在 x_0 处可导,如果对任意的 $x \in U(x_0)$,有 $f(x) \leqslant f(x_0)$(或 $f(x) \geqslant f(x_0)$),那么

$$f'(x_0) = 0。$$

证 不妨设 $x \in U(x_0)$ 时,$f(x) \leqslant f(x_0)$(如果 $f(x) \geqslant f(x_0)$,可以类似地进行证明)。于是,对于 $x_0 + \Delta x \in U(x_0)$,有

$$f(x_0 + \Delta x) \leqslant f(x_0),$$

从而当 $\Delta x > 0$ 时,有

$$\frac{f(x_0 + \Delta x) - f(x_0)}{\Delta x} \leqslant 0;$$

当 $\Delta x < 0$ 时,有

$$\frac{f(x_0 + \Delta x) - f(x_0)}{\Delta x} \geqslant 0。$$

根据函数 $f(x)$ 在 x_0 处可导的条件及极限的保号性,便得到

$$f'(x_0) = f'_+(x_0) = \lim_{\Delta x \to 0^+} \frac{f(x_0 + \Delta x) - f(x_0)}{\Delta x} \leqslant 0,$$

$$f'(x_0) = f'_-(x_0) = \lim_{\Delta x \to 0^-} \frac{f(x_0 + \Delta x) - f(x_0)}{\Delta x} \geqslant 0。$$

所以，$f'(x_0) = 0$。证毕。

通常称满足方程 $f'(x) = 0$ 的点 x_0 为函数的驻点(或稳定点、临界点)。例如，$f(x) = x^2$，因为 $f'(0) = 0$，所以 $x = 0$ 为 $f(x)$ 的驻点。

3.1.2　罗尔定理

先观察图 3.2。设一条连续光滑的曲线弧 $\overset{\frown}{AB}$ 是函数 $y = f(x)$ $(x \in [a, b])$ 的图形，这条曲线在区间 (a, b) 内每一点都存在不垂直于 x 轴的切线，且区间的两个端点的函数值相等，即 $f(a) = f(b)$。可以发现，在曲线弧上的最高点或最低点处，曲线有水平切线，即有 $f'(\xi) = 0$。若把这种几何现象描述出来，可得到下面的罗尔定理。

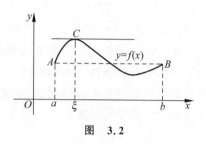

图　3.2

定理 2(罗尔定理)　如果函数 $f(x)$ 满足：

(1) 在闭区间 $[a, b]$ 上连续；

(2) 在开区间 (a, b) 内可导；

(3) 在区间端点处的函数值相等，即 $f(a) = f(b)$。

那么在 (a, b) 内至少有一点 $\xi(a < \xi < b)$，使得 $f'(\xi) = 0$。

证　由于 $f(x)$ 在闭区间 $[a, b]$ 上连续，根据闭区间上连续函数的最大值、最小值定理，$f(x)$ 在闭区间 $[a, b]$ 上必定取得它的最大值 M 和最小值 m。这样，只有两种可能情形：

(1) $M = m$。这时 $f(x)$ 在区间 $[a, b]$ 上必然取相同的数值 M：$f(x) = M$。由此，$\forall x \in (a, b)$，有 $f'(x) = 0$。因此，任取 $\xi \in (a, b)$，有 $f'(\xi) = 0$。

(2) $M > m$。因为 $f(a) = f(b)$，所以 M 和 m 这两个数中至少有一个不等于 $f(x)$ 在区间 $[a, b]$ 的端点处的函数值。为确定起见，不妨设 $M \neq f(a)$(如果设 $m \neq f(a)$，证法完全类似)，那么必定在开区间 (a, b) 内有一点 ξ 使 $f(\xi) = M$。因此，$\forall x \in [a, b]$，有 $f(x) \leqslant f(\xi)$，从而由费马引理可知 $f'(\xi) = 0$。证毕。

罗尔定理的几何意义也很清楚：满足定理条件的函数一定在某一点存在一条与 x 轴平行，亦即与曲线的两个端点的连线平行的切线。如图 3.2 中的点 C，点 C 不一定唯一。

罗尔定理的假设并不要求 $f(x)$ 在 a 和 b 处可导，只要满足在 a 和 b 处的连续性就可以了。例如，函数 $f(x) = \sqrt{1 - x^2}$ 在 $[-1, 1]$ 上满足罗尔定理的假设(和结论)，即使 $f(x)$ 在 $x = -1$ 和 $x = 1$ 处不可导，若取 $\xi = 0 \in (-1, 1)$，则有 $f'(\xi) = 0$。

罗尔定理的三个条件缺一不可，否则定理不一定成立，即定理中的条件是充分的但非必要，例子分别如下。

(1) 非闭区间连续。例如，函数 $f(x) = \begin{cases} x, & x \in [0, 1), \\ 0, & x = 1, \end{cases}$ $x \in [a, b] = [0, 1]$，而 $f'(x) = 1$，$0 < x < 1$，如图 3.3 所示。

(2) 非开区间内可导。例如,函数 $f(x)=|x|,x\in[a,b]=[-1,1]$,而 $f'(x)=$
$$\begin{cases} 1, & x>0, \\ 不存在, & x=0, \\ -1, & x<0。 \end{cases}$$
如图 3.4 所示。

(3) 端点的值不等。例如,函数 $f(x)=x$,其中 $x\in[a,b]=[0,1]$,而 $f'(x)=1\neq0$,如图 3.5 所示。

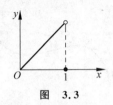

图 3.3

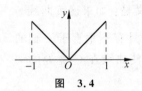

图 3.4

图 3.5

但要注意,在一般情形下,罗尔定理只给出了结论中导函数的零点的存在性,通常这样的零点是不易具体求出的。

例 1 设函数 $f(x)=(x+1)(x-1)(x-2)(x-3)$,证明方程 $f'(x)=0$ 有三个实根,并指出它们所在的区间。

证 显然,函数 $f(x)$ 分别在闭区间 $[-1,1],[1,2],[2,3]$ 上连续,在开区间 $(-1,1)$,$(1,2),(2,3)$ 内可导,且 $f(-1)=f(1)=f(2)=f(3)$。由罗尔定理,在 $(-1,1),(1,2)$,$(2,3)$ 内分别存在点 ξ_1,ξ_2,ξ_3,使得 $f'(\xi_1)=f'(\xi_2)=f'(\xi_3)=0$,即方程 $f'(x)=0$ 至少有三个实根。

又因为 $f'(x)=0$ 是一个一元三次方程,所以 $f'(x)=0$ 至多有三个实根。

综上,方程 $f'(x)=0$ 有三个实根。证毕。

例 2 证明方程 $x^5-5x+1=0$ 有且仅有一个小于 1 的正实根。

证 设 $f(x)=x^5-5x+1$,则 $f(x)$ 在 $[0,1]$ 上连续,且 $f(0)=1,f(1)=-3$。由零点定理知,存在点 $x_0\in(0,1)$,使 $f(x_0)=0$,即 x_0 是题设方程的小于 1 的正实根。

再来证明 x_0 是题设方程的小于 1 的唯一正实根,用反证法。设另有 $x_1\in(0,1),x_1\neq x_0$,使 $f(x_1)=0$。易见函数 $f(x)$ 在以 x_0,x_1 为端点的区间上满足罗尔定理的条件,故至少存在一点 ξ(介于 x_0,x_1 之间),使得 $f'(\xi)=0$。但
$$f'(x)=5(x^4-1)<0, \quad x\in(0,1)$$
矛盾,所以 x_0 即为题设方程的小于 1 的唯一正实根。证毕。

3.1.3 拉格朗日中值定理

罗尔定理中 $f(a)=f(b)$ 这个条件是相当特殊的,它使罗尔定理的应用受到限制。如果把 $f(a)=f(b)$ 这个条件取消,但仍保留其余两个条件,并相应地改变结论,那么就得到微分学中十分重要的拉格朗日中值定理。

定理 3(拉格朗日中值定理) 如果函数 $f(x)$ 满足:

(1) 在闭区间 $[a,b]$ 上连续;

(2) 在开区间 (a,b) 内可导。

那么在 (a,b) 内至少有一点 $\xi(a<\xi<b)$,使等式

$$f(b) - f(a) = f'(\xi)(b - a) \tag{3.1}$$

成立。

在证明之前,先看一下定理的几何意义。如果把式(3.1)改写成

$$\frac{f(b) - f(a)}{b - a} = f'(\xi), \tag{3.2}$$

由图 3.6 可以看出,$\dfrac{f(b) - f(a)}{b - a}$ 为弦 AB 的斜率,而 $f'(\xi)$ 为曲线在点 C 处的切线的斜率。因此拉格朗日中值定理的几何意义是:如果连续曲线 y $= f(x)$ 的弧 $\overset{\frown}{AB}$ 上除端点外处处具有不垂直于 x 轴的切线,那么这弧上至少有一点 C,使曲线在 C 点处的切线平行于弦 AB。

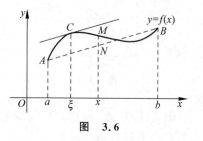

图 3.6

从图 3.6 可以看出,在罗尔定理中,由于 $f(a) = f(b)$,弦 AB 是平行于 x 轴的,因此点 C 处的切线实际上也平行于弦 AB。由此可见,罗尔定理是拉格朗日中值定理的特殊情形。

拉格朗日中值定理的物理解释:把数 $\dfrac{f(b) - f(a)}{b - a}$ 设想为 $f(x)$ 在 $[a, b]$ 上的平均变化率,而 $f'(\xi)$ 是 $x = \xi$ 的瞬时变化率。拉格朗日中值定理是说,在整个区间上的平均变化率一定等于某个内点处的瞬时变化率。若从力学角度来看,就是整体上的平均速度等于某一内点处的瞬时速度。因此,拉格朗日中值定理是连接局部与整体的纽带。

从上述拉格朗日中值定理与罗尔定理的关系,自然想到利用罗尔定理来证明拉格朗日中值定理。但在拉格朗日中值定理中,函数 $f(x)$ 不一定具备 $f(a) = f(b)$ 这个条件,为此我们设想构造一个与 $f(x)$ 有密切联系的函数 $\varphi(x)$(称为辅助函数),使 $\varphi(x)$ 满足条件 $\varphi(a) = \varphi(b)$。然后对 $\varphi(x)$ 应用罗尔定理,再把对 $\varphi(x)$ 所得的结论转化到 $f(x)$ 上,证得所要的结果。我们从拉格朗日中值定理的几何解释中来寻找辅助函数,从图 3.6 中看到,有向线段 NM 的值是 x 的函数,把它表示为 $\varphi(x)$,它与 $f(x)$ 有密切的联系,且当 $x = a$ 及 $x = b$ 时,点 M 与点 N 重合,即有 $\varphi(a) = \varphi(b) = 0$。为求得函数 $\varphi(x)$ 的表达式,设直线 AB 的方程为 $y = L(x)$,则 $L(x) = f(a) + \dfrac{f(b) - f(a)}{b - a}(x - a)$,由于点 M, N 的纵坐标依次为 $f(x)$ 及 $L(x)$,故表示有向线段 NM 的值的函数为

$$\varphi(x) = f(x) - L(x) = f(x) - f(a) - \frac{f(b) - f(a)}{b - a}(x - a)。$$

下面就利用这个辅助函数来证明拉格朗日中值定理。

证 引进辅助函数

$$\varphi(x) = f(x) - f(a) - \frac{f(b) - f(a)}{b - a}(x - a)。$$

容易验证函数 $\varphi(x)$ 适合罗尔定理的条件:$\varphi(a) = \varphi(b) = 0$;$\varphi(x)$ 在闭区间 $[a, b]$ 上连续,在开区间 (a, b) 内可导,且

$$\varphi'(x) = f'(x) - \frac{f(b) - f(a)}{b - a}。$$

根据罗尔定理,可知在 (a,b) 内至少有一点 ξ,使 $\varphi'(\xi)=0$,即

$$f'(\xi)-\frac{f(b)-f(a)}{b-a}=0。$$

由此得

$$\frac{f(b)-f(a)}{b-a}=f'(\xi),$$

即

$$f(b)-f(a)=f'(\xi)(b-a)。$$

证毕。

注意 式(3.1)和式(3.2)均称为拉格朗日中值公式。

由于 $\xi\in(a,b)$,因而总可以找到某个 $\theta\in(0,1)$,使 $\xi=a+\theta(b-a)$,由 $0<\theta<1\Rightarrow0<\theta(b-a)<b-a\Rightarrow a<a+\theta(b-a)<b$,故对 $\xi\in(a,b)$,有 $\xi=a+\theta(b-a)$,从而将式(3.1)改写为

$$f(b)-f(a)=f'(a+\theta(b-a))(b-a),\quad 0<\theta<1。 \tag{3.3}$$

设 a 为 x,则 $a+\Delta x=b$,有 $\Delta x=b-a$,则将式(3.3)表示为

$$f(x+\Delta x)-f(x)=f'(x+\theta\Delta x)\cdot\Delta x,\quad 0<\theta<1。$$

即

$$\Delta y=f'(x+\theta\Delta x)\cdot\Delta x,\quad 0<\theta<1。 \tag{3.4}$$

式(3.4)精确地表述了函数在一个区间上的增量与函数在该区间内某点处的导数之间的关系,这个公式又称为有限增量公式。

拉格朗日中值定理在微分学中占有重要地位,有时也称这个定理为微分中值定理。在某些问题中,当自变量 x 取得有限增量 Δx 而需要函数增量的准确表达式时,拉格朗日中值定理就凸显出其重要价值。

由拉格朗日中值定理可推出下面两个重要的结论。

推论 1 若函数 $f(x)$ 在区间 (a,b) 内可导且 $f'(x)\equiv0$,则 $f(x)$ 在 (a,b) 内恒为常数。

证 设 x_1,x_2 是区间 (a,b) 内任意两点,不妨设 $x_1<x_2$,则在 $[x_1,x_2]$ 上应用式(3.1),有 $f(x_2)-f(x_1)=f'(\xi)(x_2-x_1)$,$\xi\in(x_1,x_2)$。

由于 $f'(\xi)=0$,所以 $f(x_2)=f(x_1)$。

由 x_1,x_2 的任意性,可知 $f(x)$ 在 (a,b) 内恒为一个常数。证毕。

推论 2 若函数 $f(x),g(x)$ 在 (a,b) 内皆可导,且对任意的 $x\in(a,b)$,$f'(x)=g'(x)$,则 $f(x)=g(x)+C$(C 为一个常数)。

证 设 $F(x)=f(x)-g(x)$,则有 $F'(x)=f'(x)-g'(x)=0$,由推论 1,$F(x)=C$(C 为一个常数),即 $f(x)=g(x)+C$。证毕。

例 3 证明当 $|x|<\dfrac{1}{2}$ 时,$3\arccos x-\arccos(3x-4x^3)=\pi$。

证 令 $f(x)=3\arccos x-\arccos(3x-4x^3)$,则

$$f'(x)=-\frac{3}{\sqrt{1-x^2}}+\frac{3-12x^2}{\sqrt{1-(3x-4x^3)^2}}=-\frac{3}{\sqrt{1-x^2}}+\frac{3(1-4x^2)}{\sqrt{(1-x^2)(1-4x^2)^2}}。$$

因为 $|x|<\dfrac{1}{2}$,所以 $0<1-4x^2\leqslant1$。

由上式可推得 $f'(x)=-\dfrac{3}{\sqrt{1-x^2}}+\dfrac{3}{\sqrt{1-x^2}}=0$，所以

$$f(x)=C，令\ x=0\Rightarrow C=\pi。$$

故 $3\arccos x-\arccos(3x-4x^3)=\pi$。证毕。

例 4　证明当 $x>0$ 时，$\dfrac{x}{1+x}<\ln(1+x)<x$。

证　设 $f(x)=\ln(1+x)$，显然，$f(x)$ 在 $[0,x]$ 上满足拉格朗日中值定理的条件，由式(3.1)，有 $f(x)-f(0)=f'(\xi)(x-0)(0<\xi<x)$。

因为 $f(0)=0$，$f'(x)=\dfrac{1}{1+x}$，故上式即为 $\ln(1+x)=\dfrac{x}{1+\xi}(0<\xi<x)$。

由于 $0<\xi<x$，所以 $\dfrac{x}{1+x}<\dfrac{x}{1+\xi}<x$，即 $\dfrac{x}{1+x}<\ln(1+x)<x$。证毕。

3.1.4　柯西中值定理

拉格朗日中值定理表明：如果连续曲线弧 $\overset{\frown}{AB}$ 上除端点外处处具有不垂直于横轴的切线，则这段弧上至少有一点 C，使曲线在点 C 处的切线平行于弦 AB。设弧 $\overset{\frown}{AB}$ 的参数方程为 $\begin{cases}X=g(x)\\Y=f(x)\end{cases}(a\leqslant x\leqslant b)$（见图 3.7），其中 x 是参数，那么曲线上点 (X,Y) 处的切线斜率为

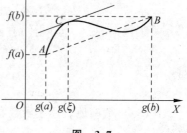

图　3.7

$$\frac{\mathrm{d}Y}{\mathrm{d}X}=\frac{f'(x)}{g'(x)},$$

弦 AB 的斜率为

$$\frac{f(b)-f(a)}{g(b)-g(a)}。$$

假设点 C 对应于参数 $x=\xi$，那么曲线上点 C 处的切线平行于弦 AB，即

$$\frac{f(b)-f(a)}{g(b)-g(a)}=\frac{f'(\xi)}{g'(\xi)}。$$

与这一事实相应的是下面的定理 4。

定理 4(柯西中值定理)　如果函数 $f(x)$ 及 $g(x)$ 满足：

(1) 在闭区间 $[a,b]$ 上连续；

(2) 在开区间 (a,b) 内可导；

(3) 在 (a,b) 内每一点处 $g'(x)\neq 0$。

则在 (a,b) 内至少存在一点 $\xi(a<\xi<b)$，使得

$$\frac{f(b)-f(a)}{g(b)-g(a)}=\frac{f'(\xi)}{g'(\xi)}。 \tag{3.5}$$

证　构造辅助函数 $\varphi(x)=f(x)-f(a)-\dfrac{f(b)-f(a)}{g(b)-g(a)}[g(x)-g(a)]$。易知 $\varphi(x)$ 满足罗尔定理的条件，故在 (a,b) 内至少存在一点 ξ，使得 $\varphi'(\xi)=0$，即 $f'(\xi)-\dfrac{f(b)-f(a)}{g(b)-g(a)}g'(\xi)$ $=0$，从而 $\dfrac{f(b)-f(a)}{g(b)-g(a)}=\dfrac{f'(\xi)}{g'(\xi)}$。证毕。

注意 在拉格朗日中值定理和柯西中值定理的证明中,我们都采用了构造辅助函数的方法。这种方法是高等数学中证明数学命题的一种常用方法,它是根据命题的特征与需要,经过推敲与不断修正而构造出来的,并且不是唯一的。

很明显,如果取 $g(x)=x$,那么 $g(b)-g(a)=b-a$,$g'(x)=1$,因而式(3.5)就可以写成 $f(b)-f(a)=f'(\xi)(b-a)(a<\xi<b)$,这样就变成拉格朗日中值公式了。

例 5 验证柯西中值定理对函数 $f(x)=\sin x$,$g(x)=\cos x$ 在区间 $\left[0,\dfrac{\pi}{2}\right]$ 上的正确性。

解 因为函数 $f(x),g(x)$ 满足:

(1) 在 $\left[0,\dfrac{\pi}{2}\right]$ 上连续;

(2) 在 $\left(0,\dfrac{\pi}{2}\right)$ 内可导,且 $f'(x)=\cos x$,$g'(x)=-\sin x\neq 0\left(0<x<\dfrac{\pi}{2}\right)$。

所以至少存在一点 $\xi\in\left(0,\dfrac{\pi}{2}\right)$,使得 $\dfrac{f'(\xi)}{g'(\xi)}=\dfrac{f\left(\frac{\pi}{2}\right)-f(0)}{g\left(\frac{\pi}{2}\right)-g(0)}$,即 $-\cot\xi=-1$,故 $\xi=\dfrac{\pi}{4}\in\left(0,\dfrac{\pi}{2}\right)$。

【用发展的眼光看问题】

微分中值定理是微分学中最重要的基本定理之一,是沟通函数与其导数的桥梁,是应用导数的局部性质研究函数的整体性质的重要工具。微分中值定理是一系列中值定理的总称,其中最重要的内容是拉格朗日中值定理,它是罗尔定理的推广,同时也是柯西中值定理的特殊情况。

这三大中值定理之间的关系是,罗尔定理着眼在静止的一点,拉格朗日中值定理着眼在变化的瞬间,柯西中值定理着眼在更为一般的运动中。它们的结论越来越具有普遍意义。从这三大中值定理的关系中可以发现,当看待问题的视角更发展、更宽泛时,会获得更多、更具有普遍意义的结果,而这些,本质上却又是一样的。这也启发我们要用发展的眼光看问题,同时在发展中看清问题的本质。

习 题 3.1

1. 下列函数在给定区间上是否满足罗尔定理的条件?若满足,试求出定理中的数值 ξ。
(1) $f(x)=(x-3)(x-5)$,$[3,5]$;
(2) $f(x)=e^{x^2}-1$,$[-1,1]$。

2. 下列函数在给定区间上是否满足拉格朗日中值定理的条件?若满足,试求出定理中的数值 ξ。
(1) $f(x)=2x^2-x+1$,$[-1,2]$;
(2) $f(x)=\ln x$,$[1,2]$。

3. 验证函数 $f(x)=\ln\sin x$ 在区间 $\left[\dfrac{\pi}{6},\dfrac{5\pi}{6}\right]$ 上满足罗尔定理。

4. 验证拉格朗日中值定理对函数 $f(x)=2x^2-7x+10$ 在区间 $[2,5]$ 上的正确性。

5. 验证函数 $f(x) = \begin{cases} \dfrac{3-x^2}{2}, & x \leqslant 1, \\ \dfrac{1}{x}, & x > 1 \end{cases}$ 在 $[0,2]$ 上满足拉格朗日中值定理。

6. 函数 $f(x) = x^3$ 与 $g(x) = x^2 + 1$ 在区间 $[1,2]$ 上是否满足柯西中值定理的条件? 若满足,试求出定理中的数值 ξ。

7. 证明方程 $x^3 + x + C = 0$ 至多有一个实根,其中 C 为任意常数。

8. 证明方程 $x^5 + x - 1 = 0$ 只有一个正根。

9. 证明方程 $x^3 - 3x^2 + 1 = 0$ 在区间 $[0,1]$ 内不可能有两个不同的实根。

10. 设函数 $g(x) = x(x+1)(2x+1)(3x-1)$,则在开区间 $(-1,0)$ 内,方程 $g'(x) = 0$ 有两个实根,在 $(-1,1)$ 内 $g''(x) = 0$ 有两个根。

11. 若函数 $f(x)$ 在 (a,b) 内具有二阶导数,且 $f(x_1) = f(x_2) = f(x_3)$,其中 $a < x_1 < x_2 < x_3 < b$。证明:在 (x_1,x_3) 内至少有一点 ξ,使得 $f''(\xi) = 0$。

12. 证明 $\arcsin x + \arccos x = \dfrac{\pi}{2} (-1 \leqslant x \leqslant 1)$。

13. 证明:

(1) $|\arctan x - \arctan y| \leqslant |x - y|$。

(2) $e^x > 1 + x$,其中 $x \neq 0$。

(3) 当 $x \geqslant 0$ 时,$\arctan x \leqslant x$。

(4) 当 $0 < a < b$ 时,$\dfrac{2a}{a^2 + b^2} < \dfrac{\ln b - \ln a}{b - a}$。

14. 设不恒为常数的函数 $f(x)$ 在 $[a,b]$ 上连续,在 (a,b) 内可导,且 $f(a) = f(b)$。证明:在 (a,b) 内至少存在一点 ξ,使得 $f'(\xi) > 0$。

15. 设函数 $f(x)$ 在 $[0,1]$ 上可微,对于 $[0,1]$ 上每一个 x,函数 $f(x)$ 的值都在开区间 $(0,1)$ 内,且 $f'(x) \neq 1$。证明:在 $(0,1)$ 内有且仅有一个 x,使 $f(x) = x$。

16. 设函数 $f(x)$ 在 $[a,b]$ 上连续,在 (a,b) 内可导。证明:至少存在一点 $\xi \in (a,b)$,使得 $\dfrac{bf(b) - af(a)}{b - a} = f(\xi) + \xi f'(\xi)$。

3.2 洛必达法则

如果当 $x \to a (x \to \infty)$ 时,两个函数 $f(x)$ 与 $g(x)$ 都趋于零或都趋于无穷大,那么极限 $\lim\limits_{\substack{x \to a \\ (x \to \infty)}} \dfrac{f(x)}{g(x)}$ 可能存在、也可能不存在,通常把这种极限叫作未定式,并分别简记为 $\dfrac{0}{0}$ 或 $\dfrac{\infty}{\infty}$。

例如,$\lim\limits_{x \to 0} \dfrac{\sin x}{x}$,$\lim\limits_{x \to 0} \dfrac{1 - \cos x}{x^2}$,$\lim\limits_{x \to +\infty} \dfrac{x^3}{e^x}$ 等都是未定式。对于这类极限,"商的极限等于极限的商"这一法则就不能使用。洛必达(L'Hospital)法则主要用于解决未定式的极限。

未定式除了 $\dfrac{0}{0}$ 型、$\dfrac{\infty}{\infty}$ 型外,还有 $0 \cdot \infty$ 型、$\infty - \infty$ 型、0^0 型、1^∞ 型、∞^0 型等,但后面 5 种情形均可以化为前面两种情形。

下面分别讨论当 $x \to a$，$x \to \infty$ 时 $\dfrac{0}{0}$ 型的情形。

3.2.1 基本未定式 $\dfrac{0}{0}$

定理 1 设：

(1) 当 $x \to a$ 时，函数 $f(x)$ 及 $g(x)$ 都趋于零；

(2) 在点 a 的某去心邻域内，$f'(x)$ 及 $g'(x)$ 都存在且 $g'(x) \neq 0$；

(3) $\lim\limits_{x \to a} \dfrac{f'(x)}{g'(x)}$ 存在（或为无穷大）。

那么

$$\lim\limits_{x \to a} \frac{f(x)}{g(x)} = \lim\limits_{x \to a} \frac{f'(x)}{g'(x)}。$$

这就是说，当 $\lim\limits_{x \to a} \dfrac{f'(x)}{g'(x)}$ 存在时，$\lim\limits_{x \to a} \dfrac{f(x)}{g(x)}$ 也存在且等于 $\lim\limits_{x \to a} \dfrac{f'(x)}{g'(x)}$；当 $\lim\limits_{x \to a} \dfrac{f'(x)}{g'(x)}$ 为无穷大时，$\lim\limits_{x \to a} \dfrac{f(x)}{g(x)}$ 也是无穷大。这种在一定条件下通过分子分母分别求导再求极限来确定未定式的值的方法称为洛必达法则。

证 因为求 $\dfrac{f(x)}{g(x)}$ 当 $x \to a$ 时的极限与 $f(a)$ 及 $g(a)$ 无关，所以可以假定 $f(a) = g(a) = 0$，于是由条件(1)、(2)知道，$f(x)$ 及 $g(x)$ 在点 a 的某一邻域内是连续的。设 x 是这邻域内的一点，那么在以 x 及 a 为端点的区间上，柯西中值定理的条件均满足，因此有 $\dfrac{f(x)}{g(x)} = \dfrac{f(x) - f(a)}{g(x) - g(a)} = \dfrac{f'(\xi)}{g'(\xi)}$（$\xi$ 在 x 与 a 之间）。

令 $x \to a$，并对上式两端求极限，注意到 $x \to a$ 时 $\xi \to a$，再根据条件(3)便得要证明的结论。证毕。

注意 (1) 定理表明：如果未定式 $\dfrac{0}{0}$ 满足洛必达法则的条件，则未定式的值可用对分子分母分别求导再求极限来确定；

(2) 如果 $\lim\limits_{x \to a} \dfrac{f'(x)}{g'(x)}$ 还是 $\dfrac{0}{0}$ 型，可再用一次洛必达法则，直至不是 $\dfrac{0}{0}$ 型为止，即

$$\lim\limits_{x \to a} \frac{f(x)}{g(x)} = \lim\limits_{x \to a} \frac{f'(x)}{g'(x)} = \cdots = \lim\limits_{x \to a} \frac{f^{(n)}(x)}{g^{(n)}(x)};$$

(3) 如果不是未定式，则不能用洛必达法则。

例 1 求 $\lim\limits_{x \to 0} \dfrac{\sin 7x}{4x}$。

解 $\lim\limits_{x \to 0} \dfrac{\sin 7x}{4x} = \lim\limits_{x \to 0} \dfrac{7\cos 7x}{4} = \dfrac{7}{4}$。

例 2 求 $\lim\limits_{x \to 0} \dfrac{e^x - e^{-x} - 2x}{x - \sin x}$。

解 $\lim\limits_{x \to 0} \dfrac{e^x - e^{-x} - 2x}{x - \sin x} = \lim\limits_{x \to 0} \dfrac{e^x + e^{-x} - 2}{1 - \cos x} = \lim\limits_{x \to 0} \dfrac{e^x - e^{-x}}{\sin x} = \lim\limits_{x \to 0} \dfrac{e^x + e^{-x}}{\cos x} = 2$。

例 3 求 $\lim\limits_{x \to 0} \dfrac{\tan x - x}{x \sin^2 x}$。

分析 此题如果直接用洛必达法则,分母的导数(尤其是高阶导数)较复杂,所以先用等价无穷小量代换 $\sin^2 x \sim x^2$,则运算就简单些。

解 $\lim\limits_{x \to 0} \dfrac{\tan x - x}{x \sin^2 x} = \lim\limits_{x \to 0} \dfrac{\tan x - x}{x^3} = \lim\limits_{x \to 0} \dfrac{\sec^2 x - 1}{3x^2} = \lim\limits_{x \to 0} \dfrac{\tan^2 x}{3x^2} = \lim\limits_{x \to 0} \dfrac{x^2}{3x^2} = \dfrac{1}{3}$。

例 4 求 $\lim\limits_{x \to 1} \dfrac{x^3 - 3x + 2}{x^3 - x^2 - x + 1}$。

解 $\lim\limits_{x \to 1} \dfrac{x^3 - 3x + 2}{x^3 - x^2 - x + 1} = \lim\limits_{x \to 1} \dfrac{3x^2 - 3}{3x^2 - 2x - 1} = \lim\limits_{x \to 1} \dfrac{6x}{6x - 2} = \dfrac{3}{2}$。

注意 上式中的 $\lim\limits_{x \to 1} \dfrac{6x}{6x - 2}$ 已不是未定式,不能对它应用洛必达法则,否则会导致错误结果。以后使用洛必达法则时应当经常注意这一点,如果不是未定式,就不能应用洛必达法则。

我们指出,对 $x \to \infty$ 时的未定式 $\dfrac{0}{0}$,也有相应的洛必达法则。于是有下面的定理 2。

定理 2 设:

(1) 当 $x \to \infty$ 时,函数 $f(x)$ 及 $g(x)$ 都趋于零;

(2) 当 $|x| > N$ 时,$f'(x)$ 及 $g'(x)$ 都存在,且 $g'(x) \neq 0$;

(3) $\lim\limits_{x \to \infty} \dfrac{f'(x)}{g'(x)}$ 存在(或为无穷大)。

那么有

$$\lim_{x \to \infty} \frac{f(x)}{g(x)} = \lim_{x \to \infty} \frac{f'(x)}{g'(x)}。$$

例 5 求 $\lim\limits_{x \to +\infty} \dfrac{\ln\left(1 + \dfrac{1}{x}\right)}{\arctan \dfrac{1}{x}}$。

解 $\lim\limits_{x \to +\infty} \dfrac{\ln\left(1 + \dfrac{1}{x}\right)}{\arctan \dfrac{1}{x}} = \lim\limits_{x \to +\infty} \dfrac{\dfrac{1}{1 + \dfrac{1}{x}}\left(-\dfrac{1}{x^2}\right)}{\dfrac{1}{1 + \left(\dfrac{1}{x}\right)^2}\left(-\dfrac{1}{x^2}\right)} = \lim\limits_{x \to +\infty} \dfrac{x(x^2 + 1)}{(x + 1)x^2} = 1$。

3.2.2 基本未定式 $\dfrac{\infty}{\infty}$

对于自变量 $x \to a$(或 $x \to \infty$)时的 $\dfrac{\infty}{\infty}$ 型未定式,也有如下相应的定理。

定理 3 设函数 $f(x)$ 及 $g(x)$ 在点 $x = a$ 的某个去心邻域均有定义,若满足:

(1) 当 $x \to a$ 时,函数 $f(x)$ 及 $g(x)$ 都趋向于无穷大;

(2) $f'(x)$ 及 $g'(x)$ 在 a 点的某去心邻域内存在,且 $g'(x) \neq 0$;

(3) $\lim\limits_{x \to a} \dfrac{f'(x)}{g'(x)}$ 存在(或无穷大)。

那么有

$$\lim_{x \to a} \frac{f(x)}{g(x)} = \lim_{x \to a} \frac{f'(x)}{g'(x)}。$$

例 6 求 $\lim\limits_{x \to 0^+} \dfrac{\ln 2x}{\ln \sin 3x}$。

解 $\lim\limits_{x \to 0^+} \dfrac{\ln 2x}{\ln \sin 3x} = \lim\limits_{x \to 0^+} \dfrac{\dfrac{2}{2x}}{\dfrac{3}{\sin 3x} \cdot \cos 3x} = \dfrac{1}{3} \lim\limits_{x \to 0^+} \dfrac{\sin 3x}{x} \cdot \dfrac{1}{\cos 3x} = \dfrac{1}{3} \lim\limits_{x \to 0^+} \dfrac{3x}{x} \cdot \dfrac{1}{\cos 3x} = 1$。

例 7 求 $\lim\limits_{x \to +\infty} \dfrac{\ln x}{x^n}(n > 0)$。

解 $\lim\limits_{x \to +\infty} \dfrac{\ln x}{x^n} = \lim\limits_{x \to +\infty} \dfrac{\dfrac{1}{x}}{n x^{n-1}} = \lim\limits_{x \to +\infty} \dfrac{1}{n x^n} = 0$。

例 8 求 $\lim\limits_{x \to +\infty} \dfrac{x^n}{e^{\lambda x}}(n$ 为正整数,$\lambda > 0)$。

解 相继应用洛必达法则 n 次,得

$$\lim_{x \to +\infty} \frac{x^n}{e^{\lambda x}} = \lim_{x \to +\infty} \frac{n x^{n-1}}{\lambda e^{\lambda x}} = \lim_{x \to +\infty} \frac{n(n-1) x^{n-2}}{\lambda^2 e^{\lambda x}} = \cdots = \lim_{x \to +\infty} \frac{n!}{\lambda^n e^{\lambda x}} = 0。$$

事实上,如果例 7 中的 n 不是正整数而是任何正数,那么极限仍为零。

注意 对数函数 $\ln x$、幂函数 $x^n(n > 0)$、指数函数 $e^{\lambda x}(\lambda > 0)$ 均为当 $x \to +\infty$ 时的无穷大,但从例 7、例 8 可以看出,这三个函数增大的"速度"是很不一样的,幂函数增大的"速度"比对数函数快得多,而指数函数增大的"速度"又比幂函数快得多。

3.2.3 其他型未定式

在解决 $0 \cdot \infty, \infty - \infty, 0^0, 1^\infty, \infty^0$ 型等不同未定式的极限问题时,关键是将其他类型未定式化为洛必达法则可解决的类型,即 $\dfrac{0}{0}$ 型和 $\dfrac{\infty}{\infty}$ 型,下面以例题为主展开讨论。

1. $0 \cdot \infty$ 型未定式的求法

思路 $0 \cdot \infty \Rightarrow \dfrac{1}{\infty} \cdot \infty$ 或 $0 \cdot \infty \Rightarrow 0 \cdot \dfrac{1}{0}$。

例 9 求 $\lim\limits_{x \to +\infty} x^{-2} e^x$。

解 $\lim\limits_{x \to +\infty} x^{-2} e^x = \lim\limits_{x \to +\infty} \dfrac{e^x}{x^2} = \lim\limits_{x \to +\infty} \dfrac{e^x}{2x} = \lim\limits_{x \to +\infty} \dfrac{e^x}{2} = +\infty$。

例 10 求 $\lim\limits_{x \to +\infty} x\left(\dfrac{\pi}{2} - \arctan x\right)$。

解 $\lim\limits_{x\to+\infty}x\left(\dfrac{\pi}{2}-\arctan x\right)=\lim\limits_{x\to+\infty}\dfrac{\dfrac{\pi}{2}-\arctan x}{\dfrac{1}{x}}=\lim\limits_{x\to+\infty}\dfrac{-\dfrac{1}{1+x^2}}{-\dfrac{1}{x^2}}=\lim\limits_{x\to+\infty}\dfrac{x^2}{1+x^2}=1.$

2. $\infty-\infty$ 型未定式的求法

思路 $\infty-\infty\Rightarrow\dfrac{1}{0}-\dfrac{1}{0}\dfrac{0-0}{0\cdot0}.$

例 11 求 $\lim\limits_{x\to\frac{\pi}{2}}(\sec x-\tan x).$

解 这是 $\infty-\infty$ 型未定式。因为

$$\sec x-\tan x=\frac{1-\sin x}{\cos x},$$

当 $x\to\dfrac{\pi}{2}$ 时，上式右端是未定式 $\dfrac{0}{0}$，应用洛必达法则，得

$$\lim\limits_{x\to\frac{\pi}{2}}(\sec x-\tan x)=\lim\limits_{x\to\frac{\pi}{2}}\frac{1-\sin x}{\cos x}=\lim\limits_{x\to\frac{\pi}{2}}\frac{-\cos x}{-\sin x}=0.$$

3. $0^0,1^\infty,\infty^0$ 等型未定式的求法

$0^0,1^\infty,\infty^0$ 型的未定式，一般是幂指函数形式的极限，可采用对数求极限法，其主要思

路：$\left.\begin{matrix}0^0\\1^\infty\\\infty^0\end{matrix}\right\}\xrightarrow{\text{取对数}}\left\{\begin{matrix}0\cdot\ln0\\\infty\cdot\ln1\\0\cdot\ln\infty\end{matrix}\right.\Rightarrow0\cdot\infty.$

例 12 求 $\lim\limits_{x\to0^+}x^{\tan x}.$

解 这是 0^0 型未定式，将它变形为 $\lim\limits_{x\to0^+}x^{\tan x}=\mathrm{e}^{\lim\limits_{x\to0^+}\tan x\ln x}$。由于

$$\lim\limits_{x\to0^+}\tan x\ln x=\lim\limits_{x\to0^+}\frac{\ln x}{\cot x}=\lim\limits_{x\to0^+}\frac{\dfrac{1}{x}}{-\csc^2 x}=\lim\limits_{x\to0^+}\frac{-\sin^2 x}{x}=\lim\limits_{x\to0^+}\frac{-x^2}{x}=0,$$

故

$$\lim\limits_{x\to0^+}x^{\tan x}=\mathrm{e}^0=1.$$

例 13 求 $\lim\limits_{x\to1}(2-x)^{\frac{1}{\ln x}}.$

解 这是 1^∞ 型未定式，可以将其化为 $\dfrac{0}{0}$ 型未定式计算，即

$$\lim\limits_{x\to1}(2-x)^{\frac{1}{\ln x}}=\lim\limits_{x\to1}\mathrm{e}^{\ln(2-x)^{\frac{1}{\ln x}}}=\lim\limits_{x\to1}\mathrm{e}^{\frac{\ln(2-x)}{\ln x}}=\mathrm{e}^{\lim\limits_{x\to1}\frac{\ln(2-x)}{\ln x}}.$$

因为 $\lim\limits_{x\to1}\dfrac{\ln(2-x)}{\ln x}=\lim\limits_{x\to1}\dfrac{\dfrac{-1}{2-x}}{\dfrac{1}{x}}=\lim\limits_{x\to1}\dfrac{x}{x-2}=-1$，所以 $\lim\limits_{x\to1}(2-x)^{\frac{1}{\ln x}}=\mathrm{e}^{-1}.$

例 14 求 $\lim\limits_{x\to\infty}\dfrac{x+\cos x}{x}.$

错解 由于 $\lim\limits_{x\to\infty}\dfrac{x+\cos x}{x}=\lim\limits_{x\to\infty}\dfrac{1-\sin x}{1}=\lim\limits_{x\to\infty}(1-\sin x)$，从而所求极限不存在。

在上述求解过程中，本不满足洛必达法则的条件，但使用了该法则，最终结果肯定是错误的。

解 $\lim\limits_{x\to\infty}\dfrac{x+\cos x}{x}=\lim\limits_{x\to\infty}(1+\dfrac{1}{x}\cos x)=1$。

注意 洛必达法则只是极限存在的充分条件。

习　题　3.2

1. 用洛必达法则求下列极限：

(1) $\lim\limits_{x\to 2}\dfrac{\sqrt{x^2+1}-\sqrt{5}}{x^2-4}$；

(2) $\lim\limits_{x\to+\infty}\dfrac{\ln\left(1+\dfrac{1}{x}\right)}{\arctan\dfrac{1}{x}}$。

(3) $\lim\limits_{x\to 1}\dfrac{x^3-1+\ln x}{\mathrm{e}^x-\mathrm{e}}$；

(4) $\lim\limits_{x\to 0}\dfrac{\ln(\sin ax)}{\ln(\sin bx)}$；

(5) $\lim\limits_{x\to\infty}\dfrac{x^2+3x-1}{2x^2-5}$；

(6) $\lim\limits_{x\to 0}\dfrac{x-\arctan x}{\ln(1+x^2)}$。

(7) $\lim\limits_{x\to\infty}x^2\left(1-\cos\dfrac{1}{x}\right)$；

(8) $\lim\limits_{x\to 0}x^2\mathrm{e}^{\frac{1}{x^2}}$。

(9) $\lim\limits_{x\to\infty}\left(\dfrac{\pi}{2}-\arctan 4x^2\right)\cdot x^2$；

(10) $\lim\limits_{x\to 0}\left(\dfrac{1}{x}-\dfrac{1}{\tan x}\right)$；

(11) $\lim\limits_{x\to+\infty}\left[(x^3+x^2+2)^{\frac{1}{3}}-x\right]$；

(12) $\lim\limits_{x\to 0^+}x^{\sin x}$；

(13) $\lim\limits_{x\to 0^+}x^x$。

(14) $\lim\limits_{x\to 1}x^{\frac{1}{1-x}}$；

(15) $\lim\limits_{x\to 0}(\cos x+\sin x)^{\frac{1}{x}}$；

(16) $\lim\limits_{x\to\infty}(x+\sqrt{1+x^2})^{\frac{1}{x}}$。

2. 验证极限 $\lim\limits_{x\to\infty}\dfrac{x+\sin x}{x}$ 存在，但不能用洛必达法则得出。

3. 验证极限 $\lim\limits_{x\to 0}\dfrac{x^2\sin\dfrac{1}{x}}{\sin x}$ 存在，但不能用洛必达法则得出。

3.3　泰勒公式

在微分的应用中，当 $|x-x_0|$ 很小时，有如下的近似公式：
$$f(x)\approx f(x_0)+f'(x_0)(x-x_0)，$$
就是用一次多项式 $P_1(x)=f(x_0)+f'(x_0)(x-x_0)$ 来近似地表达函数 $f(x)$。

但是这个表达式还存在着不足之处：首先精确度不高，它所产生的误差仅是比 $x-x_0$ 高阶的无穷小量；其次用它作近似计算时，不能具体估算出误差大小。所以，对于精确度要求较高且需要估计误差时,就要用高次多项式来近似表达函数,并给出误差公式。因此,我们引入下面的泰勒公式。

泰勒中值定理 如果函数 $f(x)$ 在含有 x_0 的某个开区间 (a,b) 内有直到 $n+1$ 阶的导数,则对任一 $x \in (a,b)$,有

$$f(x) = f(x_0) + f'(x_0)(x-x_0) + \frac{f''(x_0)}{2!}(x-x_0)^2 + \cdots + \frac{f^{(n)}(x_0)}{n!}(x-x_0)^n + R_n(x),$$

(3.6)

其中

$$R_n(x) = \frac{f^{(n+1)}(\xi)}{(n+1)!}(x-x_0)^{n+1},$$

(3.7)

这里,ξ 是 x_0 与 x 之间的某个值。

证 记

$$P_n(x) = f(x_0) + f'(x_0)(x-x_0) + \frac{f''(x_0)}{2!}(x-x_0)^2 + \cdots + \frac{f^{(n)}(x_0)}{n!}(x-x_0)^n,$$

那么

$$R_n(x) = f(x) - P_n(x)。$$

为证明定理,我们只需证明 $R_n(x)$ 可表示为式(3.7)即可。

由假设可知,$R_n(x)$ 在 (a,b) 内具有直到 $n+1$ 阶的导数,且易求得

$$R_n(x_0) = R'_n(x_0) = R''_n(x_0) = \cdots = R_n^{(n)}(x_0) = 0。$$

令 $Q(x) = (x-x_0)^{n+1}$,则

$$Q(x_0) = Q'(x_0) = Q''(x_0) = \cdots = Q^{(n)}(x_0) = 0,$$

对两个函数 $R_n(x)$ 及 $Q(x)$ 在以 x_0 及 x 为端点的区间上应用柯西中值定理,得

$$\frac{R_n(x)}{Q(x)} = \frac{R_n(x) - R_n(x_0)}{Q(x) - Q(x_0)} = \frac{R'_n(\xi_1)}{Q'(\xi_1)}, \quad \xi_1 \text{ 在 } x_0 \text{ 与 } x \text{ 之间},$$

再对两个函数 $R'_n(x)$ 与 $Q'(x)$ 在以 x_0 与 ξ_1 为端点的区间上应用柯西中值定理,得

$$\frac{R_n(x)}{Q(x)} = \frac{R'_n(\xi_1)}{Q'(\xi_1)} = \frac{R'_n(\xi_1) - R'_n(x_0)}{Q'(\xi_1) - Q'(x_0)} = \frac{R''_n(\xi_2)}{Q''(\xi_2)}, \quad \xi_2 \text{ 在 } x_0 \text{ 与 } \xi_1 \text{ 之间},$$

照此进行下去,经过 $n+1$ 次后,得

$$\frac{R_n(x)}{Q(x)} = \frac{R'_n(\xi_1)}{Q'(\xi_1)} = \frac{R''_n(\xi_2)}{Q''(\xi_2)} = \cdots = \frac{R_n^{(n+1)}(\xi)}{Q^{(n+1)}(\xi)}, \quad \xi \text{ 在 } x_0 \text{ 与 } \xi_n \text{ 之间},$$

其中,$R_n^{(n+1)}(\xi) = f^{(n+1)}(\xi)$(因 $P_n^{(n+1)}(x) = 0$),$Q^{(n+1)}(\xi) = (n+1)!$,则由上式得

$$R_n(x) = \frac{f^{(n+1)}(\xi)}{(n+1)!}(x-x_0)^{n+1} \quad (\xi \text{ 在 } x_0 \text{ 与 } x \text{ 之间})。$$

证毕。

式(3.6)称为函数 $f(x)$ 按 $x-x_0$ 的幂展开的带有拉格朗日型余项的 n 阶**泰勒公式**,而 $R_n(x)$ 的表达式(3.7)称为拉格朗日型余项,$P_n(x)$ 称为 $f(x)$ 的 n 次泰勒多项式。

当 $n=0$ 时,泰勒公式变成拉格朗日中值公式

$$f(x) = f(x_0) + f'(\xi)(x-x_0) \quad (\xi \text{ 在 } x_0 \text{ 与 } x \text{ 之间})。$$

因此,泰勒中值定理是拉格朗日中值定理的推广。

由泰勒中值定理可知,以多项式 $P_n(x)$ 代替 $f(x)$ 时,其误差为 $|R_n(x)|$。若 $f^{(n+1)}(x)$ 在区间 (a,b) 内有界,则

$$\lim_{x \to x_0} \frac{R_n(x)}{(x-x_0)^n} = 0。$$

由此可见,当 $x \to x_0$ 时,误差 $|R_n(x)|$ 是比 $(x-x_0)^n$ 高阶的无穷小量,即

$$R_n(x) = o[(x-x_0)^n]。 \tag{3.8}$$

因此,n 阶泰勒公式也可写成

$$f(x) = f(x_0) + f'(x_0)(x-x_0) + \frac{f''(x_0)}{2!}(x-x_0)^2 + \cdots + \frac{f^{(n)}(x_0)}{n!}(x-x_0)^n +$$

$$o[(x-x_0)^n]。 \tag{3.9}$$

$R_n(x)$ 的表达式(3.8)称为佩亚诺(Peano)型余项,式(3.9)称为 $f(x)$ 按 $x-x_0$ 的幂展开的带有佩亚诺型余项的 n 阶泰勒公式。

在泰勒公式中,如果取 $x_0 = 0$,则 ξ 在 0 与 x 之间。因此可令 $\xi = \theta x (0 < \theta < 1)$,从而泰勒公式变成较简单的形式,即所谓的带有拉格朗日型余项的**麦克劳林(Maclaurin)公式**

$$f(x) = f(0) + f'(0)x + \frac{f''(0)}{2!}x^2 + \cdots + \frac{f^{(n)}(0)}{n!}x^n + \frac{f^{(n+1)}(\theta x)}{(n+1)!}x^{n+1}, \quad 0 < \theta < 1。$$

$$\tag{3.10}$$

由此得近似公式

$$f(x) \approx f(0) + f'(0)x + \frac{f''(0)}{2!}x^2 + \cdots + \frac{f^{(n)}(0)}{n!}x^n,$$

其误差为

$$|R_n(x)| = \left| \frac{f^{(n+1)}(\theta x)}{(n+1)!}x^{n+1} \right|, \quad 0 < \theta < 1。$$

例1　写出函数 $f(x) = e^x$ 的带有拉格朗日型余项的 n 阶麦克劳林公式。

解　因为

$$f'(x) = f''(x) = \cdots = f^{(n)}(x) = e^x,$$

所以

$$f(0) = f'(0) = f''(0) = \cdots = f^{(n)}(0) = 1, \quad f^{(n+1)}(x) = e^x。$$

于是由式(3.10)得

$$e^x = 1 + x + \frac{x^2}{2!} + \cdots + \frac{x^n}{n!} + \frac{e^{\theta x}}{(n+1)!}x^{n+1}, \quad 0 < \theta < 1。$$

在例1中,如果取 $x = 1$,则得无理数 e 的近似式为

$$e \approx 1 + 1 + \frac{1}{2!} + \cdots + \frac{1}{n!},$$

其误差为

$$|R_n(1)| = \left| \frac{e^\theta}{(n+1)!} \right| = \frac{e^\theta}{(n+1)!} < \frac{3}{(n+1)!}。$$

当 $n = 10$ 时,$e \approx 2.718282$,误差不超过 10^{-6}。

例2　求 $f(x) = \sin x$ 的带有拉格朗日型余项的 n 阶麦克劳林公式。

解　因为

$$f'(x) = \cos x, \quad f''(x) = -\sin x, \quad f'''(x) = -\cos x,$$

$$f^{(4)}(x) = \sin x, \quad \cdots, \quad f^{(n)}(x) = \sin\left(x + \frac{n\pi}{2}\right),$$

所以

$$f(0) = 0, \quad f'(0) = 1, \quad f''(0) = 0, \quad f'''(0) = -1, \quad f^{(4)}(0) = 0, \cdots$$

它们顺序循环地取 4 个数 $0, 1, 0, -1$，于是按公式(3.10)，得（令 $n = 2m$）

$$\sin x = x - \frac{x^3}{3!} + \frac{x^5}{5!} - \cdots + (-1)^{m-1}\frac{x^{2m-1}}{(2m-1)!} + R_{2m}(x),$$

其中

$$R_{2m}(x) = \frac{\sin\left(\theta x + \frac{2m+1}{2}\pi\right)}{(2m+1)!}x^{2m+1}, \quad 0 < \theta < 1。$$

在例 2 中，如果取 $m = 3$，则得近似公式

$$\sin x \approx x - \frac{x^3}{3!} + \frac{x^5}{5!},$$

其误差为

$$|R_6(x)| = \left|\frac{\sin\left(\theta x + \frac{7}{2}\pi\right)}{7!}x^7\right| \leqslant \frac{1}{7!}|x|^7, \quad 0 < \theta < 1。$$

类似地，还可以得到：

(1) $\cos x = 1 - \frac{1}{2!}x^2 + \frac{1}{4!}x^4 - \cdots + (-1)^m\frac{1}{(2m)!}x^{2m} + R_{2m+1}(x)$，其中，$R_{2m+1}(x) = \frac{\cos[\theta x + (m+1)\pi]}{(2m+2)!}x^{2m+2}, 0 < \theta < 1$；

(2) $\ln(1+x) = x - \frac{1}{2}x^2 + \frac{1}{3}x^3 - \cdots + (-1)^{n-1}\frac{1}{n}x^n + R_n(x)$，其中，$R_n(x) = \frac{(-1)^n}{(n+1)(1+\theta x)^{n+1}}x^{n+1}, 0 < \theta < 1$；

(3) $(1+x)^m = 1 + mx + \frac{m(m-1)}{2!}x^2 + \cdots + \frac{m(m-1)\cdots(m-n+1)}{n!}x^n + R_n(x)$，其中，$R_n(x) = \frac{m(m-1)\cdots(m-n+1)(m-n)(1+\theta x)^{m-n-1}}{(n+1)!}x^{n+1}, 0 < \theta < 1。$

由以上带有拉格朗日型余项的麦克劳林公式，易得相应的带有佩亚诺型余项的麦克劳林公式，读者可自行写出。

习 题 3.3

1. 按 $x-1$ 的幂展开求函数 $f(x) = 1 + 3x + 5x^2 - 2x^3$。

2. 求函数 $f(x) = \sqrt{x}$ 按 $x-4$ 的幂展开的带有拉格朗日型余项的 3 阶泰勒公式。

3. 求函数 $f(x) = \frac{1}{x}$ 按 $x+1$ 的幂展开的带有拉格朗日型余项的 n 阶泰勒公式。

4. 求函数 $f(x)=\ln x$ 按 $x-2$ 的幂展开的带有佩亚诺型余项的 n 阶泰勒公式。

5. 求函数 $f(x)=x e^x$ 的带有佩亚诺型余项的 n 阶麦克劳林公式。

6. 应用 4 阶带有拉格朗日型余项的麦克劳林公式计算 $\sin 1$,并估计误差。

3.4 函数单调性的判别法

函数在某区间上是否具有单调性,是我们在研究函数的性态时,首先关注的问题。第 1 章中已经给出了函数在某区间上单调的定义,但利用定义来判定函数的单调性却是很不方便的,下面我们应用微分中值定理讨论函数的导数与单调性之间的关系。

定理 设函数 $y=f(x)$ 在 $[a,b]$ 上连续,在 (a,b) 内可导,则有:

(1) 如果在 (a,b) 内 $f'(x)>0$,那么函数 $y=f(x)$ 在 $[a,b]$ 上单调增加;

(2) 如果在 (a,b) 内 $f'(x)<0$,那么函数 $y=f(x)$ 在 $[a,b]$ 上单调减少。

证 在 $[a,b]$ 上任取两点 x_1,x_2,且 $x_1<x_2$,应用拉格朗日中值定理,得
$$f(x_2)-f(x_1)=f'(\xi)(x_2-x_1), \quad x_1<\xi<x_2。$$

(1) 如果在区间 (a,b) 内,$f'(x)>0$,则 $f'(\xi)>0$,而 $x_2-x_1>0$,故由上式可知 $f(x_2)-f(x_1)>0$,即 $f(x_2)>f(x_1)$,说明函数 $y=f(x)$ 在 $[a,b]$ 上单调增加。

(2) 若在 (a,b) 内 $f'(x)<0$,那么 $f'(\xi)<0$,于是 $f(x_2)-f(x_1)<0$,即 $f(x_2)<f(x_1)$,说明函数 $y=f(x)$ 在 $[a,b]$ 上单调减少。

如果把这个判定法中的闭区间,换成其他各种区间(包括无穷区间),那么结论也成立。

例 1 讨论函数 $y=x^3$ 的单调性。

解 函数的定义域为 $(-\infty,+\infty)$,其导数为
$$y'=3x^2。$$

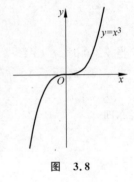

图 3.8

显然,除了点 $x=0$ 使 $y'=0$ 外,在其余各点处均有 $y'>0$。因此函数 $y=x^3$ 在区间 $(-\infty,0]$ 及 $[0,+\infty)$ 内都是单调增加的,从而在整个定义域 $(-\infty,+\infty)$ 内是单调增加的。函数的图形如图 3.8 所示。

一般地,如果 $f'(x)$ 在某区间内的有限个点处为零,在其余各点处均为正(或负)时,那么 $f(x)$ 在该区间上仍旧是单调增加(或单调减少)的。

例 2 讨论函数 $f(x)=2x^3-9x^2+12x-3$ 的单调性。

解 函数 $f(x)$ 的定义域为 $(-\infty,+\infty)$,其导数为
$$f'(x)=6x^2-18x+12=6(x-1)(x-2)。$$
令 $f'(x)=0$,解得 $x_1=1,x_2=2$。这两个根把定义域 $(-\infty,+\infty)$ 分成三部分:$(-\infty,1)$,$[1,2]$ 和 $(2,+\infty)$。

当 $-\infty<x<1$ 时,$f'(x)>0$;当 $1\leqslant x\leqslant 2$ 时,$f'(x)<0$;当 $2<x<+\infty$ 时,$f'(x)>0$。因此函数 $f(x)$ 在 $(-\infty,1)$ 及 $(2,+\infty)$ 上是单调增加的,在 $[1,2]$ 上是单调减少的。函数的图形如图 3.9 所示。

例 3 确定函数 $f(x)=\sqrt[3]{x^2}$ 的单调区间。

解 函数 $f(x)$ 的定义域为 $(-\infty,+\infty)$。

当 $x \neq 0$ 时,函数的导数为

$$f'(x) = \frac{2}{3\sqrt[3]{x}}.$$

当 $x=0$ 时,函数的导数不存在。当 $-\infty < x < 0$ 时,$f'(x) < 0$;当 $0 < x < +\infty$ 时,$f'(x) > 0$。因此,函数 $f(x)$ 在 $(-\infty, 0]$ 上是单调减少的,在 $[0, +\infty)$ 上是单调增加的。函数的图形如图 3.10 所示。

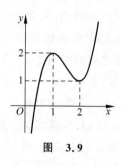

图 3.9

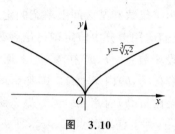

图 3.10

由以上两例可以看出,有些函数在它的定义域上不是单调的,但是当用导数等于零的点和导数不存在的点来划分函数的定义域后,就可以使函数在各个子区间上单调。因此,这些子区间就是函数的单调区间。

下面是利用函数的单调性证明不等式的例子。

例 4　证明:当 $x > 0$ 时,$x > \ln(1+x)$。

证　设函数 $f(x) = x - \ln(1+x)$,其导数为

$$f'(x) = \frac{x}{1+x}.$$

当 $x > 0$ 时,$f'(x) > 0$,所以函数 $f(x)$ 在 $[0, +\infty)$ 上是单调增加的。又由于 $f(0) = 0$,因此当 $x > 0$ 时,$f(x) > f(0) = 0$,即

$$x - \ln(1+x) > 0,$$

亦即

$$x > \ln(1+x).$$

习　题　3.4

1. 讨论下列函数的单调性:

(1) $f(x) = \arctan x - x$;

(2) $f(x) = x e^{-x} (x < 0)$;

(3) $f(x) = x + \cos x \ (0 \leqslant x \leqslant 2\pi)$。

2. 确定下列函数的单调区间:

(1) $y = x^4 - 2x^2 - 5$;

(2) $y = \ln(x + \sqrt{1+x^2})$;

(3) $y = 2x + \dfrac{8}{x} (x > 0)$;

(4) $y = (x-1)(x+1)^3$;

(5) $y = x^n e^{-x} (n > 0, x \geqslant 0)$;

(6) $y = \sqrt{2x - x^2}$。

3. 证明下列不等式:

(1) 当 $x>4$ 时, $2^x>x^2$;　　　　(2) 当 $x>1$ 时, $2\sqrt{x}>3-\dfrac{1}{x}$;

(3) 当 $0<x<\dfrac{\pi}{2}$ 时, $\sin x+\tan x>2x$;　　　　(4) 当 $x>0$ 时, $e^x>1+x$。

3.5　函数的极值与最大值、最小值

3.5.1　函数的极值

定义 1　设函数 $f(x)$ 在点 x_0 的某邻域 $U(x_0)$ 内有定义,如果对于去心邻域 $\mathring{U}(x_0)$ 内的任一点 x,有 $f(x)<f(x_0)$(或 $f(x)>f(x_0)$),那么就称 $f(x_0)$ 是函数 $f(x)$ 的一个极大值(或极小值)。函数的极大值与极小值统称为函数的极值,使函数取得极值的点称为极值点。

函数的极大值和极小值概念是局部性的。如果 $f(x_0)$ 是函数 $f(x)$ 的一个极大值,那只是就 x_0 附近的一个局部范围来说, $f(x_0)$ 是 $f(x)$ 的一个最大值;如果就 $f(x)$ 的整个定义域来说, $f(x_0)$ 不一定是最大值。关于极小值也类似。

如图 3.11 所示,函数 $f(x)$ 有 4 个极大值: $f(x_2),f(x_4),f(x_6),f(x_8)$,5 个极小值: $f(x_1),f(x_3),f(x_5),f(x_7),f(x_9)$,其中极大值 $f(x_6)$ 比极小值 $f(x_9)$ 还小。就整个区间 $[a,b]$ 来说,只有 $f(x_1)$ 既是极小值也是最小值,只有 $f(x_8)$ 既是极大值也是最大值。

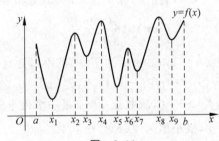

图　3.11

定理 1(必要条件)　设函数 $f(x)$ 在 x_0 处可导,且在 x_0 处取得极值,那么 $f'(x_0)=0$。

通常称使一阶导数 $f'(x)=0$ 的点为函数 $f(x)$ 的驻点。定理 1 表明,可导函数的极值点必定是它的驻点。但函数的驻点却不一定是极值点。例如, $f(x)=x^3$ 的导数 $f'(x)=3x^2$, $f'(0)=0$,因此 $x=0$ 是驻点,但 $x=0$ 不是此函数的极值点。所以,函数的驻点只是可能的极值点。此外,函数在它的导数不存在的点也可能取得极值。例如,函数 $f(x)=|x|$ 在点 $x=0$ 处不可导,但函数在该点取得极小值。

定理 2(第一充分条件)　设函数 $f(x)$ 在 x_0 处连续,且在 x_0 的某去心邻域 $\mathring{U}(x_0,\delta)$ 内可导。

(1) 若 $x\in(x_0-\delta,x_0)$ 时, $f'(x)>0$,而 $x\in(x_0,x_0+\delta)$ 时, $f'(x)<0$,则 $f(x)$ 在 x_0 处取得极大值;

(2) 若 $x\in(x_0-\delta,x_0)$ 时, $f'(x)<0$,而 $x\in(x_0,x_0+\delta)$ 时, $f'(x)>0$,则 $f(x)$ 在 x_0 处取得极小值;

(3) 若 $x\in\mathring{U}(x_0,\delta)$ 时, $f'(x)$ 的符号保持不变,则 $f(x)$ 在 x_0 处没有极值。

证 (1) 当 $x_0 - \delta < x < x_0$ 时,在 $[x, x_0]$ 上 $f(x)$ 满足拉格朗日中值定理的条件,有

$$f(x_0) - f(x) = f'(\xi)(x_0 - x), \quad x < \xi < x_0,$$

因为 $f'(\xi) > 0$,所以有

$$f(x_0) - f(x) > 0,$$

即

$$f(x_0) > f(x)。$$

当 $x_0 < x < x_0 + \delta$ 时,在 $[x_0, x]$ 上 $f(x)$ 满足拉格朗日中值定理的条件,有

$$f(x) - f(x_0) = f'(\xi)(x - x_0), \quad x_0 < \xi < x,$$

因为 $f'(\xi) < 0$,所以有

$$f(x) - f(x_0) < 0,$$

即

$$f(x) < f(x_0)。$$

根据极值定义,$f(x)$ 在点 x_0 处取得极大值 $f(x_0)$。

(2) 可类似地证明。

(3) 当 $x_0 - \delta < x < x_0$ 与 $x_0 < x < x_0 + \delta$ 时,不妨设 $f'(x) > 0$,根据定理 1,$f(x)$ 在 $(x_0 - \delta, x_0)$ 与 $(x_0, x_0 + \delta)$ 内是单调增加的,即在 $(x_0 - \delta, x_0 + \delta)$ 内是单调增加的,当然 x_0 不是极值点。对于 $f'(x) < 0$ 的情形,可类似证明 x_0 不是极值点。

例 1 求函数 $f(x) = (x-4)\sqrt[3]{(x+1)^2}$ 的极值。

解 (1) $f(x)$ 在 $(-\infty, +\infty)$ 内连续,除 $x = -1$ 外处处可导,且

$$f'(x) = \frac{5(x-1)}{3\sqrt[3]{x+1}}。$$

(2) 令 $f'(x) = 0$,得驻点 $x = 1$,$x = -1$ 为 $f(x)$ 的不可导点。

(3) 在 $(-\infty, -1)$ 内,$f'(x) > 0$;在 $(-1, 1)$ 内,$f'(x) < 0$,故不可导点 $x = -1$ 是一个极大值点;又在 $(1, +\infty)$ 内,$f'(x) > 0$,故驻点 $x = 1$ 是一个极小值点。

(4) 极大值为 $f(-1) = 0$,极小值为 $f(1) = -3\sqrt[3]{4}$。

定理 3(第二充分条件) 设函数 $f(x)$ 在 x_0 处具有二阶导数且 $f'(x_0) = 0$,那么有:

(1) 当 $f''(x_0) < 0$ 时,函数 $f(x)$ 在 x_0 处取得极大值;

(2) 当 $f''(x_0) > 0$ 时,函数 $f(x)$ 在 x_0 处取得极小值。

(3) 当 $f''(x_0) = 0$ 时,无法确定函数 $f(x)$ 在 x_0 处是否取得极值。

证 在情形(1),按二阶导数的定义有

$$f''(x_0) = \lim_{x \to x_0} \frac{f'(x) - f'(x_0)}{x - x_0} < 0。$$

根据函数极限的保号性,当 x 在 x_0 的足够小的去心邻域内时,有

$$\frac{f'(x) - f'(x_0)}{x - x_0} < 0。$$

但 $f'(x_0) = 0$,所以上式即

$$\frac{f'(x)}{x - x_0} < 0。$$

从而知道对于这个去心邻域内的 x 来说,$f'(x)$ 与 $x - x_0$ 符号相反。因此,当 $x - x_0 < 0$ 即

$x<x_0$ 时，$f'(x)>0$；当 $x-x_0>0$ 即 $x>x_0$ 时，$f'(x)<0$。于是根据定理 2 知道，$f(x)$ 在点 x_0 处取得极大值。

类似地可以证明情形(2)。

例 2　求函数 $f(x)=(x^2-1)^3+1$ 的极值。

解　求一阶导数得

$$f'(x)=6x(x^2-1)^2。$$

令 $f'(x)=0$，求得驻点 $x_1=-1,x_2=0,x_3=1$。求二阶导数得

$$f''(x)=6(x^2-1)(5x^2-1)。$$

因 $f''(0)=6>0$，故 $f(x)$ 在 $x=0$ 处取得极小值，极小值为 $f(0)=0$。

因 $f''(-1)=f''(1)=0$，故用定理 3 无法判别。考察一阶导数 $f'(x)$ 在驻点 $x_1=-1$ 及 $x_3=1$ 左右附近的符号：当 x 取 -1 左侧临近的值时，$f'(x)<0$；当 x 取 -1 右侧临近的值时，$f'(x)<0$；因为 $f'(x)$ 的符号没有改变，所以 $f(x)$ 在 $x=-1$ 处没有极值。同理，$f(x)$ 在 $x=1$ 处也没有极值。

3.5.2　函数的最大值和最小值

前面曾讲过连续函数的一个重要性质，即闭区间上的连续函数必有最大值和最小值。现在讨论求函数最大值和最小值的方法、步骤。

假设函数 $f(x)$ 在闭区间 $[a,b]$ 上连续，且 $f(x)$ 至多有有限个驻点。

(1) 求函数 $f(x)$ 的导数 $f'(x)$。

(2) 令 $f'(x)=0$，求出 $f(x)$ 在 (a,b) 内的驻点和导数 $f'(x)$ 不存在的点：x_1，$x_2,\cdots,x_n$。

(3) 计算函数值 $f(x_1),f(x_2),\cdots,f(x_n),f(a),f(b)$。

(4) 比较上述函数值的大小。最大者就是 $f(x)$ 在闭区间 $[a,b]$ 上的最大值，最小者就是 $f(x)$ 在闭区间 $[a,b]$ 上的最小值。

例 3　求函数 $f(x)=2x^3-3x^2$ 在闭区间 $[-1,4]$ 上的最大值和最小值。

解　令 $f'(x)=6x^2-6x=0$，解得 $x=0$ 或 $x=1$。

因为 $f(0)=0,f(1)=-1,f(-1)=-5,f(4)=80$，所以函数在 $[-1,4]$ 上的最大值为 80，最小值为 -5。

3.5.3　应用举例

例 4　某农场需要围建一个面积为 $512\mathrm{m}^2$ 的矩形晒谷场，一边可以利用原来的石条沿，其他三边需要砌新的石条沿。问晒谷场的长和宽各为多少时才能使材料最省？

解　设可以利用的原来石条沿的长为 x，则与之相邻两边的边长都是 $\dfrac{512}{x}$，新砌的三边石条的长是

$$L(x)=x+2\times\frac{512}{x},\quad 定义域为(0,+\infty)。$$

问题归结为求 x 为何值时，目标函数 L 取得最小值。为此，先求 $L(x)$ 的导数：

$$L'(x)=1-\frac{1024}{x^2},$$

令 $L'(x)=0$，得驻点 $x=32$。

这是实际问题，最小值一定存在，而且在 $(0,+\infty)$ 内只有一个驻点。因此，当 $x=32$ 时，L 取得极小值，也是 L 在 $(0,+\infty)$ 内的最小值。当 $x=32$ 时，另两边长都为 $\dfrac{512}{32}=16$。即与原石条沿平行的那条边的边长为 32m、另两条边为 16m 时，才能使材料最省。

【人生启迪】

函数的极值只是它在某一点附近的小范围内的最大值或最小值，函数在其定义域内可能有许多极大值或极小值，而且某个极大值不一定大于某个极小值。

函数在其定义域内常常存在极值，其实我们人生中也有低谷和顶峰。人生就像连绵不断的曲线，起起落落是成长的需要，也是获取人生智慧和开阔胸襟的必经之路。跌入低谷不气馁，取得成绩也不骄傲，甘于平淡不放任，伫立高峰也不张扬。因为低谷与顶峰都只是人生路上的转折点，就像函数的极大值与极小值一样，都只是一时的高或低。古人云："不争一时争一世，不争一世争千秋。"这句话告诉我们眼光要放长远，遇到任何挫折或者荣誉，都不要看得太重，要始终保持乐观、积极和宽容的心态。

习 题 3.5

1. 求下列函数的极值：

(1) $y=2x^3-6x^2-18x+7$；

(2) $y=(x-1)\sqrt[3]{x^2}$；

(3) $y=\dfrac{3x^2+4x+4}{x^2+x+1}$；

(4) $y=x^{\frac{1}{x}} \ (x>0)$；

(5) $f(x)=\mathrm{e}^{-x^2}$；

(6) $y=\dfrac{x}{2}+\dfrac{2}{x}$。

2. 设偶函数 $f(x)$ 具有二阶导数，并已知 $f''(x)\neq0$，则 $x=0($ ）。

   A. 不是函数的驻点

   B. 一定是函数的极值点

   C. 一定不是函数的极值点

   D. 是否为函数的极值点，不能确定

3. 试问 a 为何值时，函数 $f(x)=a\sin x+\dfrac{1}{3}\sin 3x$ 在 $x=\dfrac{\pi}{3}$ 处取得极值，它是极大值还是极小值。并求此极值。

4. 求下列函数的最值：

(1) $y=x^4-2x^2+5(-2\leqslant x\leqslant2)$；

(2) $y=x+\sqrt{1-x} \ (-5\leqslant x\leqslant1)$。

5. 设 $a>1$，$f(t)=a^t-at$ 在 $(-\infty,+\infty)$ 内的驻点为 $t(a)$。问：a 为何值时，$t(a)$ 最小？并求出最小值。

6. 铁路线上 AB 段（AB 为线段）的距离为 100km，工厂 C 距 A 处为 20km，AC 垂直于 AB。为了运输需要，要在 AB 线上选定一点 D 向工厂修筑一条公路。已知铁路每千米货运的运费与公路上每千米货运的运费之比为 3∶5。为了使货物从供应站 B 运到工厂 C 的运费最省，问 D 点应选在何处？

7. 已知制作一个背包的成本为 40 元。如果每一个背包的售出价为 x 元，售出的背包数由

$$n = \frac{a}{x - 40} + b(80 - x)$$

给出,其中,a,b 为正的常数。问:什么样的售出价格能带来最大利润?

3.6 函数作图法

3.6.1 曲线的凸凹性与拐点

定义 1 设 $f(x)$ 在区间 I 上连续,如果对 I 上任意两点 x_1,x_2 恒有

$$f\left(\frac{x_1 + x_2}{2}\right) < \frac{f(x_1) + f(x_2)}{2},$$

那么称 $f(x)$ 在 I 上的图形是凹的;如果恒有

$$f\left(\frac{x_1 + x_2}{2}\right) > \frac{f(x_1) + f(x_2)}{2},$$

那么称 $f(x)$ 在 I 上的图形是凸的。

定理 设 $f(x)$ 在区间 (a,b) 上连续,在 (a,b) 内具有一阶和二阶导数,那么:

(1) 若在 (a,b) 内 $f''(x) > 0$,则 $f(x)$ 在 $[a,b]$ 上的图形是凹的;

(2) 若在 (a,b) 内 $f''(x) < 0$,则 $f(x)$ 在 $[a,b]$ 上的图形是凸的。

证 在情形(1),设 x_1 和 x_2 为 $[a,b]$ 内任意两点,且 $x_1 < x_2$,记 $\frac{x_1 + x_2}{2} = x_0$,并记 $x_2 - x_0 = x_0 - x_1 = h$,则 $x_1 = x_0 - h$,$x_2 = x_0 + h$,由拉格朗日中值公式得

$$f(x_0 + h) - f(x_0) = f'(x_0 + \theta_1 h)h,$$
$$f(x_0) - f(x_0 - h) = f'(x_0 - \theta_2 h)h,$$

其中,$0 < \theta_1 < 1$;$0 < \theta_2 < 1$。两式相减,即得

$$f(x_0 + h) + f(x_0 - h) - 2f(x_0) = [f'(x_0 + \theta_1 h) - f'(x_0 - \theta_2 h)]h。$$

对 $f'(x)$ 在区间 $[x_0 - \theta_2 h, x_0 + \theta_1 h]$ 上再利用拉格朗日中值公式,得

$$[f'(x_0 + \theta_1 h) - f'(x_0 - \theta_2 h)]h = f''(\xi)(\theta_1 + \theta_2)h^2,$$

其中,$x_0 - \theta_2 h < \xi < x_0 + \theta_1 h$。按情形(1)的假设,$f''(\xi) > 0$,故有

$$f(x_0 + h) + f(x_0 - h) - 2f(x_0) > 0,$$

即

$$\frac{f(x_0 + h) + f(x_0 - h)}{2} > f(x_0)。$$

亦即

$$\frac{f(x_1) + f(x_2)}{2} > f\left(\frac{x_1 + x_2}{2}\right)。$$

所以 $f(x)$ 在 $[a,b]$ 上的图形是凹的。

类似地可证明情形(2)。

例 1 判定曲线 $y = x^3$ 的凹凸性。

解 因为 $y' = 3x^2$,$y'' = 6x$。当 $x < 0$ 时,$y'' < 0$,所以曲线在 $(-\infty, 0]$ 上为凸的;当 $x > 0$ 时,$y'' > 0$,所以曲线在 $[0, +\infty)$ 上为凹的。

例 2 判定曲线 $y = \sin x (0 \leqslant x \leqslant 2\pi)$ 的凹凸性。

解 因为 $y' = \cos x, y'' = -\sin x$，所以当 $x \in (0, \pi)$ 时，$y'' < 0$，曲线在 $[0, \pi]$ 上是凸的；当 $x \in (\pi, 2\pi)$ 时，$y'' > 0$，曲线在 $[\pi, 2\pi]$ 上是凹的。

定义 2 设 $y = f(x)$ 在区间 I 上连续，x_0 是区间 I 内的点。如果曲线 $y = f(x)$ 在经过点 $(x_0, f(x_0))$ 时的凹凸性改变，那么就称点 $(x_0, f(x_0))$ 为该曲线的拐点。

$f''(x)$ 的符号可以判定曲线的凹凸性，由定义 2，如果 $f''(x)$ 在 x_0 的左右两侧邻近异号，那么点 $(x_0, f(x_0))$ 就是曲线的一个拐点。如果 $f(x)$ 在区间 (a, b) 内具有二阶连续导数，那么拐点处必然有 $f''(x) = 0$；另外，$f(x)$ 的二阶导数不存在的点，也有可能是 $f''(x)$ 的符号发生变化的点。综上分析，我们可以按下列步骤判定区间 I 上的连续曲线 $y = f(x)$ 的拐点：

(1) 求 $f''(x)$。

(2) 令 $f''(x) = 0$，解出这个方程在区间 I 内的实根，并求出在区间 I 内 $f''(x)$ 不存在的点。

(3) 对于 (2) 中求出的每一个实根或二阶导数不存在的点 x_0，检查 $f''(x)$ 在 x_0 左、右两侧邻近的符号。当两侧的符号相反时，点 $(x_0, f(x_0))$ 是拐点；当两侧的符号相同时，点 $(x_0, f(x_0))$ 不是拐点。

例 3 求曲线 $y = 3x^5 - 5x^4 + 4$ 的拐点。

解 定义域是 $(-\infty, +\infty)$。$y' = 15x^4 - 20x^3, y'' = 60x^3 - 60x^2 = 60x^2(x-1)$。令 $y'' = 0$，得 $x_1 = 0, x_2 = 1$。

当 $x < 0$ 时，$y'' < 0$；当 $0 < x < 1$ 时，$y'' < 0$。经过点 $x = 0$ 时，y'' 不变号，所以点 $(0, 4)$ 不是拐点。

当 $0 < x < 1$ 时，$y'' < 0$；当 $x > 1$ 时，$y'' > 0$。经过点 $x = 1$ 时，y'' 变号，所以点 $(1, 2)$ 是拐点。

例 4 求曲线 $y = \sqrt[3]{x}$ 的拐点。

解 定义域及连续区间为 $(-\infty, +\infty)$。$y' = \dfrac{1}{3\sqrt[3]{x^2}}, y'' = -\dfrac{2}{9} \dfrac{1}{x\sqrt[3]{x^2}}$，$y''$ 无零点，但 $x = 0$ 是 y'' 不存在的点。

当 $x < 0$ 时，$y'' > 0$，曲线是凹的；当 $x > 0$ 时，$y'' < 0$，曲线是凸的。因此，点 $(0, 0)$ 是曲线的拐点。

3.6.2 曲线的渐近线

若曲线 C 上的点 M 沿着曲线无限地远离原点时，点 M 与某一直线 L 的距离趋于零，则称直线 L 为曲线 C 的渐近线。

1. 垂直渐近线

设点 x_0 是函数 $y = f(x)$ 的间断点。若有 $\lim\limits_{x \to x_0^-} f(x) = \infty$ 或 $\lim\limits_{x \to x_0^+} f(x) = \infty$，则称直线 $x = x_0$ 为函数 $y = f(x)$ 的图形的垂直渐近线。

如图 3.12 所示，因为

$$\lim_{x \to 1} \frac{1}{x - 1} = \infty,$$

则直线 $x = 1$ 是函数 $f(x) = \dfrac{1}{x - 1}$ 的垂直渐近线。

2. 水平渐近线

设函数 $y=f(x)$ 的定义域为无限区间,若有 $\lim\limits_{x\to+\infty}f(x)=A$ 或 $\lim\limits_{x\to-\infty}f(x)=A$,其中 A 为常数,则称直线 $y=A$ 为函数 $y=f(x)$ 的图形的水平渐近线。

如图 3.13 所示,直线 $y=5$ 是曲线 $f(x)=5-\dfrac{2}{x^2}$ 的水平渐近线。

3. 斜渐近线

设函数 $y=f(x)$ 的定义域为无限区间,若存在常数 k,b,使得 $k=\lim\limits_{x\to+\infty}\dfrac{f(x)}{x}$,$b=\lim\limits_{x\to+\infty}[f(x)-kx]$ 或 $k=\lim\limits_{x\to-\infty}\dfrac{f(x)}{x}$,$b=\lim\limits_{x\to-\infty}[f(x)-kx]$,则称直线 $y=kx+b$ 为函数 $y=f(x)$ 的图形的斜渐近线。

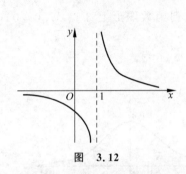

图 3.12

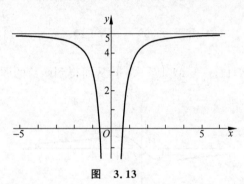

图 3.13

3.6.3 函数图形的描绘

函数作图的一般步骤如下:

(1) 求函数的定义域;

(2) 考察函数的奇偶性、周期性;

(3) 确定函数的单调区间、极值点、凹凸区间以及拐点;

(4) 求函数的某些特殊点,如与两个坐标轴的交点、不连续点、不可导点等;

(5) 考察渐近线;

(6) 作图。

例 5 绘制函数 $y=\dfrac{x}{1+x^2}$ 的图形。

解 (1) 所给函数 $y=f(x)$ 的定义域为 $(-\infty,+\infty)$。

(2) 因为 $f(-x)=\dfrac{-x}{1+x^2}=-f(x)$,所以 $f(x)$ 是奇函数,它的图形关于原点对称。因此可只讨论 $[0,+\infty)$ 上该函数的图形。

(3) 函数的导数为

$$f'(x)=\frac{1-x^2}{(1+x^2)^2},\quad f''(x)=\frac{2x(x^2-3)}{(1+x^2)^3}。$$

在$[0,+\infty)$上，$f'(x)$的零点为 1，$f''(x)$的零点为 0 或$\sqrt{3}$。从而分$[0,+\infty)$为 3 个区间：$[0,1]$，$[1,\sqrt{3}]$，$[\sqrt{3},+\infty)$。

（4）函数图形的升降和凹凸性、极值点、拐点列于表 3.1。

表　3.1

x	0	$(0,1)$	1	$(1,\sqrt{3})$	$\sqrt{3}$	$(\sqrt{3},+\infty)$
$f'(x)$	+	+	0	−	−	−
$f''(x)$	0	−	−	−	0	+
$y=f(x)$的图形	拐点	单调增加的凸弧	极大	单调减少的凸弧	拐点	单调减少的凹弧

（5）由于$\lim\limits_{x\to+\infty}f(x)=0$，所以图形有一条水平渐近线$y=0$。

（6）由于$f(0)=0$，$f(1)=\dfrac{1}{2}$，$f(\sqrt{3})=\dfrac{\sqrt{3}}{4}$，从而得到函数图形上 3 点$M_1(0,0)$，$M_2\left(1,\dfrac{1}{2}\right)$，$M_3\left(\sqrt{3},\dfrac{\sqrt{3}}{4}\right)$，从而得到函数的图形如图 3.14 所示。

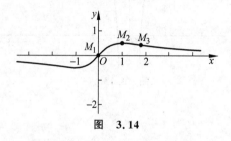
图　3.14

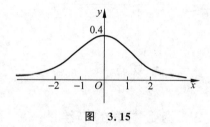
图　3.15

例 6　作标准正态分布的密度函数

$$f(x)=\frac{1}{\sqrt{2\pi}}e^{-\frac{x^2}{2}}$$

的图形。

解　（1）确定要研究的区间。函数的定义域为$(-\infty,+\infty)$。

（2）这个函数是偶函数，图形对称于y轴，下面只讨论$[0,+\infty)$上函数的图形。

（3）求出$f'(x)$与$f''(x)$，即

$$f'(x)=\frac{-1}{\sqrt{2\pi}}xe^{-\frac{x^2}{2}},\quad f''(x)=\frac{1}{\sqrt{2\pi}}e^{-\frac{x^2}{2}}(x^2-1)。$$

令$f'(x)=0$，得$x=0$；由$f''(0)<0$可知，函数在点$x=0$处取得极大值$\dfrac{1}{\sqrt{2\pi}}$；当$x>0$时，$f'(x)<0$，所以$f(x)$单调减少。

又令$f''(x)=0$，得$x=\pm 1$；只考虑 1 两侧，$f''(x)$从左至右经过点$x=1$时，由负变到正，所以，点$\left(1,\dfrac{1}{\sqrt{2\pi e}}\right)$是拐点。由于对称性，$\left(-1,\dfrac{1}{\sqrt{2\pi e}}\right)$也是拐点。

（4）函数图形的升降和凹凸性、极值点、拐点如表 3.2 所示。

表 3.2

x	0	$(0,1)$	1	$(1,+\infty)$
$f'(x)$	0	$-$	$-$	$-$
$f''(x)$	$-$	$-$	0	$+$
$y=f(x)$的图形	极大	单调减少的凸弧	拐点	单调减少的凹弧

(5) 渐近线。因为 $\lim\limits_{x\to\infty}f(x)=0$，所以 $y=0$ 是水平渐近线。

(6) 作图。根据表 3.2 的结果将图形作出，如图 3.15 所示。

习 题 3.6

1. 判定下列曲线的凹凸性：

(1) $y=4x-x^2$； (2) $y=x+\dfrac{1}{x}$ $(x>0)$。

2. 求下列曲线的拐点与凹凸区间：

(1) $y=3x^4-4x^3+1$； (2) $y=xe^{-x}$；

(3) $y=\ln(x^2+1)$； (4) $y=e^{\arctan x}$。

3. a,b 为何值时，点 $(1,3)$ 为曲线 $y=ax^3+bx^2$ 的拐点？

4. 试决定曲线 $y=ax^3+bx^2+cx+d$ 中的 a,b,c,d，使得曲线在 $x=-2$ 处有水平切线，$(1,-10)$ 为拐点，且点 $(-2,44)$ 在曲线上。

5. 描绘下列函数的图形：

(1) $y=\dfrac{1}{5}(x^4-6x^2+8x+7)$； (2) $y=xe^{-x}$。

总 习 题 3

1. 设函数 $f(x)$ 在 $[0,1]$ 上连续，在 $(0,1)$ 内可导，且 $f(1)=0$。求证：存在 $\xi\in(0,1)$，使 $f'(\xi)=-\dfrac{f(\xi)}{\xi}$。

2. $f(x)=x^2,g(x)=x^3$，在 $[0,1]$ 上分别就拉格朗日中值定理、柯西中值定理，计算相应的 ξ。

3. 求 $\lim\limits_{x\to\infty}\dfrac{e^x-x\arctan x}{e^x+x}$。

4. 求函数 $f(x)=\sqrt{x}$ 按 $x-4$ 的幂展开的带佩亚诺型余项的三阶泰勒公式。

5. 证明多项式 $f(x)=x^3-3x+a$ 在 $[0,1]$ 上不可能有两个零点。

6. 确定下列函数的单调区间：

(1) $f(x)=x^3-3x^2+7$； (2) $f(x)=2x+\dfrac{8}{x}$；

(3) $f(x)=x-\ln(1+x)(x>-1)$； (4) $f(x)=e^{-x^2}$。

7. 某房地产公司有 50 套公寓要出租。当月租金定为 1000 元时，公寓会全部租出去。

当月租金每增加 50 元时,就会多一套公寓租不出去,而租出去的公寓每月需花费 100 元的维修费。试问房租定为多少可获最大收入。

8. 求椭圆 $x^2 - xy + y^2 = 3$ 上纵坐标最大和最小的点。

9. 设 $f'(x_0) = f''(x_0) = 0, f'''(x_0) > 0$,则( )。

    A. $f'(x_0)$ 是 $f'(x)$ 的极大值   B. $f(x_0)$ 是 $f(x)$ 的极大值

    C. $f(x_0)$ 是 $f(x)$ 的极小值   D. $(x_0, f(x_0))$ 是曲线 $y = f(x)$ 的拐点

第4章

不 定 积 分

在前面的章节中,我们介绍了一元函数的微分学。在一元函数微分学中我们主要讨论了如何求一个函数的导数(或微分)。本章我们将讨论它的逆问题,即已知某一函数的导数(或微分),如何求出这个函数。这也是一元函数积分学的一个基本问题——不定积分。

4.1 不定积分的概念与性质

4.1.1 原函数与不定积分的概念

定义 1 设有函数 $f(x)$ 和 $F(x)$,若在区间 I 上有 $F'(x) = f(x)$ 或 $\mathrm{d}F(x) = f(x)\mathrm{d}x$,则称 $F(x)$ 为 $f(x)$ 在区间 I 上的一个**原函数**。

例如,因 $(\ln x)' = \dfrac{1}{x}$,故 $\ln x$ 是 $\dfrac{1}{x}$ 的一个原函数。因 $(x^2)' = 2x$,$(x^2+1)' = 2x$,$(x^2+C)' = 2x$,可见 $2x$ 有无穷多个原函数,而且其中任意两个只相差一个常数,这一点具有普遍性。

对于原函数的存在问题,我们在此不进行深入的讨论,仅给出一个充分条件。

定理 1(原函数存在定理) 如果函数 $f(x)$ 在区间 I 上连续,则函数 $f(x)$ 在区间 I 上的原函数一定存在。

由于初等函数在其定义区间内连续,故初等函数在其定义区间内都有原函数。

下面讨论原函数的个数问题。

定理 2 函数的原函数不止一个,但任意两个原函数之差是一个常数;反之,一个原函数加上一个任意常数仍是一个原函数。

证 设 $F(x)$ 和 $G(x)$ 是 $f(x)$ 在区间 I 的两个原函数,即
$$F'(x) = G'(x) = f(x),$$
于是
$$(F(x) - G(x))' = F'(x) - G'(x) = f(x) - f(x) = 0, \quad x \in I,$$
又由拉格朗日中值定理的推论知
$$F(x) - G(x) = C,$$
其中,C 是一个任意的常数。

由此知道,当 $f(x)$ 给定后,它的原函数是一族函数,它们彼此间只相差一个任意常数。一般把这族函数称为 $f(x)$ 的**不定积分**,记为
$$\int f(x)\mathrm{d}x = F(x) + C,$$

其中，$F(x)$ 为 $f(x)$ 的一个原函数；$\int$ 称为积分号；$f(x)$ 称为被积函数；$f(x)\mathrm{d}x$ 称为被积表达式；x 称为积分变量。

由此可见，求 $f(x)$ 的不定积分，只需求出它的一个原函数 $F(x)$，然后再加上任意常数即可。

由不定积分的概念，有下述关系：

$$\left(\int f(x)\mathrm{d}x\right)' = f(x), \quad \int F'(x)\mathrm{d}x = F(x) + C;$$

$$\mathrm{d}\left(\int f(x)\mathrm{d}x\right) = f(x)\mathrm{d}x, \quad \int \mathrm{d}F(x) = F(x) + C.$$

上一行是导数的写法，下一行是微分的写法。

例 1　求 $\int x^2 \mathrm{d}x$。

解　因为 $\left(\dfrac{1}{3}x^3\right)' = x^2$，即 $\dfrac{1}{3}x^3$ 是 x^2 的一个原函数，所以 $\int x^2 \mathrm{d}x = \dfrac{1}{3}x^3 + C$。

例 2　求 $\int \dfrac{\mathrm{d}x}{1+x^2}$。

解　因为 $(\arctan x)' = \dfrac{1}{1+x^2}$，即 $\arctan x$ 是 $\dfrac{1}{1+x^2}$ 的一个原函数，所以

$$\int \frac{\mathrm{d}x}{1+x^2} = \arctan x + C.$$

与初等函数求导数的公式类似，下面是一些初等函数求原函数（不定积分）的公式，简称为基本积分表。

(1) $\int k\,\mathrm{d}x = kx + C$ （k，C 为常数）；

(2) $\int x^\mu \mathrm{d}x = \dfrac{x^{\mu+1}}{\mu+1} + C$ （$\mu \neq -1$）；

(3) $\int \dfrac{1}{x}\mathrm{d}x = \ln|x| + C$ （$x \neq 0$）；

(4) $\int \sin x\,\mathrm{d}x = -\cos x + C$；

(5) $\int \cos x\,\mathrm{d}x = \sin x + C$；

(6) $\int \mathrm{e}^x \mathrm{d}x = \mathrm{e}^x + C$；

(7) $\int a^x \mathrm{d}x = \dfrac{a^x}{\ln a} + C$ （$a > 0, a \neq 1$）；

(8) $\int \dfrac{1}{1+x^2}\mathrm{d}x = \arctan x + C$；

(9) $\int \dfrac{1}{\sqrt{1-x^2}}\mathrm{d}x = \arcsin x + C$；

(10) $\int \sec^2 x\,\mathrm{d}x = \tan x + C$；

(11) $\int \csc^2 x \, \mathrm{d}x = -\cot x + C$;

(12) $\int \sec x \tan x \, \mathrm{d}x = \sec x + C$;

(13) $\int \csc x \cot x \, \mathrm{d}x = -\csc x + C$。

例 3　求 $\int 5^x \mathrm{e}^x \, \mathrm{d}x$。

解　$\int 5^x \mathrm{e}^x \, \mathrm{d}x = \int (5\mathrm{e})^x \, \mathrm{d}x = \dfrac{(5\mathrm{e})^x}{\ln(5\mathrm{e})} + C = \dfrac{5^x \mathrm{e}^x}{1 + \ln 5} + C$。

4.1.2　不定积分的性质

基本积分表是求不定积分的基础,关于不定积分还有如下基本性质。

性质 1　被积函数中的常数因子可以提到不定积分号外面,即

$$\int k f(x) \mathrm{d}x = k \int f(x) \mathrm{d}x, \quad k \text{ 为常数}。$$

性质 2　两个函数的代数和的不定积分等于它们不定积分的代数和,即

$$\int [f(x) \pm g(x)] \mathrm{d}x = \int f(x) \mathrm{d}x \pm \int g(x) \mathrm{d}x。$$

性质 2 对于任意有限多个函数的代数和也是成立的。

例 4　求 $\int \left(x\sqrt{x} + \dfrac{3}{1+x^2} \right) \mathrm{d}x$。

解　$\int \left(x\sqrt{x} + \dfrac{3}{1+x^2} \right) \mathrm{d}x = \int x^{\frac{3}{2}} \mathrm{d}x + 3\int \dfrac{1}{1+x^2} \mathrm{d}x = \dfrac{1}{\frac{3}{2}+1} x^{\frac{3}{2}+1} + 3\arctan x + C$

$$= \frac{2}{5} x^{\frac{5}{2}} + 3\arctan x + C。$$

例 5　求 $\int \tan^2 x \, \mathrm{d}x$。

解　$\int \tan^2 x \, \mathrm{d}x = \int (\sec^2 x - 1) \mathrm{d}x = \int \sec^2 x \, \mathrm{d}x - \int 1 \mathrm{d}x = \tan x - x + C$。

例 6　求 $\int \dfrac{x^2}{1+x^2} \mathrm{d}x$。

解　$\int \dfrac{x^2}{1+x^2} \mathrm{d}x = \int \dfrac{x^2+1-1}{1+x^2} \mathrm{d}x = \int \mathrm{d}x - \int \dfrac{1}{1+x^2} \mathrm{d}x = x - \arctan x + C$。

例 7　求 $\int \sin^2 \dfrac{x}{2} \mathrm{d}x$。

解　$\int \sin^2 \dfrac{x}{2} \mathrm{d}x = \int \dfrac{1-\cos x}{2} \mathrm{d}x = \dfrac{1}{2} \left(\int \mathrm{d}x - \int \cos x \, \mathrm{d}x \right) = \dfrac{1}{2}(x - \sin x) + C$。

【结构性改变】

不定积分的结果是原函数族,如果我们把求导视为一个规则,原函数族视为两个部分:"结构性"+"非结构性(常数 C)",只要原函数族"结构性"那部分不变,那么无论常数 C 变成什么样子,在求导规则作用后都会是同一个被积函数。这个被积函数是一个结果,求导是

达到这个结果的一个法则,因此只要原函数"结构性"那部分不变,常数 C 是多少都没有用,结果是一样的。比如:"实力"(结构性)+"人脉"(非结构性)与"成功"的关系。当某人的实力不够强大时,再多的人脉关系也只是在"原函数"的基础上改变了 C 而已,经过求导的规则(各种考验)后,此人的"实力"不具备成功的特质,因此,再多不同的 C 也没有用,他需要改变的是"结构性"部分——实力,使其在任何细节的考验(微分、求导)下都符合成功的特质。

<h1 style="text-align:center">习　题　4.1</h1>

1. 求满足下列条件的函数 $f(x)$:

(1) $f'(x) = 3x$;

(2) $f'(x) = 2\sqrt{x}$, $\quad f(0) = 1$;

(3) $f'(x) = \dfrac{3}{\sqrt{x}}$, $\quad f(0) = 2$;

(4) $f'(x) = \dfrac{5}{x^2}$, $\quad f(1) = 1$;

(5) $f'(x) = \dfrac{1}{1+x}$, $\quad f(0) = 0$;

(6) $f'(x) = \mathrm{e}^{5x}$, $\quad f(0) = 1$。

2. 求下列不定积分:

(1) $\displaystyle\int \left(\frac{1}{x} - 2^x + 5\cos x \right) \mathrm{d}x$;

(2) $\displaystyle\int \frac{1}{x^2} \mathrm{d}x$;

(3) $\displaystyle\int x\sqrt{x\sqrt{x}}\, \mathrm{d}x$;

(4) $\displaystyle\int 2^x \mathrm{e}^x \mathrm{d}x$;

(5) $\displaystyle\int \frac{2 \cdot 3^x - 5 \cdot 2^x}{3^x} \mathrm{d}x$;

(6) $\displaystyle\int (\sec x + \tan x)\tan x\, \mathrm{d}x$;

(7) $\displaystyle\int \frac{\cos 2x}{\cos x + \sin x} \mathrm{d}x$;

(8) $\displaystyle\int \frac{\sin^2 x}{\sin 2x \cos x} \mathrm{d}x$;

(9) $\displaystyle\int \left(\frac{4}{1+x^2} - \frac{3}{\sqrt{1-x^2}} \right) \mathrm{d}x$;

(10) $\displaystyle\int \frac{1}{x^2(1+x^2)} \mathrm{d}x$。

3. 已知某物体沿直线作变速运动,在 t 时刻的加速度为 $a(t) = \mathrm{e}^{-t}$。求启动后 t 时刻行驶的路程及 $t=5$ 时所走的路程。

4.2　不定积分的第一类换元积分法

利用基本积分表和积分的性质求解的不定积分是非常有限的,例如 $\tan x$, $\ln x$ 这些基本初等函数的不定积分都无法利用上述方法求出,因此需要进一步来研究不定积分的其他求解方法。我们将复合函数求导公式反过来使用得到不定积分的换元积分法,按其应用的侧重点不同分为**第一类换元法**和**第二类换元法**,本节介绍第一类换元法,又称为**凑微分法**。

有些不定积分将积分变量进行适当的变换后就能由基本积分表求出。例如求 $\displaystyle\int \sin 3x\, \mathrm{d}x$,在基本积分表中只有 $\displaystyle\int \sin x\, \mathrm{d}x = -\cos x + C$,比较 $\displaystyle\int \sin x\, \mathrm{d}x$ 和 $\displaystyle\int \sin 3x\, \mathrm{d}x$,发现 $\sin 3x$ 与 $\sin x$ 只相差一个常数因子,因此,如果凑上这个常数因子 3,就有

$$\int \sin 3x\, \mathrm{d}x = \int \frac{1}{3} \sin 3x \cdot (3x)'\, \mathrm{d}x = \frac{1}{3} \int \sin 3x\, \mathrm{d}(3x),$$

再令 $3x=u$，上述积分就变为

$$\int \sin 3x\,dx = \frac{1}{3}\int \sin 3x\,d(3x) = \frac{1}{3}\int \sin u\,du,$$

而这个积分可在基本积分表中查到，即 $\int \sin u\,du = -\cos u + C$，最后再将 u 代回 $3x$，从而得到

$$\int \sin 3x\,dx = \frac{1}{3}\int \sin 3x\,d(3x) = \frac{1}{3}\int \sin u\,du = -\frac{1}{3}\cos u + C = -\frac{1}{3}\cos 3x + C.$$

将上述过程一般化得到

$$\int g(x)dx = \int f[\varphi(x)]\varphi'(x)dx = \int f[\varphi(x)]d\varphi(x) = \int f(u)du = F(u)+C = F(\varphi(x))+C.$$

由此可得定理 1。

定理 1（第一类换元积分法） 假设 $\int f(u)du = F(u)+C$，且 $u=\varphi(x)$ 可导，那么

$$\int f[\varphi(x)]\varphi'(x)dx = \int f(u)du = F(u)+C = F(\varphi(x))+C.$$

所谓第一类换元积分法，就是指运用上述公式来求不定积分。在运用该公式时，首先要将所求的不定积分与已知的基本求积分公式相比较，选用合适的变换（即 $u=\varphi(x)$），把所求的积分"凑成"公式中已有的形式，求出积分后，再把原来的变量代回，这种方法也称为凑微分法。

例 1 求 $\int \dfrac{1}{5+4x}dx$。

解 $\int \dfrac{1}{5+4x}dx = \dfrac{1}{4}\int \dfrac{1}{5+4x}d(5+4x) \xhookrightarrow{\text{令}\,u=5+4x} \dfrac{1}{4}\int \dfrac{1}{u}du$

$$= \frac{1}{4}\ln|u| + C = \frac{1}{4}\ln|5+4x| + C.$$

例 2 求 $\int x e^{x^2}dx$。

解 $\int x e^{x^2}dx = \dfrac{1}{2}\int e^{x^2}dx^2 \xrightarrow{\text{令}\,u=x^2} \dfrac{1}{2}\int e^u du = \dfrac{1}{2}e^u + C = \dfrac{1}{2}e^{x^2} + C.$

例 3 求 $\int \dfrac{\cos\sqrt{x}}{\sqrt{x}}dx$。

解 $\int \dfrac{\cos\sqrt{x}}{\sqrt{x}}dx = 2\int \cos\sqrt{x}\,d\sqrt{x} \xrightarrow{\sqrt{x}=u} 2\int \cos u\,du = 2\sin u + C = 2\sin\sqrt{x} + C.$

注意 在凑微分法熟练以后，不必写出中间变量 u，直接对 $\sqrt{x}$ 进行积分即可，例如

$$\int \frac{\cos\sqrt{x}}{\sqrt{x}}dx = 2\int \cos\sqrt{x}\,d\sqrt{x} = 2\sin\sqrt{x} + C.$$

例 4 求 $\int \dfrac{\sec^2\frac{1}{x}}{x^2}dx$。

解　$\displaystyle\int\frac{\sec^2\dfrac{1}{x}}{x^2}\mathrm{d}x=-\int\sec^2\frac{1}{x}\mathrm{d}\frac{1}{x}=-\tan\frac{1}{x}+C_\circ$

例 5　求 $\displaystyle\int\frac{\mathrm{e}^x}{1+\mathrm{e}^{2x}}\mathrm{d}x_\circ$

解　$\displaystyle\int\frac{\mathrm{e}^x}{1+\mathrm{e}^{2x}}\mathrm{d}x=\int\frac{\mathrm{d}\mathrm{e}^x}{1+(\mathrm{e}^x)^2}=\arctan\mathrm{e}^x+C_\circ$

例 6　求 $\displaystyle\int\frac{\ln x}{x}\mathrm{d}x_\circ$

解　$\displaystyle\int\frac{\ln x}{x}\mathrm{d}x=\int\ln x\,\mathrm{d}\ln x=\frac{1}{2}\ln^2 x+C_\circ$

例 7　求 $\displaystyle\int\tan x\,\mathrm{d}x_\circ$

解　$\displaystyle\int\tan x\,\mathrm{d}x=\int\frac{\sin x}{\cos x}\mathrm{d}x=-\int\frac{\mathrm{d}\cos x}{\cos x}=-\ln|\cos x|+C_\circ$

同理可得

$$\int\cot x\,\mathrm{d}x=\int\frac{\cos x}{\sin x}\mathrm{d}x=\int\frac{\mathrm{d}\sin x}{\sin x}=\ln|\sin x|+C_\circ$$

例 8　求 $\displaystyle\int\frac{1}{a^2+x^2}\mathrm{d}x\ (a>0)_\circ$

解　$\displaystyle\int\frac{1}{a^2+x^2}\mathrm{d}x=\frac{1}{a^2}\int\frac{\mathrm{d}x}{1+\left(\dfrac{x}{a}\right)^2}=\frac{1}{a}\int\frac{\mathrm{d}\left(\dfrac{x}{a}\right)}{1+\left(\dfrac{x}{a}\right)^2}=\frac{1}{a}\arctan\frac{x}{a}+C_\circ$

例 9　求 $\displaystyle\int\frac{1}{\sqrt{a^2-x^2}}\mathrm{d}x\ (a>0)_\circ$

解　$\displaystyle\int\frac{1}{\sqrt{a^2-x^2}}\mathrm{d}x=\int\frac{1}{a\sqrt{1-\left(\dfrac{x}{a}\right)^2}}\mathrm{d}x=\int\frac{1}{\sqrt{1-\left(\dfrac{x}{a}\right)^2}}\mathrm{d}\left(\frac{x}{a}\right)=\arcsin\frac{x}{a}+C_\circ$

例 10　求 $\displaystyle\int\frac{1}{x^2-a^2}\mathrm{d}x\ (a\neq 0)_\circ$

解　$\displaystyle\int\frac{1}{x^2-a^2}\mathrm{d}x=\int\frac{\mathrm{d}x}{(x-a)(x+a)}=\frac{1}{2a}\int\left(\frac{1}{x-a}-\frac{1}{x+a}\right)\mathrm{d}x$

$$=\frac{1}{2a}\left(\int\frac{1}{x-a}\mathrm{d}x-\int\frac{1}{x+a}\mathrm{d}x\right)$$

$$=\frac{1}{2a}\left(\int\frac{1}{x-a}\mathrm{d}(x-a)-\int\frac{1}{x+a}\mathrm{d}(x+a)\right)$$

$$=\frac{1}{2a}(\ln|x-a|-\ln|x+a|)+C$$

$$=\frac{1}{2a}\ln\left|\frac{x-a}{x+a}\right|+C_\circ$$

例 11　求 $\displaystyle\int\sec x\,\mathrm{d}x_\circ$

解 $\displaystyle\int \sec x\,\mathrm{d}x = \int \frac{\sec x\,(\sec x+\tan x)}{\sec x+\tan x}\mathrm{d}x = \int \frac{\sec^2 x+\sec x\tan x}{\sec x+\tan x}\mathrm{d}x$

$\displaystyle\qquad\qquad = \int \frac{\mathrm{d}(\sec x+\tan x)}{\sec x+\tan x} = \ln|\sec x+\tan x|+C_{\circ}$

同理可得

$$\int \csc x\,\mathrm{d}x = \int \frac{\csc x\,(\csc x-\cot x)}{\csc x-\cot x}\mathrm{d}x = \int \frac{\csc^2 x-\csc x\cot x}{\csc x-\cot x}\mathrm{d}x$$

$$= \int \frac{\mathrm{d}(\csc x-\cot x)}{\csc x-\cot x} = \ln|\csc x-\cot x|+C_{\circ}$$

由上述例题可得到以下积分公式：

(14) $\displaystyle\int \tan x\,\mathrm{d}x = -\ln|\cos x|+C$；

(15) $\displaystyle\int \cot x\,\mathrm{d}x = \ln|\sin x|+C$；

(16) $\displaystyle\int \frac{1}{a^2+x^2}\mathrm{d}x = \frac{1}{a}\arctan \frac{x}{a}+C\ (a>0)$；

(17) $\displaystyle\int \frac{1}{\sqrt{a^2-x^2}}\mathrm{d}x = \arcsin \frac{x}{a}+C\ (a>0)$；

(18) $\displaystyle\int \frac{1}{x^2-a^2}\mathrm{d}x = \frac{1}{2a}\ln\left|\frac{x-a}{x+a}\right|+C\ (a\neq 0)$；

(19) $\displaystyle\int \sec x\,\mathrm{d}x = \ln|\sec x+\tan x|+C$；

(20) $\displaystyle\int \csc x\,\mathrm{d}x = \ln|\csc x-\cot x|+C$；

例 12 求 $\displaystyle\int \frac{\mathrm{d}x}{\sqrt{1+x-x^2}}$。

解 $\displaystyle\int \frac{\mathrm{d}x}{\sqrt{1+x-x^2}} = \int \frac{\mathrm{d}\left(x-\frac{1}{2}\right)}{\sqrt{\left(\frac{\sqrt 5}{2}\right)^2-\left(x-\frac{1}{2}\right)^2}}$，利用公式(17)得到

$$\int \frac{\mathrm{d}x}{\sqrt{1+x-x^2}} = \int \frac{\mathrm{d}\left(x-\frac{1}{2}\right)}{\sqrt{\left(\frac{\sqrt 5}{2}\right)^2-\left(x-\frac{1}{2}\right)^2}} = \arcsin \frac{x-\frac{1}{2}}{\frac{\sqrt 5}{2}}+C = \arcsin \frac{2x-1}{\sqrt 5}+C_{\circ}$$

例 13 求 $\displaystyle\int \cos^3 x\,\mathrm{d}x$。

解 $\displaystyle\int \cos^3 x\,\mathrm{d}x = \int \cos^2 x\cos x\,\mathrm{d}x = \int \cos^2 x\,\mathrm{d}\sin x$

$\displaystyle\qquad = \int (1-\sin^2 x)\,\mathrm{d}\sin x = \int 1\,\mathrm{d}\sin x - \int \sin^2 x\,\mathrm{d}\sin x$

$\displaystyle\qquad = \sin x - \frac{1}{3}\sin^3 x+C_{\circ}$

例 14 求 $\int \sin^2 x \cos^3 x \, dx$。

解 $\int \sin^2 x \cos^3 x \, dx = \int \sin^2 x \cos^2 x \cos x \, dx = \int \sin^2 x (1 - \sin^2 x) \, d\sin x$

$$= \int (\sin^2 x - \sin^4 x) \, d\sin x = \frac{1}{3} \sin^3 x - \frac{1}{5} \sin^5 x + C。$$

例 15 求 $\int \sec^4 x \, dx$。

解 $\int \sec^4 x \, dx = \int \sec^2 x \cdot \sec^2 x \, dx = \int (1 + \tan^2 x) \, d\tan x = \tan x + \frac{1}{3} \tan^3 x + C。$

例 16 求 $\int \tan x \sec^3 x \, dx$。

解 $\int \tan x \sec^3 x \, dx = \int \sec^2 x \cdot \tan x \sec x \, dx = \int \sec^2 x \, d\sec x = \frac{1}{3} \sec^3 x + C。$

【集腋成裘】

凑微分法(第一类换元法)本质上讲是复合函数求微分的逆运算,在学习的过程中,需要注意的是:"凑微分法"的"来回"切换的解题思路和"互逆"关系。延续上一节,在简单函数求导数(基本求导公式)的逆运算——简单函数的不定积分的求解(基本求积公式)之后,继续在复合函数中强调"互逆"运算的思想。即由基本初等函数的微积分提升到复合函数的微积分,由简单到复杂,在变化(复杂性)中求不变(互逆)。为了更好地学习积分学,必须具备微分学的积累。"万丈高楼平地起",既往的一元函数微分学的知识积累,是获得新的积分学认知的基础和前提条件。先贤们曾说:"不积跬步,无以至千里"!"千淘万漉虽辛苦,吹尽狂沙始到金。"我们只有通过微分学的勤奋学习,才能实现积分学的自由。

习 题 4.2

1. 在空白处填入适当的系数,使等式成立。

(1) $2x \, dx = \underline{\hspace{2cm}} d(1 - 3x^2)$；

(2) $x \, dx = \underline{\hspace{2cm}} d(5x^2)$；

(3) $e^{-3x} \, dx = \underline{\hspace{2cm}} de^{-3x}$；

(4) $\dfrac{dx}{\sqrt{x}} = \underline{\hspace{2cm}} d\sqrt{x}$；

(5) $\sin 2x \, dx = \underline{\hspace{2cm}} d\cos 2x$；

(6) $\dfrac{dx}{\sqrt{1-x^2}} = \underline{\hspace{2cm}} d\arcsin x$；

(7) $\dfrac{1}{x} \, dx = \underline{\hspace{2cm}} d\ln 3x$；

(8) $\dfrac{dx}{1+9x^2} = \underline{\hspace{2cm}} d\arctan 3x$。

2. 计算下列不定积分:

(1) $\displaystyle\int \dfrac{dx}{(1+2x)^3}$；

(2) $\displaystyle\int x \sqrt{x^2 - 5} \, dx$；

(3) $\displaystyle\int \dfrac{\sin\sqrt{x}}{\sqrt{x}} \, dx$；

(4) $\displaystyle\int \dfrac{5 + \ln x}{x} \, dx$；

(5) $\displaystyle\int \frac{2^{\arcsin x}}{\sqrt{1-x^2}}\mathrm{d}x$；

(6) $\displaystyle\int \frac{1}{\mathrm{e}^x+\mathrm{e}^{-x}}\mathrm{d}x$；

(7) $\displaystyle\int \frac{1}{4+9x^2}\mathrm{d}x$；

(8) $\displaystyle\int \frac{1}{\sqrt{16-25x^2}}\mathrm{d}x$；

(9) $\displaystyle\int \frac{1}{x^2}\cos\frac{2}{x}\mathrm{d}x$；

(10) $\displaystyle\int \sin^3 x\,\mathrm{d}x$；

(11) $\displaystyle\int \sin^4 x\cos x\,\mathrm{d}x$；

(12) $\displaystyle\int \tan^3 x\sec x\,\mathrm{d}x$。

4.3 不定积分的第二类换元积分法

本节介绍第二类换元法,先看一个引例:求 $\displaystyle\int \frac{1}{1+\sqrt{x}}\mathrm{d}x$,显然它不能直接积分,也不适宜用凑微分法(第一类换元法),原因在于被积函数中含有根式 $\sqrt{x}$,又没有微分可凑,因此如果我们将根号去掉,问题会变繁为简,那么,如何去根号呢? 作变量替换 $\sqrt{x}=t$,即 $x=t^2$, $\mathrm{d}x=\mathrm{d}t^2=2t\,\mathrm{d}t$,则有

$$\int \frac{1}{1+\sqrt{x}}\mathrm{d}x = \int \frac{2t}{1+t}\mathrm{d}t = 2\int \frac{t+1-1}{1+t}\mathrm{d}t$$

$$= 2\int 1\mathrm{d}t - 2\int \frac{1}{1+t}\mathrm{d}t = 2t - 2\ln|t+1| + C。$$

最后再将 $t=\sqrt{x}$ 回代,得

$$\int \frac{1}{1+\sqrt{x}}\mathrm{d}x = 2\sqrt{x} - 2\ln|\sqrt{x}+1| + C。$$

这种求不定积分的方法称为第二类换元法,其理论依据为下面的定理1。

定理1(第二类换元积分法) 设 $x=\varphi(t)$ 是单调可导函数,且 $\varphi'(t)\neq 0$,又设 $f[\varphi(t)]\varphi'(t)$ 的原函数为 $F(t)$,那么

$$\int f(x)\mathrm{d}x = \left[\int f[\varphi(t)]\varphi'(t)\mathrm{d}t\right]_{t=\varphi^{-1}(x)} = F(t) + C = F(\varphi^{-1}(x)) + C。$$

运用复合函数及反函数的求导法则可验证定理1。

第二类换元积分法的意义在于:若关于 x 的不定积分 $\displaystyle\int f(x)\mathrm{d}x$ 不能利用基本积分公式和不定积分的性质直接计算,也不适合利用第一类换元积分法进行积分,这时可以直接作变量替换 $x=\varphi(t)$,将 $f(x)\mathrm{d}x$ 变成 $f[\varphi(t)]\varphi'(t)\mathrm{d}t$ 的形式,而 $f[\varphi(t)]\varphi'(t)$ 的原函数 $F(t)$ 易求,这样可完成运算。

比较第一类换元法和第二类换元法,它们的积分顺序有所不同(第一类换元法的关键是先凑微分,再换元;第二类换元法则是先换元,再化简),但两种方法最后都要还原积分变量,而且它们换元的目的相同,即换元后的不定积分都比较容易计算。

例1 求 $\int x\sqrt{1+2x}\,dx$。

解 作变量替换 $\sqrt{1+2x}=t$，即 $1+2x=t^2$，$x=\dfrac{t^2-1}{2}$，$dx=d\dfrac{t^2-1}{2}=t\,dt$，则有

$$\int x\sqrt{1+2x}\,dx=\int\frac{1}{2}(t^2-1)t\cdot t\,dt=\frac{1}{2}\int(t^4-t^2)\,dt=\frac{1}{10}t^5-\frac{1}{6}t^3+C$$

$$=\frac{1}{10}(1+2x)^{\frac{5}{2}}-\frac{1}{6}(1+2x)^{\frac{3}{2}}+C。$$

例2 求 $\int\sqrt{1-x^2}\,dx$。

解 令 $x=\sin t\left(-\dfrac{\pi}{2}<t<\dfrac{\pi}{2}\right)$，则 $dx=\cos t\,dt$，因此有

$$\int\sqrt{1-x^2}\,dx=\int\sqrt{1-\sin^2 t}\cdot\cos t\,dt=\int\cos^2 t\,dt$$

$$=\int\frac{1+\cos 2t}{2}\,dt=\frac{1}{2}\left(t+\frac{1}{2}\sin 2t\right)+C$$

$$=\frac{1}{2}t+\frac{1}{4}\times 2\sin t\cos t+C$$

$$=\frac{1}{2}\arcsin x+\frac{1}{2}x\sqrt{1-x^2}+C。$$

例3 求 $\int\dfrac{1}{\sqrt{a^2+x^2}}\,dx\ (a>0)$。

解 令 $x=a\tan t\left(-\dfrac{\pi}{2}<t<\dfrac{\pi}{2}\right)$，则 $a^2+x^2=a^2+a^2\tan^2 t=a^2\sec^2 t$，因此有 $\sqrt{a^2+x^2}=a\sec t$，$dx=a\sec^2 t\,dt$，于是得

$$\int\frac{1}{\sqrt{a^2+x^2}}\,dx=\int\frac{1}{a\sec t}\cdot a\sec^2 t\,dt=\int\sec t\,dt=\ln|\sec t+\tan t|+C_1。$$

由于 $\tan t=\dfrac{x}{a}$，$\sec t=\sqrt{1+\tan^2 t}=\sqrt{1+\dfrac{x^2}{a^2}}=\dfrac{\sqrt{a^2+x^2}}{a}$，于是所求积分为

$$\int\frac{1}{\sqrt{a^2+x^2}}\,dx=\ln|\sec t+\tan t|+C_1=\ln\left|\frac{\sqrt{a^2+x^2}}{a}+\frac{x}{a}\right|+C_1$$

$$=\ln|\sqrt{a^2+x^2}+x|-\ln a+C_1$$

$$=\ln|\sqrt{a^2+x^2}+x|+C\quad(其中\ C=C_1-\ln a)。$$

用与例3类似的方法可求得 $\int\dfrac{1}{\sqrt{x^2-a^2}}\,dx=\ln|\sqrt{x^2-a^2}+x|+C$。于是得到积分公式：

(21) $\displaystyle\int\frac{1}{\sqrt{x^2\pm a^2}}\,dx=\ln|\sqrt{x^2\pm a^2}+x|+C\ (a>0)。$

例 4　求 $\displaystyle\int \frac{1}{\sqrt{x^2+2x+5}}\mathrm{d}x$。

解　$\displaystyle\int \frac{1}{\sqrt{x^2+2x+5}}\mathrm{d}x = \int \frac{1}{\sqrt{(x+1)^2+2^2}}\mathrm{d}x = \int \frac{\mathrm{d}(x+1)}{\sqrt{(x+1)^2+2^2}}$

$$= \ln|\sqrt{(x+1)^2+2^2}+(x+1)|+C$$

$$= \ln|\sqrt{x^2+2x+5}+x+1|+C。$$

例 5　求 $\displaystyle\int \frac{1}{x(1+x^4)}\mathrm{d}x$。

解　令 $x=\dfrac{1}{t}$，则有

$$\int \frac{1}{x(1+x^4)}\mathrm{d}x = \int \frac{\mathrm{d}\frac{1}{t}}{\frac{1}{t}\left(1+\frac{1}{t^4}\right)} = \int \frac{-\frac{1}{t^2}\mathrm{d}t}{\frac{1}{t}\left(1+\frac{1}{t^4}\right)} = -\int \frac{t^3\,\mathrm{d}t}{t^4+1}$$

$$= -\frac{1}{4}\int \frac{\mathrm{d}t^4}{t^4+1} = -\frac{1}{4}\int \frac{\mathrm{d}(t^4+1)}{t^4+1}$$

$$= -\frac{1}{4}\ln(1+t^4)+C = -\frac{1}{4}\ln\left(1+\frac{1}{x^4}\right)+C。$$

【人生启迪】

　　比较第一类换元积分法和第二类换元积分法，相异之处：它们的积分顺序有所不同（前者的关键是先凑微分，再换元；后者则是先换元，再化简）；相同之处：都要还原积分变量，换元的目的相同——即换元后的不定积分都比较容易计算。条条大路通罗马，所有不定积分的求解方法都是殊途同归的——寻找到原函数，在解题的过程之中，选择的方向（哪一种换元法）是关键。在生活和工作中，选择无处不在，我们需要具备在纷繁复杂的世界中寻找最适合自己的、最有利于整体的选择方向的能力。

习　题　　4.3

计算下列不定积分：

(1) $\displaystyle\int \frac{\sqrt{x-1}}{x}\mathrm{d}x$；

(2) $\displaystyle\int \frac{1}{(1+\sqrt[3]{x})\sqrt{x}}\mathrm{d}x$；

(3) $\displaystyle\int \frac{x}{\sqrt{x^2-1}}\mathrm{d}x$；

(4) $\displaystyle\int \frac{x^2}{\sqrt{1-x^2}}\mathrm{d}x$；

(5) $\displaystyle\int \sqrt{\mathrm{e}^x-1}\,\mathrm{d}x$；

(6) $\displaystyle\int \frac{1}{\sqrt{1+x+x^2}}\mathrm{d}x$；

(7) $\displaystyle\int \frac{1}{x(1+x^8)}\mathrm{d}x$；

(8) $\displaystyle\int \frac{1}{1+\sqrt[3]{x+2}}\mathrm{d}x$。

4.4 不定积分的分部积分法

前面介绍过的两种换元积分法能处理许多不定积分的求解,实际上,换元积分法就是将复合函数的求导法则反过来使用的,但是对于 $\int x\cos x\,dx$,$\int e^x\cos x\,dx$ 等不定积分的求解,换元积分法就无能为力了。本节我们将从两个函数乘积的求导法则出发,推出另一种行之有效的积分方法——分部积分法,这种方法可以求解两种不同类型的函数乘积的不定积分,如 $\int x\cos x\,dx$,$\int e^x\cos x\,dx$ 等。

设 $u(x)$,$v(x)$ 均有连续的导数,由乘积函数的求导法则得到
$$[u(x)v(x)]' = u'(x)v(x) + u(x)v'(x),$$
移项,有
$$u(x)v'(x) = [u(x)v(x)]' - u'(x)v(x),$$
两边同时求不定积分得到
$$\int u(x)v'(x)dx = \int [u(x)v(x)]'dx - \int u'(x)v(x)dx,$$
即
$$\int u(x)dv(x) = u(x)v(x) - \int v(x)du(x)。 \qquad (4.1)$$
称式(4.1)为不定积分的分部积分公式。

从分部积分公式可以看出,分部积分法用来解决两种不同类型的函数乘积的积分问题;另外,它仅仅是将一个不定积分 $\int u(x)dv(x)$ 转化为另一个不定积分 $\int v(x)du(x)$ 来求解,但如果求 $\int v(x)du(x)$ 比求 $\int u(x)dv(x)$ 容易,这时分部积分就非常有效了。

例 1 求 $\int x\cos x\,dx$。

解 令 $u=x$,$dv=\cos x\,dx = d\sin x$,则 $du=dx$,$v=\sin x$,由式(4.1)得
$$\int x\cos x\,dx = \int x\,d\sin x = x\sin x - \int \sin x\,dx = x\sin x + \cos x + C。$$

例 2 求 $\int x e^x\,dx$。

解 令 $u=x$,$dv=e^x\,dx = de^x$,则 $du=dx$,$v=e^x$,由式(4.1)得到
$$\int x e^x\,dx = \int x\,de^x = x e^x - \int e^x\,dx = x e^x - e^x + C。$$

例 3 求 $\int x^2 e^x\,dx$。

解 令 $u=x^2$,$dv=e^x\,dx = de^x$,则 $du=dx^2=2x\,dx$,$v=e^x$,由式(4.1)得
$$\int x^2 e^x\,dx = \int x^2\,de^x = x^2 e^x - \int e^x\,dx^2 = x^2 e^x - 2\int x e^x\,dx。$$
由例 2 可得
$$\int x e^x\,dx = x e^x - e^x + C_1,$$

代入上式,得

$$\int x^2 \mathrm{e}^x \mathrm{d}x = x^2 \mathrm{e}^x - 2\int x\mathrm{e}^x \mathrm{d}x = x^2 \mathrm{e}^x - 2x\mathrm{e}^x + 2\mathrm{e}^x + C。$$

注意 本题两次利用分部积分法。

在熟悉分部积分公式后,可以直接计算,比如

$$\int x\mathrm{e}^x \mathrm{d}x = \int x\mathrm{d}\mathrm{e}^x = x\mathrm{e}^x - \int \mathrm{e}^x \mathrm{d}x = x\mathrm{e}^x - \mathrm{e}^x + C。$$

例 4 求 $\int x\ln x \mathrm{d}x$。

解 $\displaystyle\int x\ln x \mathrm{d}x = \frac{1}{2}\int \ln x \mathrm{d}x^2 = \frac{1}{2}x^2\ln x - \frac{1}{2}\int x^2 \mathrm{d}\ln x$

$$= \frac{1}{2}x^2\ln x - \frac{1}{2}\int x^2 \cdot \frac{1}{x}\mathrm{d}x = \frac{1}{2}x^2\ln x - \frac{1}{4}x^2 + C。$$

例 5 求 $\int x\arctan x \mathrm{d}x$。

解 $\displaystyle\int x\arctan x \mathrm{d}x = \frac{1}{2}\int \arctan x \mathrm{d}x^2 = \frac{1}{2}x^2\arctan x - \frac{1}{2}\int x^2 \mathrm{d}\arctan x$

$$= \frac{1}{2}x^2\arctan x - \frac{1}{2}\int x^2 \cdot \frac{1}{1+x^2}\mathrm{d}x$$

$$= \frac{1}{2}x^2\arctan x - \frac{1}{2}\int \frac{x^2+1-1}{1+x^2}\mathrm{d}x$$

$$= \frac{1}{2}x^2\arctan x - \frac{x}{2} + \frac{1}{2}\arctan x + C。$$

例 6 求 $\int \mathrm{e}^x \cos x \mathrm{d}x$。

解 $\displaystyle\int \mathrm{e}^x \cos x \mathrm{d}x = \int \mathrm{e}^x \mathrm{d}\sin x = \mathrm{e}^x \sin x - \int \sin x \mathrm{d}\mathrm{e}^x = \mathrm{e}^x \sin x - \int \mathrm{e}^x \sin x \mathrm{d}x,$

上式最后一个积分 $\int \mathrm{e}^x \sin x \mathrm{d}x$ 与原积分 $\int \mathrm{e}^x \cos x \mathrm{d}x$ 是同一类型,需要对它再用一次分部积分法,则有

$$\int \mathrm{e}^x \cos x \mathrm{d}x = \mathrm{e}^x \sin x - \int \mathrm{e}^x \sin x \mathrm{d}x = \mathrm{e}^x \sin x + \int \mathrm{e}^x \mathrm{d}\cos x。$$

$$= \mathrm{e}^x \sin x + \mathrm{e}^x \cos x - \int \cos x \mathrm{d}\mathrm{e}^x = \mathrm{e}^x \sin x + \mathrm{e}^x \cos x - \int \mathrm{e}^x \cos x \mathrm{d}x,$$

上式最右端的积分与所求积分相同,将其移到等式左端与原积分合并,等式两边再同时除以 2,得到

$$\int \mathrm{e}^x \cos x \mathrm{d}x = \frac{1}{2}(\mathrm{e}^x \sin x + \mathrm{e}^x \cos x) + C。$$

例 7 求 $\int \arctan x \mathrm{d}x$。

解 $\displaystyle\int \arctan x \mathrm{d}x = x\arctan x - \int x\mathrm{d}\arctan x = x\arctan x - \int \frac{x}{1+x^2}\mathrm{d}x$

$$= x\arctan x - \frac{1}{2}\int \frac{\mathrm{d}(1+x^2)}{1+x^2} = x\arctan x - \frac{1}{2}\ln|1+x^2| + C。$$

例8 求 $\int \ln x \, dx$。

解 $\int \ln x \, dx = x \ln x - \int x \, d\ln x = x \ln x - \int x \cdot \dfrac{1}{x} dx = x \ln x - x + C$。

由例1~例8可以总结如下规律:

(1) 当两种不同类型的函数作乘积作为被积函数时,通常用分部积分法求解,此时选择恰当的 u 和 dv 成为关键,一般的选取规律为:反函数、对数函数、幂函数、三角函数、指数函数,按照这种排序,前者选为 u,后者凑 dv;

(2) 当被积函数只有一个函数(反三角函数或对数函数)时,如 $\int \arctan x \, dx$ (或 $\int \ln x \, dx$),则选取 $u = \arctan x$(或 $u = \ln x$),$v = x$ 即可。

例9 求 $\int e^{\sqrt{x}} \, dx$。

解 本题不易直接用分部积分法,先用换元法,然后再用分部积分法,令 $t = \sqrt{x}$,$x = t^2$,于是有

$$\int e^{\sqrt{x}} \, dx = \int e^t \, dt^2 = 2\int t e^t \, dt = 2\int t \, de^t = 2t e^t - 2\int e^t \, dt = 2t e^t - 2e^t + C$$
$$= 2\sqrt{x} \, e^{\sqrt{x}} - 2e^{\sqrt{x}} + C。$$

例10 已知 $f(x)$ 的一个原函数为 e^{x^2},求 $\int x f'(x) \, dx$。

解 因为 $f(x)$ 的一个原函数为 e^{x^2},故

$$f(x) = (e^{x^2})' = 2x e^{x^2}, \quad \int f(x) \, dx = e^{x^2} + C_1,$$

所以

$$\int x f'(x) \, dx = \int x \, df(x) = x f(x) - \int f(x) \, dx = 2x^2 e^{x^2} - e^{x^2} + C。$$

【主要矛盾】

分部积分公式与导数的乘法法则互为"逆公式",利用分部积分法求解不定积分时,需要按照一定的原则进行分部,再利用凑微分方法等实现由难到易的转化,如果一开始错误地选择了 u 和 dv,那么计算过程就会越来越复杂,最终无法求出正确的结果。可见,我们在面临选择的时候,要去寻找恰当的"u"和"dv",要根据目标抓主要矛盾,先解决主要矛盾,主要矛盾解决得好,整体问题才能得以较顺畅地解决,反之势必导致整体问题无法顺畅解决。

习 题 4.4

计算下列不定积分:

(1) $\int x \sin x \, dx$;

(2) $\int x e^{-x} \, dx$;

(3) $\int x^2 \ln x \, dx$;

(4) $\int \arccos x \, dx$;

(5) $\int e^x \sin x \, dx$;

(6) $\int x \arcsin x \, dx$;

(7) $\int \ln(x^2+1)\mathrm{d}x$； (8) $\int \mathrm{e}^{\sqrt[3]{x}}\mathrm{d}x$。

4.5 有理函数的不定积分

有理函数就是指分子分母都是多项式的分式，如何应用前几节介绍过的积分法求有理函数的积分呢？本节仅举几个例子加以说明。

例 1 求 $\int \dfrac{1}{x^2+2x+5}\mathrm{d}x$。

解
$$\int \frac{1}{x^2+2x+5}\mathrm{d}x = \int \frac{1}{(x+1)^2+2^2}\mathrm{d}x = \int \frac{\mathrm{d}(x+1)}{(x+1)^2+2^2},$$

由积分公式可知 $\int \dfrac{1}{a^2+x^2} = \dfrac{1}{a}\arctan\dfrac{x}{a}+C$，故

$$\int \frac{1}{x^2+2x+5}\mathrm{d}x = \int \frac{\mathrm{d}(x+1)}{(x+1)^2+2^2} = \frac{1}{2}\arctan\frac{x+1}{2}+C。$$

例 2 求 $\int \dfrac{1}{x^2+2x-5}\mathrm{d}x$。

解
$$\int \frac{1}{x^2+2x-5}\mathrm{d}x = \int \frac{1}{(x+1)^2-(\sqrt{6})^2}\mathrm{d}x = \int \frac{\mathrm{d}(x+1)}{(x+1)^2-(\sqrt{6})^2},$$

由积分公式可知 $\int \dfrac{\mathrm{d}x}{x^2-a^2} = \dfrac{1}{2a}\ln\left|\dfrac{x-a}{x+a}\right|+C$，故

$$\int \frac{1}{x^2+2x-5}\mathrm{d}x = \int \frac{\mathrm{d}(x+1)}{(x+1)^2-(\sqrt{6})^2} = \frac{1}{2\sqrt{6}}\ln\left|\frac{x+1-\sqrt{6}}{x+1+\sqrt{6}}\right|+C。$$

例 3 求 $\int \dfrac{x}{x^2+2x+5}\mathrm{d}x$。

解
$$\int \frac{x}{x^2+2x+5}\mathrm{d}x = \frac{1}{2}\int \frac{(2x+2)-2}{x^2+2x+5}\mathrm{d}x = \frac{1}{2}\int \frac{2x+2}{x^2+2x+5}\mathrm{d}x - \int \frac{1}{x^2+2x+5}\mathrm{d}x$$

$$= \frac{1}{2}\int \frac{\mathrm{d}(x^2+2x+5)}{x^2+2x+5} - \int \frac{\mathrm{d}(x+1)}{(x+1)^2+2^2}$$

$$= \frac{1}{2}\ln(x^2+2x+5) - \frac{1}{2}\arctan\frac{x+1}{2}+C。$$

例 4 求 $\int \dfrac{1}{x(1+x^3)}\mathrm{d}x$。

解
$$\int \frac{1}{x(1+x^3)}\mathrm{d}x = \int \frac{x^2}{x^3(1+x^3)}\mathrm{d}x = \frac{1}{3}\int \frac{\mathrm{d}x^3}{x^3(1+x^3)}$$

$$\xlongequal{u=x^3} \frac{1}{3}\int \frac{\mathrm{d}u}{u(1+u)} = \frac{1}{3}\int\left(\frac{1}{u}-\frac{1}{1+u}\right)\mathrm{d}u$$

$$= \frac{1}{3}\ln|u| - \frac{1}{3}\ln|1+u|+C$$

$$= \frac{1}{3}\ln\left|\frac{u}{1+u}\right|+C = \frac{1}{3}\ln\left|\frac{x^3}{1+x^3}\right|+C。$$

类似地可求解不定积分 $\int \dfrac{1}{x(1+x^n)}dx$。

例 5   求 $\int \dfrac{(1+x)^2}{x(1+x^2)}dx$。

解 $\int \dfrac{(1+x)^2}{x(1+x^2)}dx = \int \left(\dfrac{1}{x} + \dfrac{2}{1+x^2}\right)dx = \int \dfrac{1}{x}dx + \int \dfrac{2}{1+x^2}dx$

$$= \ln|x| + 2\arctan x + C。$$

下面介绍几个其他类型的函数的不定积分的求解。

例 6   求 $\int \dfrac{x+1}{\sqrt{4x^2+9}}dx$。

解 $\int \dfrac{x+1}{\sqrt{4x^2+9}}dx = \dfrac{1}{8}\int \dfrac{d(4x^2+9)}{\sqrt{4x^2+9}} + \dfrac{1}{2}\int \dfrac{d(2x)}{\sqrt{(2x)^2+3^2}}$,

由积分公式可知 $\int \dfrac{1}{\sqrt{x^2+a^2}}dx = \ln|\sqrt{x^2+a^2}+x| + C$, 故

$$\int \dfrac{x+1}{\sqrt{4x^2+9}}dx = \dfrac{1}{8} \cdot 2\sqrt{4x^2+9} + \dfrac{1}{2}\ln|\sqrt{(2x)^2+3^2}+2x| + C$$

$$= \dfrac{1}{4}\sqrt{4x^2+9} + \dfrac{1}{2}\ln|\sqrt{4x^2+9}+2x| + C。$$

例 7   求 $\int \dfrac{\sin x+1}{\sin x(1+\cos x)}dx$。

解   令 $t = \tan\dfrac{x}{2}$, 则

$$\sin x = \dfrac{2\tan\frac{x}{2}}{1+\tan^2\frac{x}{2}} = \dfrac{2t}{1+t^2}, \quad \cos x = \dfrac{1-\tan^2\frac{x}{2}}{1+\tan^2\frac{x}{2}} = \dfrac{1-t^2}{1+t^2}, \quad dx = d2\arctan t = \dfrac{2}{1+t^2}dt,$$

故

$$\int \dfrac{\sin x+1}{\sin x(1+\cos x)}dx = \int \dfrac{\dfrac{2t}{1+t^2}+1}{\dfrac{2t}{1+t^2}\left(1+\dfrac{1-t^2}{1+t^2}\right)} \cdot \dfrac{2}{1+t^2}dt = \dfrac{1}{2}\int \left(\dfrac{1}{t}+2+t\right)dt$$

$$= \dfrac{1}{2}\left(\ln|t| + 2t + \dfrac{t^2}{2}\right) + C$$

$$= \dfrac{1}{2}\ln|\tan\dfrac{x}{2}| + \tan\dfrac{x}{2} + \dfrac{1}{4}\tan^2\dfrac{x}{2} + C。$$

【人生启迪】

本章我们学习了不定积分的概念和计算。如同初等数学所学过的加减、乘除这些互为逆运算的概念,不定积分与导数(微分)之间也存在着一定的"互逆"关系,显然,只有掌握微分学的知识,才能开始积分学的学习和研究,这也是"高等数学"这门课程学习过程中需要慎始(微分学)敬终(积分学)的原因。进一步来讲,万事万物,阴阳共存,互相转化,由此及彼,

由彼推此。同理,在为人处事上,我们也需要经常性地换位思考(互递),从对方的角度看待问题。如果能多从不同的角度看待同一问题,就能拓展看待问题的维度,提高解决问题的效率。

我们学习利用基本求积公式、第一类换元积分法、第二类换元积分法、分部积分法等各种各样的方法解决大量的不定积分问题。要想熟练运用这些公式解决不定积分的计算问题,就要不断地进行实践应用,尝试综合运用已有知识和经验,在做中学,在学中做,这就是实践的意义——实践出真知。正如孔子所言:学而时习之,不亦说乎? 温故而知新,可以为师矣。

习 题 4.5

计算下列不定积分:

(1) $\int \dfrac{1}{x^2 + 2x + 3} \mathrm{d}x$;

(2) $\int \dfrac{1}{x^2 + 2x - 3} \mathrm{d}x$;

(3) $\int \dfrac{x - 2}{x^2 + 2x + 3} \mathrm{d}x$;

(4) $\int \dfrac{1}{x(1 + x^5)} \mathrm{d}x$;

(5) $\int \dfrac{1}{x(x - 2)} \mathrm{d}x$;

(6) $\int \dfrac{2\sin x \cos x}{1 + \sin^2 x} \mathrm{d}x$。

总 习 题 4

1. 单项选择题

(1) 为使不定积分 $\int \dfrac{1}{\sqrt{x^2 + 4}} \mathrm{d}x$ 中的被积函数有理化,可作变换( )。

    A. $x = 2\sin t$ B. $x = 2\tan t$

    C. $x = 2\sec t$ D. $x = 2\cot t$

(2) 设 $\int f(x)\mathrm{d}x = F(x) + C$,则 $\int x f(1 - x^2)\mathrm{d}x = ($)。

    A. $2(1 - x^2)^2 + C$ B. $-2(1 - x^2)^2 + C$

    C. $\dfrac{1}{2} F(1 - x^2) + C$ D. $-\dfrac{1}{2} F(1 - x^2) + C$

(3) 下列等式中正确的是( )。

    A. $\dfrac{\mathrm{d}}{\mathrm{d}x} \int f(x)\mathrm{d}x = f(x)$ B. $\dfrac{\mathrm{d}}{\mathrm{d}x} \int f'(2x)\mathrm{d}x = f(2x) + C$

    C. $\dfrac{\mathrm{d}}{\mathrm{d}x} \int f(x)\mathrm{d}x = f(x) + C$ D. $\int f'(x)\mathrm{d}x = f(x)$

(4) $\int \dfrac{\mathrm{d}f(x)}{1 + f^2(x)} = ($)。

    A. $\ln|1 + f(x)| + C$ B. $\dfrac{1}{2}\ln|1 + f(x)| + C$

C. $\arctan f(x)+C$ \hspace{3cm} D. $\dfrac{1}{2}\arctan f(x)+C$

(5) 若 $\int f(x)\mathrm{d}x=F(x)+C$,则 $\int \mathrm{e}^x f(\mathrm{e}^x)\mathrm{d}x=$（　　）。

A. $F(\mathrm{e}^x)+C$ \hspace{1cm} B. $-F(\mathrm{e}^{-x})+C$ \hspace{1cm} C. $F(\mathrm{e}^{-x})+C$ \hspace{1cm} D. $\dfrac{F(\mathrm{e}^{-x})}{x}+C$

2. 填空题

(1) 已知 $\int f(x)\mathrm{d}x=4\cos 5x+C$,则 $f(x)=$ _____；

(2) 已知 $f(x)=\mathrm{e}^{-x}$,则 $\int f(x)\mathrm{d}x=$ _____, $\int xf'(x^2)\mathrm{d}x=$ _____；

(3) 已知曲线 $y=f(x)$ 在点 (x,y) 的切线斜率为 $-x+2$,且 $f(0)=0$,则该曲线方程为 _____；

(4) $\int \dfrac{x^2}{1+x^2}\mathrm{d}x=$ _____；

(5) $\int \cot^2 x\,\mathrm{d}x=$ _____；

(6) $\int \sin^2 \dfrac{x}{2}\mathrm{d}x=$ _____；

(7) $\int [1+f'(x)]\mathrm{d}x=$ _____；

(8) 若 $F(x)$ 是 $f(x)$ 的一个原函数,则 $\int \dfrac{f(2\ln x)}{x}\mathrm{d}x=$ _____。

3. 求下列不定积分：

(1) $\int \dfrac{1+\cos x}{x+\sin x}\mathrm{d}x$;

(2) $\int \dfrac{x-\arctan x}{1+x^2}\mathrm{d}x$;

(3) $\int \dfrac{1+\ln x}{(x\ln x)^2}\mathrm{d}x$;

(4) $\int \dfrac{\arctan \sqrt{x}}{\sqrt{x}(1+x)}\mathrm{d}x$;

(5) $\int \sqrt{9-x^2}\,\mathrm{d}x$;

(6) $\int x^2\arctan x\,\mathrm{d}x$;

(7) $\int \dfrac{x}{\cos^2 x}\mathrm{d}x$;

(8) $\int x\ln(1+x)^2\,\mathrm{d}x$;

(9) $\int \dfrac{1}{x^2+4x+5}\mathrm{d}x$;

(10) $\int \dfrac{x}{x^2+4x+5}\mathrm{d}x$ 。

4. 已知 $F(x)$ 是 $f(x)$ 的一个原函数,求 $\int xf'(x)\mathrm{d}x$ 。

5. 已知 $F(x)$ 是 $f(x)$ 的一个原函数,求 $\int \dfrac{f(\tan^2 x)}{\cos^2 x}\tan x\,\mathrm{d}x$ 。

定 积 分

前面研究了积分学中的不定积分问题,即已知函数的导数求其原函数族。本章将研究积分学中的定积分问题,即求和式的极限。它是积分学中的另一个重要概念,在实际问题中有着广泛的应用。

本章先从几何学与力学中的两个实际问题出发引出定积分的概念,然后讨论它的性质和计算方法,再推广到广义积分,最后介绍定积分在几何学上的一些应用。

5.1 定积分的概念与性质

5.1.1 定积分实际问题举例

引例 1 曲边梯形的面积。

设函数 $y=f(x)$ 是闭区间 $[a,b]$ 上的非负连续函数,由直线 $x=a$,$x=b$,$y=0$ 及曲线 $y=f(x)$ 所围成的图形(见图 5.1),称为**曲边梯形**,曲线 $y=f(x)$ 称为**曲边**,求曲边梯形的面积 A。

由于曲边梯形的高 $f(x)$ 在区间 $[a,b]$ 上是按曲线趋势变动的,因此无法直接用已有的矩形面积公式:面积=底×高去计算其面积,也无法用已有的梯形面积公式:面积=$\frac{1}{2}$(上底+下底)×高去计算其面积。但曲边梯形的高 $f(x)$ 在区间 $[a,b]$ 上是连续变化的,故当区间很微小时,高 $f(x)$ 的变化也很微小,近似不变。

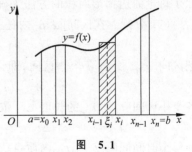

图 5.1

因此,如果把区间 $[a,b]$ 分成许多小区间,在每个小区间上用某一点处的高度近似代替该区间上的小曲边梯形的变高。那么,每个小曲边梯形就可以近似看成这样得到的小矩形,从而所有小矩形面积之和就可以作为曲边梯形面积的近似值。如果将区间 $[a,b]$ 无限细分下去,即让每个小区间的长度都趋于零,这时所有小矩形面积之和的极限就是曲边梯形的面积。这样就得到了求解曲边梯形面积的方法,其具体作法如下。

(1) 分割。首先在区间 $[a,b]$ 内任意插入 $n-1$ 个分点,即
$$a=x_0<x_1<x_2<\cdots<x_{i-1}<x_i<x_{i+1}\cdots<x_{n-1}<x_n=b,$$
把区间 $[a,b]$ 分成 n 个小区间,即
$$[x_0,x_1],[x_1,x_2],\cdots,[x_{i-1},x_i],\cdots,[x_{n-1},x_n],$$

各个小区间 $[x_{i-1}, x_i]$ 的长度 Δx_i 依次记为

$$\Delta x_1 = x_1 - x_0, \Delta x_2 = x_2 - x_1, \cdots, \Delta x_i = x_i - x_{i-1}, \cdots, \Delta x_n = x_n - x_{n-1}.$$

过各个分点作垂直于 x 轴的直线,将整个曲边梯形分成 n 个小曲边梯形(见图 5.1),小曲边梯形的面积记为 $\Delta A_i (i=1,2,\cdots,n)$。

(2) 近似。在每个小区间 $[x_{i-1}, x_i]$ 上任意取一点 $\xi_i (x_{i-1} \leqslant \xi_i \leqslant x_i)$,作以 $f(\xi_i)$ 为高、底边为 Δx_i 的小矩形,其面积为 $f(\xi_i)\Delta x_i$,它可作为同底的小曲边梯形的面积的近似值,即

$$\Delta A_i \approx f(\xi_i)\Delta x_i, \quad i=1,2,\cdots,n.$$

(3) 求和。把 n 个小矩形的面积加起来,就得到整个曲边梯形面积 A 的近似值,即

$$A = \sum_{i=1}^{n} \Delta A_i \approx \sum_{i=1}^{n} f(\xi_i)\Delta x_i.$$

(4) 取极限。记 $\lambda = \max\{\Delta x_1, \Delta x_2, \cdots, \Delta x_n\}$,则当 $\lambda \to 0$ 时,每个小区间 $[x_{i-1}, x_i]$ 的长度 Δx_i 也趋于零。此时和式 $\sum_{i=1}^{n} f(\xi_i)\Delta x_i$ 的极限便是所求曲边梯形面积 A 的精确值,即

$$A = \lim_{\lambda \to 0} \sum_{i=1}^{n} f(\xi_i)\Delta x_i.$$

引例 2　变速直线运动的路程。

设某质点作直线运动,已知质点的速度函数为 $v=v(t)$,设函数 $v(t)$ 在区间 $[\alpha, \beta]$ 上连续,且 $v(t) \geqslant 0$,计算在时间 $[\alpha, \beta]$ 内质点所走过的路程。

质点运动的速度是变化的,故不能用匀速直线运动的路程公式 $s=vt$ 来计算质点的路程,但由于速度函数 $v(t)$ 在 $[\alpha, \beta]$ 上连续,故在一个很微小的时间间隔内,速度函数 $v(t)$ 变化也很微小,近似不变,因此质点的运动又可以近似地看作匀速直线运动。因此,可以用类似于讨论曲边梯形面积的方法来确定质点的路程,其具体作法如下。

(1) 分割。在区间 $[\alpha, \beta]$ 内任意插入 $n-1$ 个分点,即

$$\alpha = t_0 < t_1 < t_2 < \cdots < t_{i-1} < t_i < \cdots < t_{n-1} < t_n = \beta,$$

把区间 $[\alpha, \beta]$ 分成 n 个小区间,即

$$[t_0, t_1], [t_1, t_2], \cdots, [t_{i-1}, t_i], \cdots, [t_{n-1}, t_n],$$

各个小区间 $[t_{i-1}, t_i]$ 的长度 Δt_i 依次记为

$$\Delta t_1 = t_1 - t_0, \Delta t_2 = t_2 - t_1, \cdots, \Delta t_i = t_i - t_{i-1}, \cdots, \Delta t_n = t_n - t_{n-1}.$$

则每个时间间隔 $[t_{i-1}, t_i]$ 内质点所走过的路程记为 $\Delta s_i (i=1,2,\cdots,n)$。

(2) 近似。在每个时间间隔 $[t_{i-1}, t_i]$ 上任取一时刻 $\xi_i (t_{i-1} \leqslant \xi_i \leqslant t_i)$,以 ξ_i 时刻的速度 $v(\xi_i)$ 来代替 $[t_{i-1}, t_i]$ 上各时刻的速度,从而得到每个时间间隔 $[t_{i-1}, t_i]$ 内质点所走过的路程的近似值,即

$$\Delta s_i \approx v(\xi_i)\Delta t_i.$$

(3) 求和。把 n 个小时间间隔内质点所走过的路程加起来,就得到整个时间间隔 $[\alpha, \beta]$ 内质点所走过的路程 s 的近似值,即

$$s = \sum_{i=1}^{n} \Delta s_i \approx \sum_{i=1}^{n} v(\xi_i)\Delta t_i.$$

(4) 取极限。记 $\lambda = \max\{\Delta t_1, \Delta t_2, \cdots, \Delta t_n\}$,当 $\lambda \to 0$ 时,和式 $\sum_{i=1}^{n} v(\xi_i)\Delta t_i$ 的极限就是

质点从时刻 α 到时刻 β 所走过的路程的精确值,即

$$s = \lim_{\lambda \to 0} \sum_{i=1}^{n} v(\xi_i) \Delta t_i 。$$

上面两个引例分别讨论了几何学中的面积问题和力学中的路程问题,虽然其背景不同、实际意义不同,但解决问题的方法却完全相同,采用的是化整为零、以直代曲、以不变代变、逐渐逼近的方式;处理问题的步骤也是一致的,概括起来就是:分割、近似、求和、取极限。抛开它们各自所代表的实际意义,抓住共同本质与特点加以概括,就可得到下述定积分的定义。

5.1.2 定积分的定义

定义 1 设函数 $y = f(x)$ 在闭区间 $[a, b]$ 上有界,在区间 $[a, b]$ 中任意插入若干个分点

$$a = x_0 < x_1 < x_2 < \cdots < x_{i-1} < x_i < \cdots < x_{n-1} < x_n = b,$$

将区间 $[a, b]$ 分成 n 个小区间,即

$$[x_0, x_1], [x_1, x_2], \cdots, [x_{i-1}, x_i], \cdots, [x_{n-1}, x_n],$$

各个小区间 $[x_{i-1}, x_i]$ 的长度 Δx_i 依次记为

$$\Delta x_1 = x_1 - x_0, \Delta x_2 = x_2 - x_1, \cdots, \Delta x_i = x_i - x_{i-1}, \cdots, \Delta x_n = x_n - x_{n-1},$$

在每个小区间上任取一点 $\xi_i (x_{i-1} \leqslant \xi_i \leqslant x_i)$,作函数值 $f(\xi_i)$ 与小区间长度 Δx_i 的乘积 $f(\xi_i) \Delta x_i (i = 1, 2, \cdots, n)$,并作出和式

$$\sum_{i=1}^{n} f(\xi_i) \Delta x_i 。$$

记 $\lambda = \max_{1 \leqslant i \leqslant n} \{\Delta x_i\}$,如果不论对区间 $[a, b]$ 怎样分法,也不论在小区间 $[x_{i-1}, x_i]$ 上点 ξ_i 怎样取法,只要当 $\lambda \to 0$ 时,和式 $\sum_{i=1}^{n} f(\xi_i) \Delta x_i$ 总趋于确定的极限值 I,则称此极限值 I 为函数 $f(x)$ 在区间 $[a, b]$ 上的定积分(简称积分),记作 $\int_a^b f(x) \mathrm{d}x$,即

$$\int_a^b f(x) \mathrm{d}x = I = \lim_{\lambda \to 0} \sum_{i=1}^{n} f(\xi_i) \Delta x_i 。$$

其中,函数 $f(x)$ 称为被积函数;$f(x) \mathrm{d}x$ 称为被积表达式;x 称为积分变量;a 称为积分下限;b 称为积分上限;区间 $[a, b]$ 称为积分区间。

注意 1 定积分是一个依赖于被积函数 $f(x)$ 和积分区间 $[a, b]$ 的常量,与积分变量采用什么字母无关,即

$$\int_a^b f(x) \mathrm{d}x = \int_a^b f(t) \mathrm{d}t = \int_a^b f(u) \mathrm{d}u 。$$

注意 2 上述定积分定义中要求 $a < b$,实际上,允许 $b \leqslant a$,为方便起见,作如下补充规定:

$$\int_a^b f(x) \mathrm{d}x = -\int_b^a f(x) \mathrm{d}x \text{ 及} \int_a^a f(x) \mathrm{d}x = 0 。$$

注意 3 和式 $\sum_{i=1}^{n} f(\xi_i) \Delta x_i$ 通常称为函数 $f(x)$ 的积分和。如果函数 $f(x)$ 在区间 $[a, b]$ 上的定积分存在,我们就称函数 $f(x)$ 在区间 $[a, b]$ 上可积。

对于定积分,有一个重要问题:被积函数 $f(x)$ 在积分区间 $[a,b]$ 上满足怎样的条件,函数 $f(x)$ 在区间 $[a,b]$ 上一定可积? 这个问题我们不作深入讨论,仅给出以下两个充分条件。

定理1 若函数 $f(x)$ 在区间 $[a,b]$ 上连续,则函数 $f(x)$ 在区间 $[a,b]$ 上可积。

定理2 若函数 $f(x)$ 在区间 $[a,b]$ 上有界,且只有有限个间断点,则函数 $f(x)$ 在区间 $[a,b]$ 上可积。

【化整为零,积零为整】

通过定积分的定义,我们学习了定积分概念中蕴含的数学思想:化整为零,以直代曲,积零为整,取极限。启发我们在平时的课程学习中,将每门课程的内容化整为零,尽可能地分割成一个个具体的、确定的小知识点,然后脚踏实地地去学习掌握一个个小知识点,这样坚持不懈,积少成多,终将会实现熟练掌握这门课程的最初的大目标。

5.1.3 定积分的几何意义

根据定积分的定义,不难推知:

(1) 若在区间 $[a,b]$ 上函数 $f(x) \geqslant 0$,则由曲边梯形的面积问题知,定积分 $\int_a^b f(x)\mathrm{d}x$ 等于由曲线 $y=f(x)$、两条直线 $x=a$、$x=b$ 与 x 轴所围成的曲边梯形的面积 A(见图5.2),即

$$\int_a^b f(x)\mathrm{d}x = A。$$

(2) 若在区间 $[a,b]$ 上函数 $f(x) \leqslant 0$,因 $f(\xi_i) \leqslant 0$,从而 $\sum_{i=1}^n f(\xi_i)\Delta x_i \leqslant 0$,因此定积分 $\int_a^b f(x)\mathrm{d}x \leqslant 0$。 此时定积分 $\int_a^b f(x)\mathrm{d}x$ 的绝对值和由曲线 $y=f(x)$、两条直线 $x=a$、$x=b$ 及 x 轴所围成的曲边梯形的面积 A 相等(见图5.3),即

$$\int_a^b f(x)\mathrm{d}x = -A。$$

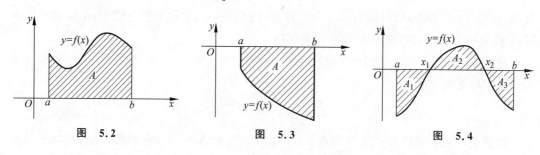

图 5.2   图 5.3   图 5.4

(3) 若在区间 $[a,b]$ 上函数 $f(x)$ 有正有负,则定积分 $\int_a^b f(x)\mathrm{d}x$ 表示区间 $[a,b]$ 上位于 x 轴上方的图形面积减去 x 轴下方的图形面积之差(见图5.4),即

$$\int_a^b f(x)\mathrm{d}x = \int_a^{x_1} f(x)\mathrm{d}x + \int_{x_1}^{x_2} f(x)\mathrm{d}x + \int_{x_2}^b f(x)\mathrm{d}x = -A_1 + A_2 - A_3。$$

例1 用定积分表示图5.5(a)、(b)中阴影部分的面积。

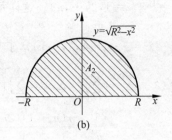

图 5.5

解 根据定积分的几何意义,得到图 5.5(a)、(b)中阴影部分的面积分别为

$$A_1 = \int_a^b x \, \mathrm{d}x \, ;$$

$$A_2 = \int_{-R}^R \sqrt{R^2 - x^2} \, \mathrm{d}x \, 。$$

例 2 利用定积分的几何意义计算下列定积分:

$(1) \int_0^1 x \, \mathrm{d}x \, ;$ $(2) \int_{-1}^0 x \, \mathrm{d}x \, ;$ $(3) \int_{-\pi}^{\pi} \sin x \, \mathrm{d}x \, 。$

解 根据定积分的几何意义,结合图 5.6,分别计算如下。

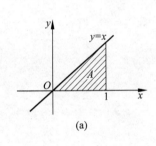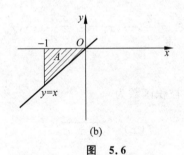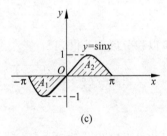

图 5.6

(1) 如图 5.6(a)所示,因为被积函数非负,所以得

$$\int_0^1 x \, \mathrm{d}x = A = \frac{1}{2} \times 1 \times 1 = \frac{1}{2} \, ;$$

(2) 如图 5.6(b)所示,因为被积函数 $f(x) \leqslant 0$,所以得

$$\int_{-1}^0 x \, \mathrm{d}x = -A = -\left(\frac{1}{2} \times 1 \times 1 \right) = -\frac{1}{2} \, ;$$

(3) 如图 5.6(c)所示,因为被积函数有正有负,所以得

$$\int_{-\pi}^{\pi} \sin x \, \mathrm{d}x = -A_1 + A_2 = -A + A = 0 \, 。$$

例 3 利用定义计算定积分 $\int_0^1 x^2 \, \mathrm{d}x$。

解 因为被积函数 $f(x) = x^2$ 在积分区间 $[0,1]$ 上连续,而连续函数是可积的,所以定积分与区间 $[0,1]$ 的分法及点 ξ_i 的取法无关。因此,为了便于计算,不妨把区间 $[0,1]$ 分成

n 等份,分点为 $x_i = \dfrac{i}{n}$ $(i=1,2,\cdots,n)$。这样每个小区间 $[x_{i-1},x_i]$ 的长度为 $\Delta x_i = \dfrac{1}{n}$ $(i=1,2,\cdots,n)$。取 $\xi_i = x_i = \dfrac{i}{n}(i=1,2,\cdots,n)$,于是得和式

$$\sum_{i=1}^{n} f(\xi_i) \Delta x_i = \sum_{i=1}^{n} \xi_i^2 \Delta x_i = \sum_{i=1}^{n} \left(\frac{i}{n}\right)^2 \frac{1}{n} = \frac{1}{n^3} \sum_{i=1}^{n} i^2$$

$$= \frac{1}{n^3} \cdot \frac{n(n+1)(2n+1)}{6} = \frac{1}{6}\left(1+\frac{1}{n}\right)\left(2+\frac{1}{n}\right)。$$

当 $\lambda \to 0$,即 $n \to \infty$ 时,根据定积分的定义可以得到所要计算的定积分的值为

$$\int_0^1 x^2 \,\mathrm{d}x = \lim_{n \to +\infty} \sum_{i=1}^{n} f(\xi_i) \Delta x_i = \lim_{n \to +\infty} \frac{1}{6}\left(1+\frac{1}{n}\right)\left(2+\frac{1}{n}\right) = \frac{1}{3}。$$

例 4 利用定积分表示极限 $\lim\limits_{n \to \infty} \dfrac{1}{n} \sum\limits_{i=1}^{n} \sqrt{1+\dfrac{i}{n}}$。

解 因为

$$\lim_{n \to \infty} \frac{1}{n} \sum_{i=1}^{n} \sqrt{1+\frac{i}{n}} = \lim_{n \to \infty} \sum_{i=1}^{n} \sqrt{1+\frac{i}{n}} \cdot \frac{1}{n} = \lim_{n \to \infty} \sum_{i=1}^{n} f(\xi_i) \cdot \Delta x_i,$$

因此判断每个小区间的长度为 $\Delta x_i = \dfrac{1}{n}$,各个分点为

$$x_1 = \xi_1 = \frac{1}{n}, \quad x_2 = \xi_2 = \frac{2}{n}, \cdots, x_i = \xi_i = \frac{i}{n}, \cdots, x_n = \xi_n = \frac{n}{n} = 1,$$

所以积分区间为 $[0,1]$。

又根据 $f(\xi_i) = \sqrt{1+\dfrac{i}{n}}$,得被积函数为

$$f(x) = \sqrt{1+x},$$

因此根据定积分的定义,得到

$$\lim_{n \to \infty} \frac{1}{n} \sum_{i=1}^{n} \sqrt{1+\frac{i}{n}} = \lim_{n \to \infty} \sum_{i=1}^{n} \sqrt{1+\frac{i}{n}} \cdot \frac{1}{n} = \lim_{n \to \infty} \sum_{i=1}^{n} f(\xi_i) \cdot \Delta x_i = \int_0^1 \sqrt{1+x} \,\mathrm{d}x。$$

5.1.4 定积分的性质

下面我们讨论定积分的性质。下列各性质中积分上下限的大小,如不特别指明,均不加限制;并假设各性质中所列出的定积分都是存在的,则定积分有以下性质。

性质 1 被积函数中的常数因子可以提到定积分号外面,即

$$\int_a^b k f(x) \mathrm{d}x = k \int_a^b f(x) \mathrm{d}x \quad (k \text{ 为常数})。$$

证 $\displaystyle\int_a^b k f(x) \mathrm{d}x = \lim_{\lambda \to 0} \sum_{i=1}^{n} k f(\xi_i) \Delta x_i = k \lim_{\lambda \to 0} \sum_{i=1}^{n} f(\xi_i) \Delta x = k \int_a^b f(x) \mathrm{d}x。$

性质 2 两个函数的代数和的定积分等于它们定积分的代数和,即

$$\int_a^b [f(x) \pm g(x)] \mathrm{d}x = \int_a^b f(x) \mathrm{d}x \pm \int_a^b g(x) \mathrm{d}x。$$

证 $\int_a^b [f(x) \pm g(x)] \mathrm{d}x = \lim_{\lambda \to 0} \sum_{i=1}^n [f(\xi_i) \pm g(\xi_i)] \Delta x_i$

$$= \lim_{\lambda \to 0} \sum_{i=1}^n f(\xi_i) \Delta x_i \pm \lim_{\lambda \to 0} \sum_{i=1}^n g(\xi_i) \Delta x_i$$

$$= \int_a^b f(x) \mathrm{d}x \pm \int_a^b g(x) \mathrm{d}x。$$

性质 2 对于任意有限多个函数的代数和也是成立的。

性质 3 定积分对于积分区间具有可加性，即对于任意 3 个常数 a, b, c，恒有

$$\int_a^b f(x) \mathrm{d}x = \int_a^c f(x) \mathrm{d}x + \int_c^b f(x) \mathrm{d}x。$$

证 当 $a < c < b$ 时，因为函数 $f(x)$ 在区间 $[a, b]$ 上可积，所以无论对 $[a, b]$ 怎样划分，和式的极限总是不变的。因此在划分区间时，可以使 c 永远是一个分点，那么 $[a, b]$ 上的积分和等于 $[a, c]$ 上的积分和加上 $[c, b]$ 上的积分和，即

$$\sum_{[a,b]} f(\xi_i) \Delta x_i = \sum_{[a,c]} f(\xi_i) \Delta x_i + \sum_{[c,b]} f(\xi_i) \Delta x_i。$$

令 $\lambda \to 0$，上式两端取极限，得

$$\int_a^b f(x) \mathrm{d}x = \int_a^c f(x) \mathrm{d}x + \int_c^b f(x) \mathrm{d}x。$$

同理，当 $c < a < b$ 时，有

$$\int_c^b f(x) \mathrm{d}x = \int_c^a f(x) \mathrm{d}x + \int_a^b f(x) \mathrm{d}x，$$

所以

$$\int_a^b f(x) \mathrm{d}x = \int_c^b f(x) \mathrm{d}x - \int_c^a f(x) \mathrm{d}x = \int_a^c f(x) \mathrm{d}x + \int_c^b f(x) \mathrm{d}x。$$

其他情形同理可证。

性质 4 如果在区间 $[a, b]$ 上，函数 $f(x) \equiv 1$，则

$$\int_a^b f(x) \mathrm{d}x = \int_a^b 1 \mathrm{d}x = \int_a^b \mathrm{d}x = b - a。$$

性质 5 如果在区间 $[a, b]$ 上，函数 $f(x) \geqslant 0$，则

$$\int_a^b f(x) \mathrm{d}x \geqslant 0, \quad a < b。$$

证 因为函数 $f(x) \geqslant 0$，所以 $f(\xi_i) \geqslant 0 (i = 1, 2, \cdots, n)$；又因为 $\Delta x_i \geqslant 0$，所以积分和 $\sum_{i=1}^n f(\xi_i) \Delta x_i \geqslant 0$，于是得

$$\int_a^b f(x) \mathrm{d}x = \lim_{\lambda \to 0} \sum_{i=1}^n f(\xi_i) \Delta x_i \geqslant 0。$$

推论 1 如果在区间 $[a, b]$ 上，有 $f(x) \leqslant g(x)$，则

$$\int_a^b f(x) \mathrm{d}x \leqslant \int_a^b g(x) \mathrm{d}x, \quad a < b。$$

证 因为在区间 $[a, b]$ 上 $f(x) \leqslant g(x)$，则

$$g(x) - f(x) \geqslant 0,$$

根据性质 5，得

$$\int_a^b \big[g(x) - f(x) \big] \mathrm{d}x \geqslant 0,$$

再根据性质 2,得

$$\int_a^b \big[g(x) - f(x) \big] \mathrm{d}x = \int_a^b g(x) \mathrm{d}x - \int_a^b f(x) \mathrm{d}x \geqslant 0,$$

于是

$$\int_a^b f(x) \mathrm{d}x \leqslant \int_a^b g(x) \mathrm{d}x。$$

推论 2　在区间 $[a,b]$ 上,对于函数 $f(x)$,有

$$\left| \int_a^b f(x) \mathrm{d}x \right| \leqslant \int_a^b |f(x)| \mathrm{d}x, \quad a < b。$$

证　因为

$$-|f(x)| \leqslant f(x) \leqslant |f(x)|,$$

根据推论 1,得

$$\int_a^b -|f(x)| \mathrm{d}x \leqslant \int_a^b f(x) \mathrm{d}x \leqslant \int_a^b |f(x)| \mathrm{d}x,$$

再根据性质 1,得

$$\int_a^b -|f(x)| \mathrm{d}x = -\int_a^b |f(x)| \mathrm{d}x,$$

因此

$$-\int_a^b |f(x)| \mathrm{d}x \leqslant \int_a^b f(x) \mathrm{d}x \leqslant \int_a^b |f(x)| \mathrm{d}x,$$

即

$$\left| \int_a^b f(x) \mathrm{d}x \right| \leqslant \int_a^b |f(x)| \mathrm{d}x。$$

性质 6　设常数 M 和 m 分别是函数 $f(x)$ 在区间 $[a,b]$ 上的最大值和最小值,则

$$m(b-a) \leqslant \int_a^b f(x) \mathrm{d}x \leqslant M(b-a), \quad a < b。$$

证　因为 $m \leqslant f(x) \leqslant M$,则根据性质 5 的推论 1,得

$$\int_a^b m \mathrm{d}x \leqslant \int_a^b f(x) \mathrm{d}x \leqslant \int_a^b M \mathrm{d}x,$$

再根据性质 1 和性质 4,得

$$\int_a^b m \mathrm{d}x = m\int_a^b \mathrm{d}x = m(b-a) \text{ 和 } \int_a^b M \mathrm{d}x = M\int_a^b \mathrm{d}x = M(b-a),$$

所以

$$m(b-a) \leqslant \int_a^b f(x) \mathrm{d}x \leqslant M(b-a)。$$

性质 7(积分中值定理)　设函数 $f(x)$ 在区间 $[a,b]$ 上连续,则在 $[a,b]$ 上至少存在一点 ξ,使得

$$\int_a^b f(x) \mathrm{d}x = f(\xi)(b-a), \quad a \leqslant \xi \leqslant b。$$

该公式叫作积分中值公式。

证 因为函数 $f(x)$ 在区间 $[a,b]$ 上连续,所以根据闭区间上连续函数的最值定理,得函数 $f(x)$ 在区间 $[a,b]$ 上一定有最小值和最大值,分别记为 m 和 M,即

$$m \leqslant f(x) \leqslant M,$$

根据性质 6,得

$$m(b-a) \leqslant \int_a^b f(x)\mathrm{d}x \leqslant M(b-a),$$

即

$$m \leqslant \frac{1}{b-a}\int_a^b f(x)\mathrm{d}x \leqslant M。$$

这说明 $\frac{1}{b-a}\int_a^b f(x)\mathrm{d}x$ 是介于函数 $f(x)$ 的最小值 m 与最大值 M 之间的一个确定的常数。根据闭区间上连续函数的介值定理,得到在闭区间 $[a,b]$ 上至少存在一点 ξ,使得函数 $f(x)$ 在点 ξ 处的值 $f(\xi)$ 与这个确定的常数 $\frac{1}{b-a}\int_a^b f(x)\mathrm{d}x$ 相等,即

$$f(\xi) = \frac{1}{b-a}\int_a^b f(x)\mathrm{d}x$$

成立,亦即

$$\int_a^b f(x)\mathrm{d}x = f(\xi)(b-a)。$$

积分中值公式的几何解释:在区间 $[a,b]$ 上至少存在一点 ξ,使得以区间 $[a,b]$ 为底、以曲线 $y=f(x)$ 为曲边的曲边梯形面积等于与之同一底边而高为 $f(\xi)$ 的一个矩形的面积(见图 5.7)。

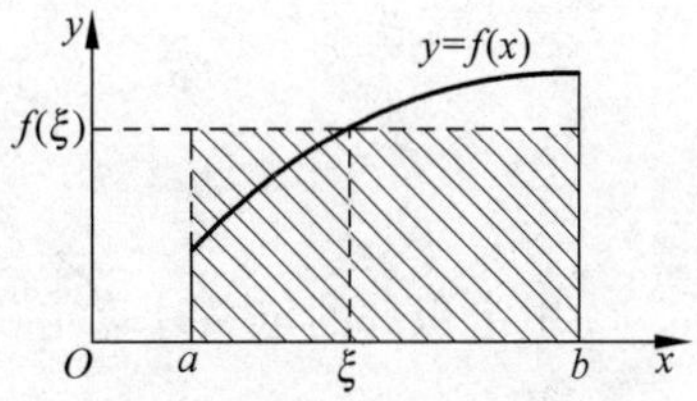

按积分中值公式所得

$$f(\xi) = \frac{1}{b-a}\int_a^b f(x)\mathrm{d}x$$

图 5.7

称为函数 $f(x)$ 在区间 $[a,b]$ 上的平均值。例如,图 5.7 中,$f(\xi)$ 可以看作图中曲边梯形的平均高度。

例 5 比较定积分 $\int_0^1 x\mathrm{d}x$ 与 $\int_0^1 x^2\mathrm{d}x$ 的大小。

解 令 $f(x)=x,g(x)=x^2$,则在闭区间 $[0,1]$ 上,有
$$g(x) \leqslant f(x),$$
根据性质 5 的推论 1,得

$$\int_0^1 g(x)\mathrm{d}x \leqslant \int_0^1 f(x)\mathrm{d}x,$$

即

$$\int_0^1 x\mathrm{d}x \geqslant \int_0^1 x^2\mathrm{d}x。$$

例 6 估计定积分 $\int_0^1 (\mathrm{e}^{x^2} - \arctan x^2)\mathrm{d}x$ 的值。

解 令 $f(x)=\mathrm{e}^{x^2}-\arctan x^2$,则 $f'(x)=2x\left(\mathrm{e}^{x^2}-\dfrac{1}{1+x^4}\right)$。在闭区间 $[0,1]$ 上,$f'(x)\geqslant 0$,即函数 $f(x)$ 在闭区间 $[0,1]$ 上单调增加,故

$$1 = f(0) \leqslant f(x) \leqslant f(1) = \mathrm{e} - \frac{\pi}{4},$$

从而

$$\int_0^1 \mathrm{d}x \leqslant \int_0^1 f(x)\mathrm{d}x \leqslant \int_0^1 \left(\mathrm{e} - \frac{\pi}{4} \right) \mathrm{d}x,$$

即

$$1 \leqslant \int_0^1 (\mathrm{e}^{x^2} - \arctan x^2)\mathrm{d}x \leqslant \mathrm{e} - \frac{\pi}{4}.$$

例 7　设函数 $f(x)$ 在闭区间 $[0,1]$ 上连续，在开区间 $(0,1)$ 内可导，且 $f(0) = 3\int_{\frac{2}{3}}^1 f(x)\mathrm{d}x$。证明：在开区间 $(0,1)$ 内有一点 c，使得 $f'(c) = 0$。

证　对于函数 $f(x)$，在闭区间 $\left[\frac{2}{3}, 1 \right]$ 上利用性质 7，得至少存在一点 $\xi \in \left[\frac{2}{3}, 1 \right]$，使得

$$f(\xi) = \frac{1}{1 - \frac{2}{3}} \int_{\frac{2}{3}}^1 f(x)\mathrm{d}x = 3\int_{\frac{2}{3}}^1 f(x)\mathrm{d}x = f(0),$$

即函数 $f(x)$ 在区间 $[0,\xi]$ 的两个端点处的函数值相等，因此在闭区间 $[0,\xi]$ 上利用罗尔定理可得，至少存在一点 $c \in (0,\xi) \subset (0,1)$，使得

$$f'(c) = 0.$$

证毕。

习　题　5.1

1. 用定积分的定义计算定积分 $\int_a^b c\,\mathrm{d}x$，其中 c 为定常数。

2. 根据定积分的几何意义计算下列定积分的值：

(1) $\int_{-1}^1 x\,\mathrm{d}x$；

(2) $\int_{-R}^R \sqrt{R^2 - x^2}\,\mathrm{d}x$；

(3) $\int_0^{2\pi} \cos x\,\mathrm{d}x$；

(4) $\int_{-1}^1 |x|\,\mathrm{d}x$。

3. 若当 $a \leqslant x \leqslant b$ 时，有 $f(x) \leqslant g(x)$，下面两个式子是否均成立，为什么？

(1) $\int_a^b f(x)\mathrm{d}x \leqslant \int_a^b g(x)\mathrm{d}x$；

(2) $\int f(x)\mathrm{d}x \leqslant \int g(x)\mathrm{d}x$。

4. 比较下列积分值的大小：

(1) $\int_0^1 x\,\mathrm{d}x$ 与 $\int_0^1 x^3\,\mathrm{d}x$；

(2) $\int_1^2 x\,\mathrm{d}x$ 与 $\int_1^2 x^2\,\mathrm{d}x$；

(3) $\int_1^2 \ln x\,\mathrm{d}x$ 与 $\int_1^2 (\ln x)^2\,\mathrm{d}x$；

(4) $\int_0^1 (1+x)\mathrm{d}x$ 与 $\int_0^1 \mathrm{e}^x\,\mathrm{d}x$。

5. 利用定积分的估值公式，估计定积分 $\int_{-1}^1 (3x^4 - 2x^3 + 5)\mathrm{d}x$ 的值。

6. 求函数 $f(x) = \sqrt{1-x^2}$ 在闭区间 $[-1,1]$ 上的平均值。

7. n 个数的算术平均值与连续函数在闭区间上的平均值有何区别与联系？

5.2 微积分基本定理

在 5.1 节中,我们举了一个利用定义来计算定积分的例子,从中可以看出,即使对于比较简单的函数,从定义出发计算定积分也是比较麻烦的,而当被积函数比较复杂时计算更为困难,有时计算甚至是不可能的。因此寻求一种较为简单的计算定积分的方法是非常重要和有意义的。

定积分与实际问题是紧密相连的,为此我们先从具体实例入手探求定积分计算的思路和方法。

引例 变速直线运动中位置函数与速度函数之间的关系。

从 5.1 节的引例中我们知道,如果变速直线运动的速度函数 $v(t)$ 已知,可以利用定积分来表示它在时间间隔 $[\alpha,\beta]$ 内所经过的路程,即

$$s = \int_a^\beta v(t)\mathrm{d}t。$$

另一方面,若已知物体运动的位置函数方程 $s(t)$,则它在时间间隔 $[\alpha,\beta]$ 内所经过的路程为

$$s(\beta) - s(\alpha)。$$

由此可见,位置函数 $s(t)$ 与速度函数 $v(t)$ 之间有如下关系:

$$\int_a^\beta v(t)\mathrm{d}t = s(\beta) - s(\alpha)。$$

因为 $s'(t) = v(t)$,即位置函数 $s(t)$ 是速度函数 $v(t)$ 的原函数,所以上式表明:速度函数 $v(t)$ 在区间 $[\alpha,\beta]$ 上的定积分等于 $v(t)$ 的原函数 $s(t)$ 在积分区间 $[\alpha,\beta]$ 上的增量 $s(\beta) - s(\alpha)$。

撇开上述问题的具体意义,抽象出所得到的定积分与被积函数原函数之间的关系,我们就得到了在数学上普遍适用的定积分的计算方法,这就是我们将要学习的牛顿-莱布尼茨公式。

5.2.1 可变上限的定积分

设函数 $f(x)$ 在闭区间 $[a,b]$ 上连续,并且设 x 为区间 $[a,b]$ 上的一点,那么函数 $f(x)$ 在部分区间 $[a,x]$ 上可积分,且有积分

$$\int_a^x f(x)\mathrm{d}x$$

与之对应,显然这个积分值是随着上限 x 而变化的,即对于区间 $[a,b]$ 上每一个取定的 x 值,定积分有一个对应值,因此 $\int_a^x f(x)\mathrm{d}x$ 是上限 x 的函数,我们称之为可变上限的定积分或积分上限的函数,记作 $\Phi(x)$,即

$$\Phi(x) = \int_a^x f(x)\mathrm{d}x, \quad a \leqslant x \leqslant b。$$

积分变量与积分上限用同一字母表示容易造成理解上的误会,因为积分值与积分变量的符号无关,所以我们不妨用 t 代替积分变量 x,于是,上式可写成

$$\Phi(x) = \int_a^x f(t)\mathrm{d}t。$$

可变上限的定积分的几何意义是：若函数 $f(x)$ 在区间 $[a,b]$ 上连续且 $f(x) \geqslant 0$，则积分上限的函数 $\Phi(x)$ 就是在区间 $[a,x]$ 上曲线 $f(x)$ 下方的曲边梯形的面积（见图 5.8）。

可变上限的定积分（或积分上限的函数）具有如下性质。

定理 1 若函数 $f(x)$ 在区间 $[a,b]$ 上连续，则可变上限的定积分（或积分上限的函数）$\Phi(x) = \int_a^x f(t)\mathrm{d}t$ 在区间 $[a,b]$ 上可导，并且它的导数为

$$\Phi'(x) = \frac{\mathrm{d}}{\mathrm{d}x}\int_a^x f(t)\mathrm{d}t = f(x)。$$

证 设 $x \in (a,b)$，并且设 x 获得增量 Δx，其中 Δx 绝对值足够小，使得 $x + \Delta x \in (a,b)$，则 $\Phi(x)$（如图 5.9 所示，图中 $\Delta x > 0$）在 $x + \Delta x$ 处的函数值为

$$\Phi(x + \Delta x) = \int_a^{x+\Delta x} f(t)\mathrm{d}t，$$

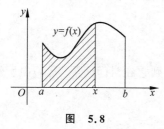

图 5.8

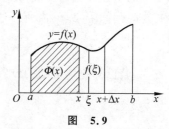

图 5.9

由此得函数 $\Phi(x)$ 的增量为

$$\Delta\Phi(x) = \Phi(x + \Delta x) - \Phi(x) = \int_a^{x+\Delta x} f(t)\mathrm{d}t - \int_a^x f(t)\mathrm{d}t$$

$$= \int_a^x f(t)\mathrm{d}t + \int_x^{x+\Delta x} f(t)\mathrm{d}t - \int_a^x f(t)\mathrm{d}t = \int_x^{x+\Delta x} f(t)\mathrm{d}t。$$

再应用积分中值定理，得 $\int_x^{x+\Delta x} f(t)\mathrm{d}t = f(\xi)\Delta x$，因此有

$$\Delta\Phi(x) = f(\xi)\Delta x，$$

其中，ξ 在 x 与 $x + \Delta x$ 之间。上式两端同时除以 Δx，得函数值增量与自变量增量的比值为

$$\frac{\Delta\Phi(x)}{\Delta x} = f(\xi)。$$

根据导数的定义，令 $\Delta x \to 0$，对上式两端取极限，得

$$\Phi'(x) = \lim_{\Delta x \to 0}\frac{\Delta\Phi(x)}{\Delta x} = \lim_{\Delta x \to 0}f(\xi)，$$

由于函数 $f(x)$ 在区间 $[a,b]$ 上连续，而 $\Delta x \to 0$ 时，$\xi \to x$，因此 $\lim\limits_{\Delta x \to 0}f(\xi) = \lim\limits_{\xi \to x}f(\xi) = f(x)$。所以函数 $\Phi(x)$ 的导数存在，并且

$$\Phi'(x) = f(x)。$$

若 $x = a$，取 $\Delta x > 0$，则同理可证 $\Phi'_+(a) = f(a)$；若 $x = b$，取 $\Delta x < 0$，则同理可证 $\Phi'_-(b) = f(b)$。

定理得证。

推论 1 若函数 $f(x)$ 在区间 $[a,b]$ 上连续，函数 $\varphi(x)$ 在区间 $[a,b]$ 上可导，则

$$\frac{\mathrm{d}}{\mathrm{d}x}\int_a^{\varphi(x)} f(t)\mathrm{d}t = f[\varphi(x)] \cdot \varphi'(x)。$$

推论 2 若函数 $f(x)$ 在区间 $[a,b]$ 上连续,则

$$\frac{\mathrm{d}}{\mathrm{d}x}\int_x^b f(t)\mathrm{d}t = -f(x)。$$

推论 3 若函数 $f(x)$ 在区间 $[a,b]$ 上连续,函数 $\varphi(x)$ 及 $\psi(x)$ 在区间 $[a,b]$ 上可导,则

$$\frac{\mathrm{d}}{\mathrm{d}x}\int_{\psi(x)}^{\varphi(x)} f(t)\mathrm{d}t = f[\varphi(x)]\cdot\varphi'(x) - f[\psi(x)]\cdot\psi'(x)。$$

定理 2 若函数 $f(x)$ 在区间 $[a,b]$ 上连续,则函数

$$\varPhi(x) = \int_a^x f(t)\mathrm{d}t$$

就是函数 $f(x)$ 在区间 $[a,b]$ 上的一个原函数。

这个定理的重要意义有两点:一是肯定了连续函数的原函数一定存在;二是初步揭示了积分学中的定积分与原函数之间的联系,因此我们就有可能通过原函数来计算定积分。

例 1 求下列函数的导数:

(1) $\displaystyle\int_1^x e^{-t^2}\mathrm{d}t$;

(2) $\displaystyle\int_1^{x^3} e^{-t^2}\mathrm{d}t$。

(3) $\displaystyle\int_{x^2}^1 \sin t\,\mathrm{d}t$;

(4) $\displaystyle\int_{x^2}^{x^5} \sin t\,\mathrm{d}t$。

解 根据定理 1,分别求函数的导数。

(1) $\dfrac{\mathrm{d}}{\mathrm{d}x}\displaystyle\int_1^x e^{-t^2}\mathrm{d}t = e^{-x^2}$;

(2) $\dfrac{\mathrm{d}}{\mathrm{d}x}\displaystyle\int_1^{x^3} e^{-t^2}\mathrm{d}t \xrightarrow{u=x^3} \dfrac{\mathrm{d}}{\mathrm{d}u}\displaystyle\int_1^u e^{-t^2}\mathrm{d}t\cdot\dfrac{\mathrm{d}u}{\mathrm{d}x} = e^{-u^2}\cdot(x^3)' = e^{-(x^3)^2}\cdot 3x^2 = 3x^2 e^{-x^6}$;

(3) $\dfrac{\mathrm{d}}{\mathrm{d}x}\displaystyle\int_{x^2}^1 \sin t\,\mathrm{d}t = \dfrac{\mathrm{d}}{\mathrm{d}x}\left(-\displaystyle\int_1^{x^2}\sin t\,\mathrm{d}t\right) = -\sin x^2\cdot(x^2)' = -2x\sin x^2$;

(4) $\dfrac{\mathrm{d}}{\mathrm{d}x}\displaystyle\int_{x^2}^{x^5} \sin t\,\mathrm{d}t = \dfrac{\mathrm{d}}{\mathrm{d}x}\left(\displaystyle\int_{x^2}^0 \sin t\,\mathrm{d}t + \int_0^{x^5}\sin t\,\mathrm{d}t\right) = \dfrac{\mathrm{d}}{\mathrm{d}x}\left(-\displaystyle\int_0^{x^2}\sin t\,\mathrm{d}t + \int_0^{x^5}\sin t\,\mathrm{d}t\right)$

$\qquad = \dfrac{\mathrm{d}}{\mathrm{d}x}\left(\displaystyle\int_0^{x^5}\sin t\,\mathrm{d}t - \int_0^{x^2}\sin t\,\mathrm{d}t\right) = \sin x^5\cdot(x^5)' - \sin x^2\cdot(x^2)'$

$\qquad = 5x^4\sin x^5 - 2x\sin x^2。$

例 2 求由参数表达式 $x=\displaystyle\int_0^t \cos u\,\mathrm{d}u$,$y=\displaystyle\int_0^t \sin(2u)\mathrm{d}u$ 所确定的函数 y 对 x 的导数 $\dfrac{\mathrm{d}y}{\mathrm{d}x}$。

解 根据参数方程求导法则和可变上限的定积分(或积分上限的函数)的导数公式,得

$$\frac{\mathrm{d}y}{\mathrm{d}x} = \frac{\dfrac{\mathrm{d}y}{\mathrm{d}t}}{\dfrac{\mathrm{d}x}{\mathrm{d}t}} = \frac{\dfrac{\mathrm{d}}{\mathrm{d}t}\displaystyle\int_0^t \sin 2u\,\mathrm{d}u}{\dfrac{\mathrm{d}}{\mathrm{d}t}\displaystyle\int_0^t \cos u\,\mathrm{d}u} = \frac{\sin 2t}{\cos t} = 2\sin t。$$

例 3 求由 $\displaystyle\int_0^y e^t\mathrm{d}t + \int_0^x \sin t\,\mathrm{d}t = 0$ 所确定的隐函数 y 对 x 的导数 $\dfrac{\mathrm{d}y}{\mathrm{d}x}$。

解 根据隐函数求导法则,方程 $\displaystyle\int_0^y e^t\mathrm{d}t + \int_0^x \sin t\,\mathrm{d}t = 0$ 两边同时对 x 求导,结合可变上限的定积分的导数公式,得

$$e^y\cdot\frac{\mathrm{d}y}{\mathrm{d}x} + \sin x = 0,$$

整理,即得 y 对 x 的导数 $\dfrac{\mathrm{d}y}{\mathrm{d}x}$ 为

$$\frac{\mathrm{d}y}{\mathrm{d}x} = -\frac{\sin x}{\mathrm{e}^y}。$$

例 4 求函数 $\Phi(x) = \displaystyle\int_0^x t\mathrm{e}^{-t^2}\mathrm{d}t$ 的极值。

解 根据可变上限的定积分的导数公式,得

$$\Phi'(x) = \frac{\mathrm{d}}{\mathrm{d}x}\int_0^x t\mathrm{e}^{-t^2}\mathrm{d}t = x\mathrm{e}^{-x^2},$$

由 $\Phi'(x) = x\mathrm{e}^{-x^2} = 0$,得函数 $\Phi(x)$ 的驻点为

$$x = 0。$$

故当 $x > 0$ 时,$\Phi'(x) = x\mathrm{e}^{-x^2} > 0$;当 $x < 0$ 时,$\Phi'(x) = x\mathrm{e}^{-x^2} < 0$。

所以函数 $\Phi(x)$ 在区间 $(-\infty, 0)$ 上单调递减,在区间 $(0, +\infty)$ 上单调递增,因此函数 $\Phi(x)$ 在点 $x = 0$ 取得极小值,极小值为

$$\Phi(0) = \int_0^0 t\mathrm{e}^{-t^2}\mathrm{d}t = 0。$$

例 5 计算极限 $\displaystyle\lim_{x \to 0}\frac{\displaystyle\int_{\cos x}^1 \mathrm{e}^{-t^2}\mathrm{d}t}{x^2}$。

解 由定积分的补充定义,知

$$\lim_{x \to 0}\int_{\cos x}^1 \mathrm{e}^{-t^2}\mathrm{d}t \xrightarrow{u = \cos x} \lim_{u \to 1}\int_u^1 \mathrm{e}^{-t^2}\mathrm{d}t = 0。$$

因此所求的极限式是一个 $\dfrac{0}{0}$ 型的未定式,应用洛必达法则来计算此极限,先求分子函数的导数,有

$$\frac{\mathrm{d}}{\mathrm{d}x}\int_{\cos x}^1 \mathrm{e}^{-t^2}\mathrm{d}t = \frac{\mathrm{d}}{\mathrm{d}x}\left(-\int_1^{\cos x} \mathrm{e}^{-t^2}\mathrm{d}t\right) = -\mathrm{e}^{-\cos^2 x}(\cos x)'$$

$$= -\mathrm{e}^{-\cos^2 x} \cdot (-\sin x) = \sin x \cdot \mathrm{e}^{-\cos^2 x},$$

因此

$$\lim_{x \to 0}\frac{\displaystyle\int_{\cos x}^1 \mathrm{e}^{-t^2}\mathrm{d}t}{x^2} \overset{\frac{0}{0}}{=} \lim_{x \to 0}\frac{\sin x \cdot \mathrm{e}^{-\cos^2 x}}{2x} = \frac{1}{2\mathrm{e}}。$$

5.2.2 牛顿-莱布尼茨公式

下面我们给出利用原函数计算定积分的公式。

定理 3 如果函数 $F(x)$ 是连续函数 $f(x)$ 在区间 $[a, b]$ 上的一个原函数,则

$$\int_a^b f(x)\mathrm{d}x = F(b) - F(a)。$$

证 由定理 2 知,可变上限的定积分(或积分上限的函数)

$$\Phi(x) = \int_a^x f(t)\mathrm{d}t$$

是连续函数 $f(x)$ 在区间 $[a,b]$ 上的一个原函数,由题设知函数 $F(x)$ 也是函数 $f(x)$ 在区间 $[a,b]$ 上的一个原函数,根据第 4 章的结论可知,两个原函数只差一个常数,即

$$\Phi(x) - F(x) = C,$$

所以

$$\int_a^x f(t)\mathrm{d}t = F(x) + C。$$

在上式中令 $x = a$,并注意到 $\int_a^a f(t)\mathrm{d}t = 0$,得 $C = -F(a)$。将 $C = -F(a)$ 代入上式,得

$$\int_a^x f(t)\mathrm{d}t = F(x) - F(a)。$$

再令 $x = b$,并把积分变量 t 换为 x,便得

$$\int_a^b f(x)\mathrm{d}x = F(b) - F(a)。$$

定理得证。

根据上节定积分的补充定义可知,定理 3 对于 $a > b$ 的情形同样成立。

定理 3 中的公式叫作牛顿-莱布尼茨(Newton-Leibniz)公式,它揭示了定积分与被积函数的原函数(或不定积分)之间的内在联系:一个连续函数 $f(x)$ 在区间 $[a,b]$ 上的定积分等于它的任意一个原函数在积分区间 $[a,b]$ 上的增量。它简化了利用定积分定义求解定积分的计算,为定积分的计算提供了一个简便有效的方法,是计算定积分的基本公式,因此也称做微积分基本公式。

为了方便起见,以后把 $F(b) - F(a)$ 记为 $[F(x)]_a^b$ 或 $F(x)\big|_a^b$,于是该公式也可以表示为

$$\int_a^b f(x)\mathrm{d}x = F(x)\big|_a^b,$$

或

$$\int_a^b f(x)\mathrm{d}x = [F(x)]_a^b。$$

根据定理 3,我们有如下结论:连续函数的定积分等于被积函数的任意一个原函数在积分区间上的增量。从而把求连续函数的定积分问题转化为求原函数(或求不定积分)的问题。

例 6 计算 $\int_{-1}^1 \dfrac{\mathrm{d}x}{1+x^2}$。

解 由于 $\arctan x$ 是 $\dfrac{1}{1+x^2}$ 的一个原函数,所以根据牛顿-莱布尼茨公式,得

$$\int_{-1}^1 \frac{\mathrm{d}x}{1+x^2} = [\arctan x]_{-1}^1 = \arctan 1 - \arctan(-1) = \frac{\pi}{4} - \left(-\frac{\pi}{4}\right) = \frac{\pi}{2}。$$

例 7 计算 $\int_{-3}^{-1} \dfrac{\mathrm{d}x}{x}$。

解 $\dfrac{1}{x}$ 的一个原函数是 $\ln|x|$，所以根据牛顿-莱布尼茨公式，得

$$\int_{-3}^{-1} \frac{1}{x} \mathrm{d}x = [\ln|x|]_{-3}^{-1} = \ln 1 - \ln 3 = -\ln 3。$$

例 8 计算正弦曲线 $y = \sin x$ 在区间 $[0,\pi]$ 上与 x 轴所围成的平面图形的面积（见图 5.10）。

解 $y = \sin x$ 在 $[0,\pi]$ 上的图形也可看成是一个曲边梯形，根据定积分的几何意义，得其面积为

$$A = \int_0^\pi \sin x \mathrm{d}x，$$

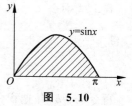

图 5.10

由于 $-\cos x$ 是 $\sin x$ 的一个原函数，所以有

$$A = \int_0^\pi \sin x \mathrm{d}x = [-\cos x]_0^\pi$$

$$= -\cos \pi - (-\cos 0) = -(-1) - (-1) = 2。$$

注意 牛顿-莱布尼茨公式适用的条件是被积函数 $f(x)$ 连续，如果对有间断点的函数 $f(x)$ 的积分用此公式就会出现错误，即使 $f(x)$ 连续但 $f(x)$ 是分段函数，其定积分也不能直接利用牛顿-莱布尼茨公式，而应当依 $f(x)$ 的不同表达式按段分成几个积分之和，再分别利用牛顿-莱布尼茨公式计算。

例 9 计算 $\displaystyle\int_{-1}^{1} |x| \mathrm{d}x$。

解 虽然被积函数 $f(x) = |x|$ 在积分区间 $[-1,1]$ 上连续，但被积函数

$$f(x) = |x| = \begin{cases} x, & x \geqslant 0, \\ -x, & x < 0 \end{cases}$$

是分段函数，因此积分 $\displaystyle\int_{-1}^{1} |x| \mathrm{d}x$ 需要按段分成两个积分之和，即

$$\int_{-1}^{1} |x| \mathrm{d}x = \int_{-1}^{0} f(x) \mathrm{d}x + \int_{0}^{1} f(x) \mathrm{d}x = \int_{-1}^{0} -x \mathrm{d}x + \int_{0}^{1} x \mathrm{d}x$$

$$= -\frac{x^2}{2} \Big|_{-1}^{0} + \frac{x^2}{2} \Big|_{0}^{1} = \left[-\frac{0}{2} + \frac{(-1)^2}{2} \right] + \left(\frac{1}{2} - \frac{0}{2} \right) = 1。$$

例 10 设 $f(x) = \begin{cases} 2-x^2, & 0 \leqslant x \leqslant 1, \\ x, & 1 < x \leqslant 2, \end{cases}$ 计算 $\displaystyle\int_0^2 f(x) \mathrm{d}x$ 的值。

解 这里被积函数是分段函数，我们需将积分区间分成与之相对应的区间，因此有

$$\int_0^2 f(x) \mathrm{d}x = \int_0^1 (2-x^2) \mathrm{d}x + \int_1^2 x \mathrm{d}x = \left(2x - \frac{x^3}{3} \right) \Big|_0^1 + \frac{x^2}{2} \Big|_1^2 = \frac{5}{3} + \frac{3}{2} = \frac{19}{6}。$$

例 11 计算 $\displaystyle\int_0^\pi \sqrt{1+\cos 2x} \, \mathrm{d}x$。

解 $\displaystyle\int_0^\pi \sqrt{1+\cos 2x} \, \mathrm{d}x = \int_0^\pi \sqrt{2\cos^2 x} \, \mathrm{d}x = \sqrt{2} \int_0^\pi |\cos x| \, \mathrm{d}x$

$$= \sqrt{2} \int_0^{\frac{\pi}{2}} \cos x \, \mathrm{d}x + \sqrt{2} \int_{\frac{\pi}{2}}^{\pi} (-\cos x) \, \mathrm{d}x$$

$$= \sqrt{2} [\sin x]_0^{\frac{\pi}{2}} - \sqrt{2} [\sin x]_{\frac{\pi}{2}}^{\pi} = 2\sqrt{2}。$$

【数学文化】

导数是微积分最基本的内容,牛顿和莱布尼茨用各自不同的方法,创立了微积分学。1666 年 10 月,英国物理学家、数学家牛顿在其第一篇微积分论文《流数简论》中首次提出了微积分基本定理。1677 年,德国哲学家、数学家莱布尼茨在一篇手稿中明确陈述了微积分基本定理。二人从不同的思路独立地提出积分公式,此公式被后人命名为牛顿-莱布尼茨公式。但是关于牛顿和莱布尼茨谁首先发现了微积分的争论演变成了英国科学界与德国科学界、乃至与整个欧洲大陆科学界的对抗,导致英国数学家在很长一段时间内不愿接受欧洲大陆数学家的研究成果,使得英国的数学研究停滞了一个多世纪,这对英国的科学事业来说是一场灾难。这启发我们:开放包容,多元互鉴才是发展的主基调。

习　题　5.2

1. 求下列函数的导数:

(1) $\int_a^x \cos t^2 \, \mathrm{d}t$;

(2) $\int_x^1 \mathrm{e}^{t^2} \, \mathrm{d}t$;

(3) $\int_0^{x^2} \cos t \, \mathrm{d}t$;

(4) $\int_x^{x^2} \sin t^2 \, \mathrm{d}t$ 。

2. 求由参数表达式 $x = \int_0^t \mathrm{e}^{u^2} \, \mathrm{d}u$, $y = \int_0^{t^2} \mathrm{e}^u \, \mathrm{d}u$ 所确定的函数 y 对 x 的导数 $\dfrac{\mathrm{d}y}{\mathrm{d}x}$ 。

3. 求由 $\int_0^y \cos t \, \mathrm{d}t + \int_x^0 \sin t \, \mathrm{d}t = 0$ 所确定的隐函数 y 对 x 的导数 $\dfrac{\mathrm{d}y}{\mathrm{d}x}$ 。

4. 求函数 $\Phi(x) = \int^{x^4} \mathrm{e}^{-t^2} \, \mathrm{d}t$ 的极值。

5. 求极限 $\lim\limits_{x \to 1} \dfrac{\int_1^x \sin \pi t \, \mathrm{d}t}{1 + \cos \pi x}$ 。

6. 求极限 $\lim\limits_{x \to 0} \dfrac{\int_{x^2}^0 (\mathrm{e}^t - 1) \, \mathrm{d}t}{1 - \cos 2x}$ 。

7. 计算下列各题:

(1) $\int_0^1 \mathrm{e}^x \, \mathrm{d}x$;

(2) $\int_0^1 x^{10} \, \mathrm{d}x$;

(3) $\int_0^{\frac{\pi}{2}} \sin x \, \mathrm{d}x$ 。

8. 计算下列定积分:

(1) $\int_0^2 |1 - x| \, \mathrm{d}x$;

(2) $\int_0^{2\pi} |\sin x| \, \mathrm{d}x$ 。

9. 已知函数 $f(x) = \begin{cases} x^2, & 0 \leqslant x \leqslant 1, \\ x, & -1 \leqslant x < 0, \end{cases}$ 计算定积分 $\int_{-1}^1 f(x) \, \mathrm{d}x$ 。

5.3　定积分的积分法

由牛顿-莱布尼茨公式可知,定积分的计算归结为求被积函数的原函数,只要利用计算不定积分的方法找到原函数,就可以利用牛顿-莱布尼茨公式计算出对应的定积分。

例 1　计算定积分 $\int_0^1 \dfrac{x^2}{1+x^2} \mathrm{d}x$。

解　将被积函数恒等变换,得

$$\int \frac{x^2}{1+x^2} \mathrm{d}x = \int \frac{x^2+1-1}{1+x^2} \mathrm{d}x = x - \arctan x + C,$$

所以根据牛顿-莱布尼茨公式,得

$$\int_0^1 \frac{x^2}{1+x^2} \mathrm{d}x = (x - \arctan x)\,\Big|_0^1 = (1 - \arctan 1) - (0 - \arctan 0) = 1 - \frac{\pi}{4}。$$

例 2　计算定积分 $\int_0^{\frac{\pi}{2}} \sin x \cos x \,\mathrm{d}x$。

解　根据不定积分的凑微分法,得

$$\int \sin x \cos x \,\mathrm{d}x = \int \sin x \, d\sin x = \frac{1}{2}\sin^2 x + C,$$

所以根据牛顿-莱布尼茨公式,得

$$\int_0^{\frac{\pi}{2}} \sin x \cos x \,\mathrm{d}x = \left(\frac{1}{2}\sin^2 x\right)\Bigg|_0^{\frac{\pi}{2}} = \frac{1}{2}\sin^2 \frac{\pi}{2} - \frac{1}{2}\sin^2 0 = \frac{1}{2}。$$

例 3　计算定积分 $\int_0^1 \sqrt{1-x^2} \,\mathrm{d}x$。

解　根据不定积分的第二类换元积分方法,可令 $x = \sin t$,则 $\mathrm{d}x = \cos t \,\mathrm{d}t$,因此有

$$\int \sqrt{1-x^2} \,\mathrm{d}x = \int \sqrt{1-\sin^2 t} \cdot \cos t \,\mathrm{d}t = \int \cos^2 t \,\mathrm{d}t$$

$$= \frac{1}{2}\arcsin x + \frac{1}{2}x\sqrt{1-x^2} + C,$$

所以根据牛顿-莱布尼茨公式,得

$$\int_0^1 \sqrt{1-x^2} \,\mathrm{d}x = \left(\frac{1}{2}\arcsin x + \frac{1}{2}x\sqrt{1-x^2}\right)\Bigg|_0^1$$

$$= \left(\frac{1}{2}\arcsin 1 + \frac{1}{2}\cdot 1 \cdot \sqrt{1-1^2}\right) - \left(\frac{1}{2}\arcsin 0 + \frac{1}{2}\cdot 0 \cdot \sqrt{1-0^2}\right)$$

$$= \frac{\pi}{4}。$$

例 4　计算定积分 $\int_0^4 \dfrac{x+2}{\sqrt{2x+1}} \mathrm{d}x$。

解　令 $t = \sqrt{2x+1}$,则 $x = \dfrac{1}{2}(t^2-1)$,$\mathrm{d}x = t \,\mathrm{d}t$,因此得

$$\int \frac{x+2}{\sqrt{2x+1}}\mathrm{d}x = \int \frac{1}{2}(t^2+3)\mathrm{d}t = \frac{t^3}{6} + \frac{3}{2}t + C$$

$$= \frac{(\sqrt{2x+1})^3}{6} + \frac{3}{2}\sqrt{2x+1} + C,$$

所以根据牛顿-莱布尼茨公式,得

$$\int_0^4 \frac{x+2}{\sqrt{2x+1}}\mathrm{d}x = \left[\frac{(\sqrt{2x+1})^3}{6} + \frac{3}{2}\sqrt{2x+1} \right]_0^4$$

$$= \left(\frac{(\sqrt{2\times4+1})^3}{6} + \frac{3}{2}\sqrt{2\times4+1} \right) - \left(\frac{(\sqrt{2\times0+1})^3}{6} + \frac{3}{2}\sqrt{2\times0+1} \right)$$

$$= \left(\frac{27}{6} + \frac{9}{2} \right) - \left(\frac{1}{6} + \frac{3}{2} \right) = \frac{22}{3}.$$

由上面的例子可以看出,定积分的计算归结为求被积函数的原函数的改变量,只要利用不定积分找到被积函数的原函数,就可以利用牛顿-莱布尼茨公式计算出对应的定积分。这种方法格式统一、应用方便,但对于复杂的定积分,过程比较繁琐。下面我们介绍计算定积分的其他方法——定积分的换元积分法和分部积分法。

5.3.1 定积分的换元积分法

定理 1 假设:

(1) 函数 $f(x)$ 在区间 $[a,b]$ 上连续;

(2) 函数 $x=\varphi(t)$ 在区间 $[\alpha,\beta]$ 或 $[\beta,\alpha]$ 上有连续的导数;

(3) 当 t 从 α 变到 β 时,$\varphi(t)$ 从 a 单调地变到 b,且 $\varphi(\alpha)=a$,$\varphi(\beta)=b$。

则有

$$\int_a^b f(x)\mathrm{d}x = \int_\alpha^\beta f[\varphi(t)]\varphi'(t)\mathrm{d}t. \tag{5.1}$$

式(5.1)就是定积分的换元积分公式,简称换元公式。

证 由定理条件可知,上式两边的被积函数都是连续的,因此根据定积分存在的充分条件知,它们的定积分都是存在的。而且根据第 4 章原函数存在的定理可知,被积函数的原函数也都是存在的。假设函数 $F(x)$ 是被积函数 $f(x)$ 的一个原函数,则根据牛顿-莱布尼茨公式,得到等式左边的定积分为

$$\int_a^b f(x)\mathrm{d}x = F(x)\big|_a^b = F(b) - F(a).$$

另一方面,记 $\Phi(t)=F[\varphi(t)]$,则此函数可以看作是由函数 $F(x)$ 与 $x=\varphi(t)$ 复合而成的复合函数。因此,根据复合函数的求导法则,得

$$\Phi'(t) = \frac{\mathrm{d}F}{\mathrm{d}x} \cdot \frac{\mathrm{d}x}{\mathrm{d}t} = F'(x) \cdot \varphi'(t) = f(x)\varphi'(t) = f[\varphi(t)]\varphi'(t).$$

这说明,函数 $\Phi(t)$ 是被积函数 $f[\varphi(t)]\varphi'(t)$ 的一个原函数,因此根据牛顿-莱布尼茨公式,得等式右边的定积分为

$$\int_\alpha^\beta f[\varphi(t)]\varphi'(t)\mathrm{d}t = \Phi(t)\big|_\alpha^\beta = \Phi(\beta) - \Phi(\alpha).$$

又根据 $\Phi(t)=F[\varphi(t)]$ 和定理的条件 $\varphi(\alpha)=a$，$\varphi(\beta)=b$，可知

$$\Phi(\beta)-\Phi(\alpha)=F[\varphi(\beta)]-F[\varphi(\alpha)]=F(b)-F(a),$$

因此，得到两个定积分值相等，即

$$\int_a^b f(x)\mathrm{d}x=\int_\alpha^\beta f[\varphi(t)]\varphi'(t)\mathrm{d}t。$$

定理得证。

定积分的换元积分公式(5.1)也可以反过来使用，把式(5.1)左右两边对调位置，同时把 t 换成 x，而把 x 换成 t，可以得到

$$\int_\alpha^\beta f[\varphi(x)]\varphi'(x)\mathrm{d}x=\int_a^b f(t)\mathrm{d}t。 \tag{5.2}$$

利用式(5.1)或式(5.2)计算定积分的方法称为定积分的换元积分法，它们分别相当于不定积分的第二类、第一类换元积分法。

在应用本定理时必须注意变换 $x=\varphi(t)$ 应满足定理的条件。

定积分的换元积分法与不定积分的换元法不同之处如下：

(1) 定积分的换元法在换元后，积分上、下限也要作相应的变换，即换元必换限。新积分变量的积分限可能 $\alpha>\beta$，也可能 $\alpha<\beta$，但一定要求满足 $\varphi(\alpha)=a$，$\varphi(\beta)=b$，即 $t=\alpha$ 对应于 $x=a$，$t=\beta$ 对应于 $x=b$。

(2) 在换元之后，按新的积分变量进行定积分运算，不必再还原为原积分变量。即求出公式右边被积函数的一个原函数 $\Phi(t)$ 后，不必像不定积分的计算中再把新变量 t 转换成原来的变量 x，只需要将新变量 t 的上、下限分别代入 $\Phi(t)$ 中相减即可。

例 4 新解

$$\int_0^4 \frac{x+2}{\sqrt{2x+1}}\mathrm{d}x \xlongequal{令\sqrt{2x+1}=t} \int_1^3 \frac{\frac{t^2-1}{2}+2}{t}\mathrm{d}\left(\frac{t^2-1}{2}\right)$$

$$=\int_1^3 \frac{1}{2}(t^2+3)\mathrm{d}t=\frac{1}{2}\left(\frac{t^3}{3}+3t\right)\Big|_1^3=\frac{22}{3}。$$

例 5　计算定积分 $\int_1^2 \frac{\sqrt{x-1}}{x}\mathrm{d}x$。

解　令 $\sqrt{x-1}=t$，则 $x=1+t^2$，$\mathrm{d}x=2t\mathrm{d}t$。当 $x=1$ 时，$t=0$；当 $x=2$ 时，$t=1$。于是得

$$\int_1^2 \frac{\sqrt{x-1}}{x}\mathrm{d}x=\int_0^1 \frac{t}{1+t^2}\cdot 2t\mathrm{d}t=2\int_0^1 \frac{t^2+1-1}{1+t^2}\mathrm{d}t=2\int_0^1\left(1-\frac{1}{1+t^2}\right)\mathrm{d}t$$

$$=2(t-\arctan t)\Big|_0^1=2\left(1-\frac{\pi}{4}\right)。$$

例 6　计算定积分 $\int_0^a \sqrt{a^2-x^2}\mathrm{d}x\,(a>0)$。

解　令 $x=a\sin t$，则 $\mathrm{d}x=a\cos t\mathrm{d}t$。当 $x=0$ 时，$t=0$；当 $x=a$ 时，$t=\frac{\pi}{2}$。故

$$\int_0^a \sqrt{a^2 - x^2}\,\mathrm{d}x = \int_0^{\frac{\pi}{2}} \sqrt{a^2 - (a\sin t)^2} \cdot a\cos t\,\mathrm{d}t$$

$$= \int_0^{\frac{\pi}{2}} a\cos t \cdot a\cos t\,\mathrm{d}t$$

$$= \frac{a^2}{2} \int_0^{\frac{\pi}{2}} (1 + \cos 2t)\,\mathrm{d}t$$

$$= \frac{a^2}{2}\left(t + \frac{1}{2}\sin 2t\right)\Big|_0^{\frac{\pi}{2}} = \frac{\pi a^2}{4}.$$

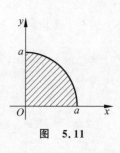

图 5.11

显然,这个定积分的值就是圆 $x^2 + y^2 = a^2$ 在第一象限所围成的那部分的面积(见图 5.11),即 $\frac{1}{4}$ 倍的圆面积 $\frac{1}{4}\pi a^2$。

例 7 计算定积分 $\int_0^{\frac{\pi}{2}} \cos^5 x \sin x\,\mathrm{d}x$。

解 解法 1 令 $t = \cos x$,则 $\mathrm{d}t = -\sin x\,\mathrm{d}x$。当 $x = 0$ 时,$t = 1$;当 $x = \frac{\pi}{2}$ 时,$t = 0$。于是得

$$\int_0^{\frac{\pi}{2}} \cos^5 x \sin x\,\mathrm{d}x = -\int_1^0 t^5\,\mathrm{d}t = -\frac{1}{6}t^6\Big|_1^0 = \frac{1}{6}.$$

解法 2 也可以不明显地写出新变量 t,这样定积分的上、下限也不改变,即

$$\int_0^{\frac{\pi}{2}} \cos^5 x \sin x\,\mathrm{d}x = -\int_0^{\frac{\pi}{2}} \cos^5 x\,\mathrm{d}\cos x = -\frac{1}{6}\cos^6 x\Big|_0^{\frac{\pi}{2}} = -\frac{1}{6}(0-1) = \frac{1}{6}.$$

由此例可以看出,定积分换元公式(5.1)主要适用于第二类换元积分法。利用凑微分法换元时,只要不出现新变量,则定积分的上、下限不需要改变。

例 2 新解

$$\int_0^{\frac{\pi}{2}} \sin x \cos x\,\mathrm{d}x = \int_0^{\frac{\pi}{2}} \sin x\,\mathrm{d}\sin x = \left(\frac{1}{2}\sin^2 x\right)\Big|_0^{\frac{\pi}{2}} = \frac{1}{2}.$$

例 8 计算定积分 $\int_0^{\pi} \sqrt{1 - \sin x}\,\mathrm{d}x$。

解

$$\int_0^{\pi} \sqrt{1 - \sin x}\,\mathrm{d}x = \int_0^{\pi} \sqrt{\sin^2 \frac{x}{2} + \cos^2 \frac{x}{2} - 2\sin \frac{x}{2}\cos \frac{x}{2}}\,\mathrm{d}x$$

$$= \int_0^{\pi} \sqrt{\left(\sin \frac{x}{2} - \cos \frac{x}{2}\right)^2}\,\mathrm{d}x$$

$$= \int_0^{\pi} \left|\sin \frac{x}{2} - \cos \frac{x}{2}\right|\,\mathrm{d}x$$

$$= \int_0^{\frac{\pi}{2}} \left(\cos \frac{x}{2} - \sin \frac{x}{2}\right)\mathrm{d}x + \int_{\frac{\pi}{2}}^{\pi} \left(\sin \frac{x}{2} - \cos \frac{x}{2}\right)\mathrm{d}x$$

$$= 2\int_0^{\frac{\pi}{2}} \left(\cos \frac{x}{2} - \sin \frac{x}{2}\right)\mathrm{d}\left(\frac{x}{2}\right) + 2\int_{\frac{\pi}{2}}^{\pi} \left(\sin \frac{x}{2} - \cos \frac{x}{2}\right)\mathrm{d}\left(\frac{x}{2}\right)$$

$$= 2\left(\sin \frac{x}{2} + \cos \frac{x}{2}\right)\Big|_0^{\frac{\pi}{2}} + 2\left(-\cos \frac{x}{2} - \sin \frac{x}{2}\right)\Big|_{\frac{\pi}{2}}^{\pi}$$

$$= 2(\sqrt{2} - 1) + 2(-1 + \sqrt{2}) = 4(\sqrt{2} - 1).$$

例 9　计算定积分 $\int_0^\pi \dfrac{\sin x}{\sqrt{4-\cos^2 x}}\mathrm{d}x$。

解　设 $t=\cos x$，则 $\mathrm{d}t=\mathrm{d}\cos x=-\sin x\,\mathrm{d}x$，且当 $x=0$ 时，$t=1$；当 $x=\pi$ 时，$t=-1$。因此得

$$\int_0^\pi \frac{\sin x}{\sqrt{4-\cos^2 x}}\mathrm{d}x=\int_1^{-1}\frac{-1}{\sqrt{4-t^2}}\mathrm{d}t=\int_{-1}^{1}\frac{1}{\sqrt{4-t^2}}\mathrm{d}t$$

$$=\int_{-1}^{1}\frac{1}{\sqrt{1-\left(\dfrac{t}{2}\right)^2}}\mathrm{d}\left(\frac{t}{2}\right)=\arcsin\frac{t}{2}\,\Bigg|_{-1}^{1}$$

$$=\arcsin\frac{1}{2}-\arcsin\left(-\frac{1}{2}\right)=\frac{\pi}{3}。$$

例 10　设函数 $f(x)$ 在对称区间 $[-a,a]$ 上连续，证明：

(1) 若函数 $f(x)$ 为奇函数，则 $\int_{-a}^{a}f(x)\mathrm{d}x=0$；

(2) 若函数 $f(x)$ 为偶函数，则 $\int_{-a}^{a}f(x)\mathrm{d}x=2\int_{0}^{a}f(x)\mathrm{d}x$。

证　由于

$$\int_{-a}^{a}f(x)\mathrm{d}x=\int_{-a}^{0}f(x)\mathrm{d}x+\int_{0}^{a}f(x)\mathrm{d}x,$$

对上式右端第一个积分作变换 $x=-t$，有

$$\int_{-a}^{0}f(x)\mathrm{d}x=-\int_{a}^{0}f(-t)\mathrm{d}t=\int_{0}^{a}f(-t)\mathrm{d}t=\int_{0}^{a}f(-x)\mathrm{d}x。$$

因此，有

$$\int_{-a}^{a}f(x)\mathrm{d}x=\int_{0}^{a}\left[f(-x)+f(x)\right]\mathrm{d}x。$$

(1) 当函数 $f(x)$ 为奇函数时，$f(-x)=-f(x)$，故

$$\int_{-a}^{a}f(x)\mathrm{d}x=\int_{0}^{a}0\mathrm{d}x=0。$$

(2) 当函数 $f(x)$ 为偶函数时，$f(-x)=f(x)$，故

$$\int_{-a}^{a}f(x)\mathrm{d}x=\int_{0}^{a}2f(x)\mathrm{d}x=2\int_{0}^{a}f(x)\mathrm{d}x。$$

利用例 10 的结论，常常可以简化奇、偶函数在关于原点对称区间上的定积分的计算，如下面的例子。

例 11　计算下列定积分：

(1) $\int_{-\pi}^{\pi}x^6\sin x\,\mathrm{d}x$；　　　　　(2) $\int_{-1}^{1}(x+\sqrt{4-x^2})^2\mathrm{d}x$；

(3) $\int_{-1}^{1}(x^2+2x-3)\mathrm{d}x$。

解　利用奇偶函数在对称区间上的积分性质，分别计算如下。

(1) 因为被积函数 $x^6\sin x$ 是关于原点对称区间 $[-\pi,\pi]$ 上的奇函数，所以根据例 10 的结论，有

$$\int_{-\pi}^{\pi}x^6\sin x\,\mathrm{d}x=0。$$

（2）先将被积函数化简，再利用例 10 的结论，即

$$\int_{-1}^{1} (x + \sqrt{4 - x^2})^2 \, dx = \int_{-1}^{1} (4 + 2x\sqrt{4 - x^2}) \, dx = \int_{-1}^{1} 4 \, dx + 0 = 8。$$

（3）虽然被积函数不是奇函数或者偶函数，但被积函数中的 $x^2 - 3$ 是关于原点对称区间 $[-1,1]$ 上的偶函数，被积函数中的 $2x$ 是关于原点对称区间 $[-1,1]$ 上的奇函数，所以分别对这两部分函数利用例 10 的结论，得

$$\int_{-1}^{1} (x^2 + 2x - 3) \, dx = \int_{-1}^{1} (x^2 - 3) \, dx + \int_{-1}^{1} 2x \, dx = 2\int_{0}^{1} (x^2 - 3) \, dx + 0$$
$$= 2\left(\frac{x^3}{3} - 3x\right)\Big|_{0}^{1} = -\frac{16}{3}。$$

【透过现象看本质】

在定积分的换元积分法中，第一类换元积分法中积分限一直没有改变，而第二类换元积分法中换元后积分限大部分情况下发生了改变，看似表面现象不同，但两类换元积分法中积分限的实质都是积分变量的变化范围，第一类换元积分法中没有出现新变量因此积分限不变，第二类换元积分法中出现了新变量因此换元后积分限改变成新变量的变化范围。可见我们认识事物时，不仅要看到事物不同的表面现象，更重要的是要透过不同的表面现象看到事物的本质，只有抓住事物的本质，才能对事物有更深入、更透彻的理解。

5.3.2 定积分的分部积分法

定理 2 设函数 $u(x)$ 与 $v(x)$ 均在区间 $[a,b]$ 上有连续的导数，则有

$$\int_{a}^{b} u \, dv = (uv)\Big|_{a}^{b} - \int_{a}^{b} v \, du。 \tag{5.3}$$

式（5.3）称为定积分的分部积分公式。

证 设函数 $u(x)$ 与 $v(x)$ 均在区间 $[a,b]$ 上有连续的导数，则由微分法则，得

$$d(uv) = u \, dv + v \, du，$$

移项整理，可得

$$u \, dv = d(uv) - v \, du。$$

等式两边同时在区间 $[a,b]$ 上积分，有

$$\int_{a}^{b} u \, dv = \int_{a}^{b} [d(uv) - v \, du] = \int_{a}^{b} d(uv) - \int_{a}^{b} v \, du，$$

即

$$\int_{a}^{b} u \, dv = (uv)\Big|_{a}^{b} - \int_{a}^{b} v \, du。$$

定理得证。

式（5.3）也可记成

$$\int_{a}^{b} uv' \, dx = (uv)\Big|_{a}^{b} - \int_{a}^{b} vu' \, dx。$$

从结构上看，定积分的分部积分公式与不定积分的分部积分公式是一致的，因此定积分的分部积分法的关键仍然是如何恰当地选取 u 和 dv，其选择的标准与不定积分的分部积分法是一样的。

例 12 计算定积分 $\int_0^1 x\,\mathrm{e}^{2x}\,\mathrm{d}x$。

解 令 $u=x$，$\mathrm{d}v=\mathrm{e}^{2x}\,\mathrm{d}x$，则 $\mathrm{d}u=\mathrm{d}x$，$v=\dfrac{1}{2}\mathrm{e}^{2x}$。代入分部积分公式，得

$$\int_0^1 x\,\mathrm{e}^{2x}\,\mathrm{d}x=\int_0^1 x\,\mathrm{d}\left(\frac{1}{2}\mathrm{e}^{2x}\right)=x\cdot\frac{1}{2}\mathrm{e}^{2x}\Big|_0^1-\int_0^1\frac{1}{2}\mathrm{e}^{2x}\,\mathrm{d}x$$

$$=\frac{1}{2}\mathrm{e}^2-\frac{1}{4}\mathrm{e}^{2x}\Big|_0^1=\frac{1}{2}\mathrm{e}^2-\frac{1}{4}(\mathrm{e}^2-1)=\frac{1}{4}(\mathrm{e}^2+1)。$$

例 13 计算定积分 $\int_0^{\frac{\pi}{2}} x\cos x\,\mathrm{d}x$。

解 $\int_0^{\frac{\pi}{2}} x\cos x\,\mathrm{d}x=\int_0^{\frac{\pi}{2}} x\,\mathrm{d}\sin x=x\sin x\Big|_0^{\frac{\pi}{2}}-\int_0^{\frac{\pi}{2}}\sin x\,\mathrm{d}x=\dfrac{\pi}{2}+\cos x\Big|_0^{\frac{\pi}{2}}=\dfrac{\pi}{2}-1。$

例 14 计算定积分 $\int_0^{\frac{\pi}{2}} x^2\sin x\,\mathrm{d}x$。

解 令 $u=x^2$，$\mathrm{d}v=\sin x\,\mathrm{d}x$，则 $\mathrm{d}u=2x\,\mathrm{d}x$，$v=-\cos x$。代入分部积分公式，得

$$\int_0^{\frac{\pi}{2}} x^2\sin x\,\mathrm{d}x=\int_0^{\frac{\pi}{2}} x^2\,\mathrm{d}(-\cos x)=(-\cos x)x^2\Big|_0^{\frac{\pi}{2}}-\int_0^{\frac{\pi}{2}}(-\cos x)2x\,\mathrm{d}x$$

$$=2\int_0^{\frac{\pi}{2}} x\cos x\,\mathrm{d}x。$$

由例 13 得

$$\int_0^{\frac{\pi}{2}} x^2\sin x\,\mathrm{d}x=2\left(\frac{\pi}{2}-1\right)=\pi-2。$$

例 15 计算定积分 $\int_1^{\mathrm{e}} \ln x\,\mathrm{d}x$。

解 令 $u=\ln x$，$\mathrm{d}v=\mathrm{d}x$，则 $\mathrm{d}u=\dfrac{1}{x}\mathrm{d}x$，$v=x$。故

$$\int_1^{\mathrm{e}} \ln x\,\mathrm{d}x=(x\ln x)\Big|_1^{\mathrm{e}}-\int_1^{\mathrm{e}} x\cdot\frac{1}{x}\mathrm{d}x=(x\ln x)\Big|_1^{\mathrm{e}}-x\Big|_1^{\mathrm{e}}=(\mathrm{e}-0)-(\mathrm{e}-1)=1。$$

定积分的分部积分法与不定积分的分部积分法比较，选取 u,v 的方法是一样的，所不同的是在积出 uv 项后，可以立刻将其值计算出来。因此，在计算时可以不必指出函数 u,v，直接利用定积分的分部积分公式更方便。

例 16 计算定积分 $\int_0^1 x\arcsin x\,\mathrm{d}x$。

解 $\int_0^1 x\arcsin x\,\mathrm{d}x=\int_0^1\arcsin x\,\mathrm{d}\left(\dfrac{x^2}{2}\right)=\arcsin x\cdot\dfrac{x^2}{2}\Big|_0^1-\int_0^1\dfrac{x^2}{2}\mathrm{d}\arcsin x$

$$=\left(\frac{\pi}{2}\cdot\frac{1}{2}-0\right)-\int_0^1\frac{x^2}{2}\cdot\frac{1}{\sqrt{1-x^2}}\mathrm{d}x$$

$$\xlongequal{x=\sin t}\frac{\pi}{4}-\int_0^{\frac{\pi}{2}}\frac{\sin^2 t}{2}\cdot\frac{1}{\sqrt{1-\sin^2 t}}\mathrm{d}\sin t$$

$$=\frac{\pi}{4}-\int_0^{\frac{\pi}{2}}\frac{\sin^2 t}{2}\cdot\frac{1}{\cos t}\cdot\cos t\,\mathrm{d}t=\frac{\pi}{4}-\int_0^{\frac{\pi}{2}}\frac{1}{2}\cdot\frac{1-\cos 2t}{2}\mathrm{d}t$$

$$=\frac{\pi}{4}-\frac{1}{4}\left(t-\frac{1}{2}\sin 2t\right)\Big|_0^{\frac{\pi}{2}}=\frac{\pi}{4}-\left[\frac{1}{4}\left(\frac{\pi}{2}-\frac{1}{2}\sin\pi\right)-0\right]=\frac{\pi}{8}。$$

例 17 计算定积分 $\displaystyle\int_0^{\frac{\pi}{4}} \frac{x}{1+\cos 2x}\mathrm{d}x$。

解 $\displaystyle\int_0^{\frac{\pi}{4}} \frac{x}{1+\cos 2x}\mathrm{d}x = \int_0^{\frac{\pi}{4}} \frac{x}{2\cos^2 x}\mathrm{d}x = \int_0^{\frac{\pi}{4}} \frac{1}{2}x\sec^2 x\,\mathrm{d}x$

$$= \frac{1}{2}\int_0^{\frac{\pi}{4}} x\,\mathrm{d}\tan x = \frac{1}{2}\Big(x\tan x\,\Big|_0^{\frac{\pi}{4}} - \int_0^{\frac{\pi}{4}} \tan x\,\mathrm{d}x \Big)$$

$$= \frac{1}{2}\Big[\frac{\pi}{4} + (\ln\cos x)\,\Big|_0^{\frac{\pi}{4}} \Big] = \frac{\pi}{8} + \frac{1}{2}\ln\frac{\sqrt{2}}{2} = \frac{\pi}{8} - \frac{1}{4}\ln 2 。$$

例 18 计算定积分 $\displaystyle\int_0^{\frac{\pi}{4}} \sec^3 x\,\mathrm{d}x$。

解 $\displaystyle\int_0^{\frac{\pi}{4}} \sec^3 x\,\mathrm{d}x = \int_0^{\frac{\pi}{4}} \sec x \cdot \sec^2 x\,\mathrm{d}x = \int_0^{\frac{\pi}{4}} \sec x\,\mathrm{d}\tan x$

$$= \sec x\tan x\,\Big|_0^{\frac{\pi}{4}} - \int_0^{\frac{\pi}{4}} \tan x\,\mathrm{d}\sec x = \sec x\tan x\,\Big|_0^{\frac{\pi}{4}} - \int_0^{\frac{\pi}{4}} \tan x \cdot \sec x\tan x\,\mathrm{d}x$$

$$= \sqrt{2} - \int_0^{\frac{\pi}{4}} (\sec^2 x - 1)\sec x\,\mathrm{d}x = \sqrt{2} - \int_0^{\frac{\pi}{4}} \sec^3 x\,\mathrm{d}x + \int_0^{\frac{\pi}{4}} \sec x\,\mathrm{d}x$$

$$= \sqrt{2} - \int_0^{\frac{\pi}{4}} \sec^3 x\,\mathrm{d}x + \ln(\sec x + \tan x)\,\Big|_0^{\frac{\pi}{4}}$$

$$= \sqrt{2} - \int_0^{\frac{\pi}{4}} \sec^3 x\,\mathrm{d}x + \ln(\sqrt{2} + 1)，$$

移项，整理得

$$2\int_0^{\frac{\pi}{4}} \sec^3 x\,\mathrm{d}x = \sqrt{2} + \ln(\sqrt{2} + 1)，$$

故

$$\int_0^{\frac{\pi}{4}} \sec^3 x\,\mathrm{d}x = \frac{\sqrt{2}}{2} + \frac{1}{2}\ln(\sqrt{2} + 1)。$$

例 19 计算定积分 $\displaystyle\int_0^1 \mathrm{e}^{\sqrt{x}}\,\mathrm{d}x$。

解 先利用换元法，令 $\sqrt{x} = t$，则 $x = t^2$，$\mathrm{d}x = 2t\,\mathrm{d}t$。当 $x = 0$ 时，$t = 0$；当 $x = 1$ 时，$t = 1$。于是得

$$\int_0^1 \mathrm{e}^{\sqrt{x}}\,\mathrm{d}x = 2\int_0^1 t\,\mathrm{e}^t\,\mathrm{d}t。$$

再利用分部积分法，得

$$\int_0^1 \mathrm{e}^{\sqrt{x}}\,\mathrm{d}x = 2\int_0^1 t\,\mathrm{d}\mathrm{e}^t = 2\Big(t\mathrm{e}^t\,\Big|_0^1 - \int_0^1 \mathrm{e}^t\,\mathrm{d}t \Big) = 2\big[(\mathrm{e} - 0) - \mathrm{e}^t\,\big|_0^1 \big] = 2[\mathrm{e} - (\mathrm{e} - 1)] = 2。$$

习 题 5.3

1. 计算下列定积分：

(1) $\displaystyle\int_{\frac{\pi}{2}}^{\pi} \sin x\,\mathrm{d}x$；

(2) $\displaystyle\int_0^1 \frac{\mathrm{d}x}{(1+2x)^3}$；

(3) $\int_0^{\frac{\pi}{2}} \cos^2 \dfrac{x}{2} \mathrm{d}x$；

(4) $\int_0^{\pi} (1 - \cos^3 x) \mathrm{d}x$。

2．计算下列定积分：

(1) $\int_0^8 \dfrac{\mathrm{d}x}{1 + \sqrt[3]{x}}$；

(2) $\int_{-1}^2 \dfrac{x \, \mathrm{d}x}{\sqrt{3 - x}}$；

(3) $\int_0^{\frac{\pi}{2}} \sin^4 x \cos x \, \mathrm{d}x$；

(4) $\int_1^{\mathrm{e}} \dfrac{1 + \ln x}{x} \mathrm{d}x$；

(5) $\int_0^2 \sqrt{4 - x^2} \, \mathrm{d}x$；

(6) $\int_{\frac{\sqrt{3}}{3}}^1 \dfrac{\mathrm{d}x}{x^2 \sqrt{1 + x^2}}$。

3．利用函数的奇偶性计算下列积分：

(1) $\int_{-\frac{\pi}{2}}^{\frac{\pi}{2}} x^2 \sin x \, \mathrm{d}x$；

(2) $\int_{-\pi}^{\pi} 4\cos^4 x \, \mathrm{d}x$；

(3) $\int_{-1}^1 \dfrac{(\arcsin x)^2}{\sqrt{1 - x^2}} \mathrm{d}x$；

(4) $\int_{-2}^2 \dfrac{x^5 \cos^2 x}{x^4 + 2x^2 + 1} \mathrm{d}x$。

4．计算下列定积分：

(1) $\int_0^1 x^2 \mathrm{e}^x \mathrm{d}x$；

(2) $\int_0^{\pi} t \sin 2t \, \mathrm{d}t$；

(3) $\int_0^{\frac{1}{2}} \arcsin x \, \mathrm{d}x$；

(4) $\int_1^{\mathrm{e}} x \ln x \, \mathrm{d}x$；

(5) $\int_{\frac{\pi}{4}}^{\frac{\pi}{3}} \dfrac{x}{\sin^2 x} \mathrm{d}x$；

(6) $\int_{-1}^1 x \arctan x \, \mathrm{d}x$；

(7) $\int_0^{\pi} \mathrm{e}^{2x} \cos x \, \mathrm{d}x$；

(8) $\int_1^{\mathrm{e}} \cos(\ln x) \mathrm{d}x$。

5.4 广义积分

定积分 $\int_a^b f(x) \mathrm{d}x$ 有两个要求：第一，要求积分区间 $[a, b]$ 是有限区间；第二，要求被积函数是有界函数。这两个要求限制了定积分的应用，因为我们常常会遇到积分区间为无穷区间，或者被积函数为无界函数（即被积函数具有无穷间断点）的积分。因此在许多实际问题和理论问题中都要去掉这两个限制，把定积分的概念推广为：①无穷区间上的积分；②被积函数具有无穷间断点的积分。从而，形成广义积分（或反常积分）的概念。

5.4.1 积分区间为无穷区间的广义积分

定义 1　设函数 $f(x)$ 在区间 $[a, +\infty)$ 上连续，取 $b > a$，如果极限

$$\lim_{b \to +\infty} \int_a^b f(x) \mathrm{d}x$$

存在，则称此极限为函数 $f(x)$ 在无穷区间 $[a, +\infty)$ 上的广义积分，记作 $\int_a^{+\infty} f(x) \mathrm{d}x$，即

$$\int_a^{+\infty} f(x) \mathrm{d}x = \lim_{b \to +\infty} \int_a^b f(x) \mathrm{d}x,$$

这时也称广义积分 $\int_a^{+\infty} f(x)\mathrm{d}x$ 收敛。

如果上述极限不存在,函数 $f(x)$ 在无穷区间 $[a,+\infty)$ 上的广义积分 $\int_a^{+\infty} f(x)\mathrm{d}x$ 就没有意义,此时称广义积分 $\int_a^{+\infty} f(x)\mathrm{d}x$ 发散。

类似地,设函数 $f(x)$ 在区间 $(-\infty,b]$ 上连续,取 $a<b$,如果极限

$$\lim_{a\to-\infty}\int_a^b f(x)\mathrm{d}x$$

存在,则称此极限为函数 $f(x)$ 在无穷区间 $(-\infty,b]$ 上的广义积分,记作 $\int_{-\infty}^b f(x)\mathrm{d}x$,即

$$\int_{-\infty}^b f(x)\mathrm{d}x=\lim_{a\to-\infty}\int_a^b f(x)\mathrm{d}x,$$

这时也称广义积分 $\int_{-\infty}^b f(x)\mathrm{d}x$ 收敛。如果上述极限不存在,则称广义积分 $\int_{-\infty}^b f(x)\mathrm{d}x$ 发散。

设函数 $f(x)$ 在区间 $(-\infty,+\infty)$ 上连续,如果广义积分

$$\int_{-\infty}^0 f(x)\mathrm{d}x \text{ 和 } \int_0^{+\infty} f(x)\mathrm{d}x$$

都收敛,则称上述两个广义积分的和为函数 $f(x)$ 在无穷区间 $(-\infty,+\infty)$ 上的广义积分,记作 $\int_{-\infty}^{+\infty} f(x)\mathrm{d}x$,即

$$\int_{-\infty}^{+\infty} f(x)\mathrm{d}x=\int_{-\infty}^0 f(x)\mathrm{d}x+\int_0^{+\infty} f(x)\mathrm{d}x$$
$$=\lim_{a\to-\infty}\int_a^0 f(x)\mathrm{d}x+\lim_{b\to+\infty}\int_0^b f(x)\mathrm{d}x,$$

这时也称广义积分 $\int_{-\infty}^{+\infty} f(x)\mathrm{d}x$ 收敛。如果上式右端有一个广义积分发散,则称广义积分 $\int_{-\infty}^{+\infty} f(x)\mathrm{d}x$ 发散。

上述广义积分统称为积分区间为无穷区间的广义积分,也可称为无穷限的广义积分。

根据上面的定义和牛顿-莱布尼茨公式,积分区间为无穷区间的广义积分的计算如下。

如果函数 $F(x)$ 是函数 $f(x)$ 的一个原函数,而且极限 $\lim\limits_{x\to+\infty} F(x)$ 存在,则广义积分为

$$\int_a^{+\infty} f(x)\mathrm{d}x=\lim_{b\to+\infty}\int_a^b f(x)\mathrm{d}x=\lim_{b\to+\infty}[F(x)]_a^b$$
$$=\lim_{b\to+\infty}F(b)-F(a)=\lim_{x\to+\infty}F(x)-F(a)。$$

如果极限 $\lim\limits_{x\to+\infty} F(x)$ 不存在,则广义积分 $\int_a^{+\infty} f(x)\mathrm{d}x$ 发散。

可采用如下简记形式:

$$\int_a^{+\infty} f(x)\mathrm{d}x=[F(x)]_a^{+\infty}=\lim_{x\to+\infty}F(x)-F(a)=F(+\infty)-F(a)。$$

类似地,有

$$\int_{-\infty}^b f(x)\mathrm{d}x=[F(x)]_{-\infty}^b=F(b)-\lim_{x\to-\infty}F(x)=F(b)-F(-\infty),$$

$$\int_{-\infty}^{+\infty} f(x)\mathrm{d}x = \left[F(x)\right]_{-\infty}^{+\infty} = \lim_{x\to+\infty} F(x) - \lim_{x\to-\infty} F(x) = F(+\infty) - F(-\infty)。$$

例 1 计算广义积分 $\int_0^{+\infty} \dfrac{1}{1+x^2}\mathrm{d}x$。

解 根据积分区间为无穷区间的广义积分的定义和牛顿-莱布尼茨公式,得

$$\int_0^{+\infty} \frac{1}{1+x^2}\mathrm{d}x = \lim_{b\to+\infty}\int_0^b \frac{1}{1+x^2}\mathrm{d}x = \lim_{b\to+\infty}\left[\arctan x\right]_0^b$$

$$= \lim_{b\to+\infty}(\arctan b - \arctan 0) = \frac{\pi}{2} - 0 = \frac{\pi}{2}。$$

或直接用简单形式,即

$$\int_0^{+\infty} \frac{1}{1+x^2}\mathrm{d}x = \left[\arctan x\right]_0^{+\infty} = \lim_{x\to+\infty}\arctan x - \arctan 0 = \frac{\pi}{2} - 0 = \frac{\pi}{2}。$$

这个广义积分的几何意义是:当 $b\to+\infty$ 时,虽然图 5.12 中阴影部分的面积向右无限

延伸,但其面积却有极限值 $\dfrac{\pi}{2}$,即曲线 $y=\dfrac{1}{1+x^2}$、x 轴和 y 轴

在第一象限所围成的无限区域的面积是 $\dfrac{\pi}{2}$。

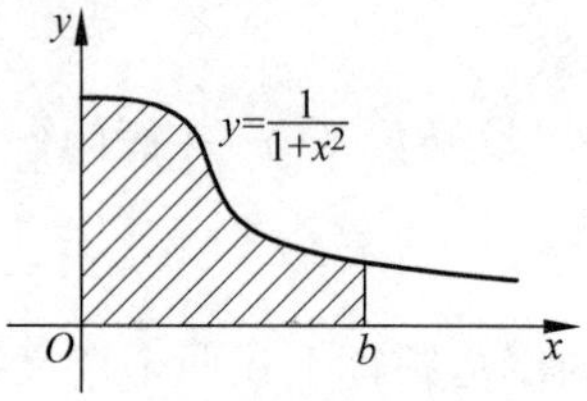

图 5.12

例 2 计算广义积分 $\int_{-\infty}^{-1} \dfrac{1}{x^2}\mathrm{d}x$。

解 根据积分区间为无穷区间的广义积分的定义和牛顿-
莱布尼茨公式,得

$$\int_{-\infty}^{-1} \frac{1}{x^2}\mathrm{d}x = \left[-\frac{1}{x}\right]_{-\infty}^{-1} = 1 - \lim_{x\to-\infty}\left(-\frac{1}{x}\right) = 1 - 0 = 1。$$

例 3 计算广义积分 $\int_{-\infty}^{+\infty} \dfrac{1}{1+x^2}\mathrm{d}x$。

解 根据积分区间为无穷区间的广义积分的定义和牛顿-莱布尼茨公式,得

$$\int_{-\infty}^{+\infty} \frac{1}{1+x^2}\mathrm{d}x = \left[\arctan x\right]_{-\infty}^{+\infty} = \lim_{x\to+\infty}\arctan x - \lim_{x\to-\infty}\arctan x = \frac{\pi}{2} - \left(-\frac{\pi}{2}\right) = \pi。$$

例 4 讨论广义积分 $\int_1^{+\infty} \dfrac{1}{x}\mathrm{d}x$ 的敛散性。

解 根据积分区间为无穷区间的广义积分的定义和牛顿-莱布尼茨公式,得

$$\int_1^{+\infty} \frac{1}{x}\mathrm{d}x = \left[\ln x\right]_1^{+\infty} = \lim_{x\to+\infty}\ln x - \ln 1 = +\infty。$$

所以广义积分 $\int_1^{+\infty} \dfrac{1}{x}\mathrm{d}x$ 不存在,即广义积分 $\int_1^{+\infty} \dfrac{1}{x}\mathrm{d}x$ 发散。

例 5 计算广义积分 $\int_0^{+\infty} x\mathrm{e}^{-3x}\mathrm{d}x$。

解 因为

$$\int x\mathrm{e}^{-3x}\mathrm{d}x = -\frac{1}{3}\int x\mathrm{d}\mathrm{e}^{-3x} = -\frac{1}{3}\left(x\mathrm{e}^{-3x} - \int \mathrm{e}^{-3x}\mathrm{d}x\right) = -\frac{1}{3}\left(x\mathrm{e}^{-3x} + \frac{1}{3}\mathrm{e}^{-3x}\right) + C$$

$$= -\frac{1}{3}x\mathrm{e}^{-3x} - \frac{1}{9}\mathrm{e}^{-3x} + C,$$

所以根据牛顿-莱布尼茨公式和广义积分的定义,得

$$\int_0^{+\infty} x\,\mathrm{e}^{-3x}\,\mathrm{d}x = \left[-\frac{1}{3}x\mathrm{e}^{-3x} - \frac{1}{9}\mathrm{e}^{-3x}\right]_0^{+\infty} = \lim_{x \to +\infty}\left(-\frac{1}{3}x\mathrm{e}^{-3x} - \frac{1}{9}\mathrm{e}^{-3x}\right) - \left(-\frac{1}{9}\right)$$

$$= -\frac{1}{3}\lim_{x \to +\infty} x\mathrm{e}^{-3x} - 0 + \frac{1}{9} = -\frac{1}{3}\lim_{x \to +\infty}\frac{x}{\mathrm{e}^{3x}} + \frac{1}{9}$$

$$\xlongequal{\frac{\infty}{\infty}} -\frac{1}{3}\lim_{x \to +\infty}\frac{1}{3\mathrm{e}^{3x}} + \frac{1}{9} = 0 + \frac{1}{9} = \frac{1}{9}.$$

例 6 讨论广义积分 $\displaystyle\int_a^{+\infty}\frac{1}{x^p}\mathrm{d}x\,(a > 0)$ 的敛散性。

解 当 $p = 1$ 时,有

$$\int_a^{+\infty}\frac{1}{x^p}\mathrm{d}x = \int_a^{+\infty}\frac{1}{x}\mathrm{d}x = [\ln x]_a^{+\infty} = \lim_{x \to +\infty}\ln x - \ln a = +\infty;$$

当 $p < 1$ 时,有

$$\int_a^{+\infty}\frac{1}{x^p}\mathrm{d}x = \left[\frac{1}{1-p}x^{1-p}\right]_a^{+\infty} = \lim_{x \to +\infty}\left(\frac{1}{1-p}x^{1-p}\right) - \frac{1}{1-p}a^{1-p} = +\infty;$$

当 $p > 1$ 时,有

$$\int_a^{+\infty}\frac{1}{x^p}\mathrm{d}x = \left[\frac{1}{1-p}x^{1-p}\right]_a^{+\infty} = \lim_{x \to +\infty}\left(\frac{1}{1-p}x^{1-p}\right) - \frac{1}{1-p}a^{1-p}$$

$$= \frac{1}{1-p}\lim_{x \to +\infty}\left(\frac{1}{x^{p-1}}\right) - \frac{1}{1-p}a^{1-p} = 0 - \frac{1}{1-p}a^{1-p} = \frac{a^{1-p}}{p-1}.$$

因此,当 $p > 1$ 时,此广义积分收敛,其值为 $\dfrac{a^{1-p}}{p-1}$;当 $p \leqslant 1$ 时,此广义积分发散。

5.4.2 被积函数具有无穷间断点的广义积分

现在我们把定积分推广到被积函数具有无穷间断点的情形。

如果函数 $f(x)$ 在点 a 的任一邻域内都无界,那么点 a 称为函数 $f(x)$ 的无穷间断点(也称为瑕点)。

被积函数具有无穷间断点的广义积分又称为无界函数的广义积分或瑕积分。

定义 2 设函数 $f(x)$ 在区间 $(a,b]$ 上连续,而在点 a 的右邻域内无界(即点 a 是函数 $f(x)$ 的无穷间断点)。取 $t > a$,如果极限

$$\lim_{t \to a^+}\int_t^b f(x)\mathrm{d}x$$

存在,则称此极限为函数 $f(x)$ 在 $(a,b]$ 上的广义积分,仍然记作 $\displaystyle\int_a^b f(x)\mathrm{d}x$,即

$$\int_a^b f(x)\mathrm{d}x = \lim_{t \to a^+}\int_t^b f(x)\mathrm{d}x,$$

这时也称广义积分 $\displaystyle\int_a^b f(x)\mathrm{d}x$ 收敛。

如果上述极限不存在,就称广义积分 $\displaystyle\int_a^b f(x)\mathrm{d}x$ 发散。

类似地,设函数 $f(x)$ 在区间 $[a,b]$ 上连续,而在点 b 的左邻域内无界(即点 b 是函数 $f(x)$ 的无穷间断点)。取 $t<b$,如果极限

$$\lim_{t \to b^-} \int_a^t f(x)\mathrm{d}x$$

存在,则称此极限为函数 $f(x)$ 在 $[a,b]$ 上的广义积分,仍然记作 $\int_a^b f(x)\mathrm{d}x$,即

$$\int_a^b f(x)\mathrm{d}x = \lim_{t \to b^-} \int_a^t f(x)\mathrm{d}x,$$

这时也称广义积分 $\int_a^b f(x)\mathrm{d}x$ 收敛。如果上述极限不存在,就称广义积分 $\int_a^b f(x)\mathrm{d}x$ 发散。

设函数 $f(x)$ 在区间 $[a,b]$ 上除点 $c(a<c<b)$ 外连续,而函数 $f(x)$ 在点 c 的任一邻域内无界(即点 c 是函数 $f(x)$ 的无穷间断点)。如果两个广义积分

$$\int_a^c f(x)\mathrm{d}x \ 与 \int_c^b f(x)\mathrm{d}x$$

都收敛,则定义

$$\int_a^b f(x)\mathrm{d}x = \int_a^c f(x)\mathrm{d}x + \int_c^b f(x)\mathrm{d}x。$$

否则,就称广义积分 $\int_a^b f(x)\mathrm{d}x$ 发散。

计算被积函数具有无穷间断点的广义积分,也可以借助于牛顿-莱布尼茨公式。

当点 a 为函数 $f(x)$ 的无穷间断点时,如果函数 $F(x)$ 为函数 $f(x)$ 的一个原函数,而且极限 $\lim_{x \to a^+} F(x)$ 存在,则有

$$\int_a^b f(x)\mathrm{d}x = \lim_{t \to a^+} \int_t^b f(x)\mathrm{d}x = \lim_{t \to a^+} [F(x)]_t^b = F(b) - \lim_{t \to a^+} F(t) = F(b) - \lim_{x \to a^+} F(x)。$$

如果极限 $\lim_{x \to a^+} F(x)$ 不存在,则广义积分 $\int_a^b f(x)\mathrm{d}x$ 发散。

可采用如下简记形式:

$$\int_a^b f(x)\mathrm{d}x = [F(x)]_a^b = F(b) - \lim_{x \to a^+} F(x)。$$

类似地,当点 b 为函数 $f(x)$ 的无穷间断点时,有

$$\int_a^b f(x)\mathrm{d}x = [F(x)]_a^b = \lim_{x \to b^-} F(x) - F(a)。$$

当点 $c(a<c<b)$ 为函数 $f(x)$ 的无穷间断点时,有

$$\int_a^b f(x)\mathrm{d}x = \int_a^c f(x)\mathrm{d}x + \int_c^b f(x)\mathrm{d}x = [F(x)]_a^c + [F(x)]_c^b$$
$$= [\lim_{x \to c^-} F(x) - F(a)] + [F(b) - \lim_{x \to c^+} F(x)]。$$

例 7 计算广义积分 $\int_0^1 \frac{1}{\sqrt{x}}\mathrm{d}x$。

解 因为被积函数 $\frac{1}{\sqrt{x}}$ 在区间 $(0,1]$ 上连续,且

$$\lim_{x \to 0^+} \frac{1}{\sqrt{x}} = +\infty,$$

所以点 $x=0$ 为被积函数的无穷间断点,因此根据定义,得

$$\int_0^1 \frac{1}{\sqrt{x}}\mathrm{d}x = \lim_{a \to 0^+}\int_a^1 \frac{1}{\sqrt{x}}\mathrm{d}x = \lim_{a \to 0^+}\left[2\sqrt{x}\right]_a^1 = \lim_{a \to 0^+}2(1-\sqrt{a}) = 2。$$

或直接用简单形式,即

$$\int_0^1 \frac{1}{\sqrt{x}}\mathrm{d}x = \left[2\sqrt{x}\right]_0^1 = 2\sqrt{1} - \lim_{x \to 0^+}2\sqrt{x} = 2。$$

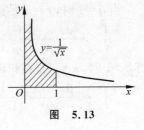

图 5.13

这个广义积分的几何意义是:位于曲线 $y=\dfrac{1}{\sqrt{x}}$ 下方,x 轴上方,y 轴和直线 $x=1$ 之间的无限区域(见图5.13)的面积是2。

例8 计算广义积分 $\displaystyle\int_0^1 \frac{1}{\sqrt{1-x^2}}\mathrm{d}x$。

解 因为

$$\lim_{x \to 1^-}\frac{1}{\sqrt{1-x^2}} = +\infty,$$

所以点 $x=1$ 为被积函数的无穷间断点,因此有

$$\int_0^1 \frac{1}{\sqrt{1-x^2}}\mathrm{d}x = \left[\arcsin x\right]_0^1 = \lim_{x \to 1^-}\arcsin x - 0 = \frac{\pi}{2}。$$

例9 讨论广义积分 $\displaystyle\int_{-1}^1 \frac{1}{x^2}\mathrm{d}x$ 的敛散性。

解 函数 $\dfrac{1}{x^2}$ 在区间 $[-1,1]$ 上除 $x=0$ 外连续,且

$$\lim_{x \to 0}\frac{1}{x^2} = \infty,$$

所以点 $x=0$ 为被积函数的无穷间断点,因此有

$$\int_{-1}^1 \frac{1}{x^2}\mathrm{d}x = \int_{-1}^0 \frac{1}{x^2}\mathrm{d}x + \int_0^1 \frac{1}{x^2}\mathrm{d}x。$$

由于

$$\int_{-1}^0 \frac{1}{x^2}\mathrm{d}x = \left[-\frac{1}{x}\right]_{-1}^0 = \lim_{x \to 0^-}\left(-\frac{1}{x}\right) - 1 = +\infty,$$

即广义积分 $\displaystyle\int_{-1}^0 \frac{1}{x^2}\mathrm{d}x$ 发散,所以广义积分 $\displaystyle\int_{-1}^1 \frac{1}{x^2}\mathrm{d}x$ 发散。

注意 被积函数具有无穷间断点的广义积分在表示形式上与定积分相同,因此在计算有限区间上的积分时一定要注意区别。如此例,如果忽视了 $\displaystyle\lim_{x \to 0}\frac{1}{x^2} = \infty$,即点 $x=0$ 为被积函数的无穷间断点,直接按照定积分计算,就会得到如下结果:

$$\int_{-1}^1 \frac{1}{x^2}\mathrm{d}x = \left[-\frac{1}{x}\right]_{-1}^1 = -1 - 1 = -2。$$

而广义积分 $\displaystyle\int_{-1}^1 \frac{1}{x^2}\mathrm{d}x$ 是发散的,此结果显然是错误的。

例 10　讨论积分 $\displaystyle\int_a^b \frac{\mathrm{d}x}{(x-a)^q}$ 的敛散性。

解　分情况讨论 q 的取值。

当 $q=1$ 时，$x=a$ 是被积函数的无穷间断点，因此得

$$\int_a^b \frac{\mathrm{d}x}{(x-a)^q} = \int_a^b \frac{\mathrm{d}x}{x-a} = \left[\ln(x-a)\right]_a^b = \ln(b-a) - \lim_{x\to a^+}\ln(x-a) = +\infty;$$

当 $q>1$ 时，$x=a$ 是被积函数的无穷间断点，因此得

$$\int_a^b \frac{\mathrm{d}x}{(x-a)^q} = \left[\frac{1}{1-q}(x-a)^{1-q}\right]_a^b = \frac{1}{1-q}(b-a)^{1-q} - \lim_{x\to a^+}\frac{1}{1-q}(x-a)^{1-q}$$

$$= \frac{1}{1-q}(b-a)^{1-q} + \lim_{x\to a^+}\frac{1}{q-1}\cdot\frac{1}{(x-a)^{q-1}} = +\infty;$$

当 $q<1$ 时，得

$$\int_a^b \frac{\mathrm{d}x}{(x-a)^q} = \left[\frac{1}{1-q}(x-a)^{1-q}\right]_a^b = \frac{1}{1-q}(b-a)^{1-q} - \lim_{x\to a^+}\frac{1}{1-q}(x-a)^{1-q}$$

$$= \frac{1}{1-q}(b-a)^{1-q} - 0 = \frac{1}{1-q}(b-a)^{1-q}。$$

综上所述，当 $q<1$ 时，此积分收敛，其值为 $\dfrac{1}{1-q}(b-a)^{1-q}$；当 $q\geqslant 1$ 时，此积分发散。

设有广义积分 $\displaystyle\int_a^b f(x)\mathrm{d}x$。其中，被积函数 $f(x)$ 在开区间 (a,b) 内连续；a 可以是 $-\infty$；b 可以是 $+\infty$；a,b 也可以是被积函数 $f(x)$ 的无穷间断点。对于这样的广义积分，在换元函数单调的条件下，可以像计算定积分一样利用换元积分法。

例 11　计算广义积分 $\displaystyle\int_0^{+\infty} \frac{\mathrm{d}x}{\sqrt{x(x+1)^3}}$。

解　积分下限 $x=0$ 是被积函数的无穷间断点，积分上限是 $+\infty$。根据被积函数的特点，利用换元积分法。

令 $\dfrac{1}{x}=t$，则 $x=\dfrac{1}{t}$，$\mathrm{d}x = -\dfrac{1}{t^2}\mathrm{d}t$。且当 $x\to 0^+$ 时，$t\to +\infty$；当 $x\to +\infty$ 时，$t\to 0^+$。因此，有

$$\int_0^{+\infty} \frac{\mathrm{d}x}{\sqrt{x(x+1)^3}} = \int_{+\infty}^0 \frac{1}{\sqrt{\dfrac{1}{t}\cdot\left(\dfrac{1}{t}+1\right)^3}}\cdot\left(-\frac{1}{t^2}\right)\mathrm{d}t = -\int_{+\infty}^0 \frac{1}{\sqrt{(1+t)^3}}\mathrm{d}t$$

$$= \int_0^{+\infty} \frac{1}{\sqrt{(1+t)^3}}\mathrm{d}t = -2\cdot\frac{1}{\sqrt{1+t}}\bigg|_0^{+\infty}$$

$$= -2\left(\lim_{t\to +\infty}\frac{1}{\sqrt{1+t}} - \lim_{t\to 0^+}\frac{1}{\sqrt{1+t}}\right) = -2(0-1) = 2。$$

本题还可以利用变换 $\dfrac{1}{x+1}=t$ 或 $\sqrt{x}=t$。

【取长补短】

　　学习被积函数具有无穷间断点的广义积分时，关键是发现瑕点，然后取极限之"长"补瑕点之"短"，借助于极限解决此类广义积分问题。这启发我们，在平时的学习与生活中，我们

要善于自我批评,找到自己的不足之处(发现瑕点),并敢于正确面对自己的不足之处(直面瑕点),通过借鉴他人的优点和有效的方法,取人之长补己之短,不断提升自己。

习 题 5.4

1. 讨论下列广义积分的敛散性。如果收敛,试计算广义积分的值。

(1) $\int_1^{+\infty} \dfrac{\mathrm{d}x}{x^3}$;

(2) $\int_{-\infty}^0 \dfrac{\mathrm{d}x}{1+x^2}$;

(3) $\int_{-\infty}^{+\infty} \dfrac{\mathrm{d}x}{x^2+6x+10}$;

(4) $\int_8^{+\infty} \dfrac{\mathrm{d}x}{\sqrt[3]{x}}$;

(5) $\int_{-\infty}^0 \mathrm{e}^{-ax}\mathrm{d}x\,(a>0)$;

(6) $\int_0^{+\infty} t\,\mathrm{e}^{-pt}\mathrm{d}t\,(p>0)$ 。

2. 讨论下列广义积分的敛散性。如果收敛,试计算广义积分的值。

(1) $\int_0^a \dfrac{1}{\sqrt{a^2-x^2}}\mathrm{d}x$;

(2) $\int_1^5 \dfrac{1}{\sqrt{x-1}}\mathrm{d}x$;

(3) $\int_1^{\sqrt 5} \dfrac{x}{\sqrt{x^2-1}}\mathrm{d}x$;

(4) $\int_{\sqrt e}^e \dfrac{\mathrm{d}x}{x\sqrt{1-(\ln x)^2}}$;

(5) $\int_{-1}^1 \dfrac{\mathrm{d}x}{x}$;

(6) $\int_0^1 \dfrac{\mathrm{d}x}{(1-x)^2}$ 。

3. 讨论广义积分 $\int_e^{+\infty} \dfrac{\mathrm{d}x}{x(\ln x)^k}$ 的敛散性。如果收敛,试计算广义积分的值。

总 习 题 5

1. 单项选择题

(1) $\int_0^1 \mathrm{e}^x \mathrm{d}x$ 与 $\int_0^1 \mathrm{e}^{x^2}\mathrm{d}x$ 相比,有关系式(   )。

    A. $\int_0^1 \mathrm{e}^x \mathrm{d}x < \int_0^1 \mathrm{e}^{x^2}\mathrm{d}x$

    B. $\int_0^1 \mathrm{e}^x \mathrm{d}x > \int_0^1 \mathrm{e}^{x^2}\mathrm{d}x$

    C. $\left(\int_0^1 \mathrm{e}^x \mathrm{d}x\right)^2 = \int_0^1 \mathrm{e}^{x^2}\mathrm{d}x$

    D. $\left(\int_0^1 \mathrm{e}^x \mathrm{d}x\right)^x = \int_0^1 \mathrm{e}^{x^2}\mathrm{d}x$

(2) $\dfrac{\mathrm{d}}{\mathrm{d}x}\int_a^{x^2} \dfrac{\sin t}{t}\mathrm{d}t = ($ $)$ 。

    A. $\dfrac{\sin t}{t}$ B. $\dfrac{\cos x}{x}$ C. $\dfrac{2\sin x^2}{x}$ D. $\dfrac{\sin x^2}{x^2}$

(3) 下列等式中正确的是(   )。

    A. $\dfrac{\mathrm{d}}{\mathrm{d}x}\int_a^b f(x)\mathrm{d}x = f(x)$

    B. $\dfrac{\mathrm{d}}{\mathrm{d}x}\int f(x)\mathrm{d}x = f(x)+C$

    C. $\dfrac{\mathrm{d}}{\mathrm{d}x}\int_a^x f(t)\mathrm{d}t = f(x)$

    D. $\int f'(x)\mathrm{d}x = f(x)$

(4) $\displaystyle\int_a^b f'(3x)\,\mathrm{d}x = ($ $)$。

    A. $f(b)-f(a)$ B. $f(3b)-f(3a)$

    C. $\dfrac{1}{3}[f(3b)-f(3a)]$ D. $3[f(3b)-f(3a)]$

(5) 设 $I=\displaystyle\int_0^b 2x^3 f(x^2)\,\mathrm{d}x\,(b>0)$，则（   ）。

    A. $I=\dfrac{1}{2}\displaystyle\int_0^{b^4} f(x)\,\mathrm{d}x$ B. $I=\displaystyle\int_0^{b^2} 2x f(x)\,\mathrm{d}x$

    C. $I=\dfrac{1}{2}\displaystyle\int_0^{b^2} f(x)\,\mathrm{d}x$ D. $I=\displaystyle\int_0^{b^2} x f(x)\,\mathrm{d}x$

(6) 设 $f(x)$ 在 $[a,b]$ 上连续，则 $f(x)$ 在 $[a,b]$ 上的平均值是（   ）。

    A. $\dfrac{f(b)+f(a)}{2}$ B. $\displaystyle\int_b^a f(x)\,\mathrm{d}x$

    C. $\dfrac{1}{2}\displaystyle\int_a^b f(x)\,\mathrm{d}x$ D. $\dfrac{1}{b-a}\displaystyle\int_a^b f(x)\,\mathrm{d}x$

(7) 设 $\displaystyle\int_0^x f(t)\,\mathrm{d}t = \dfrac{1}{2}f(x)-\dfrac{1}{2}$，且 $f(0)=1$，则 $f(x)=($ $)$。

    A. $\mathrm{e}^{\frac{x}{2}}$ B. $\dfrac{1}{2}\mathrm{e}^x$ C. e^{2x} D. $\dfrac{1}{2}\mathrm{e}^{2x}$

(8) 设 $f(x)$ 在 $[a,b]$ 上连续，$F(x)$ 是 $f(x)$ 的一个原函数，则 $\displaystyle\lim_{\Delta x\to 0}\dfrac{F(x+\Delta x)-F(x)}{\Delta x}=$

  （   ）。

    A. $F(x)$ B. $f(x)$ C. 0 D. $f'(x)$

2. 填空题

(1) 设 $f(5)=2$，$\displaystyle\int_0^5 f(x)\,\mathrm{d}x=3$，则 $\displaystyle\int_0^5 x f'(x)\,\mathrm{d}x=$ _____；

(2) $\displaystyle\int_{-2}^2 \sqrt{4-x^2}\,\mathrm{d}x=$ _____；

(3) $\displaystyle\int_{-a}^a (x\cos x - 5\sin x + 2)\,\mathrm{d}x=$ _____；

(4) 如果 $b>0$，且 $\displaystyle\int_1^b \ln x\,\mathrm{d}x=1$，那么 $b=$ _____；

(5) 设 y 是方程 $\displaystyle\int_0^y t^2\,\mathrm{d}t + \displaystyle\int_0^x \cos t\,\mathrm{d}t=0$ 所确定的 x 的函数，则 $\dfrac{\mathrm{d}y}{\mathrm{d}x}=$ _____；

(6) 设 $f(x)$ 是连续函数，$F(x)=\displaystyle\int_{x^2}^{\mathrm{e}^x} f(t)\,\mathrm{d}t$，则 $F'(0)=$ _____；

(7) 若 $f(x)=\begin{cases}\mathrm{e}^x, & 0\leqslant x\leqslant 1\\ \mathrm{e}, & 1\leqslant x\leqslant 2,\end{cases}$ 则 $\displaystyle\int_0^2 f(x)\,\mathrm{d}x=$ _____；

(8) $\displaystyle\int_1^3 \sqrt{1+x^3}\,\mathrm{d}x + \displaystyle\int_3^1 \sqrt{1+x^3}\,\mathrm{d}x=$ _____。

3. 求函数 $I(x)=\displaystyle\int_0^x \dfrac{2t-1}{t^2-t+1}\,\mathrm{d}t$ 在区间 $[0,1]$ 上的极小值。

4. 求下列极限：

(1) $\lim\limits_{x \to 0} \dfrac{\displaystyle\int_0^x \cos^2 t \, \mathrm{d}t}{x}$；

(2) $\lim\limits_{x \to 0} \dfrac{\displaystyle\int_0^{x^2} \ln(1+t) \, \mathrm{d}t}{x^4}$。

5. 利用定积义的性质证明不等式

$$2\mathrm{e}^{-\frac{1}{4}} \leqslant \int_0^2 \mathrm{e}^{x^2-x} \, \mathrm{d}x \leqslant 2\mathrm{e}^2。$$

6. 计算下列积分：

(1) $\displaystyle\int_0^2 \dfrac{x^3}{1+x^2} \, \mathrm{d}x$；

(2) $\displaystyle\int_0^{\ln 2} \sqrt{\mathrm{e}^x - 1} \, \mathrm{d}x$；

(3) $\displaystyle\int_0^2 x^2 \sqrt{4 - x^2} \, \mathrm{d}x$；

(4) $\displaystyle\int_1^{\mathrm{e}} (\ln x)^2 \, \mathrm{d}x$；

(5) $\displaystyle\int_{-\frac{\pi}{2}}^{\frac{\pi}{2}} x \sin x \, \mathrm{d}x$；

(6) $\displaystyle\int_2^4 |\, 3 - x \,| \, \mathrm{d}x$。

7. 求下列广义积分：

(1) $\displaystyle\int_0^{\frac{\pi}{2}} \ln \sin x \, \mathrm{d}x$；

(2) $\displaystyle\int_0^{+\infty} \dfrac{\mathrm{d}x}{(1+x^2)(1+x^{\alpha})} \, (\alpha \geqslant 0)$。

第6章

定积分的应用

定积分不仅能分析和解决曲边梯形的面积和变速直线运动的路程等问题,而且在几何和物理等其他方面也有广泛的应用。在这一节里,我们将讨论定积分在几何方面的一些应用,其目的不仅在于建立计算这些几何量的公式,而且更重要的在于介绍运用元素法将一个量表达成为定积分的分析方法。

6.1 微元法

微元法是定积分应用中经常采用的一种重要分析方法。为了说明这种方法,我们先回顾 5.1 节中讨论过的曲边梯形的面积问题。

设函数 $y=f(x)$ 是闭区间 $[a,b]$ 上的非负连续函数,由直线 $x=a$,$x=b$,$y=0$ 及曲线 $y=f(x)$ 所围成的曲边梯形的面积 A 可以表示为定积分

$$A=\int_a^b f(x)\mathrm{d}x。$$

其分析方法和具体步骤如下。

(1) 分割。首先用任意一组分点把区间 $[a,b]$ 分割成长度为 Δx_i 的 n 个小区间 $[x_{i-1},x_i](i=1,2,\cdots,n)$,相应地将整个曲边梯形分成 n 个小曲边梯形,第 i 个小曲边梯形的面积记为 $\Delta A_i(i=1,2,\cdots,n)$,则所求曲边梯形的面积 A 为各个小曲边梯形的面积 ΔA_i 之和,即

$$A=\sum_{i=1}^n \Delta A_i。$$

(2) 近似。在各个小区间上用小矩形面积作为各个小曲边梯形面积 ΔA_i 的近似值,即

$$\Delta A_i \approx f(\xi_i)\Delta x_i。$$

其中,ξ_i 为小区间 $[x_{i-1},x_i]$ 上的任意一点,即 $x_{i-1}\leqslant \xi_i \leqslant x_i$;$\Delta x_i$ 为小区间 $[x_{i-1},x_i]$ 的长度。

(3) 求和。求各个小曲边梯形面积 ΔA_i 的近似值之和,得到整个曲边梯形面积 A 的近似值,即

$$A=\sum_{i=1}^n \Delta A_i \approx \sum_{i=1}^n f(\xi_i)\Delta x_i。$$

(4) 取极限。曲边梯形面积 A 的近似值的极限便是 A 的精确值,即

$$A=\lim_{\lambda \to 0}\sum_{i=1}^n f(\xi_i)\Delta x_i。$$

其中,$\lambda = \max\{\Delta x_1,\Delta x_2,\cdots,\Delta x_n\}$。

在上述问题中,所求量(曲边梯形面积 A)与区间 $[a,b]$ 有关。如果把区间 $[a,b]$ 分成许多部分区间,则所求量相应地分成许多部分量(即 ΔA_i),而所求量等于所有部分量之和(即 $A = \sum\limits_{i=1}^{n} \Delta A_i$),这一性质称为所求量对于区间 $[a,b]$ 具有可加性。同时,部分量 ΔA_i 与其近似值 $f(\xi_i)\Delta x_i$ 只相差一个比 Δx_i 高阶的无穷小,因此 $\sum\limits_{i=1}^{n} f(\xi_i)\Delta x_i$ 的极限是面积 A 的精确值,而面积 A 可以表示为定积分,即

$$A = \int_a^b f(x)\,\mathrm{d}x.$$

在引出面积 A 的积分表达式的分析过程中,关键是第 2 步:确定部分量的近似值 $\Delta A_i \approx f(\xi_i)\Delta x_i$,从而确定了定积分的被积表达式,即

$$A = \lim_{\lambda \to 0} \sum_{i=1}^{n} f(\xi_i)\Delta x_i = \int_a^b f(x)\,\mathrm{d}x.$$

实际上,为了简便起见,用 ΔA 表示小曲边梯形的面积,用 $[x, x+\mathrm{d}x]$ 表示小区间,取小区间 $[x, x+\mathrm{d}x]$ 左端点处的函数值 $f(x)$ 为矩形的高,则小矩形的面积 $f(x)\mathrm{d}x$ 即为小曲边梯形的面积 ΔA 的近似值(见图 6.1),即

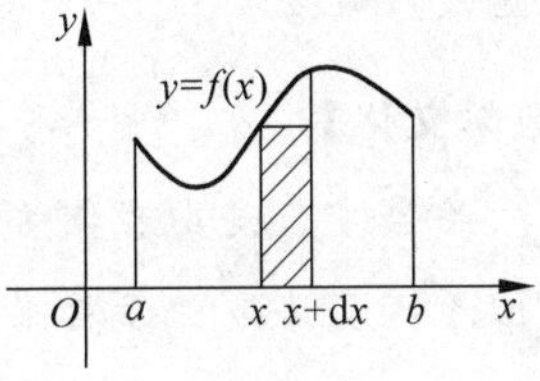

$$\Delta A \approx f(x)\,\mathrm{d}x.$$

图 6.1

上式右端 $f(x)\mathrm{d}x$ 称为面积元素,记为

$$\mathrm{d}A = f(x)\,\mathrm{d}x.$$

于是

$$A = \sum \Delta A \approx \sum f(x)\,\mathrm{d}x,$$

则

$$A = \lim \sum f(x)\,\mathrm{d}x = \int_a^b \mathrm{d}A = \int_a^b f(x)\,\mathrm{d}x.$$

一般地,如果在实际问题中所求量 U 满足下列条件:

(1) 所求量 U 是与某一变量 x 的变化区间 $[a,b]$ 有关的量;

(2) 所求量 U 对区间 $[a,b]$ 具有可加性,即如果把区间 $[a,b]$ 分成许多部分区间,则所求量 U 相应地分成许多部分量(即 ΔU_i),而所求量 U 等于所有部分量之和,即

$$U = \sum_{i=1}^{n} \Delta U_i;$$

(3) 部分量 ΔU_i 的近似值可以表示为 $f(\xi_i)\Delta x_i$,即

$$\Delta U_i \approx f(\xi_i)\Delta x_i.$$

那么就可以考虑用定积分表达并计算这个量 U。

用定积分表达并计算这个量 U 的步骤如下。

(1) 确定积分变量和积分区间。根据实际问题,选取一个相关的变量作为积分变量,例如选取变量 x 为积分变量,并确定它的变化区间 $[a,b]$,即积分区间 $[a,b]$。

（2）确定所求量的微元素 dU，即确定部分量 ΔU 的近似值。把区间 $[a,b]$ 分成 n 个小区间，取其中任一小区间并记为 $[x,x+dx]$，如果部分量 ΔU 能用区间 $[a,b]$ 上的一个连续函数在小区间左端点 x 处的函数值 $f(x)$ 和小区间长度 dx 的乘积 $f(x)dx$ 近似表示，即

$$\Delta U \approx f(x)dx,$$

就把 $f(x)dx$ 称为所求量 U 的微元素，并记为 dU，即

$$dU = f(x)dx。$$

（3）建立所求量的积分表达式。以所求量 U 的微元素 $dU = f(x)dx$ 为被积表达式，以变量 x 的变化区间 $[a,b]$ 为积分区间，建立所求量 U 的积分表达式，即

$$U = \int_a^b dU = \int_a^b f(x)dx。$$

（4）计算定积分，得到所求量 U 的值。

这种方法称为微元法（也称为元素法），下面将利用这种方法讨论几何中的面积和体积问题。

【数学文化】

牟合方盖是由我国古代数学家刘徽首先发现并采用的一种用于计算球体体积的方法，类似于微元法。由于其采用的模型像一个牟合的方形盒子（图 6.2），故称为牟合方盖。

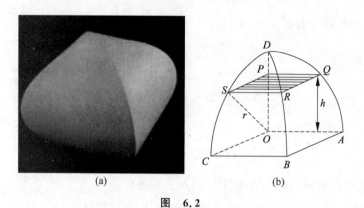

图　6.2

刘徽创造了一个独特的立体几何图形，它的每一个横切面皆是正方形，而且会外接于球体在同一高度的横切面的圆形，这个图形就是"牟合方盖"，刘徽希望可以用"牟合方盖"来证实《九章算术》中球体的体积公式有错误，也希望用这个图形求出球体体积公式，因为他知道"牟合方盖"的体积跟内接球体体积的比为 π：4，只要有方法找出"牟合方盖"的体积便可，可惜始终不能解决。

二百多年后，我国伟大数学家祖冲之及其子祖暅承袭了刘徽的想法，利用"牟合方盖"彻底地解决了球体体积公式的问题。祖氏云："缘幂势既同，则积不容异"。当中使用的"幂势既同，则积不容异"，即"等高处截面面积相等，则二立体的体积相等"的原理。此原理在中国被称为祖暅原理，国外则一般称之为卡瓦列利原理。

习 题 6.1

1. 微元法是什么?
2. 用微元法解决实际问题的步骤是什么?

6.2 平面图形的面积

6.2.1 直角坐标系下平面图形的面积

应用定积分不仅可以计算曲边梯形的面积,还可以计算一些比较复杂的平面图形的面积,我们先讨论直角坐标系的情形。

我们已经知道,在区间 $[a,b]$ 上,位于 x 轴上方的一条连续曲线 $y=f(x)$ 与直线 $x=a$, $x=b$, x 轴所围成的曲边梯形面积 A 就是定积分

$$A = \int_a^b f(x) \mathrm{d}x,$$

这里,被积表达式 $f(x)\mathrm{d}x$ 就是直角坐标系下的面积元素 $\mathrm{d}A$,它表示高为 $f(x)$、底为 $\mathrm{d}x$ 的小矩形的面积。

下面我们讨论比较复杂的平面图形的面积。

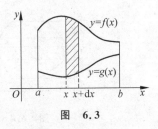

图 6.3

已知两条连续曲线 $f(x)$ 与 $g(x)$ 都位于 x 轴上方,而且在区间 $[a,b]$ 上,有 $f(x) \geqslant g(x)$,求由曲线 $f(x)$,$g(x)$ 和直线 $x=a$,$x=b$ 所围成的平面图形的面积 A(见图 6.3)。

根据定积分的几何意义,有

$$A = \int_a^b f(x)\mathrm{d}x - \int_a^b g(x)\mathrm{d}x,$$

或

$$A = \int_a^b [f(x) - g(x)]\mathrm{d}x。$$

利用元素法求解平面图形的面积的步骤如下:

(1) 选取变量 x 为积分变量,根据图 6.3 知,变量 x 的变化范围为 $[a,b]$,即积分区间为 $[a,b]$;

(2) 如图 6.3 所示,阴影部分面积的近似值为 $[f(x)-g(x)]\mathrm{d}x$,即面积元素为

$$\mathrm{d}A = [f(x) - g(x)]\mathrm{d}x;$$

(3) 所求的面积为

$$A = \int_a^b \mathrm{d}A = \int_a^b [f(x) - g(x)]\mathrm{d}x。$$

因此可知,利用元素法和定积分的几何意义两种方法得到的结论相同,但元素法具有普遍性,解决复杂的问题更方便,因此求解平面图形的面积时,我们经常采用元素法。

如果求两条曲线 $x=\varphi(y)$,$x=\psi(y)$ 之间所夹图形的面积(见图 6.4),也可用类似的方法,即采用元素法。

下面利用元素法求解图 6.4 中平面图形的面积:

（1）选取变量 y 为积分变量，根据图 6.4 知，变量 y 的变化范围为 $[c,d]$，即积分区间为 $[c,d]$；

（2）如图 6.4 所示，阴影部分面积的近似值为 $[\psi(y)-\varphi(y)]dy$，即面积元素为

$$dA=[\psi(y)-\varphi(y)]dy；$$

（3）所求的面积为

$$A=\int_c^d dA=\int_c^d [\psi(y)-\varphi(y)]dy。$$

需要注意的是，利用元素法求平面图形的面积时，要根据实际问题适当选择积分变量，以有利于问题的求解。

例 1   求由直线 $y=x$ 和抛物线 $y=x^2$ 所围成的平面图形的面积。

解   作直线和抛物线的图形，如图 6.5 所示。解方程组

$$\begin{cases} y=x, \\ y=x^2, \end{cases}$$

得两组解 $\begin{cases} x=0, \\ y=0, \end{cases}$ 及 $\begin{cases} x=1, \\ y=1, \end{cases}$ 即直线和抛物线的交点为点 $O(0,0)$ 和点 $A(1,1)$。

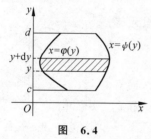

图   6.4   图   6.5

下面利用元素法求直线和抛物线所围成的平面图形的面积：

（1）取 x 为积分变量，则变量 $x\in[0,1]$，即积分区间为 $[0,1]$；

（2）将区间 $[0,1]$ 分割，任取一小区间 $[x,x+dx]$ 上的窄条（图 6.5 中的阴影部分），其面积近似于高为 $y_1-y_2=x-x^2$、底为 dx 的窄矩形面积，这样就得到面积元素为

$$dA=(y_1-y_2)dx=(x-x^2)dx；$$

（3）所求平面图形的面积为定积分

$$A=\int_0^1 dA=\int_0^1 (x-x^2)dx=\left[\frac{1}{2}x^2-\frac{x^3}{3}\right]_0^1=\frac{1}{6}。$$

例 2   求抛物线 $y=x^2$ 与直线 $y=x,y=2x$ 所围成的平面图形的面积。

解   作出图形，如图 6.6 所示。解两个方程组

$$\begin{cases} y=x^2, \\ y=x, \end{cases} \text{和} \begin{cases} y=x^2, \\ y=2x, \end{cases}$$

得抛物线与两直线的交点分别为点 $O(0,0)$、点 $A(1,1)$ 与点 $B(2,4)$（见图 6.6）。

因为两直线和抛物线所围的图形比较复杂，所以用经过交点 $A(1,1)$ 的直线 $x=1$ 将图形分割成两部分，在这两部分上分别用元素法求面积，步骤如下：

（1）取 x 为积分变量，则左侧部分变量 $x\in[0,1]$，右侧部分变量 $x\in[1,2]$，即左、右两侧积分区间分别为 $[0,1]$ 和 $[1,2]$；

(2) 左、右两侧阴影部分(见图 6.6)面积的近似值分别为$(2x-x)\mathrm{d}x$ 和$(2x-x^2)\mathrm{d}x$，因此左、右两侧的面积元素分别为

$$\mathrm{d}A_1=(2x-x)\mathrm{d}x\ 和\ \mathrm{d}A_2=(2x-x^2)\mathrm{d}x;$$

(3) 所求面积为左、右两侧面积之和，即

$$A=A_1+A_2=\int_0^1\mathrm{d}A_1+\int_1^2\mathrm{d}A_2=\int_0^1(2x-x)\mathrm{d}x+\int_1^2(2x-x^2)\mathrm{d}x$$

$$=\left[x^2-\frac{x^2}{2}\right]_0^1+\left[x^2-\frac{x^3}{3}\right]_1^2=\frac{7}{6}。$$

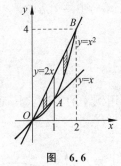 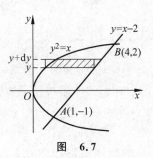

图 6.6   图 6.7

例 3 求抛物线 $y^2=x$ 与直线 $y=x-2$ 所围成的平面图形的面积。

解 作出图形，如图 6.7 所示。解方程组

$$\begin{cases}y^2=x,\\y=x-2,\end{cases}$$

得$\begin{cases}x=1,\\y=-1\end{cases}$及$\begin{cases}x=4,\\y=2,\end{cases}$即抛物线与直线的交点为点 $A(1,-1)$和点 $B(4,2)$。

下面利用元素法求抛物线和直线所围图形的面积：

(1) 取变量 y 为积分变量，则 $y\in[-1,2]$，所以积分区间为$[-1,2]$；

(2) 如图 6.7 所示，阴影部分面积的近似值为$(x_2-x_1)\mathrm{d}y=[(y+2)-y^2]\mathrm{d}y$，所以面积元素为

$$\mathrm{d}A=(x_2-x_1)\mathrm{d}y=[(y+2)-y^2]\mathrm{d}y;$$

(3) 所求面积为

$$A=\int_{-1}^2\mathrm{d}A=\int_{-1}^2[(y+2)-y^2]\mathrm{d}y=\left[\frac{y^2}{2}+2y-\frac{y^3}{3}\right]_{-1}^2=\frac{9}{2}。$$

本题也可以选择 x 为积分变量，但需要将图形分割成左、右两部分，分别计算面积，再求和，不如选择 y 为积分变量计算方便。因此积分变量的选择非常重要，要根据实际的图形，恰当地选择积分变量，使得计算方便。

例 4 求椭圆$\dfrac{x^2}{a^2}+\dfrac{y^2}{b^2}=1$ 的面积。

解 椭圆如图 6.8 所示。

因为椭圆关于两坐标轴都对称，所以，椭圆面积为第一象限内的那部分面积的 4 倍，即

$$A=4\int_0^a y\,\mathrm{d}x。$$

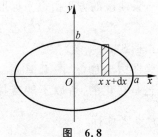

图 6.8

为了便于积分,在上式中利用椭圆的参数方程

$$\begin{cases} x = a\cos t, \\ y = b\sin t \end{cases}$$

作换元,则

$$y = b\sin t, \quad \mathrm{d}x = -a\sin t\,\mathrm{d}t。$$

当 $x=0$ 时,$t=\dfrac{\pi}{2}$;当 $x=a$ 时,$t=0$。于是得

$$A = 4\int_{\frac{\pi}{2}}^{0} b\sin t(-a\sin t)\mathrm{d}t = -4ab\int_{\frac{\pi}{2}}^{0} \sin^2 t\,\mathrm{d}t = 4ab\int_{0}^{\frac{\pi}{2}} \sin^2 t\,\mathrm{d}t = 4ab\int_{0}^{\frac{\pi}{2}} \frac{1-\cos 2t}{2}\mathrm{d}t$$

$$= 4ab\left(\frac{1}{2}\cdot\frac{\pi}{2} + 0\right) = \pi ab。$$

特别地,当 $a=b$ 时,得圆面积公式 $A=\pi a^2$。

注意   当曲边梯形的曲边可用参数方程表示时,可以用例 4 的方法求其面积。

例 5   求由摆线 $x=a(t-\sin t)$,$y=a(1-\cos t)$ 的一拱($0\leqslant t\leqslant 2\pi$)与 x 轴所围图形的面积。

解   拱与 x 轴所围图形如图 6.9 所示,利用元素法求解其面积,步骤如下:

(1) 选择 x 为积分变量,则 x 的变化范围为 $[0,2\pi a]$;

(2) 面积元素为

$$\mathrm{d}A = y\,\mathrm{d}x;$$

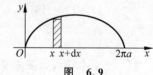
图 6.9

(3) 所求面积为

$$A = \int_{0}^{2\pi a} y\,\mathrm{d}x。$$

而 x,y 是由参数方程 $x=a(t-\sin t)$,$y=a(1-\cos t)$ 表示的,所以当 $x=0$ 时,$t=0$;当 $x=2\pi a$ 时,$t=2\pi$。而且

$$y = a(1-\cos t), \quad \mathrm{d}x = d[a(t-\sin t)] = a(1-\cos t)\mathrm{d}t,$$

因此所求面积为

$$A = \int_{0}^{2\pi a} y\,\mathrm{d}x = \int_{0}^{2\pi} a(1-\cos t)\cdot a(1-\cos t)\mathrm{d}t = a^2\int_{0}^{2\pi}(1-2\cos t +\cos^2 t)\mathrm{d}t$$

$$= a^2\left(2\pi + \int_{0}^{2\pi} \frac{1+\cos 2t}{2}\mathrm{d}t\right) = 3\pi a^2。$$

6.2.2   极坐标系下平面图形的面积

设曲线的方程由极坐标形式给出,即

$$\rho = \varphi(\theta), \quad \alpha \leqslant \theta \leqslant \beta,$$

则由曲线 $\rho=\varphi(\theta)$、射线 $\theta=\alpha$ 和 $\theta=\beta$ 所围成的平面图形称为曲边扇形(见图 6.10)。现在要计算它的面积,因为极径是变化的,所以不能直接用圆扇形的面积公式 $A=\dfrac{1}{2}R^2\theta$ 来计算。

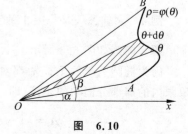
图 6.10

但极径 $\rho=\varphi(\theta)$ 在区间 $[\alpha,\beta]$ 上是连续变化的,且 $\rho=\varphi(\theta)\geqslant0$,所以类似于直角坐标系,利用元素法。取极角 θ 为积分变量,其变化区间为 $[\alpha,\beta]$,在任一小区间 $[\theta,\theta+\mathrm{d}\theta]$ 上小曲边扇形(图 6.10 阴影部分)的面积 ΔA 可以用半径为 $\rho=\varphi(\theta)$、中心角为 $\mathrm{d}\theta$ 的圆扇形的面积来近似,即曲边扇形的面积元素 $\mathrm{d}A$ 为

$$\mathrm{d}A=\frac{1}{2}\rho^2\mathrm{d}\theta=\frac{1}{2}[\varphi(\theta)]^2\mathrm{d}\theta,$$

因此所求曲边扇形的面积为

$$A=\int_\alpha^\beta\frac{1}{2}[\varphi(\theta)]^2\mathrm{d}\theta。$$

计算曲边扇形面积的步骤如下:

(1) 作图,选取极角 θ 为积分变量,其变化区间 $[\alpha,\beta]$ 即为积分区间;

(2) 把 $[\alpha,\beta]$ 的任一小区间记为 $[\theta,\theta+\mathrm{d}\theta]$,则用此区间上的圆扇形面积近似代替窄曲边扇形面积 $\mathrm{d}A$,即扇形面积元素为

$$\mathrm{d}A=\frac{1}{2}\rho^2\mathrm{d}\theta=\frac{1}{2}[\varphi(\theta)]^2\mathrm{d}\theta;$$

(3) 以 $\frac{1}{2}[\varphi(\theta)]^2\mathrm{d}\theta$ 为被积表达式,在区间 $[\alpha,\beta]$ 上作定积分,得曲边扇形面积为

$$A=\int_\alpha^\beta\frac{1}{2}[\varphi(\theta)]^2\mathrm{d}\theta。$$

例 6 计算阿基米德螺线(即匀速螺线)$\rho=a\theta(a>0)$ 上相应于 θ 从 0 变到 2π 的一段弧与极轴所围成的图形的面积。

解 如图 6.11 所示,利用元素法求弧与极轴所围成的面积,步骤如下:

(1) 取极角 θ 为积分变量,θ 的变化区间为 $[0,2\pi]$,所以积分区间为 $[0,2\pi]$;

(2) 在区间 $[0,2\pi]$ 上任取一个小区间 $[\theta,\theta+\mathrm{d}\theta]$,则此小区间上窄曲边扇形的面积(见图 6.11)可以用此区间上半径为 $\rho=a\theta$、中心角为 $\mathrm{d}\theta$ 的圆扇形面积近似代替,即曲边扇形面积元素为

$$\mathrm{d}A=\frac{1}{2}\rho^2\mathrm{d}\theta=\frac{1}{2}(a\theta)^2\mathrm{d}\theta;$$

(3) 所求面积为

$$A=\int_0^{2\pi}\frac{1}{2}\rho^2\mathrm{d}\theta=\int_0^{2\pi}\frac{1}{2}(a\theta)^2\mathrm{d}\theta=\frac{a^2}{2}\cdot\frac{\theta^3}{3}\Big|_0^{2\pi}=\frac{4}{3}\pi^3a^2。$$

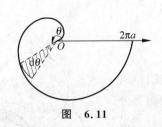

图 6.11

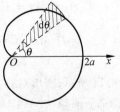

图 6.12

例 7 求心形线 $\rho=a(1+\cos\theta)(a>0)$ 所围图形的面积。

解 如图 6.12 所示,图形关于极轴对称,所以所求图形的面积 A 是极轴上方部分图形面积 A_1 的两倍。下面对于极轴上方部分图形的面积采用元素法求解,步骤如下:

(1) 选 θ 为积分变量,则极轴上方部分图形的极角 θ 的变化范围为 $[0,\pi]$,所以积分区间为 $[0,\pi]$;

(2) 面积元素为

$$dA_1 = \frac{1}{2}\rho^2 d\theta = \frac{1}{2}[a(1+\cos\theta)]^2 d\theta;$$

(3) 极轴上方部分图形的面积为

$$A_1 = \int_0^\pi \frac{1}{2}[a(1+\cos\theta)]^2 d\theta。$$

又 $A = 2A_1$,故所求面积为

$$A = 2A_1 = 2\int_0^\pi \frac{1}{2}[a(1+\cos\theta)]^2 d\theta = a^2 \int_0^\pi (1+2\cos\theta+\cos^2\theta)d\theta$$

$$= a^2\left(\pi + \int_0^\pi \frac{1+\cos2\theta}{2}d\theta\right) = \frac{3}{2}\pi a^2。$$

注意 对称图形计算一部分面积即可。

例 8 求双纽线 $\rho^2 = a^2\cos2\theta$ 所围图形的面积。

解 如图 6.13 所示,图形对称,所以所求图形的面积 A 是第一象限部分图形面积 A_1 的 4 倍。下面对于第一象限部分图形的面积采用元素法求解,步骤如下。

(1) 选 θ 为积分变量,令 $\rho=0$,即 $\cos2\theta=0$,得 $\theta=\frac{\pi}{4}$。

所以第一象限部分图形的极角 θ 的变化范围为 $\left[0,\frac{\pi}{4}\right]$,即积分区间为 $\left[0,\frac{\pi}{4}\right]$。

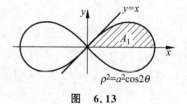

图 6.13

(2) 面积元素为

$$dA_1 = \frac{1}{2}\rho^2 d\theta = \frac{1}{2}a^2\cos2\theta d\theta。$$

(3) 第一象限部分图形的面积为

$$A_1 = \int_0^{\frac{\pi}{4}} \frac{1}{2}a^2\cos2\theta d\theta。$$

又 $A = 4A_1$,故所求面积为

$$A = 4A_1 = 4\int_0^{\frac{\pi}{4}} \frac{1}{2}a^2\cos2\theta d\theta = a^2\sin2\theta\Big|_0^{\frac{\pi}{4}} = a^2。$$

例 9 求曲线 $\rho=\sqrt{2}\sin\theta$,$\rho^2=\cos2\theta$ 所围公共部分图形的面积。

解 如图 6.14 所示,图形对称,所以所求图形的面积 A 是第一象限阴影部分面积 A_1+A_2 的两倍。而第一象限部分图形的面积由两条曲线围成,所以需要把第一象限部分图形的面积分成两部分,分别采用元素法求解,步骤如下。

(1) 选 θ 为积分变量,联立 $\begin{cases} \rho=\sqrt{2}\sin\theta, \\ \rho^2=\cos2\theta, \end{cases}$ 得 $\sin\theta=\frac{1}{2}$,所

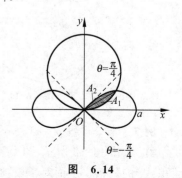

图 6.14

以 $\theta = \dfrac{\pi}{6}$，即两曲线交点对应的极角是 $\theta = \dfrac{\pi}{6}$。所以曲线 $\rho = \sqrt{2}\sin\theta$ 和直线 $\theta = \dfrac{\pi}{6}$ 所围图形中极角的变化范围是 $\left[0, \dfrac{\pi}{6}\right]$。

又令双纽线的极径 $\rho = 0$，即 $\rho^2 = \cos 2\theta = 0$，得 $\theta = \dfrac{\pi}{4}$。所以曲线 $\rho^2 = \cos 2\theta$ 和直线 $\theta = \dfrac{\pi}{6}$ 所围图形中极角的变化范围是 $\left[\dfrac{\pi}{6}, \dfrac{\pi}{4}\right]$。

（2）面积元素分别为

$$\mathrm{d}A_1 = \frac{1}{2}\rho_1^2\mathrm{d}\theta = \frac{1}{2}(\sqrt{2}\sin\theta)^2\mathrm{d}\theta$$

和

$$\mathrm{d}A_2 = \frac{1}{2}\rho_2^2\mathrm{d}\theta = \frac{1}{2}\cos 2\theta\mathrm{d}\theta。$$

（3）第一象限图形中两部分的面积分别为

$$A_1 = \int_0^{\frac{\pi}{6}}\frac{1}{2}\rho_1^2\mathrm{d}\theta = \frac{1}{2}\int_0^{\frac{\pi}{6}}(\sqrt{2}\sin\theta)^2\mathrm{d}\theta = \int_0^{\frac{\pi}{6}}\sin^2\theta\mathrm{d}\theta = \int_0^{\frac{\pi}{6}}\frac{1-\cos 2\theta}{2}\mathrm{d}\theta$$

$$= \left[\frac{\theta}{2} - \frac{\sin 2\theta}{4}\right]_0^{\frac{\pi}{6}} = \frac{\pi}{12} - \frac{\sqrt{3}}{8}$$

和

$$A_2 = \int_{\frac{\pi}{6}}^{\frac{\pi}{4}}\frac{1}{2}\rho_2^2\mathrm{d}\theta = \frac{1}{2}\int_{\frac{\pi}{6}}^{\frac{\pi}{4}}\cos 2\theta\mathrm{d}\theta = \frac{1}{4}\sin 2\theta\Big|_{\frac{\pi}{6}}^{\frac{\pi}{4}} = \frac{1}{4} - \frac{\sqrt{3}}{8},$$

故所求面积为

$$A = 2(A_1 + A_2) = \frac{\pi}{6} + \frac{1-\sqrt{3}}{2}。$$

习 题 6.2

1. 求两条抛物线 $y^2 = x$，$y = x^2$ 所围成的平面图形的面积。
2. 求由两条抛物线 $y = x^2$ 与 $y = 2 - x^2$ 所围图形的面积。
3. 求由曲线 $y = |\ln x|$ 与直线 $x = \dfrac{1}{10}$，$x = 10$，$y = 0$ 所围图形的面积。
4. 求抛物线 $y^2 = 2x$ 与直线 $y = x - 4$ 所围成的平面图形的面积。
5. 抛物线 $y^2 = 2x$ 把圆 $x^2 + y^2 \leqslant 8$ 分成两部分（见图 6.15），求这两部分面积之比。
6. 求内摆线 $x = a\cos^3 t$，$y = a\sin^3 t$（$a > 0$）所围图形的面积（见图 6.16）。

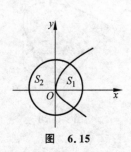

图 6.15

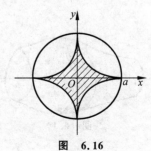

图 6.16

7. 求三叶形曲线 $\rho = a\sin 3\theta (a > 0)$ 所围图形的面积(见图 6.17)。

8. 求两曲线 $\rho = \sin\theta$ 与 $\rho = \sqrt{3}\cos\theta$ 所围公共部分的面积(见图 6.18)。

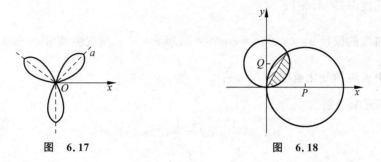

图　6.17　　　　　　　　　　图　6.18

6.3　体积

6.3.1　已知平行截面面积的立体的体积

设一立体被垂直于某直线(可设此直线为 x 轴)的平面所截,截面面积 $A(x)$ 是 x 的连续函数,立体位于过点 $x = a$, $x = b(a < b)$ 且垂直于 x 轴的两个平面之间(见图 6.19),求立体图形的体积。

因为立体图形不规则,所以不能直接用柱体的体积公式计算。现在用垂直于 x 轴的一组平行平面去切割立体图形,把不规则的立体图形切割成小的不规则的立体图形,如果切割平面之间的距离足够小,因为截面面积 $A(x)$ 是 x 的连续函数,则小的不规则的立体图形的体积(见图 6.19)可以用柱体的体积近似代替,因此可以用微元法求解此不规则的立体图形的体积,具体步骤如下:

(1) 取 x 为积分变量,则积分区间为 $[a,b]$;

(2) 用垂直于 x 轴的一组平行平面去切割立体图形,任取一个小区间 $[x, x+dx]$,在此小区间上,小的不规则的立体图形的体积(见图 6.19)可以用底面积为左端点处的截面面积 $A(x)$、高为区间长度 dx 的柱体的体积 $A(x)dx$ 近似代替,即体积元素为

$$dV = A(x)dx;$$

(3) 该立体的体积为

$$V = \int_a^b dV = \int_a^b A(x)dx。$$

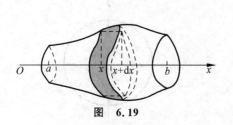

图　6.19

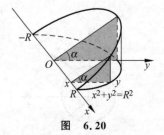

图　6.20

例 1 一平面经过半径为 R 的圆柱体的底面半径,且与底面交角为 α(见图 6.20)。求此平面截圆柱所得立体(楔形体)的体积。

解 取底面直径所在直线为 x 轴,底面上过圆心且垂直于 x 轴的直线为 y 轴,则底面的圆方程为 $x^2 + y^2 = R^2$。

(1) 选择 x 为积分变量,则 x 的变化范围为 $[-R, R]$,即积分区间为 $[-R, R]$;

(2) 立体中过点 $x(x \in (-R, R))$ 且垂直于 x 轴的截面是直角三角形,其面积为

$$A(x) = \frac{1}{2} y \cdot y \tan\alpha = \frac{1}{2}(R^2 - x^2)\tan\alpha,$$

所以体积元素为

$$dV = A(x)dx = \frac{1}{2}(R^2 - x^2)\tan\alpha \, dx;$$

(3) 楔形体体积为

$$V = \int_{-R}^{R} A(x)dx = \frac{1}{2}\tan\alpha \int_{-R}^{R}(R^2 - x^2)dx = \frac{1}{2}\tan\alpha\left[R^2 x - \frac{x^3}{3}\right]_{-R}^{R} = \frac{2}{3}R^3\tan\alpha.$$

6.3.2 旋转体的体积

一个平面图形绕该平面内一条定直线旋转一周而成的立体称为旋转体,该直线称为旋转轴。圆柱、圆锥、圆台、球体等都是旋转体。

现在我们计算由连续曲线 $y = f(x)$,直线 $x = a$,$x = b$ 与 x 轴所围成的曲边梯形绕 x 轴旋转一周所成旋转体的体积(见图 6.21)。

下面用元素法来求旋转体的体积,步骤如下。

(1) 取 x 为积分变量,则 x 的变化范围为 $[a, b]$,即积分区间为 $[a, b]$。

(2) 用垂直于 x 轴的一组平行平面将旋转体分割成许多立体小薄片,其断面都是圆,只是半径不同。任取区间 $[a, b]$ 的一个小区间 $[x, x + dx]$ 上的一小薄片,它的体积近似于以 $f(x)$ 为底面半径、dx 为高的圆柱体的体积(见图 6.21),即体积元素为

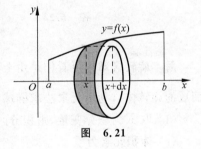

图 6.21

$$dV = \pi[f(x)]^2 dx.$$

(3) 以 $\pi[f(x)]^2 dx$ 为被积表达式,在区间 $[a, b]$ 上作定积分,便得所求旋转体体积为

$$V = \int_a^b \pi[f(x)]^2 dx = \int_a^b \pi y^2 dx,$$

这就是以 x 轴为旋转轴的旋转体的体积公式。

类似地,由连续曲线 $x = \varphi(y)$,直线 $y = c$,$y = d$ 与 y 轴所围成的曲边梯形绕 y 轴旋转一周所得旋转体的体积为

$$V = \int_c^d \pi[\varphi(y)]^2 dy = \int_c^d \pi x^2 dy.$$

例 2 求由直线 $y = \frac{1}{2}x$,$x = 2$ 及 x 轴所围图形绕 x 轴旋转一周而成的旋转体(见图 6.22)的体积。

解 如图 6.22 所示,建立坐标系,利用元素法求旋转体体积,步骤如下:

(1) 取 x 为积分变量,则积分区间为$[0,2]$;

(2) 体积元素为

$$dV = \pi y^2 dx = \pi \left(\frac{x}{2}\right)^2 dx。$$

(3) 旋转体的体积为

$$V = \int_0^2 \pi y^2 dx = \int_0^2 \pi \left(\frac{x}{2}\right)^2 dx = \frac{\pi}{4} \int_0^2 x^2 dx = \frac{\pi}{4} \cdot \frac{x^3}{3} \Big|_0^2 = \frac{2}{3}\pi。$$

此旋转体是底面半径为 1、高为 2 的圆锥体,根据圆锥体的体积公式 $V = \frac{1}{3}\pi r^2 h$,得此

圆锥体的体积为 $V = \frac{1}{3}\pi r^2 h = \frac{1}{3}\pi \times 1^2 \times 2 = \frac{2}{3}\pi$,与用元素法得到的结果一致。

例 3 求由椭圆$\frac{x^2}{a^2} + \frac{y^2}{b^2} = 1$ 绕 x 轴旋转一周而成的旋转体(又称旋转椭球体,见图 6.23)

的体积。

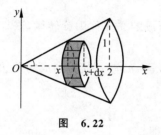

图 6.22   图 6.23

解 旋转椭球体可看作是由上半个椭圆 $y = b\sqrt{1 - \frac{x^2}{a^2}}$ 及 x 轴围成的图形绕 x 轴旋转

而成的旋转体。利用元素法求椭球体体积,步骤如下:

(1) 取 x 为积分变量,则积分区间为$[-a, a]$;

(2) 体积元素为

$$dV = \pi y^2 dx = \pi b^2 \left(1 - \frac{x^2}{a^2}\right) dx;$$

(3) 旋转椭球体的体积为

$$V = \int_{-a}^a \pi y^2 dx = \int_{-a}^a \pi b^2 \left(1 - \frac{x^2}{a^2}\right) dx = \pi b^2 \left[x - \frac{x^3}{3a^2}\right]_{-a}^a = \frac{4}{3}\pi ab^2。$$

当 $a = b$ 时,就是半径为 a 的球体体积公式 $V = \frac{4}{3}\pi a^3$。

例 4 求由两条抛物线 $y = x^2, y^2 = x$ 所围图形绕 x 轴旋转一周而成的旋转体的体积。

解 解法 1 如图 6.24 所示,建立坐标系,利用元素法,求旋转体体积,步骤如下:

(1) 取 x 为积分变量,则积分区间为$[0,1]$;

(2) 体积元素为

$$dV = \pi(y_1^2 - y_2^2) dx = \pi[x - (x^2)^2] dx;$$

（3）旋转体的体积为

$$V = \int_0^1 \pi(y_1^2 - y_2^2)\,dx = \int_0^1 \pi(x - x^4)\,dx = \pi\left(\frac{x^2}{2} - \frac{x^5}{5}\right)\Big|_0^1 = \frac{3}{10}\pi.$$

解法 2 此旋转体的体积可以看作抛物线 $y^2 = x$，直线 $x = 1$ 及 x 轴所围图形绕 x 轴旋转一周而成的旋转体的体积 V_1 和抛物线 $y = x^2$，直线 $x = 1$ 及 x 轴所围图形绕 x 轴旋转一周而成的旋转体的体积 V_2 之差，即所求旋转体体积 $V = V_1 - V_2$。而两个旋转体的体积分别用元素法求解，得

$$V_1 = \int_0^1 \pi y_1^2\,dx = \int_0^1 \pi x\,dx = \frac{\pi}{2}x^2\Big|_0^1 = \frac{\pi}{2}$$

和

$$V_2 = \int_0^1 \pi y_2^2\,dx = \int_0^1 \pi(x^2)^2\,dx = \frac{\pi}{5}x^5\Big|_0^1 = \frac{\pi}{5},$$

因此所求旋转体的体积为

$$V = V_1 - V_2 = \frac{\pi}{2} - \frac{\pi}{5} = \frac{3}{10}\pi.$$

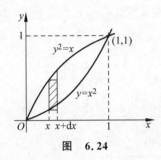

图 6.24

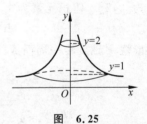

图 6.25

例 5 求由曲线 $xy = 4$，直线 $y = 1$，$y = 2$ 及 y 轴所围图形绕 y 轴旋转一周而成的旋转体（见图 6.25）的体积。

解 如图 6.25 所示，建立坐标系，利用元素法求旋转体体积，步骤如下：

（1）取 y 为积分变量，则积分区间为 $[1,2]$；

（2）体积元素为

$$dV = \pi x^2\,dy = \pi\left(\frac{4}{y}\right)^2\,dy;$$

（3）旋转体的体积为

$$V = \int_1^2 \pi x^2\,dy = \int_1^2 \pi\left(\frac{4}{y}\right)^2\,dy = 16\pi\int_1^2 \frac{1}{y^2}\,dy = -16\pi\cdot\frac{1}{y}\Big|_1^2 = 8\pi.$$

例 6 求由摆线 $x = a(t - \sin t)$，$y = a(1 - \cos t)$ 的一拱及 $y = 0$ 所围图形绕 x 轴旋转一周而成的旋转体（见图 6.26）的体积。

解 如图 6.26 所示，建立坐标系，利用元素法求旋转体体积，步骤如下：

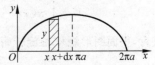

图 6.26

（1）取 x 为积分变量，则积分区间为 $[0, 2\pi a]$；

(2) 体积元素为

$$dV = \pi y^2 dx = \pi [a(1-\cos t)]^2 d[a(t-\sin t)]$$
$$= \pi [a(1-\cos t)]^2 \cdot a(1-\cos t)dt$$
$$= \pi a^3 (1-\cos t)^3 dt,$$

这里,当 $x=0$,即 $a(t-\sin t)=0$ 时,$t=0$;当 $x=2\pi a$ 时,$t=2\pi$;

(3) 旋转体的体积为

$$V = \int_0^{2\pi a} \pi y^2 dx = \int_0^{2\pi} \pi a^3 (1-\cos t)^3 dt$$
$$= \pi a^3 \int_0^{2\pi} (1-3\cos t + 3\cos^2 t - \cos^3 t)dt$$
$$= \pi a^3 \left[2\pi + 3\int_0^{2\pi} \frac{1+\cos 2t}{2} dt - \int_0^{2\pi} (1-\sin^2 t)d\sin t \right]$$
$$= \pi a^3 \left[2\pi + 3\pi - \left(\sin t - \frac{\sin^3 t}{3} \right) \Big|_0^{2\pi} \right] = 5\pi^2 a^3。$$

例7 求由抛物线 $y=x^2$,直线 $x=2$ 与 x 轴所围成的平面图形分别绕 x 轴、y 轴旋转一周所得立体的体积。

解 (1) 平面图形绕 x 轴旋转一周所得立体如图 6.27(a)所示。选取 x 为积分变量,则积分区间为 $[0,2]$。体积元素为

$$dV = \pi y^2 dx = \pi x^4 dx,$$

因此平面图形绕 x 轴旋转一周而成的旋转体的体积为

$$V = \int_0^2 \pi y^2 dx = \int_0^2 \pi x^4 dx = \left[\frac{\pi}{5} x^5 \right]_0^2 = \frac{32}{5}\pi。$$

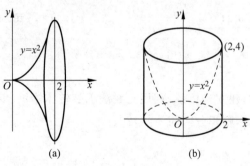

图 **6.27**

(2) 平面图形绕 y 轴旋转一周所得立体如图 6.27(b)所示。选取 y 为积分变量,则积分区间为 $[0,4]$。体积元素为

$$dV = \pi(x_1{}^2 - x_2{}^2)dy = \pi(2^2 - y)dy,$$

因此平面图形绕 y 轴旋转一周而成的旋转体体积为

$$V = \int_0^4 \pi(x_1{}^2 - x_2{}^2)dy = \int_0^4 \pi(2^2 - y)dy = \pi \left[4y - \frac{y^2}{2} \right]_0^4 = 8\pi。$$

或者,平面图形绕 y 轴旋转而成的旋转体体积可以看成圆柱体体积减去杯状体的体积,即

$$V = \int_0^4 \pi \cdot 2^2 dy - \int_0^4 \pi(\sqrt{y})^2 dy = 16\pi - \int_0^4 \pi y dy = 16\pi - \pi \left[\frac{y^2}{2} \right]_0^4 = 8\pi。$$

习　题　6.3

1. 如图 6.28 所示,直椭圆柱体被通过底面短轴的斜平面所截,试求截得楔形体的体积。

2. 求曲线 $y = \sin x\,(0 \leqslant x \leqslant \pi)$ 绕 x 轴旋转一周所得旋转体的体积。

3. 求圆 $x^2 + (y-b)^2 = a^2\,(0 < a < b)$ 绕 x 轴旋转一周所得旋转体的体积。

4. 求椭圆 $\dfrac{x^2}{a^2} + \dfrac{y^2}{b^2} = 1$ 绕 y 轴旋转一周所得旋转体的体积。

5. 求曲线 $x = a\cos^3 t,\ y = a\sin^3 t$ 所围平面图形(见图 6.29)绕 x 轴旋转一周所得立体的体积。

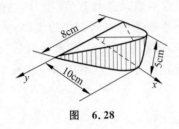

图　6.28

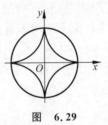

图　6.29

6. 求由曲线 $xy = 4$,直线 $y = 1$ 及 y 轴所围的第一象限内的平面图形绕 y 轴旋转一周而成的旋转体的体积。

7. 求由摆线 $x = a(t - \sin t),\ y = a(1 - \cos t)$ 的一拱及 $y = 0$ 所围图形绕 y 轴旋转一周而成的旋转体的体积。

总 习 题 6

1. 求下列平面图形的面积:

(1) 由曲线 $y = \mathrm{e}^x,\ y = \mathrm{e}^{-x}$ 及直线 $x = 1$ 所围成的平面图形;

(2) 由曲线 $y = \sqrt{1 - (1-x)^2}$,$y = \mathrm{e}^x$,y 轴和 $x = 2$ 所围成的平面图形;

(3) 由曲线 $\rho = 2\sin\theta,\ \rho = 2\cos\theta$ 所围公共部分的平面图形。

2. 求下列平面图形绕指定轴旋转所得旋转体的体积:

(1) 由曲线 $y = x^2 + 1$ 和直线 $y = x,\ x = 0,\ x = 2$ 围成的平面图形绕 x 轴旋转一周所成旋转体的体积;

(2) 曲线 $y = \ln x$ 上点 $A(\mathrm{e}, 1)$ 处的切线与该曲线及 x 轴所围成的平面图形绕 y 轴旋转一周所成旋转体的体积。

第 7 章

微 分 方 程

社会生活中的很多问题都可以转化成数学中的函数问题,利用函数关系可以对客观事物的规律性进行研究。如何寻求函数关系,是数学中的一个重要内容,在实践中具有重要意义。而在实际问题中,有一类问题需要建立起待求函数及其导数(或微分)之间的关系式。比如:某个物体在重力作用下自由下落,要寻求下落距离随时间变化的规律;火箭在发动机推动下在空间飞行,要寻求它飞行的轨道等。我们把联系自变量、未知函数以及未知函数的导数的等式称为微分方程。本章主要介绍常微分方程的一些基本概念和几种常见的常微分方程的求解方法。

7.1 微分方程的基本概念

7.1.1 引例

例 1 求平面上过点$(1,3)$且每点切线斜率为横坐标的两倍的曲线方程。

解 设所求曲线方程为$y=f(x)$,由题知

$$\frac{\mathrm{d}y}{\mathrm{d}x}=2x, \tag{7.1}$$

两边乘以 $\mathrm{d}x$,得

$$\mathrm{d}y=2x\,\mathrm{d}x,$$

对两边积分得

$$y=x^2+C。 \tag{7.2}$$

将点$(1,3)$代入上式,得

$$C=2,$$

所求的曲线方程为

$$y=x^2+2。 \tag{7.3}$$

例 2(物理冷却过程的数学模型) 将某物体放置于空气中,在时刻 $t=0$ 时,测得它的温度为 $u_1=150℃$,10min 后测量得温度 $u_2=87℃$。试决定此物体的温度 u 和时间 t 的关系,并计算 20min 后物体的温度。这里假设空气的温度保持在 $u_0=24℃$。

解 牛顿冷却定律表明:

(1)热量总是从温度高的物体向温度低的物体传导;

(2)在一定的温度范围内,一个物体的温度变化速度与这一物体的温度与其所在的介质温度之差成正比。

设物体在时刻 t 的温度为 $u(t)$，根据导数的物理意义，则温度的变化速度为 $\dfrac{\mathrm{d}u}{\mathrm{d}t}$，由牛顿冷却定律得到

$$\frac{\mathrm{d}u}{\mathrm{d}t} = -k(u - u_0), \tag{7.4}$$

其中，$k > 0$，为比例系数。此数学关系式就是物体冷却过程的数学模型，下面来求解这个问题。

两边除以 $u - u_0$，再乘以 $\mathrm{d}t$，得到

$$\frac{\mathrm{d}u}{u - u_0} = -k\,\mathrm{d}t,$$

两边积分得

$$\ln(u - u_0) = -kt + C_0,$$

两边取 e 指数得

$$u = C\mathrm{e}^{-kt} + u_0 。 \tag{7.5}$$

由于当 $t = 0$ 时，$u_1 = 150℃$，当 $t = 10$ 时，$u_2 = 87℃$，以及 $u_0 = 24℃$，解得 $C = 126$，$k = \dfrac{\ln 2}{10}$。

于是在任意时刻 t，有

$$u = 126\mathrm{e}^{-\frac{\ln 2}{10}t} + 24 。 \tag{7.6}$$

将 $t = 20$ 代入上式，得此时的温度为 $55.5℃$。

通过上述两例可知解决问题的基本思路是：首先根据具体问题建立所求函数及其导数的方程，即建立微分方程；然后建立所求函数及其导数所满足的条件，即初始条件；最后通过积分求出函数的一般规律和适合条件的具体规律。当然实际中还有很多微分方程的应用，比如振动方程：

$$\frac{\mathrm{d}^2 s}{\mathrm{d}t^2} + \alpha\,\frac{\mathrm{d}s}{\mathrm{d}t} + k^2 s = f\sin\omega t, \tag{7.7}$$

火箭的质量与速度的关系方程：

$$v + m\,\frac{\mathrm{d}v}{\mathrm{d}m} = v^2, \tag{7.8}$$

以及热传导方程：

$$\frac{\partial u}{\partial t} = a^2\left(\frac{\partial^2 u}{\partial x^2} + \frac{\partial^2 u}{\partial y^2} + \frac{\partial^2 u}{\partial z^2}\right) 。 \tag{7.9}$$

可以说，微分方程在物理学、化学、工程科学甚至社会科学中有着广泛的应用。

7.1.2 基本概念

1. 微分方程

把含有自变量、未知函数以及未知函数的导数或微分的方程，叫作**微分方程**。其中未知函数的导数或微分必须出现在等式中。当未知函数只依赖于一个变量时，叫作**常微分方程**；未知函数是多元函数的，叫作**偏微分方程**。容易看出，方程式(7.1)、式(7.4)及式(7.7)和式(7.8)都是常微分方程，而式(7.9)为偏微分方程。

2. 微分方程的阶

微分方程中未知函数的最高阶导数的阶数，叫作**微分方程的阶**。例如，方程(7.1)是一阶微分方程，方程(7.7)是二阶微分方程。一般地，n 阶常微分方程的形式为 $F(x, y, y', \cdots, y^{(n)}) = 0$。

3. 微分方程的解

设函数 $y = \varphi(x)$ 在区间 I 上有相应阶的导数，若将其代入微分方程，能使方程成为恒等式。则称 $y = \varphi(x)$ 是微分方程在区间 I 上的**解**。如果微分方程的解中含有的独立的任意常数的个数与方程的阶数相等，这样的解称为微分方程的**通解**。例如，函数(7.2)是方程(7.1)的通解，函数(7.5)是方程(7.4)的通解。如果微分方程的解中不含任意常数，这样的解称为微分方程的**特解**。例如，函数(7.3)是方程(7.1)的特解，函数(7.6)是方程(7.4)的特解。

4. 积分曲线

微分方程的解的几何图形称为微分方程的**积分曲线**。特解的几何图形就是一条积分曲线，通解的几何图形就是**一积分曲线族**。例如，例 1 中的特解 $y = x^2 + 2$ 就是过点$(1, 3)$的那条积分曲线，而其通解 $y = x^2 + C$ 即为将一条积分曲线沿 y 轴上下平移形成的积分曲线族。

【人生启迪】

微分方程打开了认识世界的一扇新大门，大家耳熟能详的很多科学家——欧拉、柯西、高斯、拉格朗日和伯努利(家族)等都做过很多有关微分方程的研究工作。值得一提的是 17—18 世纪时期的伯努利家族，这个家族祖孙三代出过十余位数学家和物理学家。从这个家族的荣耀史我们可以悟到两个道理：(1)一个家族的家风很重要。为了我们的家庭能家道兴盛、和顺美满，一定要树立正确的价值观。(2)近朱者赤，近墨者黑，即环境，对一个人的影响是至关重要的，处于积极健康良好的环境中，自身也会朝着更高的目标成长和发展。比如我们经常会看到某某宿舍全体被保研，某某学霸宿舍等报道。因此，我们要将自己的朋友圈打造成一个团结、积极向上、充满正能量的小环境。

习　题　7.1

1. 下面的等式中哪些是微分方程？若是，指出其阶数。

(1) $\dfrac{dy}{dx} = 4x^2 - y$；

(2) $xy' + \sin x = 1$；

(3) $\dfrac{d^2 y}{dx^2} - \left(\dfrac{dy}{dx}\right)^2 + 12xy = 0$；

(4) $x\dfrac{dy}{dx} + \left(\dfrac{dy}{dx}\right)^2 - 3y^2 = 0$；

(5) $3dy - x dx = 2$；

(6) $\sin\left(\dfrac{d^2 y}{dx^2}\right) + e^y = x$。

2. 验证下列各函数是相应微分方程的解：

(1) $y = \dfrac{1}{x^2 + 1}$,$(1 + x^2)y'' + 4xy' + 2y = 0$;

(2) $y = Ce^x$,$y'' - 2y' + y = 0$(C 是任意常数)。

3. 设降落伞从跳伞塔下落后,所受空气阻力与速度成正比,并设降落伞离开跳伞塔时($t = 0$)速度为零。试建立降落伞下落速度与时间的微分方程。

7.2 一阶微分方程

本节将介绍一阶微分方程的初等解法,即把微分方程的求解问题化为积分问题。但大家要明白:一般的一阶微分方程是没有初等解法的,我们这里介绍几种能有初等解法的方程类型及其求解的一般方法,虽然这些类型是很有限的,但它们却反映了实际问题中出现的微分方程的相当部分。因此掌握这些类型方程的解法有着重要的实际意义。

7.2.1 可分离变量的微分方程与分离变量法

形如

$$\frac{\mathrm{d}y}{\mathrm{d}x} = f(x)g(y) \tag{7.10}$$

的方程,称为**可分离变量方程**,其中 $f(x)$,$g(y)$ 分别是 x,y 的连续函数。这种方程的特点是:方程右端是只含 x 的函数和只含 y 的函数的乘积。如果 $g(y) \neq 0$,方程(7.10)可变形为

$$\frac{\mathrm{d}y}{g(y)} = f(x)\mathrm{d}x, \tag{7.11}$$

这个过程称为分离变量,即能把方程变成一边是只含 y 的函数和 $\mathrm{d}y$ 的乘积,另一边是只含 x 的函数和 $\mathrm{d}x$ 的乘积。

如果 y 作为 x 的函数是方程(7.10)的解,则方程(7.11)两端是彼此恒等的微分,两端积分就得到 y 所满足的隐函数方程

$$\int \frac{1}{g(y)}\mathrm{d}y = \int f(x)\mathrm{d}x + C \tag{7.12}$$

或

$$G(y) = F(x) + C, \tag{7.13}$$

其中,$G(y) = \displaystyle\int \frac{1}{g(y)}\mathrm{d}y$ 和 $F(x) = \displaystyle\int f(x)\mathrm{d}x$ 分别是 $\dfrac{1}{g(y)}$ 和 $f(x)$ 的某个原函数,C 是积分常数。称函数(7.13)就是方程(7.10)的通解。以上求常微分方程(7.10)的方法,称为可分离变量法。具体步骤如下:

(1) 对方程进行变量分离为式(7.11)的形式;

(2) 对式(7.11)两边积分,即 $\displaystyle\int \frac{1}{g(y)}\mathrm{d}y = \int f(x)\mathrm{d}x + C$,则可得方程(7.10)的解为 $G(y) = F(x) + C$。

注意 如果将方程(7.10)变形为方程(7.11),又存在 y_0,使 $g(y) = 0$,直接代入,可知

$y = y_0$ 也是方程(7.10)的解。但这个解可能不包含在解(7.13)中,这时必须予以补上,通解的形式便为

$$\begin{cases} G(y) = F(x) + C, \\ y = y_0。 \end{cases}$$

这里需要说明的是,本书对此类特解不予详细讨论。

例 1　求微分方程 $\dfrac{\mathrm{d}y}{\mathrm{d}x} = -\dfrac{x}{y}$ 的通解。

解　将方程进行变量分离,得到

$$y\,\mathrm{d}y = -x\,\mathrm{d}x,$$

两边积分得

$$\int y\,\mathrm{d}y = -\int x\,\mathrm{d}x,$$

则得

$$\frac{1}{2}y^2 = -\frac{1}{2}x^2 + \frac{C}{2},$$

即

$$x^2 + y^2 = C。$$

这里 $C > 0$ 是任意常数。或者解出其显式解 $y = \pm\sqrt{C - x^2}$。

例 2　求微分方程 $\dfrac{\mathrm{d}y}{\mathrm{d}x} = -2xy$ 的通解。

解　将方程进行变量分离,得到

$$\frac{\mathrm{d}y}{y} = -2x\,\mathrm{d}x,$$

两边积分得

$$\int \frac{1}{y}\,\mathrm{d}y = -2\int x\,\mathrm{d}x,$$

则得

$$\ln|y| = -x^2 + C_1,$$

即

$$y = \pm e^{-x^2 + C_1} = \pm e^{C_1}e^{-x^2}。$$

记 $C = \pm e^{C_1}$,则可得解为 $y = Ce^{-x^2}$。

由于 $y = 0$ 也是方程的解,但此解未包含在上述解中,所以原方程的通解为

$$y = Ce^{-x^2}, \quad C \text{ 为任意常数。}$$

例 3　求方程 $y^2\,\mathrm{d}x + y\,\mathrm{d}y = x^2 y\,\mathrm{d}y - \mathrm{d}x$ 满足条件 $y|_{x=2} = 1$ 的特解。

解　将方程进行变量分离得

$$\frac{y\,\mathrm{d}y}{y^2 + 1} = \frac{1}{x^2 - 1}\,\mathrm{d}x,$$

两边积分得

$$\ln(1 + y^2) = \ln\frac{x-1}{x+1} + C_1,$$

所以通解为

$$y^2 + 1 = \frac{C(x-1)}{x+1}, \quad C = e^{C_1}。$$

为求出其特解,将 $x=2,y=1$ 代入通解中,得 $C=6$。因此所求特解为

$$y^2+1=\frac{6(x-1)}{x+1}。$$

例 4 求微分方程 $\dfrac{\mathrm{d}y}{\mathrm{d}x}=\dfrac{1}{x+y}-1$ 的通解。

解 此方程不能直接表现为可分离变量的方程,但我们可以作如下变换:$u=x+y$,则得

$$\frac{\mathrm{d}u}{\mathrm{d}x}=1+\frac{\mathrm{d}y}{\mathrm{d}x},$$

代入原方程可得

$$\frac{\mathrm{d}u}{\mathrm{d}x}=\frac{1}{u},$$

即

$$u\,\mathrm{d}u=\mathrm{d}x,$$

两边积分得

$$\frac{1}{2}u^2=x+C_1。$$

还原得方程的通解为

$$(x+y)^2=2x+C,\quad C=2C_1,$$

此解的形式又称为通解的隐式表达式。这种变量替换的手段今后会经常遇到。

7.2.2 齐次微分方程

形如 $\dfrac{\mathrm{d}y}{\mathrm{d}x}=F\left(\dfrac{y}{x}\right)$ 或 $\dfrac{\mathrm{d}x}{\mathrm{d}y}=G\left(\dfrac{x}{y}\right)$ 的方程,称为**齐次微分方程**。例如方程 $(x-y)\mathrm{d}y-(x+y)\mathrm{d}x=0,\dfrac{\mathrm{d}y}{\mathrm{d}x}=2\sqrt{\dfrac{y}{x}}+\dfrac{y}{x}$ 等都是齐次方程。

为了求解齐次方程的通解需作变量变换,即

$$u=\frac{y}{x}\ 或\ y=ux,\quad u\ 是关于\ x\ 的函数,$$

则有

$$\frac{\mathrm{d}y}{\mathrm{d}x}=x\,\frac{\mathrm{d}u}{\mathrm{d}x}+u,$$

代入方程 $\dfrac{\mathrm{d}y}{\mathrm{d}x}=F\left(\dfrac{y}{x}\right)$ 得

$$x\,\frac{\mathrm{d}u}{\mathrm{d}x}+u=F(u), \tag{7.14}$$

整理得

$$\frac{\mathrm{d}u}{F(u)-u}=\frac{\mathrm{d}x}{x}。 \tag{7.15}$$

方程(7.15)是一可分离变量的方程,按可分离变量方程的求解方法即可求出其解,然后用 $\dfrac{y}{x}$ 代替变量 u,便得方程(7.14)的解。

例 5 求解微分方程 $(x-y)\mathrm{d}y-(x+y)\mathrm{d}x=0$ 的通解。

解 原方程变形为

$$\frac{\mathrm{d}y}{\mathrm{d}x}=\frac{1+\dfrac{y}{x}}{1-\dfrac{y}{x}},$$

它是齐次方程。令 $y=ux$（u 是关于 x 的函数），代入方程得

$$x\frac{\mathrm{d}u}{\mathrm{d}x}+u=\frac{1+u}{1-u},$$

整理分离变量得

$$\frac{(1-u)\mathrm{d}u}{1+u^2}=\frac{\mathrm{d}x}{x},$$

两边积分得

$$\arctan u-\ln\sqrt{1+u^2}=\ln|x|-\ln C,$$

其中，$C>0$，为任意常数。将 $\ln\sqrt{1+u^2}$ 移到等式的右边后，两边取指数得

$$|x|\sqrt{1+u^2}=C\mathrm{e}^{\arctan u},$$

将 $u=\dfrac{y}{x}$ 代入上式，就得到方程的通解为

$$\sqrt{x^2+y^2}=C\mathrm{e}^{\arctan\frac{y}{x}}。$$

如果采用极坐标表示为 $r=C\mathrm{e}^{\theta}$，这是以圆点为焦点的螺线。

例 6 求微分方程 $(x^2+y^2)\mathrm{d}x=2xy\mathrm{d}y$ 满足初始条件 $y|_{x=1}=0$ 的特解。

解 方程可化为

$$\frac{\mathrm{d}y}{\mathrm{d}x}=\frac{x^2+y^2}{2xy}=\frac{1+\left(\dfrac{y}{x}\right)^2}{2\left(\dfrac{y}{x}\right)},$$

它是齐次方程。令 $u=\dfrac{y}{x}$，代入整理后，有

$$\frac{\mathrm{d}u}{\mathrm{d}x}=\frac{1-u^2}{2xu},$$

分离变量，则有

$$\frac{u}{1-u^2}\mathrm{d}u=\frac{1}{2x}\mathrm{d}x,$$

两边积分，得

$$-\frac{1}{2}\ln|1-u^2|=\frac{1}{2}\ln|x|+\frac{1}{2}\ln C_1,$$

即

$$Cx(1-u^2)=1\ (C=\pm\ln C_1)。$$

将 $u=\dfrac{y}{x}$ 代入上式，于是所求方程的通解为

$$C(x^2-y^2)=x。$$

把初始条件 $y|_{x=1}=0$ 代入上式,求出 $C=1$,故所求方程的特解为

$$y^2=x^2-x。$$

例 7　求解微分方程 $2xy\mathrm{d}y+(y^2-3x^2)\mathrm{d}x=0$ 满足初始条件 $y|_{x=1}=0$ 的特解。

解　原方程变形为

$$\frac{\mathrm{d}y}{\mathrm{d}x}=\frac{3-\left(\dfrac{y}{x}\right)^2}{2\left(\dfrac{y}{x}\right)},$$

它是齐次方程。令 $y=ux$(u 是关于 x 的函数),代入方程得

$$x\frac{\mathrm{d}u}{\mathrm{d}x}+u=\frac{3-u^2}{2u},$$

整理,分离变量得

$$\frac{u\mathrm{d}u}{1-u^2}=\frac{3}{2}\cdot\frac{\mathrm{d}x}{x},$$

两边积分得

$$\frac{3}{2}\ln|x|=\ln C-\frac{1}{2}\ln|1-u^2|,$$

两边取指数得

$$x^{3/2}=\frac{C}{\sqrt{1-u^2}}。$$

将 $u=\dfrac{y}{x}$ 代入上式,就得到方程的通解为

$$\frac{Cx}{\sqrt{x^2-y^2}}=x^{3/2}。$$

再将 $x=1,y=0$ 代入通解中得 $C=1$,则原方程的特解为

$$x^2-y^2=x^{-1}。$$

注意　变量代换法在解微分方程中,有着特殊的作用。通过代换,把所求方程转化为能够求解的方程类型。但困难之处是如何选择适宜的变量代换。一般来说,变量代换的选择并无一定的规律,往往要根据所考虑的微分方程的特点而构造。例如,求方程 $\dfrac{\mathrm{d}y}{\mathrm{d}x}=x^2-2xy+y^2$ 的解,可以作 $u=x-y$ 的变量代换等。

例 8　设河边点 O 的正对岸为点 A,河宽 $OA=h$,两岸为平行直线,水流速度为 a。有鸭子从点 A 游向点 O,设鸭子(在静水中)的游速为 $b(|b|>|a|)$,且鸭子游动方向始终朝着点 O。试求鸭子游过的迹线。

解　如图 7.1 所示,设水流速度为 $a(|a|=a)$,鸭子游速为 $b(|b|=b)$,则鸭子实际运动速度为 $v=a+b$。取 O 为坐标原点,河岸朝顺水方向为 x 轴,y 轴指向对岸,设在时刻 t 鸭子位于点 $P(x,y)$。

设鸭子运动速度为

$$v=(v_x,v_y)=\left(\frac{\mathrm{d}x}{\mathrm{d}t},\frac{\mathrm{d}y}{\mathrm{d}t}\right),$$

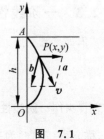

图　7.1

故有

$$\frac{\mathrm{d}x}{\mathrm{d}y} = \frac{v_x}{v_y}。$$

而 $\boldsymbol{a} = (a, 0)$，$\boldsymbol{b} = b\overrightarrow{PO^0}$，其中 $\overrightarrow{PO^0}$ 为与 $\overrightarrow{PO}$ 同方向的单位向量。由于 $\overrightarrow{PO} = -(x, y)$，故 $\overrightarrow{PO^0} = \dfrac{1}{\sqrt{x^2 + y^2}}(x, y)$，所以 $\boldsymbol{b} = \dfrac{-b}{\sqrt{x^2 + y^2}}(x, y)$。从而 $\boldsymbol{v} = \boldsymbol{a} + \boldsymbol{b} = \left(a - \dfrac{bx}{\sqrt{x^2 + y^2}}, -\dfrac{by}{\sqrt{x^2 + y^2}}\right)$。由此得到微分方程为

$$\frac{\mathrm{d}x}{\mathrm{d}y} = -\frac{a\sqrt{x^2 + y^2}}{by} + \frac{x}{y},$$

即

$$\frac{\mathrm{d}x}{\mathrm{d}y} = -\frac{a}{b}\sqrt{\left(\frac{x}{y}\right)^2 + 1} + \frac{x}{y}。$$

令 $\dfrac{x}{y} = u$，则 $x = uy$，将 $\dfrac{\mathrm{d}x}{\mathrm{d}y} = y\dfrac{\mathrm{d}u}{\mathrm{d}y} + u$ 代入上面的方程，有

$$y\frac{\mathrm{d}u}{\mathrm{d}y} = -\frac{a}{b}\sqrt{u^2 + 1},$$

分离变量得

$$\frac{\mathrm{d}u}{\sqrt{u^2 + 1}} = -\frac{a}{by}\mathrm{d}y,$$

积分得

$$\ln(u + \sqrt{u^2 + 1}) = -\frac{a}{b}(\ln y + \ln c),$$

$$u + \sqrt{u^2 + 1} = (Cy)^{-\frac{a}{b}},$$

$$1 = (Cy)^{-\frac{a}{b}}(\sqrt{u^2 + 1} - u)。$$

$$u = \frac{1}{2}\left[(Cy)^{-\frac{a}{b}} - (Cy)^{\frac{a}{b}}\right]。$$

所以得

$$x = \frac{y}{2}\left[(Cy)^{-\frac{a}{b}} - (Cy)^{\frac{a}{b}}\right]。$$

以条件 $y = h$ 时 $x = 0$ 代入上式，得 $C = \dfrac{1}{h}$，故鸭子游过的迹线为

$$x = \frac{y}{2}\left[\left(\frac{y}{h}\right)^{-\frac{a}{b}} - \left(\frac{y}{h}\right)^{\frac{a}{b}}\right], \quad 0 \leqslant y \leqslant h。$$

7.2.3 一阶线性微分方程

形如

$$\frac{\mathrm{d}y}{\mathrm{d}x} + p(x)y = q(x) \tag{7.16}$$

的方程叫作**一阶线性微分方程**（因为它对于未知函数 y 及其导数 $\dfrac{\mathrm{d}y}{\mathrm{d}x}$ 均为一次）。当 $q(x) = 0$ 时，称方程(7.16)为**齐次的**，否则称为**非齐次的**。

首先,讨论式(7.16)所对应的齐次方程

$$\frac{\mathrm{d}y}{\mathrm{d}x} = -p(x)y \tag{7.17}$$

的通解问题。

分离变量,得

$$\frac{\mathrm{d}y}{y} = -p(x)\mathrm{d}x,$$

两边积分,得

$$\ln|y| = -\int p(x)\mathrm{d}x + \ln|C|,$$

故可知方程(7.17)的通解为

$$y = C\mathrm{e}^{-\int p(x)\mathrm{d}x}, \quad C \text{ 为任意常数}。$$

例 9 求微分方程 $y' + xy = 0$ 的通解。

解 分离变量,得

$$\frac{\mathrm{d}y}{y} = -x\,\mathrm{d}x,$$

两边积分,得

$$\int \frac{\mathrm{d}y}{y} = -\int x\,\mathrm{d}x,$$

则得

$$\ln|y| = -\frac{1}{2}x^2 + \ln C,$$

因此可得该微分方程的通解为

$$y = C\mathrm{e}^{-\frac{x^2}{2}}。$$

其次,我们使用所谓的**常数变易法**(即将常数变易为待定函数的方法)来求非齐次线性方程(7.16)的通解。

将方程(7.17)的通解中的常数 C 换成 x 的未知函数 $C(x)$,即作变换

$$y = C(x)\mathrm{e}^{-\int p(x)\mathrm{d}x}, \tag{7.18}$$

两边求导得

$$\frac{\mathrm{d}y}{\mathrm{d}x} = \frac{\mathrm{d}C(x)}{\mathrm{d}x}\mathrm{e}^{-\int p(x)\mathrm{d}x} - C(x)p(x)\mathrm{e}^{-\int p(x)\mathrm{d}x}。$$

把上两式代入方程(7.16),得

$$\frac{\mathrm{d}C(x)}{\mathrm{d}x}\mathrm{e}^{-\int p(x)\mathrm{d}x} - C(x)p(x)\mathrm{e}^{\int p(x)\mathrm{d}x} + p(x)C(x)\mathrm{e}^{-\int p(x)\mathrm{d}x} = q(x),$$

整理得

$$\frac{\mathrm{d}C(x)}{\mathrm{d}x} = q(x)\mathrm{e}^{\int p(x)\mathrm{d}x},$$

两边积分,得

$$C(x) = \int q(x)\mathrm{e}^{\int p(x)\mathrm{d}x}\,\mathrm{d}x + C_1。$$

把上式代入式(7.18),于是得到非齐次线性方程(7.16)的通解为

$$y = \mathrm{e}^{-\int p(x)\mathrm{d}x}\left(\int q(x)\mathrm{e}^{\int p(x)\mathrm{d}x}\mathrm{d}x + C_1\right), \tag{7.19}$$

将它写成两项之和,即

$$y = C_1\mathrm{e}^{-\int p(x)\mathrm{d}x} + \mathrm{e}^{-\int p(x)\mathrm{d}x}\int q(x)\mathrm{e}^{\int p(x)\mathrm{d}x}\mathrm{d}x。$$

不难发现,第一项是对应的齐次线性方程(7.17)的通解,第二项是非齐次线性方程(7.16)的一个特解。由此得到一阶线性非齐次方程的通解的结构为

非齐次方程的通解＝对应的齐次方程的通解＋非齐次方程的一个特解。

例 10 求微分方程 $y' - \dfrac{2y}{x+1} = (x+1)^{\frac{5}{2}}$ 的通解。

解 这是一个非齐次线性方程,先求对应的齐次方程的通解,即

$$y' - \frac{2y}{x+1} = 0,$$

分离变量,得

$$\frac{\mathrm{d}y}{y} = \frac{2}{x+1}\mathrm{d}x,$$

两边积分得齐次方程通解为

$$y = C(x+1)^2。$$

然后将上式通解中的常数 C 换成 x 的未知函数 $C(x)$,即令

$$y = C(x)(x+1)^2,$$

两边对 x 求导,得

$$\frac{\mathrm{d}y}{\mathrm{d}x} = C'(x)(x+1)^2 + 2C(x)(x+1)。$$

将上式代入原非齐次线性方程中,可解得

$$C(x) = \frac{2}{3}(x+1)^{\frac{3}{2}} + C,$$

即可得非齐次方程的通解为

$$y = (x+1)^2\left[\frac{2}{3}(x+1)^{\frac{3}{2}} + C\right]。$$

例 11 求方程 $(x+1)\dfrac{\mathrm{d}y}{\mathrm{d}x} - ny = \mathrm{e}^x(x+1)^{n+1}$ 的通解,其中 n 为常数。

解 原方程变形可得

$$\frac{\mathrm{d}y}{\mathrm{d}x} - \frac{n}{x+1}y = \mathrm{e}^x(x+1)^n,$$

这是一阶线性非齐次方程,下面我们用两种方法求其解。

解法 1 常数变易法。

首先,求其对应的齐次方程 $\dfrac{\mathrm{d}y}{\mathrm{d}x} = \dfrac{n}{x+1}y$ 的通解。

分离变量得

$$\frac{\mathrm{d}y}{y} = \frac{n}{x+1}\mathrm{d}x,$$

两边积分得齐次方程的通解为

$$y = C(x+1)^n。$$

其次，应用常数变易法求非齐次方程的通解。在上式中令 $C = C(x)$，即 $y = C(x)(x+1)^n$，于是有

$$\frac{dy}{dx} = \frac{dC(x)}{dx}(x+1)^n + n(x+1)^{n-1}C(x)。$$

把上两式代入原方程得

$$\frac{dC(x)}{dx} = e^x，$$

积分得

$$C(x) = e^x + C。$$

把所求得的 $C(x)$ 代入 $y = C(x)(x+1)^n$，得原方程的通解为

$$y = (x+1)^n(e^x + C)。$$

解法 2 公式法。

把所求方程与方程(7.16)对照，有

$$p(x) = -\frac{n}{x+1}, \quad q(x) = e^x(x+1)^n，$$

代入式(7.19)得

$$y = e^{\int \frac{n}{x+1}dx}\left[\int e^x(x+1)^n e^{-\int \frac{n}{x+1}dx}dx + C\right]$$

$$= (x+1)^n\left[\int e^x(x+1)^n(x+1)^{-n}dx + C\right]$$

$$= (x+1)^n(e^x + C)。$$

由此例的求解可知，若能确定一个方程为一阶线性非齐次方程，求解它既可以用常数变易法也可以套用公式。

例 12 求方程 $\dfrac{dy}{dx} = \dfrac{1}{y-x}$ 的通解。

解 该方程不是未知函数 y 的线性方程，但可以将它变形为

$$\frac{dx}{dy} = y - x，$$

即

$$\frac{dx}{dy} + x = y。 \tag{7.20}$$

把 x 视为未知函数，y 视为自变量，方程(7.20)便是一阶线性非齐次方程。

下面我们用常数变易法来求其通解。

方程(7.20)对应的齐次方程为

$$\frac{dx}{dy} + x = 0，$$

分离变量，两边积分得通解为

$$x = Ce^{-y}。$$

常数变易,即令 $C=C(y)$,则得

$$x=C(y)\mathrm{e}^{-y},\tag{7.21}$$

$$\frac{\mathrm{d}x}{\mathrm{d}y}=C'(y)\mathrm{e}^{-y}-C(y)\mathrm{e}^{-y}。$$

把上两式代入方程(7.20),得

$$C'(y)=y\mathrm{e}^{y},$$

积分得

$$C(y)=(y-1)\mathrm{e}^{y}+C。$$

将 $C(y)$ 结果代入式(7.21),得原方程的通解为

$$x=C\mathrm{e}^{-y}+(y-1)。$$

此题也可以作变量代换 $u=y-x$,把方程转化为可分离变量的方程来解决。

【科学精神】

在求一阶线性非齐次微分方程通解的过程中,我们用到了一种非常重要的方法——常数变易法,该方法核心思想是"大胆"猜测一阶线性非齐次微分方程的通解结构为 $y=C(x)\mathrm{e}^{-\int p(x)\mathrm{d}x}$,然后通过验证 $C(x)$ 的存在性,最终确定了一阶线性非齐次微分方程的通解结构: $y=\mathrm{e}^{-\int p(x)\mathrm{d}x}\left(\int q(x)\mathrm{e}^{\int p(x)\mathrm{d}x}\mathrm{d}x+C\right)$。整个过程蕴藏一个重要的科学思想:"大胆地假设,小心地求证"。这句话是由中国现代思想家、文学家、哲学家胡适先生在 1952 年 12 月在台北市台湾大学作演讲时提出的。"大胆假设"是要打破旧有观念的束缚,挣破旧有思想的牢笼,大胆创新,对未解决的问题提出新的假设或解决的可能;"小心求证"要求我们不能仅停留在假设或可能的路上,假设不是真理,而是要想方设法证明假设的正确性。

习 题 7.2

1. 求下列微分方程的通解:

(1) $(1+x)y\mathrm{d}x+(1-y)x\mathrm{d}y=0$;

(2) $\dfrac{\mathrm{d}y}{\mathrm{d}x}=\dfrac{1+y^2}{xy+x^3y}$;

(3) $\sqrt{1-y^2}=3x^2yy'$;

(4) $(x+2y)\mathrm{d}x-x\mathrm{d}y=0$;

(5) $\dfrac{\mathrm{d}y}{\mathrm{d}x}=\dfrac{2x^3y-y^4}{x^4-2xy^3}$;

(6) $xy\mathrm{d}x-(x^2-y^2)\mathrm{d}y=0$;

(7) $\dfrac{\mathrm{d}y}{\mathrm{d}x}=y+x$;

(8) $xy'+y=\cos x$。

2. 求下列微分方程满足所给初始条件的特解:

(1) $y^2\mathrm{d}x+(x+1)\mathrm{d}y=0,y|_{x=0}=1$;

(2) $x\mathrm{d}y+2y\mathrm{d}x=0,y|_{x=2}=1$;

(3) $\dfrac{x}{1+y}\mathrm{d}x-\dfrac{y}{1+x}\mathrm{d}y=0,y\big|_{x=0}=1$；

(4) $\dfrac{\mathrm{d}y}{\mathrm{d}x}=8-3y,y\big|_{x=0}=2$。

3. 已知 $xf(x)=1+\int_1^x t^2 f(t)\mathrm{d}t$，试求函数 $f(x)$ 的一般表达式。

4. 平行于 y 轴的动直线被曲线 $y=f(x)$ 与 $y=x^2(x>0)$ 截下的线段 PQ 之长数值上等于阴影部分的面积（见图 7.2），求曲线 $y=f(x)$。

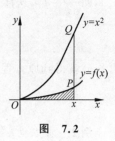

图 7.2

7.3 二阶微分方程

二阶及二阶以上的方程统称为**高阶微分方程**。高阶微分方程的求解一般是比较复杂的，但对于有些高阶方程我们可以通过代换将它化为较低阶的方程来求解。

7.3.1 可降阶的微分方程

下面介绍三种容易降阶的高阶微分方程的求解方法。

1. $y''=f(x)$ 型

（1）形式

$$y''=f(x)。\tag{7.22}$$

（2）特点

方程(7.22)的右端仅含自变量 x。

（3）解法

对方程(7.22)的两边连续积分两次就得到通解了。

例1 求方程 $y''=x+\sin x$ 的通解。

解 对方程连续积分两次，得

$$y'=\frac{x^2}{2}-\cos x+C_1,$$

$$y=\frac{x^3}{6}-\sin x+C_1 x+C_2,$$

这就是所求方程的通解。

2. $y''=f(x,y')$ 型

（1）形式

$$y''=f(x,y')。\tag{7.23}$$

（2）特点

方程(7.23)右端不显含未知函数 y。

（3）解法

设 $y'=p(x)$，那么 $y''=\dfrac{\mathrm{d}p}{\mathrm{d}x}=p'$，于是方程(7.23)就变成为 $p'=f(x,p)$。这是一个关

于变量 x,p 的一阶微分方程,可用前面介绍的一阶微分方程的解法求出其通解。设 $p=\varphi(x,C_1)$,而 $\dfrac{\mathrm{d}p}{\mathrm{d}x}=p'$,这样又得到一个一阶微分方程

$$\frac{\mathrm{d}y}{\mathrm{d}x}=\varphi(x,C_1),$$

再积分就得到原方程的通解

$$y=\int\varphi(x,C_1)\mathrm{d}x+C_2。$$

例 2 求方程 $y''=\dfrac{1}{x}y'$ 的通解。

解 设 $y'=p$,则 $y''=\dfrac{\mathrm{d}p}{\mathrm{d}x}=p'$,于是原方程变为

$$\frac{\mathrm{d}p}{\mathrm{d}x}=\frac{1}{x}p。$$

解此方程得

$$p=Cx,$$

即

$$\frac{\mathrm{d}y}{\mathrm{d}x}=Cx,$$

积分得方程的通解为

$$y=\frac{1}{2}Cx^2+C_2=C_1x^2+C_2 \quad \left(C_1=\frac{1}{2}C\right)。$$

例 3 求方程 $y''=x+y'$ 满足 $y|_{x=0}=0$,$y'|_{x=0}=0$ 的特解。

解 设 $y'=p$,则 $y''=\dfrac{\mathrm{d}p}{\mathrm{d}x}=p'$,于是原方程变为

$$\frac{\mathrm{d}p}{\mathrm{d}x}=x+p。$$

解此方程得 $p=C_1\mathrm{e}^x-x-1$,由于 $y'|_{x=0}=0$,可得 $C_1=1$,即 $\dfrac{\mathrm{d}y}{\mathrm{d}x}=\mathrm{e}^x-x-1$。积分得方程的通解为 $y=\mathrm{e}^x-\dfrac{1}{2}x^2-x+C_2$,同时由于 $y|_{x=0}=0$,可知 $C_2=-1$。最终得特解为

$$y=\mathrm{e}^x-\frac{1}{2}x^2-x-1。$$

3. $y''=f(y,y')$ 型

(1) 形式

$$y''=f(y,y')。 \tag{7.24}$$

(2) 特点

方程(7.24)的右端不显含自变量 x。

(3) 解法

令 $y'=p(y)$,利用复合函数的求导法则把 y'' 化为对 y 的导数,即

$$y''=\frac{\mathrm{d}p}{\mathrm{d}x}=\frac{\mathrm{d}p}{\mathrm{d}y}\cdot\frac{\mathrm{d}y}{\mathrm{d}x}=p\,\frac{\mathrm{d}p}{\mathrm{d}y},$$

代入方程(7.24)就化为

$$p \frac{\mathrm{d}p}{\mathrm{d}y} = f(y, p),$$

这是关于 y, p 的一阶微分方程,求出其通解为

$$y' = p = \varphi(y, C_1),$$

再分离变量并积分,便可得到方程(7.24)的通解为

$$\int \frac{\mathrm{d}y}{\varphi(y, C_1)} = x + C_2。$$

例 4 求方程 $yy'' - y'^2 = 0$ 的通解。

解 方程不显含自变量 x。令 $y' = p$,则 $y'' = p \dfrac{\mathrm{d}p}{\mathrm{d}y}$,代入原方程,得 $yp \dfrac{\mathrm{d}p}{\mathrm{d}y} - p^2 = 0$,即

$$p \left(y \frac{\mathrm{d}p}{\mathrm{d}y} - p \right) = 0。$$

若 $p = 0$,则 $\dfrac{\mathrm{d}y}{\mathrm{d}x} = 0$,从而 $y = C$。若 $p \neq 0$,则 $y \dfrac{\mathrm{d}p}{\mathrm{d}y} - p = 0$,分离变量得

$$\frac{\mathrm{d}y}{y} = \frac{\mathrm{d}p}{p}。$$

解此方程得 $\ln|p| = \ln|y| + C$,即 $p = y' = C_1 y (C_1 = \pm e^C)$。再分离变量并两边积分得原方程的通解为

$$y = C_2 e^{C_1 x}。$$

【以史为鉴】

在求 3 种二阶常微分方程的通解过程中,我们的整体思想是根据不同类型的二阶常微分方程,设计与之对应的降阶方法,将二阶微分方程求解的问题转化为一阶微分方程求解的问题。这种解决问题的思想启发我们:新问题的解决往往依赖于旧问题的解决,即历史是解决现实问题的源泉。

7.3.2 二阶常系数线性微分方程

1. 二阶常系数线性微分方程的一般形式

形如

$$y'' + py' + qy = f(x)$$

的方程,其中 p, q 是常数,称为**二阶常系数线性方程**。

如果 $f(x)$ 为 0,则微分方程变为

$$y'' + py' + qy = 0, \tag{7.25}$$

称方程(7.25)为**二阶常系数齐次线性微分方程**,反之称为**二阶常系数非齐次线性微分方程**。

如果 p, q 不全为常数,则称它为**二阶变系数线性微分方程**。

本节主要讨论二阶常系数齐次线性微分方程的解法。

2. 二阶常系数齐次线性微分方程的通解

定理 1 如果函数 $y_1(x)$ 与 $y_2(x)$ 是方程(7.25)的两个线性无关的特解,那么 $y = C_1 y_1(x) + C_2 y_2(x)$ 就是方程(7.25)的通解,其中 C_1, C_2 为任意常数。

证明略。

由定理 1 可知,要求微分方程(7.25)的通解,可先求出它的两个线性无关的特解 $y_1(x)$ 与 $y_2(x)$,即 $\dfrac{y_1}{y_2} \neq C$(C 为常数),那么 $y = C_1 y_1(x) + C_2 y_2(x)$ 就是方程的通解。

根据方程(7.25)的特征我们容易猜到方程(7.25)的解的形式可能是指数函数 $y = \mathrm{e}^{rx}$(r 为常数)。

设指数函数 $y = \mathrm{e}^{rx}$(r 是常数)是方程(7.25)的解,则有

$$y = \mathrm{e}^{rx}, \quad y' = r\mathrm{e}^{rx}, \quad y'' = r^2 \mathrm{e}^{rx},$$

代入方程(7.25),得

$$y'' + py' + qy = (r^2 + pr + q)\mathrm{e}^{rx} = 0。$$

由于 $\mathrm{e}^{rx} \neq 0$,从而有

$$r^2 + pr + q = 0。 \tag{7.26}$$

由此可见,只要 r 满足代数方程(7.26),函数 $y = \mathrm{e}^{rx}$ 就是微分方程(7.25)的解。我们把此代数方程称为微分方程(7.25)的**特征方程**。

显然,对应于特征方程的每一个根 r_i,有微分方程(7.25)的一个解 $y = \mathrm{e}^{r_i x}$ 与之对应,这样就把求方程(7.25)的解的问题转化为求特征方程(7.26)的根的问题了。

根据特征方程(7.26)的根的不同情况,我们分三种情况讨论如下。

(1) 特征方程有两个不相等的实根:$r_1 \neq r_2$

由上面的讨论知道,$y_1 = \mathrm{e}^{r_1 x}$ 与 $y_2 = \mathrm{e}^{r_2 x}$ 均是微分方程的两个解,并且 $\dfrac{y_1}{y_2} \neq C$(C 为常数),因此微分方程(7.25)的通解为

$$y = C_1 \mathrm{e}^{r_1 x} + C_2 \mathrm{e}^{r_2 x}。$$

(2) 特征方程有两个相等的实根:$r_1 = r_2$

这时,只得到微分方程(7.25)的一个解 $y_1 = \mathrm{e}^{r_1 x}$,为了得到方程的通解,还需另求一个解 y_2,并且 $\dfrac{y_1}{y_2} \neq C$(C 为常数)。

设 $\dfrac{y_2}{y_1} = u(x)$,即 $y_2 = u(x)\mathrm{e}^{r_1 x}$,下面来求 $u(x)$。

求 y_2', y_2'',即

$$y_2' = u'\mathrm{e}^{r_1 x} + r_1 u \mathrm{e}^{r_1 x} = \mathrm{e}^{r_1 x}(u' + r_1 u),$$

$$y_2'' = r_1 \mathrm{e}^{r_1 x}(u' + r_1 u) + \mathrm{e}^{r_1 x}(u'' + r_1 u') = \mathrm{e}^{r_1 x}(u'' + 2r_1 u' + r_1^2 u)。$$

把 y_2, y_2', y_2'' 代入方程(7.25),得

$$\mathrm{e}^{r_1 x}[(u'' + 2r_1 u' + r_1^2 u) + (pu' + pr_1 u) + qu] = 0,$$

整理得
$$u'' + (2r_1 + p)u' + (r_1{}^2 + pr_1 + q)u = 0。$$

由于 $r_1 = -\dfrac{p}{2}$ 是特征方程的二重根,因此有
$$2r_1 + p = 0, \quad r_1{}^2 + pr_1 + q = 0。$$

于是 $u'' = 0$,因我们只要得到一个不为常数的解,可取 $u = x$,于是得到微分方程的另一个解为
$$y_2 = x\,\mathrm{e}^{r_1 x},$$

从而得到微分方程(7.25)的通解为
$$y = C_1 \mathrm{e}^{r_1 x} + C_2 x \mathrm{e}^{r_1 x} = \mathrm{e}^{r_1 x}(C_1 + C_2 x)。$$

(3) 特征方程有一对共轭复根:$r_1 = \alpha + \beta \mathrm{i}, r_2 = \alpha - \beta \mathrm{i}(\beta \neq 0)$,则
$$y_1 = \mathrm{e}^{(\alpha+\beta \mathrm{i})x} = \mathrm{e}^{\alpha x} \cdot \mathrm{e}^{\mathrm{i}\beta x} = \mathrm{e}^{\alpha x}(\cos\beta x + \mathrm{i}\sin\beta x),$$
$$y_2 = \mathrm{e}^{(\alpha-\beta \mathrm{i})x} = \mathrm{e}^{\alpha x} \cdot \mathrm{e}^{-\mathrm{i}\beta x} = \mathrm{e}^{\alpha x}(\cos\beta x - \mathrm{i}\sin\beta x)$$

是微分方程(7.25)的两个解。根据齐次方程解的叠加原理,有
$$\bar{y}_1 = \frac{y_1 + y_2}{2} = \mathrm{e}^{\alpha x}\cos\beta x,$$
$$\bar{y}_2 = \frac{y_1 - y_2}{2\mathrm{i}} = \mathrm{e}^{\alpha x}\sin\beta x,$$

它们也是微分方程(7.25)的解,且
$$\frac{\bar{y}_2}{\bar{y}_1} = \frac{\mathrm{e}^{\alpha x}\sin\beta x}{\mathrm{e}^{\alpha x}\cos\beta x} = \tan\beta x \neq 常数。$$

所以,微分方程(7.25)的通解为
$$y = C_1 \mathrm{e}^{\alpha x}\cos\beta x + C_2 \mathrm{e}^{\alpha x}\sin\beta x = \mathrm{e}^{\alpha x}(C_1\cos\beta x + C_2\sin^{\beta x})。$$

综上所述,求二阶常系数齐次线性微分方程 $y'' + py' + qy = 0$ 的通解的步骤如下:

第一步,写出微分方程(7.25)的特征方程 $r^2 + pr + q = 0$;

第二步,求出特征方程的两个根 r_1, r_2;

第三步,根据特征方程的两个根的不同情形,根据表 7.1 写出微分方程的通解。

表 7.1

特征方程 $r^2 + pr + q = 0$ 的两个根 r_1, r_2	微分方程 $y'' + py' + qy = 0$ 的通解
两个不相等的实根($r_1 \neq r_2$)	$y = C_1 \mathrm{e}^{r_1 x} + C_2 \mathrm{e}^{r_2 x}$
两个相等的实根($r_1 = r_2$)	$y = \mathrm{e}^{r_1 x}(C_1 + C_2 x)$
一对共轭复根($r_{1,2} = \alpha \pm \beta \mathrm{i}$)	$y = \mathrm{e}^{\alpha x}(C_1\cos\beta x + C_2\sin\beta x)$

例 5 求微分方程 $y'' + y' - 2y = 0$ 的通解。

解 方程是二阶常系数齐次线性微分方程,其特征方程为
$$r^2 + r - 2 = 0,$$

其根为
$$r_1 = -2, \quad r_2 = 1。$$

因此所求通解为

$$y = C_1 e^{-2x} + C_2 e^x \text{。}$$

例 6 求微分方程 $y'' - 4y' + 4y = 0$ 满足 $y|_{x=0} = 2, y'|_{x=0} = 5$ 的特解。

解 所给方程的特征方程为

$$r^2 - 4r + 4 = 0,$$

其根为

$$r_1 = r_2 = 2 \text{。}$$

因此所求通解为

$$y = C_1 e^{2x} + C_2 x e^{2x},$$

又由于 $y|_{x=0} = 2, y'|_{x=0} = 5$，可得 $C_1 = 2, C_2 = 1$。则其特解为

$$y = 2e^{2x} + x e^{2x} \text{。}$$

习　题　7.3

1. 求下列微分方程的通解：

(1) $y''' = x - \cos x$；

(2) $y'' + y' = x$；

(3) $y'' + \dfrac{2y'^2}{1-y} = 0$；

(4) $y'' - y'^2 = 0$；

(5) $y'' - 6y' + 9y = 0$；

(6) $y'' + y' - 20y = 0$。

2. 求下列微分方程满足所给初始条件的特解：

(1) $y'' = 2y'^2, y|_{x=0} = 1, y'|_{x=0} = -1$；

(2) $y'' - 3y' - 10y = 0, y|_{x=0} = 0, y'|_{x=0} = 7$；

(3) $y'' - 16y = 0, y|_{x=0} = 2, y'|_{x=0} = 4$。

总　习　题　7

1. 填空题

(1) 形如 $y' = f(x) \cdot g(y)$ 的方程当 $g(x) \neq 0$ 的通解为_____。

(2) 形如 $y' = P(x)y + Q(x)(P(x), Q(x)$ 连续$)$ 的方程称为_____，它的通解为_____。

(3) 微分方程 $yy'' - (y''')^2 = 0$ 是_____阶微分方程。

(4) $y = x^{-1}$ 所满足的一个微分方程是_____。

(5) 方程 $x'' - x = 0$ 的特征方程是_____，通解是_____，适合初始条件 $x(0) = 1$，$x'(0) = 0$ 的特解是_____。

(6) $y''' + \sin x y'' - x = \cos x$ 的通解中应含_____个独立常数。

2. 选择题

(1) 微分方程 $y' = 3y^{\frac{2}{3}}$ 的一个特解是(　　)。

　　A. $y = x^3 + 1$　　B. $y = (x+2)^3$　　C. $y = (x+C)^2$　　D. $y = C(1+x)^3$

(2) 下列微分方程中,( )是二阶常系数齐次线性微分方程。

A. $y'' - 2y = 0$ B. $y'' - xy' + 3y^2 = 0$

C. $5y'' - 4x = 0$ D. $y'' - 2y' + 1 = 0$

(3) 在下列函数中,能够是微分方程 $y'' + y = 0$ 的解的函数是( )。

A. $y = 1$ B. $y = x$ C. $y = \sin x$ D. $y = e^x$

(4) $y'' = e^{-x}$ 的通解为 $y = ($)。

A. $-e^{-x}$ B. e^{-x}

C. $e^{-x} + C_1 x + C_2$ D. $-e^{-x} + C_1 x + C_2$

(5) 已知微分方程 $y' + p(x)y = (x+1)^{\frac{5}{2}}$ 的一个特解为 $y^* = \frac{2}{3}(x+1)^{\frac{7}{2}}$,则此微分方程的通解是( )。

A. $\dfrac{C}{(x+1)^2} + \dfrac{2}{3}(x+1)^{\frac{7}{2}}$ B. $\dfrac{C}{(x+1)^2} + \dfrac{2}{11}(x+1)^{\frac{7}{2}}$

C. $C(x+1)^2 + \dfrac{2}{11}(x+1)^{\frac{7}{2}}$ D. $C(x+1)^2 + \dfrac{2}{3}(x+1)^{\frac{7}{2}}$

(6) 微分方程 $y' = \dfrac{y}{x} + \tan\dfrac{y}{x}$ 的通解为( )。

A. $\sin\dfrac{y}{x} = Cx$ B. $\sin\dfrac{y}{x} = \dfrac{C}{x}$

C. $\sin\dfrac{x}{y} = Cx$ D. $\sin\dfrac{x}{y} = \dfrac{C}{x}$

3. 计算题

(1) 求微分方程 $\dfrac{x}{1+y}dx + \dfrac{y}{1+x}dy = 0$ 满足条件 $y(0) = 1$ 的特解。

(2) 求微分方程 $y'' + y' - 2y = 0$ 的通解。

(3) 求微分方程 $y'' + 4y' + 4y = 0$ 的通解。

(4) 已知 $y_1 = xe^x + e^{2x}$,$y_2 = xe^x + e^{-x}$,$y_3 = xe^x + e^{2x} - e^{-x}$ 是某二阶线性非齐次微分方程的 3 个解,求此微分方程。

常微分方程发展简史与相关著名科学家简介

从 17 世纪末到 18 世纪,许多著名数学家,例如伯努利(家族)、欧拉、高斯、拉格朗日和拉普拉斯等,都遵循历史传统,将数学研究与当时许多重大的实际力学问题结合,这些问题通常离不开常微分方程的求解方法。到 1740 年左右,几乎所有的求解一阶微分方程的初等方法都已经知道。1728 年,欧拉的一篇论文引进了著名的指数代换将二阶常微分方程化为一阶方程,开始了对二阶常微分方程的系统研究。1743 年,欧拉给出了二阶常系数线性齐次方程的完整解法,这是高阶常微分方程的重要突破。1774—1775 年间,拉格朗日用参数变易法解出了一般二阶变系数非齐次常微分方程,这一工作是 18 世纪常微分方程求解的最高成就。在 18 世纪末,常微分方程已成为有自己的目标和方向的新的数学分支,成为当时工程技术、物理、力学等学科的基本工具之一。后来法国天文学家勒维烈和英国天文学家亚当斯使用微分方程各自计算出那时尚未发现的海王星的位置。使数学家更加深信微分方程在认识自然、改造自然方面的巨大力量。

另一个崭新的方向,也可以说是微分方程发展史上的又一个转折点,就是定性理论,它是庞加莱的独创。庞加莱由对三体问题的研究而被引导到常微分方程定性理论的创立。从非线性方程出发,发现微分方程的奇点起着关键作用,在讨论各种奇点附近的性状的同时,还发现了一些与描述满足微分方程的解曲线有关的重要的闭曲线,如极限环、无接触环等。在数学科学中,极限环具有重要意义,科学技术和实际社会活动也都强烈要求对极限环进行研究。

庞加莱关于在奇点附近积分曲线随时间变化的定性研究,在 1892 年以后被俄国数学家李雅普诺夫发展到高维一般情形而形成专门的运动稳定性分支,他提出的李雅普诺夫函数和李雅普诺夫指数概念意义极为重要。李雅普诺夫的工作使微分方程的发展呈现出一个全新的局面。

19 世纪末期,由庞加莱和李雅普诺夫分别创立的常微分方程的定性理论和稳定性理论,代表了当时非线性力学的最新方法。

进入 20 世纪,在众多应用数学家的共同努力下,常微分方程定性理论的发展更加拓宽了它的应用范围,并深入到机械、电信、核能、人造卫星、生物、医学及若干社会学科(如人口理论、经济预测等)的各个领域。现在,微分方程已成为当今数学中最具有活力的分支之一。

下面简单介绍一些对微分方程发展有重大贡献的科学家。

牛顿(Newton,1643—1727),伟大的英国数学家、物理学家、天文学家和自然科学家。他在数学上的卓越贡献是创立了微积分。1665 年他提出正流数(微分)术,次年又提出反流数(积分)术,并于 1671 年完成《流数术与无穷级数》一书(1736 年出版),还著有《自然哲学的数学原理》和《广义算术》等。

莱布尼茨（Leibniz，1646—1716），德国数学家、哲学家。他和牛顿同为微积分的创始人，他在《学艺》杂志上发表的几篇有关微积分学的论文中，有的早于牛顿，所用微积分符号也远远优于牛顿。他还设计了做乘法的计算机，系统地阐述二进制计数法，并把它与中国的八卦联系起来。

雅各布·伯努利（Jakob Bernoulli，1654—1705），瑞士数学家，他家祖孙三代出过十多位数学家。1694年，他首次给出了直角坐标和极坐标下的曲率半径公式。1695年，他提出了著名的伯努利方程。1713年出版了他的巨著《猜度术》，这是组合数学与概率论史上的一件大事，书中给出的伯努利数在很多地方有用，而伯努利定理则是大数定律的最早形式。此外，他对双纽线、悬链线和对数螺线都有深入的研究。

约翰·伯努利（Johann Bernoulli，1667—1748），雅各布的弟弟。原来他错选了职业，他起先学医，并在1694年获得巴塞尔大学博士学位，论文是关于肌肉收缩问题的。但他也爱上了微积分，很快就掌握了它，并用它来解决几何学、微分方程和力学上的许多问题。1695年他任荷兰格罗宁根大学数学物理教授，在他的哥哥雅各布死后继任巴塞尔大学教授。1696年约翰向全欧洲数学家挑战，提出一个很艰难的问题："设在垂直平面内有任两点，一个质点受地心引力的作用，自较高点下滑至较低点，不计摩擦，问沿着什么曲线下滑，时间最短？"这就是著名的最速降线问题。它的难处在于和普通的极大极小值求法不同，它是要求出一个未知函数（曲线）来满足所给的条件。这个问题的新颖和别出心裁引起了科学家们极大的兴趣，洛必达、伯努利兄弟、莱布尼茨和牛顿都进行了解答。

丹尼尔·伯努利（Danie Bernoulli，1700—1782），约翰·伯努利的次子，起初也像他父亲一样学医，写了一篇关于肺的作用的论文获得医学学位，并且也像他父亲一样马上放弃了医学而改攻他天生的专长。他在概率论、偏微分方程、物理和流体动力学上都有贡献。而最重要的功绩是在流体动力学上，其中的伯努利定理就是他的贡献。他曾经荣获法国科学院奖金10次之多。1725年，25岁的丹尼尔在彼得堡解决了里卡蒂方程的求解问题。并发表了一系列的科学论著。1733年回到巴塞尔，先后担任巴塞尔大学的植物学、解剖学与物理学教授。以82岁高龄离开人世，许多人认为他是第一位真的数学物理学家。

欧拉（Euler，1707—1783），瑞士数学家。他写了大量的数学经典著作，如《无穷小分析引论》《微分学原理》《积分学原理》等，还写了大量力学、几何学、变分法教材。他在工作期间几乎每年都完成800页创造性的论文。他的最大贡献是扩展了微积分的领域，为分析学的重要分支（如无穷级数、微分方程）与微分几何的产生和发展奠定了基础。在数学的许多分支中都有以他的名字命名的重要常数、公式和定理。

第8章

空间解析几何简介

空间解析几何是用代数的方法研究空间图形的一门数学学科。在微积分的发展史上，空间解析几何具有十分重要的地位。直观是人们认识和理解事物的最有效的形式，正如平面解析几何使一元函数微积分有了几何的直观一样，空间解析几何知识对学习多元函数微积分是不可缺少的。

8.1 空间直角坐标系

8.1.1 空间直角坐标系的建立

在平面解析几何中，我们建立了平面直角坐标系，并通过平面直角坐标系，把平面上的点与有序数组（即点的坐标(x,y)）对应起来。同理，为了把空间的任一点与有序数组对应起来，建立了**空间直角坐标系**，如图 8.1 所示。

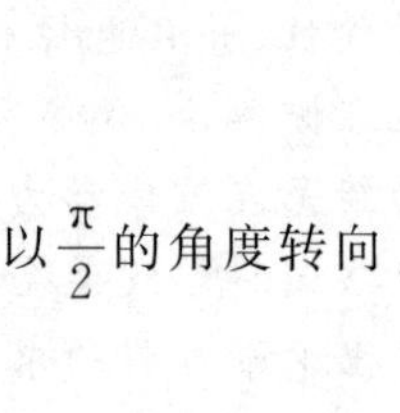

空间三个相互垂直且原点重合的数轴构成空间直角坐标系。三个数轴分别称为 x 轴（横轴）、y 轴（纵轴）、z 轴（竖轴），统称为**坐标轴**；三个数轴的共同原点称为空间直角坐标系的**原点**。

注意 （1）通常三个数轴应具有相同的长度单位；

（2）通常把 x 轴和 y 轴配置在水平面上，而 z 轴是水平面上的铅垂线；

（3）通常按右手法则来确定轴的方向：当 x 轴正向按右手握拳方向以 $\dfrac{\pi}{2}$ 的角度转向 y 轴时，大拇指的指向就是 z 轴的正向。

三条坐标轴中每两条坐标轴都可以确定一个平面，称为**坐标平面**。由 x 轴和 y 轴所确定的平面称为 xOy 平面，由 y 轴和 z 轴所确定的平面称为 yOz 平面，由 x 轴和 z 轴所确定的平面称为 xOz 平面。三个坐标面把整个空间分成八个部分，依次称为 Ⅰ、Ⅱ、Ⅲ、Ⅳ、Ⅴ、Ⅵ、Ⅶ、Ⅷ卦限，坐标平面不属于任何卦限，如图 8.2 所示。

设 M 为空间中一点，过点 M 作三个平面分别垂直于 x,y,z 轴且与这三个坐标轴分别交于点 P,Q,R。点 P,Q,R 对应的三个实数依次为 x,y,z，如图 8.3 所示。于是点 M 唯一确定了一个有序实数组 (x,y,z)。反之，一个有序数组 (x,y,z) 唯一确定一点 M。(x,y,z) 称为点 M 的坐标，x,y,z 分别称为点 M 的**横坐标**、**纵坐标**、**竖坐标**。坐标为 (x,y,z) 的点 M 记为 $M(x,y,z)$。

图 8.1

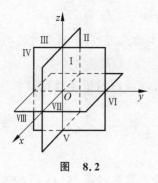

图 8.2

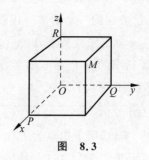

图 8.3

坐标面和坐标轴上各点坐标有下述特征：原点 O 的坐标为 $(0,0,0)$；x,y,z 轴上的点的坐标分别为 $(x,0,0)$，$(0,y,0)$，$(0,0,z)$；xOy,yOz,xOz 平面上点的坐标分别为 $(x,y,0)$，$(0,y,z)$，$(x,0,z)$。

【数学文化】

法国数学家笛卡儿曾经仔细观察屋顶角上的一只蜘蛛织网，蜘蛛的"表演"使笛卡儿的思路豁然开朗，他思考能不能把蜘蛛看成一个点，把蜘蛛的每个位置用一组数确定下来呢？这就是坐标系的雏形。笛卡儿于 1637 年发明了现代数学的基础工具之一——坐标系，将几何和代数相结合，创立了解析几何学。

随着坐标系的概念传到中国，先贤们结合《易经》中："太极生两仪，两仪生四象，四象生八卦"的思想，将坐标轴上的正负端视为阴阳两仪，将平面上的两条坐标轴隔出来的 4 个 Quadrant，翻译成象限，将空间直角坐标系中隔出来的 8 个 Octant，称为卦限，这就是中文"象限"和"卦限"的由来。

8.1.2　空间两点间的距离

设 $P_1(x_1,y_1,z_1)$，$P_2(x_2,y_2,z_2)$ 为空间两点。过 P_1,P_2 分别作平行于坐标面的平面，这六个平面构成一个长方体，它的三条边长分别为 $|x_1-x_2|$，$|y_1-y_2|$，$|z_1-z_2|$（见图 8.4）。两次运用勾股定理，得 P_1 与 P_2 的距离 d 为

$$d^2 = |P_1P|^2 + |PP_2|^2 = |P_1P|^2 + (z_1-z_2)^2,$$

而将

$$|P_1P|^2 = (y_1-y_2)^2 + (x_1-x_2)^2$$

代入上式，得

$$d^2 = (x_1-x_2)^2 + (y_1-y_2)^2 + (z_1-z_2)^2,$$

故

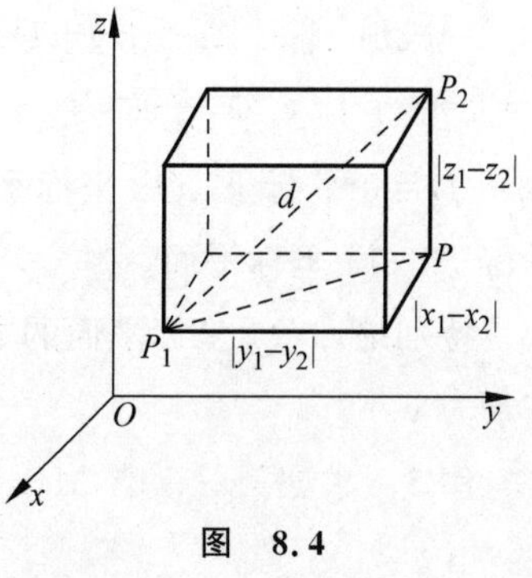

图 8.4

$$d = \sqrt{(x_1-x_2)^2 + (y_1-y_2)^2 + (z_1-z_2)^2}. \tag{8.1}$$

特别地,点 $P(x,y,z)$ 到原点 $(0,0,0)$ 的距离为 $|OP|=\sqrt{x^2+y^2+z^2}$。

距离公式(8.1)的一个简单应用就是求平面方程与球面方程,下面举例说明。

例 1　在 z 轴上求与两点 $A(-1,2,3)$ 和 $B(2,6,-2)$ 等距离的点 P。

解　由于所求的点 P 在 z 轴上,设该点的坐标为 $(0,0,z)$,依题意有 $|PA|=|PB|$,由两点间的距离公式,得

$$\sqrt{(0+1)^2+(0-2)^2+(z-3)^2}=\sqrt{(0-2)^2+(0-6)^2+(z+2)^2},$$

解得 $z=-3$。所以,所求的点为 $P(0,0,-3)$。

例 2　求到两定点 $M_1(1,-1,1)$ 与 $M_2(2,1,-1)$ 等距离的点 $M(x,y,z)$ 的轨迹方程。

解　由于

$$|M_1M|=|M_2M|,$$

所以

$$\sqrt{(x-1)^2+(y+1)^2+(z-1)^2}=\sqrt{(x-2)^2+(y-1)^2+(z+1)^2},$$

化简得点 M 的轨迹方程为

$$2x+4y-4z-3=0。$$

从立体几何中知,所求轨迹应为线段 M_1M_2 的中垂面,此平面的方程为一个三元一次方程。实际上,**平面的一般方程**为

$$Ax+By+Cz+D=0。\tag{8.2}$$

其中,A,B,C,D 为常数,且 A,B,C 不全为零。例如,上例中动点 M 的轨迹就是一个空间平面。

若平面与 x,y,z 轴的交点分别为 $P(a,0,0),Q(0,b,0)$,$R(0,0,c)$,其中,$a\neq0,b\neq0,c\neq0$(见图 8.5),则由 P,Q,R 这三点所决定的平面 $Ax+By+Cz+D=0$ 可写成如下形式:

$$\frac{x}{a}+\frac{y}{b}+\frac{z}{c}=1。\tag{8.3}$$

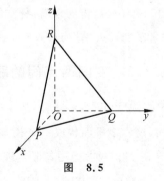

图　8.5

式(8.3)称为**平面的截距式方程**,a,b,c 分别称为平面在 x,y,z 轴上的截距。

一般地,平面 $Ax+By+D=0$ 平行于 z 轴,平面 $Ax+Cz+D=0$ 平行于 y 轴,平面 $By+Cz+D=0$ 平行于 x 轴;平面 $Ax+D=0$ 平行于 yOz 坐标平面,平面 $By+D=0$ 平行于 xOz 坐标平面,平面 $Cz+D=0$ 平行于 xOy 坐标平面。

特别地,xOy 坐标平面的方程为 $z=0$,yOz 坐标平面的方程为 $x=0$,xOz 坐标平面的方程为 $y=0$。

例 3　求空间一动点 $M(x,y,z)$ 到一定点 $M_0(x_0,y_0,z_0)$ 的距离等于定长 R 的点的轨迹方程。

解　因为

$$|MM_0|=R(\text{定长}),$$

所以,由距离公式(8.1)得

$$\sqrt{(x-x_0)^2+(y-y_0)^2+(z-z_0)^2}=R,$$

即

$$(x-x_0)^2+(y-y_0)^2+(z-z_0)^2=R^2。 \tag{8.4}$$

这就是半径为 R、球心在 (x_0,y_0,z_0) 的**球面方程**,它是三元二次方程。

特别地,半径为 R、球心在原点的球面方程是

$$x^2+y^2+z^2=R^2。$$

【数学的基石作用】

$x^2+y^2+z^2=62500$ 表示以 $(0,0,0)$ 为圆心,半径为 250 的球面。如果建立恰当的空间直角坐标系,并选取其中的一部分球冠,得到的就是世界上最大的单口径射电望远镜的近似方程。

"中国天眼"500m 口径球面射电望远镜,是我国具有自主知识产权,目前世界上口径最大、精密度最高的单天线射电望远镜。它的主要构成系统——主动反射面系统的几何构型为球面的一部分,即球冠。与世界第二大望远镜——美国阿雷西博300m 射电望远镜相比,FAST 灵敏度高2.25 倍,并将在未来 20～30 年保持世界一流设备的地位。

8.2 曲面及其方程

8.2.1 曲面方程的概念

在空间直角坐标系中,若曲面 S 上任一点的坐标都满足方程 $F(x,y,z)=0$,而不在曲面 S 上的任何点的坐标都不满足该方程,则方程 $F(x,y,z)=0$ 称为曲面 S 的方程,而曲面 S 就称为方程 $F(x,y,z)=0$ 的图形。

空间曲面研究的两个基本问题分别为:已知曲面上的点所满足的几何条件,建立曲面的方程;已知曲面方程,研究曲面的几何形状。下面简要介绍常用空间曲面的定义及其特性。

8.2.2 柱面

曲面方程中 x,y,z 有一个字母不出现时,则表示柱面。一般地,方程 $F(x,y)=0$,在

空间表示平行于 z 轴的直线(称母线)沿 xOy 面上曲线 $\begin{cases} F(x,y)=0, \\ z=0 \end{cases}$ (称准线)移动生成的

曲面,称为柱面。

类似地,$F(y,z)=0$,$F(z,x)=0$ 分别表示母线平行于 x,y 轴的柱面。

常用柱面有平行于 z 轴的平面、椭圆柱面、抛物柱面等,如图 8.6~图 8.8 所示。

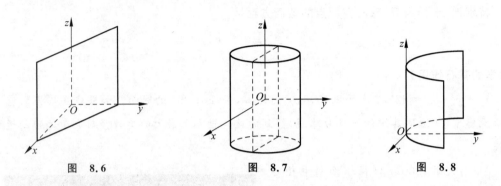

图 8.6   图 8.7   图 8.8

8.2.3　二次曲面

三元二次方程 $Ax^2+By^2+Cz^2+Dxy+Eyz+Fzx+Gx+Hy+Iz+K=0$ 表示的曲面,称为二次曲面。可作坐标面或平行于坐标面的平面与曲面相截,通过截痕来绘制二次曲面的图形。

(1) 椭球面 $\dfrac{x^2}{a^2}+\dfrac{y^2}{b^2}+\dfrac{z^2}{c^2}=1(a,b,c>0)$

椭球面如图 8.9 所示,在三个坐标面上的截痕都是椭圆。

(2) 单叶双曲面 $\dfrac{x^2}{a^2}+\dfrac{y^2}{b^2}-\dfrac{z^2}{c^2}=1(a,b,c>0)$

单叶双曲面如图 8.10 所示,在 xOz,yOz 面截痕为双曲线,在 xOy 面截痕为椭圆。

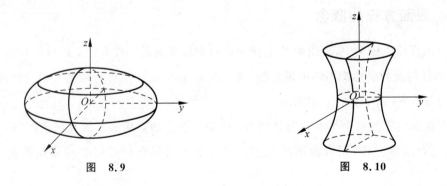

图 8.9   图 8.10

【数学之美】

由截痕法可知,用平行于 xOy 面的平面 $z=t$ 截单叶双曲面,可得到曲线

$$\begin{cases} \dfrac{x^2}{a^2\left(1+\dfrac{t^2}{c^2}\right)} + \dfrac{y^2}{b^2\left(1+\dfrac{t^2}{c^2}\right)} = 1, \\[4mm] z = t。 \end{cases} \tag{1}$$

这是平面 $z=t$ 上的一个椭圆。

用平行于 yOz 面的平面 $x=a$ 截单叶双曲面,可以得到一组直线

$$\begin{cases} \dfrac{y}{z} = \pm\dfrac{b}{c}, \\[3mm] x = a。 \end{cases} \tag{2}$$

广州塔位于广东省广州市,由于塔身中部扭转形成"纤纤细腰"的椭圆形,因此获昵称"小蛮腰"。广州塔作为世界上腰身最细(最小处直径 30m)、施工难度最大的建筑,曾获得国家级建筑设计金奖、中国建筑工程鲁班奖、中国建筑钢结构金奖。

你知道吗?广州塔 46 组环梁对应于椭圆方程(1),其外筒 24 根钢管混凝土斜柱对应于直线方程(2)。

(3) 双叶双曲面 $-\dfrac{x^2}{a^2}-\dfrac{y^2}{b^2}+\dfrac{z^2}{c^2}=1(a,b,c>0)$

双叶双曲面如图 8.11 所示,在 xOz,yOz 面截痕为双曲线,在平行于 xOy 的平面 $z=h(|h|>c)$ 上的截痕为椭圆。

(4) 椭圆抛物面 $\dfrac{x^2}{a^2}+\dfrac{y^2}{b^2}=z(a,b>0)$

椭圆抛物面如图 8.12 所示,在 xOz,yOz 面截痕为抛物线,在平行于 xOy 的平面 $z=h(h>0)$ 上的面截痕为椭圆。

(5) 双曲抛物面 $-\dfrac{x^2}{a^2}+\dfrac{y^2}{b^2}=z(a,b>0)$

双曲抛物面如图 8.13 所示,在 xOz,yOz 面截痕为抛物线,在 xOy 面截痕为双曲线(图形如马鞍形,也称马鞍面)。

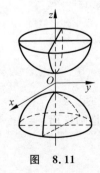

图 8.11

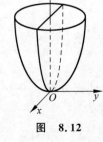

图 8.12

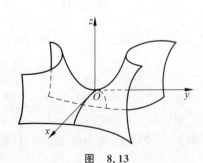

图 8.13

8.3　曲线及其方程

8.3.1　空间曲线的一般方程

一般地,两个曲面

$$F(x,y,z)=0 \text{ 与 } G(x,y,z)=0$$

相交就得一曲线。因此,联立方程

$$\begin{cases} F(x,y,z)=0, \\ G(x,y,z)=0 \end{cases} \tag{8.5}$$

就表示这条空间曲线 C,如图 8.14 所示,该方程组称为空间曲线的一般方程。

8.3.2　空间曲线在坐标平面上的投影

由方程组(8.5)消去变量 z 后,得

$$H(x,y)=0。$$

它表示一个以 C 为准线、母线平行于 z 轴的柱面(记为 S),S 垂直于 xOy 面,称 S 为空间曲线 C 关于 xOy 面上的**投影柱面**。S 与 xOy 面的交线 C':$\begin{cases} H(x,y)=0, \\ z=0 \end{cases}$,叫作空间曲线 C 在 xOy 面上的**投影曲线**(简称**投影**),如图 8.15 所示。

类似地,从方程组(8.5)中用消去变量 x 或变量 y 后,可得投影柱面

$$I(y,z)=0 \quad \text{(母线平行于 } x \text{ 轴的柱面)}$$

或

$$T(x,z)=0 \quad \text{(母线平行于 } y \text{ 轴的柱面)},$$

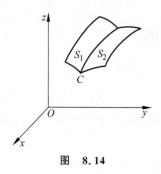

图　8.14

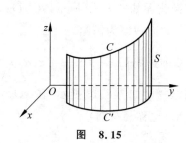

图　8.15

以及相应坐标面上的投影曲线方程

$$\begin{cases} I(y,z)=0, \\ x=0, \end{cases} \text{ 或 } \begin{cases} T(x,z)=0, \\ y=0。 \end{cases}$$

例 1　试求圆锥面 $z=x^2+y^2$ 与平面 $z=3$ 的交线在 xOy 面上的投影。

解　将 $z=3$ 代入 $z=x^2+y^2$ 得投影柱面方程 $x^2+y^2=3$。于是圆锥面 $z=x^2+y^2$ 与平面 $z=3$ 的交线在 xOy 面上的投影方程为

$$\begin{cases} x^2+y^2=3, \\ z=0。 \end{cases}$$

8.4 向量及其运算

8.4.1 向量的线性运算

我们将既有大小又有方向的量称为**向量**,如力、位移等。向量通常用黑体字母来表示,记为 a 或 $\vec{a}$。有时,向量也常用有向线段 $\overrightarrow{AB}$(A 为起点,B 为终点)来表示,大小为有向线段的长度。向量的大小,称为向量的**模**,记为 $|a|$,或 $|\vec{a}|$,或 $|\overrightarrow{AB}|$。模为 1 的向量称**单位向量**。模为 0 的向量称**零向量**,记为 **0**,规定 **0** 的方向是任意的。

向量的方向、大小、起点三个因素中,方向与大小为两要素。与起点无关的向量称为**自由向量**。将向量 a 或 b 平行移动使得它们的起点重合,它们所在射线之间的夹角 $\theta(0 \leqslant \theta \leqslant \pi)$ 称为 a 与 b 的夹角,也记 $\theta = \langle a, b \rangle$。如果两个向量 a 和 b 大小相等,方向相同,则称 a 与 b **相等**,记为 $a = b$。

在空间直角坐标系中,若将向量 a 平行移动使得它的起点与原点 O 重合,则它的终点必与唯一的某个点 A 重合。也就是说,向量 a 与空间中的点 A 有一一对应的关系。因此,可将点 A 的坐标 (x, y, z) 视为向量 a 的坐标,记为 $a = (x, y, z)$。将三个特殊的单位向量 $(1, 0, 0)$,$(0, 1, 0)$,$(0, 0, 1)$ 分别记为 i, j, k,那么对于任意向量 $a = (x, y, z)$,有

$$a = xi + yj + zk。$$

而

$$|a| = \sqrt{x^2 + y^2 + z^2}。$$

向量的线性运算是指向量的加法和向量与数的乘法运算。

定义 1 设向量 $a = (x_1, y_1, z_1)$,$b = (x_2, y_2, z_2)$,则向量的加法为

$$a + b = (x_1 + x_2, y_1 + y_2, z_1 + z_2),$$

向量与数的乘法为

$$\lambda a = (\lambda x_1, \lambda y_1, \lambda z_1),$$

向量的减法为

$$a - b = a + (-1)b = (x_1 - x_2, y_1 - y_2, z_1 - z_2)。$$

向量的加法是遵循三角形法则的,即

$$\overrightarrow{AB} + \overrightarrow{BC} = \overrightarrow{AC},$$

如图 8.16 所示。向量的加法也遵循平行四边形法则,即

$$\overrightarrow{AB} + \overrightarrow{AD} = \overrightarrow{AC},$$

如图 8.17 所示,其中四边形 $ABCD$ 是平行四边形。

向量减法的几何意义如图 8.18 所示。

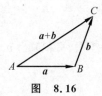

图 8.16

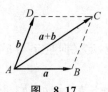

图 8.17

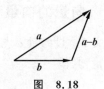

图 8.18

向量与数的乘法的几何意义是向量 λa 与 a 平行或共线,因此有以下定理。

定理 1 向量 a 与非零向量 b 平行的充分必要条件是 $a = \lambda b$。

容易验证向量的线性运算满足以下规律:

(1) 加法交换律:$a + b = b + a$;

(2) 加法结合律:$a + (b + c) = (a + b) + c$;

(3) 数乘分配律:$\lambda(a + b) = \lambda a + \lambda b$;

(4) 数乘结合律:$\lambda(\mu a) = (\lambda \mu) a$。

8.4.2 向量的数量积

定义 2 向量 a, b 的模与其夹角 (a, b) 余弦的乘积,即

$$a \cdot b = |a||b|\cos(a, b)$$

称为向量 a, b 的**数量积**,也称为**点积**或**内积**。特别地,有

$$a \cdot a = |a||a|\cos(a, a) = |a|^2。$$

数量积的坐标表示式为:设向量 $a = (x_1, y_1, z_1), b = (x_2, y_2, z_2)$,向量 a 与 b 的数量积(或内积、点积)为

$$a \cdot b = x_1 x_2 + y_1 y_2 + z_1 z_2。$$

数量积满足以下规律:

(1) 交换律:$a \cdot b = b \cdot a$;

(2) 分配律:$(a + b) \cdot c = a \cdot c + b \cdot c$;

(3) 数乘结合律:$\lambda(a \cdot b) = (\lambda a) \cdot b = a \cdot (\lambda b)$。

定理 2 $a \neq 0, b \neq 0$ 时,$a \perp b \Leftrightarrow a \cdot b = 0$。

证 必要性:由 $a \perp b$,有 $\cos(a, b) = 0$,故 $a \cdot b = |a||b|\cos(a, b) = 0$。

充分性:由 $a \cdot b = |a||b|\cos(a, b) = 0, a \neq 0$ 且 $b \neq 0$,有 $\cos(a, b) = 0$,故 $a \perp b$。

例 1 设 $a = (1, -2, 3), b = (2, 3, -1)$,求 $a \cdot b$ 以及 a 与 b 的夹角 θ。

解 由数量积的坐标表示式得

$$a \cdot b = 1 \times 2 + (-2) \times 3 + 3 \times (-1) = -7,$$

因为

$$|a| = \sqrt{1^2 + (-2)^2 + 3^2} = \sqrt{14}, \quad |b| = \sqrt{2^2 + 3^2 + (-1)^2} = \sqrt{14},$$

所以

$$\cos\theta = \frac{a \cdot b}{|a||b|} = \frac{-7}{\sqrt{14} \times \sqrt{14}} = -\frac{1}{2},$$

于是

$$\theta = \frac{2}{3}\pi。$$

8.4.3 向量的向量积

定义 3 设向量 a 与 b 夹角为 θ,定义向量 a 与 b 的向量积(或外积、叉积)$a \times b$ 是这样一个向量,其模

$$|a \times b| = |a||b|\sin\theta,$$

方向与 a 和 b 都垂直,且使 $a, b, a \times b$ 符合右手法则。

定理 3 $a \neq 0, b \neq 0$ 时,$a /\!/ b \Leftrightarrow a \times b = 0 \Leftrightarrow b = ka$。

证 用循环证法。

若 $a /\!/ b$,有 $\sin(a, b) = 0$,从而 $|a \times b| = |a||b| \sin(a, b) = 0$,故 $a \times b = 0$。

若 $a \times b = 0$,有 $|a \times b| = |a||b| \sin(a, b) = 0$,由 $a \neq 0$、$b \neq 0$,有 $\sin(a, b) = 0$,故 $b = ka$。

若 $b = ka$,有 a, b 同向或反向,故 $a /\!/ b$。

向量积满足以下规律:

(1) 反交换律:$a \times b = -b \times a$;

(2) 分配律:$(a + b) \times c = a \times c + b \times c$;

(3) 数乘结合律:$\lambda(a \times b) = (\lambda a) \times b = a \times (\lambda b)$。

由向量积的定义可得

$$i \times i = 0, \quad j \times j = 0, \quad k \times k = 0,$$
$$i \times j = k, \quad j \times k = i, \quad k \times i = j,$$
$$j \times i = -k, \quad k \times j = -i, \quad i \times k = -j.$$

再利用向量积的运算规律可以推出,若 $a = (x_1, y_1, z_1), b = (x_2, y_2, z_2)$,则向量积的坐标表达式为

$$a \times b = (x_1 i + y_1 j + z_1 k) \times (x_2 i + y_2 j + z_2 k)$$
$$= (y_1 z_2 - z_1 y_2) i + (z_1 x_2 - x_1 z_2) j + (x_1 y_2 - y_1 x_2) k,$$

也可以写成行列式的形式

$$a \times b = \begin{vmatrix} i & j & k \\ x_1 & y_1 & z_1 \\ x_2 & y_2 & z_2 \end{vmatrix}.$$

例 2 设 $a = (2, 3, 4), b = (1, -3, -2)$,计算 $a \times b$。

解 $a \times b = \begin{vmatrix} i & j & k \\ 2 & 3 & 4 \\ 1 & -3 & -2 \end{vmatrix} = 6i + 8j - 9k$。

8.4.4 向量的应用

1. 平面的点法式方程

已知平面 π 过点 $M_0(x_0, y_0, z_0)$,平面 π 的法向量(垂直于该平面的非零向量)$n = (A, B, C)$。设 $M(x, y, z)$ 为平面 π 上任意一点,则向量

$$\overrightarrow{M_0 M} = (x - x_0, y - y_0, z - z_0)$$

与 n 垂直,由定理 2 知

$$n \cdot \overrightarrow{M_0 M} = 0,$$

即

$$A(x - x_0) + B(y - y_0) + C(z - z_0) = 0.$$

这就是平面的**点法式方程**。令

$$D = -(A x_0 + B y_0 + C z_0),$$

则上述方程可以写成平面的**一般方程**,即

$$Ax + By + Cz + D = 0.$$

2. 直线方程

两个不平行的平面的交线就是直线,因此直线的一般方程为

$$\begin{cases} A_1 x + B_1 y + C_1 z + D_1 = 0, \\ A_2 x + B_2 y + C_2 z + D_2 = 0。 \end{cases}$$

已知直线 L 过点 $M_0(x_0, y_0, z_0)$,直线 L 的方向向量(平行于该直线的非零向量)为 $\boldsymbol{s} = (m, n, p)$。设 $M(x, y, z)$ 为直线 L 上任意一点,则向量 $\overrightarrow{M_0 M} = (x - x_0, y - y_0, z - z_0)$ 与 $\boldsymbol{s}$ 平行,于是有

$$\frac{x - x_0}{m} = \frac{y - y_0}{n} = \frac{z - z_0}{p},$$

这就是直线的**点向式方程**(或称为**对称式方程**)。该直线的**参数方程**为

$$\begin{cases} x = x_0 + mt, \\ y = y_0 + nt, \\ z = z_0 + pt。 \end{cases}$$

由于 $\boldsymbol{s} = (m, n, p)$ 为非零向量,因此 m, n, p 不全为零。在直线的点向式方程中,如果分母中有一个或两个为零,可以理解为相应的分子也为零。如 $m = 0$,则该直线的方程为

$$\begin{cases} x = x_0, \\ \dfrac{y - y_0}{n} = \dfrac{z - z_0}{p}。 \end{cases}$$

例 3 求过点 $(3, 0, -2)$ 且以 $\boldsymbol{n} = (1, -3, 2)$ 为法线向量的平面的方程。

解 平面的点法式方程,得所求平面的方程为

$$(x - 3) - 3(y - 0) + 2(z + 2) = 0,$$

即

$$x - 3y + 2z + 1 = 0。$$

例 4 用点向式方程即参数方程表示直线 $\begin{cases} x + y + z + 1 = 0, \\ x + 2y + 3z + 2 = 0。 \end{cases}$

解 先找到该直线上一点 (x_0, y_0, z_0)。例如,可取 $x_0 = 1$,代入得 $\begin{cases} y + z = -2, \\ 2y + 3z = -3。 \end{cases}$ 解这个二元一次方程组,得 $y_0 = -3, z_0 = 1$。即 $(1, -3, 1)$ 是该直线上一点。

下面再找出该直线的方向向量 $\boldsymbol{s}$。由于两平面的交线与两平面的法向量 $\boldsymbol{n}_1 = (1, 1, 1)$,$\boldsymbol{n}_2 = (1, 2, 3)$ 都垂直,所以可取

$$\boldsymbol{s} = \boldsymbol{n}_1 \times \boldsymbol{n}_2 = \begin{vmatrix} \boldsymbol{i} & \boldsymbol{j} & \boldsymbol{k} \\ 1 & 1 & 1 \\ 1 & 2 & 3 \end{vmatrix} = \boldsymbol{i} - 2\boldsymbol{j} + \boldsymbol{k}。$$

因此,所给直线的对称式方程为

$$\frac{x - 1}{1} = \frac{y + 3}{-2} = \frac{z - 1}{1},$$

令 $x - 1 = \dfrac{y + 3}{-2} = z - 1 = t$,得所给直线的参数方程为

$$\begin{cases} x = 1 + t, \\ y = -3 - 2t, \\ z = 1 + t。 \end{cases}$$

【数学与哲学】

直线有一般方程、点向式方程、参数方程等不同形式的表达方式,通过这些不同形式方程之间的相互转化,使我们认识到同一个事物可以有不同的表现形式,同时它们之间又是相互统一的。

总 习 题 8

1. 指出下列各点所在的坐标轴、坐标面或卦限:

(1) $A(0,-7,0)$;　(2) $B(0,-1,2)$;　(3) $C(-1,0,3)$;　(4) $D(2,-3,-5)$。

2. 已知点 $A(1,-3,2)$,求点 $B(x,-3,-4)$,使 A,B 的距离为 6。

3. 在 z 轴上求与点 $A(3,-1,1)$ 和点 $B(0,1,2)$ 等距离的点。

4. 指出下列方程所表示的图形:

(1) $\dfrac{x^2}{4}+\dfrac{z^2}{9}=1$;　(2) $x^2-4y^2=4$;　(3) $x^2+y^2+z^2-2x+4y=0$;

(4) $y=2x+1$;　(5) $4x^2+y^2-z^2=4$;　(6) $\dfrac{z}{2}=\dfrac{x^2}{4}+\dfrac{y^2}{9}$。

5. 方程组 $\begin{cases} x^2+y^2+z^2=9, \\ z=1 \end{cases}$ 表示怎样的曲线?

6. 试求曲线 C: $\begin{cases} z=2x^2+y^2, \\ z=-x^2-2y^2+5 \end{cases}$ 在 xOy 面上的投影柱面及投影曲线。

7. 设向量 $\boldsymbol{a}=(1,-3,2)$,$\boldsymbol{b}=(2,0,1)$。试计算:

(1) 向量 $\boldsymbol{a}$,$\boldsymbol{b}$ 夹角的余弦;(2) $(4\boldsymbol{a})\cdot(-2\boldsymbol{b})$;(3) $3\boldsymbol{a}\times2\boldsymbol{b}$。

8. 一平面过点 $(2,1,0)$ 且平行于 $\boldsymbol{a}=(1,2,1)$ 和 $\boldsymbol{b}=(2,-1,0)$,试求该平面方程。

9. 试求过点 $M(3,1,-2)$ 且垂直于平面 $x+2y-z=7$ 的直线方程。

10. 试求过点 $M(1,2,4)$ 且平行于直线 $\begin{cases} x-2y+3z-6=0, \\ 3x+5y-z+2=0 \end{cases}$ 的直线方程。

多元函数微分学及其应用

前面各章我们所讨论的函数都是只有一个自变量，称为一元函数。但在许多实际问题中，往往要考虑多个变量之间的关系，反映到数学上，就是一个变量依赖多个变量的情形。由此引入了多元函数以及多元函数的微积分问题。本章将在一元函数微分学的基础上讨论多元函数的微分学及应用。讨论中以二元函数为主，这是由于一元函数中已学过的概念、理论、方法推广到二元函数时，会产生一些新的问题，而从二元函数推广到二元以上的多元函数则可以类推。

9.1 多元函数的极限与连续

9.1.1 平面点集与 n 维空间

在讨论一元函数时，一些概念、理论、方法都基于 $\mathbb{R}^1$ 中的点集概念，如邻域、开区间、闭区间等。要讨论多元函数，首先需要将上述一些概念加以推广。为此，先将有关概念从 $\mathbb{R}^1$ 推广到 $\mathbb{R}^2$ 中，然后引入 n 维空间，以便推广到一般的 $\mathbb{R}^n$ 中。

1. 平面点集

在平面解析几何里，平面上建立了直角坐标系后，即建立了平面上的点 P 与有序实数组 (x,y) 间的一一对应，而所有有序实数组 (x,y) 构成的集合称为 $\mathbb{R}^2$ 空间，即 $\mathbb{R}^2 = \{(x,y) \mid x,y \in \mathbb{R}\}$。

在 $\mathbb{R}^2$ 上，满足某条件 T 的点的集合，称为平面点集，记作 $E = \{(x,y) \mid (x,y)$ 满足条件 $T\}$。

例如，平面上以原点为圆心的单位圆内所有点的集合是
$$E_1 = \{(x,y) \mid x^2 + y^2 \leqslant 1\}。$$
现在我们来引入 $\mathbb{R}^2$ 中邻域的概念。

设 $P_0(x_0, y_0)$ 是 xOy 平面上的一个点，δ 是某一正数。与点 P_0 的距离小于 δ 的点 $P(x,y)$ 的全体，称为点 P_0 的 δ 邻域，记作 $U(P_0, \delta)$，即
$$U(P_0, \delta) = \{P \mid |PP_0| < \delta\}$$
或
$$U(P_0, \delta) = \{(x,y) \mid \sqrt{(x-x_0)^2 + (y-y_0)^2} < \delta\}。$$
从几何上看，$U(P_0, \delta)$ 就是 xOy 平面上以 $P_0(x_0, y_0)$ 为中心、以正数 δ 为半径的圆内部的点 $P(x,y)$ 的全体。在不强调半径 δ 时，可简记为 $U(P_0)$。

点 P_0 的去心 δ 邻域，记作 $\overset{\circ}{U}(P_0,\delta)$，即

$$\overset{\circ}{U}(P_0,\delta)=\{P\mid 0<|PP_0|<\delta\},$$

在不强调半径 δ 时，可简记为 $\overset{\circ}{U}(P_0)$。

下面利用邻域来描述平面上点和点集之间的关系。

$\mathbb{R}^2$ 上的点 P 与平面点集 E 之间有如下三种关系。

(1) 内点：如果存在点 P 的某个邻域 $U(P)$，使得 $U(P)\subset E$，则称点 P 为 E 的内点（如图 9.1 中，P_1 为 E 的内点）；

(2) 外点：如果存在点 P 的某个邻域 $U(P)$，使得 $U(P)\bigcap E=\varnothing$，则称点 P 为 E 的外点（如图 9.1 中，P_2 为 E 的外点）；

(3) 边界点：如果点 P 的任一邻域内既含有属于 E 的点，又含有不属于 E 的点，则称点 P 为 E 的边界点（如图 9.1 中，P_3 为 E 的边界点）。

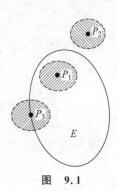

图 9.1

E 的边界点的全体，称为 E 的边界，记作 ∂E。

E 的内点必属于 E；E 的外点必定不属于 E；而 E 的边界点可能属于 E，也可能不属于 E。

例如，设点集

$$E=\{(x,y)\mid 1\leqslant x^2+y^2<4\},$$

则满足 $1<x^2+y^2<4$ 的一切点 (x,y) 都是 E 的内点；满足 $x^2+y^2=1$ 的一切点 (x,y) 都是 E 的边界点，它们都属于 E；满足 $x^2+y^2=4$ 的一切点 (x,y) 也是 E 的边界点，但它们不属于 E。

如果点集 E 中的点都是 E 的内点，则称 E 为开集。

如果点集 E 的余集 E^c 为开集，则称 E 为闭集。

如果点集 E 中的任意两点都可以用折线连接起来，并且该折线上的点都属于 E，则称 E 为连通集。

例如，集合 $\{(x,y)\mid 1<x^2+y^2<4\}$ 是开集，集合 $\{(x,y)\mid 1\leqslant x^2+y^2\leqslant 4\}$ 是闭集，集合 $\{(x,y)\mid 1\leqslant x^2+y^2<4\}$ 既非开集也非闭集，它们都是连通集。

连通的开集称为区域或开区域。

开区域连同它的边界一起构成的点集称为闭区域。

对于点集 E，如果存在某一正数 r，使得 $E\subset U(O,r)$，则称 E 为有界集，其中 O 为坐标原点；否则，称 E 为无界集。

例如，集合 $\{(x,y)\mid 1\leqslant x^2+y^2\leqslant 4\}$ 是有界闭区域，集合 $\{(x,y)\mid x+y>1\}$ 是无界开区域，集合 $\{(x,y)\mid x+y\geqslant 1\}$ 是无界闭区域。

2. n 维空间

设 n 为取定的一个正整数，n 元有序实数组 $(x_1,x_2,\cdots,x_n)$ 的全体所组成的集合，记作 $\mathbb{R}^n$，即

$$\mathbb{R}^n=\mathbb{R}\times\mathbb{R}\times\cdots\times\mathbb{R}=\{(x_1,x_2,\cdots,x_n)\mid x_i\in\mathbb{R},i=1,2,\cdots,n\},$$

$\mathbb{R}^n$ 中的元素 $(x_1,x_2,\cdots,x_n)$ 常用字母 $\boldsymbol{x}$ 表示，即 $\boldsymbol{x}=(x_1,x_2,\cdots,x_n)$。$\mathbb{R}^n$ 中的元素 $\boldsymbol{x}=(x_1,x_2,\cdots,x_n)$ 也称为 $\mathbb{R}^n$ 中的一个点或一个 n 维向量，x_i 称为点 $\boldsymbol{x}$ 的第 i 个坐标或 n 维向

量 x 的第 i 个分量。当所有的 $x_i (i=1,2,\cdots,n)$ 都为零时，则称该元素为$\mathbb{R}^n$中的零元素，记为 $\mathbf{0}$ 或 $\mathbf{O}$。$\mathbb{R}^n$中的零元素称为$\mathbb{R}^n$中的坐标原点或 n 维零向量。对$\mathbb{R}^n$中定义线性运算如下。

设 $\boldsymbol{x}=(x_1,x_2,\cdots,x_n)$，$\boldsymbol{y}=(y_1,y_2,\cdots,y_n)$为$\mathbb{R}^n$中任意两个元素，$\lambda\in\mathbb{R}$，规定：

$$\boldsymbol{x}+\boldsymbol{y}=(x_1+y_1,x_2+y_2,\cdots,x_n+y_n),$$

$$\lambda\boldsymbol{x}=(\lambda x_1,\lambda x_2,\cdots,\lambda x_n)。$$

这样定义了线性运算的集合$\mathbb{R}^n$称为 n 维空间。

$\mathbb{R}^n$中点 $\boldsymbol{x}=(x_1,x_2,\cdots,x_n)$和点 $\boldsymbol{y}=(y_1,y_2,\cdots,y_n)$间的距离，记作 $\rho(\boldsymbol{x},\boldsymbol{y})$，规定

$$\rho(\boldsymbol{x},\boldsymbol{y})=\sqrt{(x_1-y_1)^2+(x_2-y_2)^2+\cdots+(x_n-y_n)^2}。$$

显然 $n=1,2,3$ 时，上述规定与数轴上、直角坐标系下平面及空间中两点间的距离一致。

在$\mathbb{R}^n$中定义了线性运算和距离，就可以定义$\mathbb{R}^n$中邻域的概念。

设 $\boldsymbol{a}=(a_1,a_2,\cdots,a_n)\in\mathbb{R}^n$，$\delta$ 是某一正数，则

$$U(\boldsymbol{a},\delta)=\{\boldsymbol{x}\,|\,\boldsymbol{x}\in\mathbb{R}^n,\rho(\boldsymbol{x},\boldsymbol{a})<\delta\}$$

就定义为$\mathbb{R}^n$中点$\boldsymbol{a}$ 的 δ 邻域。从邻域概念出发，可以把前面讨论过的有关平面点集的一系列概念，如内点、边界点、区域等推广到 n 维空间。

9.1.2　多元函数的概念

在许多实际问题中常遇到一个变量依赖于多个变量的情形，举例如下。

例 1　扇形的面积 S 和它的半径 R、圆心角 α 之间具有如下关系：

$$S=\frac{1}{2}R^2\alpha。$$

当 R,α 在集合$\{(R,\alpha)\,|\,R>0,\alpha>0\}$内取定一对值$(R,\alpha)$时，$S$ 的值就随之确定。

例 2　设两质点的质量分别为 m_1,m_2，它们之间的距离为 r，那么两质点之间的引力为

$$F=\frac{km_1m_2}{r^2},$$

其中，k 为常数。当 m_1,m_2,r 在集合$\{(m_1,m_2,r)\,|\,m_1>0,m_2>0,r>0\}$内取到值$(m_1,m_2,r)$时，$F$ 的值就随之确定。

下面给出二元函数的定义。

定义 1　设 D 为$\mathbb{R}^2$的一个非空子集，如果对于 D 内的任一点(x,y)，按照某种法则 f，都有唯一确定的实数 z 与之对应，则称 f 为定义在 D 上的二元函数，记为 $z=f(x,y)$，$(x,y)\in D$ 或 $z=f(P)$，$P\in D$。其中 x,y 称为自变量，z 称为因变量。D 称为函数 f 的定义域，$R=\{z\,|\,z=f(x,y),(x,y)\in D\}$称为函数 f 的值域。称点集 $R=\{(x,y,z)\,|\,z=f(x,y),(x,y)\in D\}$为二元函数 $z=f(x,y)$ 的图形。

类似地可以定义三元及三元以上的函数。一般地，对 $n(n\geqslant2)$维空间$\mathbb{R}^n$内的点集 E，函数 $u=f(x_1,x_2,\cdots,x_n)$，$(x_1,x_2,\cdots,x_n)\in E$，称为多元函数，或记为 $u=f(P)$，$P\in E$。

关于多元函数的定义域，作如下约定：如果一个用算式表示的多元函数 $u=f(x_1,x_2,\cdots,x_n)$ 没有明确指出定义域，则该函数的定义域理解为使算式有意义的所有点 $(x_1,x_2,\cdots,x_n)$ 所构成的集合，并称其为自然定义域。

例 3 求 $z=\arcsin\left(\dfrac{x^2+y^2}{2}\right)+\sqrt{x^2+y^2-1}$ 的定义域。

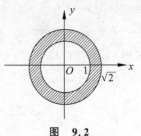

图 9.2

解 要使表达式有意义，必须 $\dfrac{x^2+y^2}{2}\leqslant 1$ 且 $x^2+y^2-1\geqslant 0$，即 $1\leqslant x^2+y^2\leqslant 2$，故所求定义域（见图 9.2）为
$$D=\{(x,y)\mid 1\leqslant x^2+y^2\leqslant 2\}。$$

9.1.3 多元函数的极限

首先讨论二元函数 $z=f(x,y)$ 的极限问题。与一元函数的极限概念类似，如果当 $P(x,y)\to P_0(x_0,y_0)$ 时，即当
$$|PP_0|=\sqrt{(x-x_0)^2+(y-y_0)^2}\to 0$$
时，对应的函数值 $f(x,y)$ 无限接近于一个确定的常数 A，我们就说 A 是函数 $z=f(x,y)$ 当 $(x,y)\to(x_0,y_0)$ 时的极限。下面用 ε-δ 语言描述这个极限概念。

定义 2 设函数 $f(P)=f(x,y)$ 在 $P_0(x_0,y_0)$ 的某去心邻域 $\mathring{U}(P_0,\delta)$ 内有定义，如果存在常数 A，对于任意给定的 $\varepsilon>0$，总存在正数 δ，使得当 $0<|PP_0|<\delta$ 时，即当 $0<\sqrt{(x-x_0)^2+(y-y_0)^2}<\delta$ 时，都有 $|f(P)-A|=|f(x,y)-A|<\varepsilon$，则称 A 为函数 $f(x,y)$ 当 $(x,y)\to(x_0,y_0)$ 时的极限，记作
$$\lim_{(x,y)\to(x_0,y_0)}f(x,y)=A \text{ 或 } \lim_{\substack{x\to x_0\\y\to y_0}}f(x,y)=A \text{ 或 } f(x,y)\to A,((x,y)\to(x_0,y_0)),$$
也记作
$$\lim_{P\to P_0}f(P)=A \text{ 或 } f(P)\to A\ (P\to P_0)。$$

为了区别一元函数的极限，我们称二元函数的极限为二重极限。

值得注意的是，二重极限存在，是指 $P(x,y)$ 以任何方式趋于 $P_0(x_0,y_0)$ 时，函数 $f(x,y)$ 都趋于 A。如果 $P(x,y)$ 以某种特殊方式趋于 $P_0(x_0,y_0)$ 时，$f(x,y)$ 趋于 A，那么还不能断定 $f(x,y)$ 的极限存在。相反，如果当 $P(x,y)$ 以不同方式趋于 $P_0(x_0,y_0)$ 时，$f(x,y)$ 趋于不同的值，则可以断定 $f(x,y)$ 的极限不存在。

例 4 证明 $\lim\limits_{(x,y)\to(0,0)}\sin\sqrt{x^2+y^2}=0$。

证 对 $\forall\varepsilon>0$，有
$$\left|\sin\sqrt{x^2+y^2}-0\right|\leqslant\sqrt{x^2+y^2},$$
取 $\delta=\varepsilon$，则当 $0<\sqrt{(x-0)^2+(y-0)^2}<\delta$ 时，总有 $|\sin\sqrt{x^2+y^2}-0|<\varepsilon$ 成立，从而有
$$\lim_{(x,y)\to(0,0)}\sin\sqrt{x^2+y^2}=0。$$

例 5 证明 $\lim\limits_{(x,y)\to(0,0)}\dfrac{xy}{x^2+y^2}$ 不存在。

证 当点 $P(x,y)$ 沿直线 $y=kx(k\neq 0)$ 趋于原点 $(0,0)$ 时，有

$$\lim_{(x,y)\to(0,0)} \frac{xy}{x^2+y^2} = \lim_{\substack{x\to 0 \\ y=kx}} \frac{x \cdot kx}{x^2+(kx)^2} = \frac{k}{1+k^2},$$

这个极限值随 k 而变，所以 $\lim\limits_{(x,y)\to(0,0)} \dfrac{xy}{x^2+y^2}$ 不存在。

二元函数的极限与一元函数的极限有类似的性质和运算法则。例如，极限的四则运算法则、无穷小的性质、两个重要极限、夹逼准则等结论在二元函数极限运算中仍成立。

例 6 求 $\lim\limits_{(x,y)\to(2,0)} \dfrac{\tan(xy)}{y}$。

解 $\lim\limits_{(x,y)\to(2,0)} \dfrac{\tan(xy)}{y} = \lim\limits_{(x,y)\to(2,0)} \left[\dfrac{\tan(xy)}{xy} \cdot x \right] = \lim\limits_{xy\to 0} \dfrac{\tan(xy)}{xy} \cdot \lim\limits_{x\to 2} x = 1 \times 2 = 2$。

9.1.4 多元函数的连续

有了二元函数极限的概念，就不难定义二元函数的连续性了。

定义 3 设二元函数 $f(P)=f(x,y)$ 在点 $P_0(x_0,y_0)$ 的某邻域 $U(P_0,\delta)$ 内有定义，如果 $\lim\limits_{(x,y)\to(x_0,y_0)} f(x,y)=f(x_0,y_0)$，则称函数 $f(x,y)$ 在点 $P_0(x_0,y_0)$ 处连续。否则，称 $P_0(x_0,y_0)$ 是 $f(x,y)$ 的间断点或不连续点。

例如，$f(x,y)=\begin{cases} \dfrac{xy}{x^2+y^2}, & x^2+y^2 \neq 0, \\ 0, & x^2+y^2=0, \end{cases}$ 由例 5 可知 $\lim\limits_{(x,y)\to(0,0)} \dfrac{xy}{x^2+y^2}$ 不存在，因此，

$f(x,y)$ 在点 $(0,0)$ 处不连续，即点 $(0,0)$ 为 $f(x,y)$ 的间断点。

如果函数 $z=f(x,y)$ 在区域 D 上每一点都连续，则称该函数在区域 D 上连续或称 $f(x,y)$ 是 D 上的连续函数。

以上关于二元函数连续性的定义，可推广到多元函数上去。

与一元函数类似，由极限运算法则知，如果两函数 $f(x,y),g(x,y)$ 都在点 $P_0(x_0,y_0)$ 处连续，则 $f(x,y) \pm g(x,y),f(x,y)g(x,y),\dfrac{f(x,y)}{g(x,y)}(g(x_0,y_0) \neq 0)$ 也在点 $P_0(x_0,y_0)$ 处连续。不仅如此，多元连续函数的复合函数仍为连续函数。

多元初等函数是指由具有不同自变量的一元基本初等函数经有限次的四则运算与有限次的复合运算而得到的由一个表达式表达的函数。例如，$\dfrac{xy}{1+x^2+y^2},\sin\dfrac{1}{1-x^2-y^2}$，$e^{x+y+z}$ 等都是多元初等函数。

多元初等函数在它们的定义区域内是连续的。

由多元初等函数的连续性，可进一步求其定义区域内某一点处的极限，即 $\lim\limits_{(x,y)\to(x_0,y_0)} f(x,y)=f(x_0,y_0)$。

例 7 求 $\lim\limits_{(x,y)\to(0,1)} \dfrac{1-xy}{x^2+y^2}$。

解 由于 $f(x,y)=\dfrac{1-xy}{x^2+y^2}$ 在其定义域 $D=\mathbb{R}^2 \setminus \{(0,0)\}$ 内连续，而 $P_0(0,1)$ 为 D 的内点，故 $f(x,y)$ 在 $P_0(0,1)$ 处连续，因此

$$\lim_{(x,y)\to(0,1)} \frac{1-xy}{x^2+y^2} = f(0,1) = \frac{1-0 \times 1}{0^2+1^2} = 1.$$

习　题　9.1

1. 求下列函数的定义域：

(1) $z=\ln(y^2-2x+1)$；

(2) $z=\sqrt{\sin(x^2+y^2)}$；

(3) $z=\sqrt{x-\sqrt{y}}$；

(4) $z=\dfrac{1}{\sqrt{x+y}}+\dfrac{1}{\sqrt{x-y}}$；

(5) $z=\sqrt{R^2-x^2-y^2}+\dfrac{1}{\sqrt{x^2+y^2-r^2}}(0<r<R)$；

(6) $z=\arcsin(x-y^2)+\ln\ln(10-x^2-4y^2)$。

2. 若 $f(x,y)=\dfrac{2xy}{x^2+y^2}$，求 $f\left(1,\dfrac{y}{x}\right)$。

3. 设 $f\left(x+y,\dfrac{y}{x}\right)=x^2-y^2$，求 $f(x,y)$。

4. 指出下列函数的间断点（如果存在）：

(1) $z=\dfrac{y^2+2x}{y^2-2x}$；

(2) $z=\dfrac{xy^2}{x+y}$；

(3) $z=\ln(a^2-x^2-y^2)$；

(4) $z=\dfrac{1}{\sin x\cdot\sin y}$。

5. 求下列函数的极限：

(1) $\lim\limits_{(x,y)\to(2,0)}\dfrac{\tan(xy)}{y}$；

(2) $\lim\limits_{(x,y)\to(0,0)}\dfrac{1-\cos(x^2+y^2)}{(x^2+y^2)\mathrm{e}^{x^2y^2}}$；

(3) $\lim\limits_{(x,y)\to(0,1)}\dfrac{2+y}{x^2+y^2}$；

(4) $\lim\limits_{(x,y)\to(0,0)}\dfrac{xy}{\sqrt{xy+1}-1}$。

6. 设 $f(x,y)=\begin{cases}\dfrac{x^2-y^2}{x^2+y^2}, & (x,y)\neq(0,0),\\[2mm] 0, & (x,y)=(0,0),\end{cases}$ 证明 $\lim\limits_{(x,y)\to(0,0)}f(x,y)$ 不存在。

9.2　偏导数与全微分

9.2.1　偏导数

1. 偏导数的概念

在一元函数中，我们曾讨论了一元函数 $y=f(x)$ 关于 x 的变化率，即 $y=f(x)$ 关于 x 的导数。对多元函数同样也需要讨论变化率的问题，由于多元函数的自变量不止一个，所以因变量与自变量的关系要比一元函数复杂得多。但是我们可以考虑函数对于其中一个自变量的变化率。例如，我们可以将函数 $u=f(x,y,z)$ 中的自变量 y 与 z 固定为 y_0 与 z_0，而只考虑函数对自变量 x 的变化率。这时，函数 $f(x,y_0,z_0)$ 就相当于一个一元函数。为了区别于一元函数的导数概念，我们称多元函数对于一个自变量的变化率为偏导数。下面以二元函数为例，引入偏导数的定义如下。

定义 1　设函数 $z=f(x,y)$ 在点 (x_0,y_0) 的某邻域有定义，当 y 固定在 y_0 而 x 在 x_0 处取得增量 Δx 时，函数相应地取得增量

$$f(x_0+\Delta x,y_0)-f(x_0,y_0),$$

如果极限

$$\lim_{\Delta x\to 0}\frac{f(x_0+\Delta x,y_0)-f(x_0,y_0)}{\Delta x}$$

存在，则称此极限为函数 $z=f(x,y)$ 在点 (x_0,y_0) **关于 x 的偏导数**。记作

$$f_x(x_0,y_0),\ \frac{\partial f}{\partial x}\bigg|_{\substack{x=x_0\\y=y_0}},\ z_x\bigg|_{\substack{x=x_0\\y=y_0}}\ 或\frac{\partial z}{\partial x}\bigg|_{\substack{x=x_0\\y=y_0}},$$

即

$$f_x(x_0,y_0)=\lim_{\Delta x\to 0}\frac{f(x_0+\Delta x,y_0)-f(x_0,y_0)}{\Delta x}。$$

类似地，如果极限

$$\lim_{\Delta y\to 0}\frac{f(x_0,y_0+\Delta y)-f(x_0,y_0)}{\Delta y}$$

存在，则称此极限为函数 $z=f(x,y)$ 在点 (x_0,y_0) **关于 y 的偏导数**。记作

$$f_y(x_0,y_0),\ \frac{\partial f}{\partial y}\bigg|_{\substack{x=x_0\\y=y_0}},\ z_y\bigg|_{\substack{x=x_0\\y=y_0}}\ 或\frac{\partial z}{\partial y}\bigg|_{\substack{x=x_0\\y=y_0}},$$

即

$$f_y(x_0,y_0)=\lim_{\Delta y\to 0}\frac{f(x_0,y_0+\Delta y)-f(x_0,y_0)}{\Delta y}。$$

如果函数 $z=f(x,y)$ 在区域 D 内每一点 (x,y) 处对 x 的偏导数都存在，则这个偏导数就是 x,y 的函数，我们称它为函数 $z=f(x,y)$ **对自变量 x 的偏导函数**，记作

$$f_x(x,y),\ \frac{\partial f}{\partial x},\ z_x\ 或\frac{\partial z}{\partial x}。$$

类似地，可以定义函数 $z=f(x,y)$ **对自变量 y 的偏导函数**，即

$$f_y(x,y),\ \frac{\partial f}{\partial y},\ z_y\ 或\frac{\partial z}{\partial y}。$$

由此看出，函数 $f(x,y)$ 在点 (x_0,y_0) 处对 x 的偏导数 $f_x(x_0,y_0)$ 及对 y 的偏导数 $f_y(x_0,y_0)$ 就分别是偏导函数 $f_x(x,y)$ 及 $f_y(x,y)$ 在点 (x_0,y_0) 处的值。以后在不至于发生混淆的地方也把偏导函数简称为偏导数。

偏导数的概念也可推广到更多元的函数。例如，$u=f(x,y,z)$ 在点 (x,y,z) 处关于 x 的偏导数定义为

$$f_x(x,y,z)=\lim_{\Delta x\to 0}\frac{f(x+\Delta x,y,z)-f(x,y,z)}{\Delta x}。$$

2. 偏导数的计算

从偏导数的定义可以看出，计算多元函数的偏导数，无需重新建立求导法则，以二元函数 $z=f(x,y)$ 为例，要求 $\dfrac{\partial f}{\partial x}$，只需将函数 $f(x,y)$ 中的 y 视为常数，对函数 $f(x,y)$ 求

关于 x 的一元函数的导数即可；同样，要求 $\dfrac{\partial f}{\partial y}$，只需将函数 $f(x,y)$ 中的 x 视为常数，对函数 $f(x,y)$ 求关于 y 的一元函数的导数。因此，在一元函数中的所有求导法则、求导公式在这里仍然适用。

例 1　求 $z=x^2y+y^2$ 在点 $(2,3)$ 处的偏导数。

解　把 y 看作常量，对 x 求导，得

$$\frac{\partial z}{\partial x}=2xy;$$

把 x 看作常量，对 y 求导，得

$$\frac{\partial z}{\partial y}=x^2+2y。$$

将点 $(2,3)$ 代入上面的结果，就得

$$\left.\frac{\partial z}{\partial x}\right|_{\substack{x=2\\y=3}}=2\times2\times3=12,\left.\frac{\partial z}{\partial y}\right|_{\substack{x=2\\y=3}}=2^2+2\times3=10。$$

例 2　求 $z=x^4+xy^2-x^2y+\ln(x^2+y^2)$ 的偏导数。

解　把 y 看作常量，得

$$\frac{\partial z}{\partial x}=4x^3+y^2-2xy+\frac{2x}{x^2+y^2};$$

把 x 看作常量，得

$$\frac{\partial z}{\partial y}=2xy-x^2+\frac{2y}{x^2+y^2}。$$

例 3　设 $z=x^y(x>0,x\neq1)$，试证明：

$$\frac{x}{y}\cdot\frac{\partial z}{\partial x}+\frac{1}{\ln x}\cdot\frac{\partial z}{\partial y}=2z。$$

证　因为

$$\frac{\partial z}{\partial x}=y\cdot x^{y-1},\frac{\partial z}{\partial y}=x^y\ln x,$$

所以

$$\frac{x}{y}\cdot\frac{\partial z}{\partial x}+\frac{1}{\ln x}\cdot\frac{\partial z}{\partial y}=\frac{x}{y}\cdot y\cdot x^{y-1}+\frac{1}{\ln x}\cdot x^y\ln x=x^y+x^y=2z。$$

例 4　设 $f(x,y)=\begin{cases}\dfrac{2y^3}{x^2+y^2},&(x,y)\neq(0,0),\\0,&(x,y)=(0,0),\end{cases}$ 求 $f_x(0,0),f_y(0,0)$。

解　因为 $f(x,0)=0,f(0,y)=2y$，所以

$$f_x(0,0)=\lim_{\Delta x\to0}\frac{f(\Delta x,0)-f(0,0)}{\Delta x}=0,f_y(0,0)=\lim_{\Delta y\to0}\frac{f(0,\Delta y)-f(0,0)}{\Delta y}=2。$$

注意　在一元函数中函数在某点可导，则它在该点必连续；但对多元函数，即使在某点处其偏导数都存在，它在该点也未必连续。

例如，函数 $f(x,y)=\begin{cases}\dfrac{xy}{x^2+y^2},&(x,y)\neq(0,0),\\0,&(x,y)=(0,0)\end{cases}$ 在点 $(0,0)$ 对 x 的偏导数为

$$f_x(0,0) = \lim_{\Delta x \to 0} \frac{f(0+\Delta x,0) - f(0,0)}{\Delta x} = \lim_{\Delta x \to 0} 0 = 0,$$

同样有

$$f_y(0,0) = \lim_{\Delta y \to 0} \frac{f(0,0+\Delta y) - f(0,0)}{\Delta y} = \lim_{\Delta y \to 0} 0 = 0。$$

但该函数在点$(0,0)$不连续。

3. 高阶偏导数

设函数 $z = f(x,y)$ 在区域 D 内具有偏导数 $\dfrac{\partial z}{\partial x} = f_x(x,y)$ 和 $\dfrac{\partial z}{\partial y} = f_y(x,y)$，一般来说，$f_x(x,y)$ 与 $f_y(x,y)$ 仍然是 x,y 的函数。如果这两个函数的偏导数也存在，则称它们为函数 $z = f(x,y)$ 的二阶偏导数。按照对变量求导次序的不同，有下列四个二阶偏导数，分别记作

$$\frac{\partial}{\partial x}\left(\frac{\partial z}{\partial x}\right) = \frac{\partial^2 z}{\partial x^2} = z_{xx}(x,y) = f_{xx}(x,y),$$

$$\frac{\partial}{\partial y}\left(\frac{\partial z}{\partial x}\right) = \frac{\partial^2 z}{\partial x \partial y} = z_{xy}(x,y) = f_{xy}(x,y),$$

$$\frac{\partial}{\partial x}\left(\frac{\partial z}{\partial y}\right) = \frac{\partial^2 z}{\partial y \partial x} = z_{yx}(x,y) = f_{yx}(x,y),$$

$$\frac{\partial}{\partial y}\left(\frac{\partial z}{\partial y}\right) = \frac{\partial^2 z}{\partial y^2} = z_{yy}(x,y) = f_{yy}(x,y)。$$

其中，偏导数 $\dfrac{\partial^2 z}{\partial x \partial y}$ 和 $\dfrac{\partial^2 z}{\partial y \partial x}$ 称为函数 $z = f(x,y)$ 的二阶混合偏导数。仿此可定义多元函数的三阶、四阶以及更高阶的偏导数，并可仿此引入相应的记号。二阶以及二阶以上的偏导数统称为高阶偏导数。

例 5 求函数 $z = x^3 y^2 - x^2 y^3 + xy$ 的二阶偏导数。

解
$$\frac{\partial z}{\partial x} = 3x^2 y^2 - 2xy^3 + y, \frac{\partial z}{\partial y} = 2x^3 y - 3x^2 y^2 + x,$$

$$\frac{\partial^2 z}{\partial x^2} = 6xy^2 - 2y^3, \quad \frac{\partial^2 z}{\partial x \partial y} = 6x^2 y - 6xy^2 + 1,$$

$$\frac{\partial^2 z}{\partial y \partial x} = 6x^2 y - 6xy^2 + 1, \quad \frac{\partial^2 z}{\partial y^2} = 2x^3 - 6x^2 y。$$

从这个例子可以看出，两个二阶混合偏导数相等，即 $\dfrac{\partial^2 z}{\partial x \partial y} = \dfrac{\partial^2 z}{\partial y \partial x}$，这不是偶然的，事实上，有如下定理。

定理 1 如果二元函数 $z = f(x,y)$ 的两个二阶混合偏导数 $\dfrac{\partial^2 z}{\partial x \partial y}, \dfrac{\partial^2 z}{\partial y \partial x}$ 在区域 D 内连续，则在该区域内必有

$$\frac{\partial^2 z}{\partial x \partial y} = \frac{\partial^2 z}{\partial y \partial x}。$$

也就是说，二阶混合偏导数在连续的条件下与求导次序无关。

证明略。

例 6 证明：函数 $u = \dfrac{1}{\sqrt{x^2+y^2+z^2}}$ 满足拉普拉斯(Laplace)方程

$$\frac{\partial^2 u}{\partial x^2} + \frac{\partial^2 u}{\partial y^2} + \frac{\partial^2 u}{\partial z^2} = 0,$$

即此函数是拉普拉斯方程的一个解。

证 $\dfrac{\partial u}{\partial x} = \dfrac{-\dfrac{2x}{2\sqrt{x^2+y^2+z^2}}}{x^2+y^2+z^2} = -\dfrac{x}{(x^2+y^2+z^2)^{\frac{3}{2}}},$

$$\frac{\partial^2 u}{\partial x^2} = -\frac{(x^2+y^2+z^2)^{\frac{3}{2}} - x \cdot \dfrac{3}{2}(x^2+y^2+z^2)^{\frac{1}{2}} \cdot 2x}{(x^2+y^2+z^2)^3} = \frac{2x^2-y^2-z^2}{(x^2+y^2+z^2)^{\frac{5}{2}}}.$$

由于函数关于自变量具有对称性，所以有

$$\frac{\partial^2 u}{\partial y^2} = \frac{2y^2-x^2-z^2}{(x^2+y^2+z^2)^{\frac{5}{2}}},$$

$$\frac{\partial^2 u}{\partial z^2} = \frac{2z^2-x^2-y^2}{(x^2+y^2+z^2)^{\frac{5}{2}}}.$$

因此

$$\frac{\partial^2 u}{\partial x^2} + \frac{\partial^2 u}{\partial y^2} + \frac{\partial^2 u}{\partial z^2} = \frac{2(x^2+y^2+z^2) - 2x^2 - 2y^2 - 2z^2}{(x^2+y^2+z^2)^{\frac{5}{2}}} = 0.$$

【变化与发展】

在学习一元函数的导数和多元函数的偏导数时，我们不但要认清他们共同的数学本质，还要以发展的、运动的观点，认识到从一元函数关于其唯一自变量的变化率(导数)推广到多元函数关于其中一个自变量的变化率(偏导数)。对于二元函数和三元函数，偏导数反映的是函数沿坐标轴方向的变化率。

9.2.2 全微分

对于一元函数 $y = f(x)$，我们曾研究其关于 x 的微分，微分 $\mathrm{d}y = a\Delta x$ 具有下列两个性质：①它与自变量 x 在点 x_0 的改变量 Δx 成正比，为 Δx 的线性函数；②当 $\Delta x \to 0$ 时，它与函数增量 Δy 相差一个比 Δx 高阶的无穷小。对于多元函数我们也希望引进一个具有类似性质的量。以二元函数为例，当 $z = f(x,y)$ 中两个自变量 x, y 都有相应的增量 Δx，Δy 时，相应的函数的增量 $\Delta z = f(x+\Delta x, y+\Delta y) - f(x,y)$ 称为函数 $z = f(x,y)$ 在点 $P(x,y)$ 处的全增量。

一般来说，计算全增量 Δz 比较复杂。与一元函数的情形一样，我们希望用自变量的增量 Δx，Δy 的线性函数来近似地代替函数的全增量 Δz，从而引入如下定义。

定义 2 设函数 $z = f(x, y)$ 在点 (x, y) 的某邻域内有定义，如果函数在点 (x, y) 的全增量

$$\Delta z = f(x + \Delta x, y + \Delta y) - f(x, y)$$

可表示为

$$\Delta z = A \Delta x + B \Delta y + o(\rho),$$

其中，A, B 与 $\Delta x, \Delta y$ 无关而仅与 x, y 有关；$\rho = \sqrt{(\Delta x)^2 + (\Delta y)^2}$，则称函数 $z = f(x, y)$ 在点 (x, y) 处可微，而 $A \Delta x + B \Delta y$ 称为函数 $z = f(x, y)$ 在点 (x, y) 的全微分，记作 $\mathrm{d}z$，即

$$\mathrm{d}z = A \Delta x + B \Delta y。$$

如果函数 $z = f(x, y)$ 在区域 D 内的每一点都可微，我们就说它在 D 内可微。

在 9.2.1 节中曾指出，多元函数在某点的偏导数存在，并不能保证函数在该点连续。但是，从全微分定义不难看出：若函数在某点可微，则必在该点连续。

事实上，由可微定义即得 $\lim\limits_{\substack{\Delta x \to 0 \\ \Delta y \to 0}} \Delta z = \lim\limits_{\rho \to 0} \Delta z = \lim\limits_{\rho \to 0}[A \Delta x + B \Delta y + o(\rho)] = 0$，故 $z = f(x, y)$ 在点 (x, y) 处连续。

根据可微定义，不能直接知道全微分形式中的 A, B 的形式是什么，通过研究全微分与偏导之间的关系，这些问题将得以解决。

定理 2（必要条件） 如果函数 $z = f(x, y)$ 在点 (x, y) 处可微，则该函数在点 (x, y) 的偏导数 $\dfrac{\partial z}{\partial x}, \dfrac{\partial z}{\partial y}$ 必定存在，且函数 $z = f(x, y)$ 在点 (x, y) 的全微分为

$$\mathrm{d}z = \frac{\partial z}{\partial x} \Delta x + \frac{\partial z}{\partial y} \Delta y。$$

证 由于 $z = f(x, y)$ 在点 (x, y) 处可微，所以

$$\Delta z = f(x + \Delta x, y + \Delta y) - f(x, y) = A \Delta x + B \Delta y + o(\rho)。$$

特别地，取 $\Delta y = 0$，有 $\Delta_x z = f(x + \Delta x, y) - f(x, y) = A \Delta x + o(|\Delta x|)$，上式两边各除以 Δx，再令 $\Delta x \to 0$ 而取极限，就得

$$\lim\limits_{\Delta x \to 0} \frac{f(x + \Delta x, y) - f(x, y)}{\Delta x} = A,$$

从而偏导数 $\dfrac{\partial z}{\partial x}$ 存在，且等于 A。同样可证 $\dfrac{\partial z}{\partial y} = B$。

因此，函数 $z = f(x, y)$ 在点 (x, y) 处的全微分可表示为 $\mathrm{d}z = \dfrac{\partial z}{\partial x} \Delta x + \dfrac{\partial z}{\partial y} \Delta y$。证毕。

我们知道，一元函数在某点可导是在该点可微的充分必要条件，但对于多元函数则不然。定理 2 的结论表明，二元函数的各偏导数存在只是全微分存在的必要条件而不是充分条件。

例如，对二元函数 $f(x, y) = \begin{cases} \dfrac{xy}{\sqrt{x^2 + y^2}}, & x^2 + y^2 \neq 0, \\ 0, & x^2 + y^2 = 0, \end{cases}$ 可用定义求得 $f_x(0, 0) = $

$f_y(0,0)=0$，即 $f(x,y)$ 在点 $(0,0)$ 处的两个偏导数存在且相等，而

$$\Delta z-[f_x(0,0)\cdot\Delta x+f_y(0,0)\cdot\Delta y]=\frac{\Delta x\cdot\Delta y}{\sqrt{(\Delta x)^2+(\Delta y)^2}}。$$

若令点 $P'(\Delta x,\Delta y)$ 沿着直线 $y=x$ 趋于点 $(0,0)$，则有

$$\frac{\dfrac{\Delta x\cdot\Delta y}{\sqrt{(\Delta x)^2+(\Delta y)^2}}}{\rho}=\frac{\Delta x\cdot\Delta y}{(\Delta x)^2+(\Delta y)^2}=\frac{1}{2},$$

它不随着 $\rho\to0$ 而趋于 0，即

$$\Delta z-[f_x(0,0)\cdot\Delta x+f_y(0,0)\cdot\Delta y]$$

不是关于 ρ 的高阶无穷小。故函数 $f(x,y)$ 在点 $(0,0)$ 处是不可微的。

由此可见，对于多元函数而言，偏导数存在并不一定可微。因为函数的偏导数仅描述了函数在一点处沿坐标轴的变化率，而全微分描述了函数沿各个方向的变化情况。但如果对偏导数再加些条件，就可以保证函数的可微性。一般地，有如下定理。

定理 3（充分条件）　如果函数 $z=f(x,y)$ 的偏导数 $\dfrac{\partial z}{\partial x},\dfrac{\partial z}{\partial y}$ 在点 (x,y) 处连续，则函数在该点处可微。

证　函数的全增量

$$\Delta z=f(x+\Delta x,y+\Delta y)-f(x,y)$$
$$=[f(x+\Delta x,y+\Delta y)-f(x,y+\Delta y)]+[f(x,y+\Delta y)-f(x,y)],$$

对上面两个中括号内的表达式分别应用拉格朗日中值定理，有

$$\Delta z=f_x(x+\theta_1\Delta x,y+\Delta y)\Delta x+f_y(x,y+\theta_2\Delta y)\Delta y,$$

其中，$0<\theta_1,\theta_2<1$。根据题设条件，$f_x(x,y)$ 在点 (x,y) 处连续，故

$$\lim_{\substack{\Delta x\to0\\\Delta y\to0}}f_x(x+\theta_1\Delta x,y+\Delta y)=f_x(x,y),$$

从而有

$$f_x(x+\theta_1\Delta x,y+\Delta y)\Delta x=f_x(x,y)\Delta x+\varepsilon_1\Delta x,$$

其中，ε_1 为 $\Delta x,\Delta y$ 的函数，且当 $\Delta x\to0,\Delta y\to0$ 时，$\varepsilon_1\to0$。同理有

$$f_y(x,y+\theta_2\Delta y)\Delta y=f_y(x,y)\Delta y+\varepsilon_2\Delta y,$$

其中，ε_2 为 $\Delta x,\Delta y$ 的函数，且当 $\Delta x\to0,\Delta y\to0$ 时，$\varepsilon_2\to0$。于是有

$$\Delta z=f_x(x,y)\Delta x+\varepsilon_1\Delta x+f_y(x,y)\Delta y+\varepsilon_2\Delta y,$$

而

$$\lim_{\substack{\Delta x\to0\\\Delta y\to0}}\frac{\varepsilon_1\Delta x+\varepsilon_2\Delta y}{\rho}=\lim_{\substack{\Delta x\to0\\\Delta y\to0}}\left(\varepsilon_1\,\frac{\Delta x}{\rho}+\varepsilon_2\,\frac{\Delta y}{\rho}\right)=0,$$

其中，$\rho=\sqrt{(\Delta x)^2+(\Delta y)^2}$。所以，由可微的定义知，函数 $z=f(x,y)$ 在点 (x,y) 处可微。

习惯上，常将自变量的增量 $\Delta x,\Delta y$ 分别记为 $\mathrm{d}x,\mathrm{d}y$，并分别称为自变量的微分。这样，函数 $z=f(x,y)$ 的全微分就表为

$$\mathrm{d}z=\frac{\partial z}{\partial x}\mathrm{d}x+\frac{\partial z}{\partial y}\mathrm{d}y。$$

上述关于二元函数全微分的必要条件和充分条件，可以完全类似地推广到三元以及三元以上的多元函数中去。例如，三元函数 $u=f(x,y,z)$ 的全微分可表为

$$du = \frac{\partial u}{\partial x}dx + \frac{\partial u}{\partial y}dy + \frac{\partial u}{\partial z}dz.$$

例7　求函数 $z=4xy^3+5x^2y^6$ 的全微分。

解　因为 $\frac{\partial z}{\partial x}=4y^3+10xy^6, \frac{\partial z}{\partial y}=12xy^2+30x^2y^5$，所以

$$dz = (4y^3+10xy^6)dx + (12xy^2+30x^2y^5)dy.$$

例8　求函数 $z=e^{xy}$ 在点 $(2,1)$ 处的全微分。

解　因为 $\frac{\partial z}{\partial x}=y \cdot e^{xy}, \frac{\partial z}{\partial y}=x \cdot e^{xy}$。所以

$$\frac{\partial z}{\partial x}\bigg|_{\substack{x=2\\y=1}} = e^2, \quad \frac{\partial z}{\partial y}\bigg|_{\substack{x=2\\y=1}} = 2e^2.$$

故

$$dz\bigg|_{\substack{x=2\\y=1}} = e^2dx + 2e^2dy.$$

例9　求三元函数 $u=e^{x+z}\sin(x+y)$ 的全微分。

解　因为 $\frac{\partial u}{\partial x}=e^{x+z}\sin(x+y)+e^{x+z}\cos(x+y), \frac{\partial u}{\partial y}=e^{x+z}\cos(x+y), \frac{\partial u}{\partial z}=e^{x+z}\sin(x+y)$。

所以

$$du = \frac{\partial u}{\partial x}dx + \frac{\partial u}{\partial y}dy + \frac{\partial u}{\partial z}dz$$

$$= e^{x+z}[\sin(x+y)+\cos(x+y)]dx + e^{x+z}\cos(x+y)dy + e^{x+z}\sin(x+y)dz.$$

9.2.3　全微分在近似计算中的应用

由二元函数的全微分的定义及关于全微分存在的充分条件可知，当二元函数 $z=f(x,y)$ 在点 $P(x,y)$ 处的两个偏导数 $f_x(x,y)$，$f_y(x,y)$ 连续，并且 $|\Delta x|,|\Delta y|$ 都较小时，就有近似等式

$$\Delta z \approx dz = f_x(x,y)\Delta x + f_y(x,y)\Delta y.$$

上式也可以写成

$$f(x+\Delta x, y+\Delta y) \approx f(x,y) + f_x(x,y)\Delta x + f_y(x,y)\Delta y.$$

与一元函数的情形相类似，可以利用上式对二元函数作近似计算和误差估计。

例10　计算 $(1.04)^{2.02}$ 的近似值。

解　设函数 $f(x,y)=x^y$，则要计算的近似值就是该函数在 $x=1.04, y=2.02$ 时的函数的近似值。令 $x_0=1, y_0=2$，由

$$f_x(x,y) = y \cdot x^{y-1}, \quad f_y(x,y) = x^y\ln x,$$

$$f(1,2) = 1, \quad f_x(1,2) = 2, \quad f_y(1,2) = 0,$$

可得

$$(1.04)^{2.02} = (1+0.04)^{2+0.02} \approx 1 + 2 \times 0.04 = 1.08.$$

对二元函数 $z=f(x,y)$，如果自变量 x,y 的绝对误差分别为 δ_x,δ_y，即

$$|\Delta x| < \delta_x, \quad |\Delta y| < \delta_y,$$

则因变量的误差为

$$\Delta z \approx \mathrm{d}z = \left| \frac{\partial z}{\partial x}\Delta x + \frac{\partial z}{\partial y}\Delta y \right| \leqslant \left| \frac{\partial z}{\partial x} \right| |\Delta x| + \left| \frac{\partial z}{\partial y} \right| |\Delta y| \leqslant \left| \frac{\partial z}{\partial x} \right| \delta_x + \left| \frac{\partial z}{\partial y} \right| \delta_y,$$

从而因变量 z 的绝对误差约为

$$\delta_z = \left| \frac{\partial z}{\partial x} \right| \delta_x + \left| \frac{\partial z}{\partial y} \right| \delta_y,$$

因变量 z 的相对误差约为 $\dfrac{\delta_z}{|z|}$。

例 11 测得矩形盒的各边长分别为 $75\mathrm{cm},60\mathrm{cm}$ 及 $40\mathrm{cm}$，且可能的最大测量误差为 $0.2\mathrm{cm}$。试用全微分估计利用这些测量值计算盒子体积时可能带来的最大误差。

解 以 x,y,z 为边长的矩形盒的体积 $V=xyz$，所以

$$\mathrm{d}V = \frac{\partial V}{\partial x}\mathrm{d}x + \frac{\partial V}{\partial y}\mathrm{d}y + \frac{\partial V}{\partial z}\mathrm{d}z = yz\,\mathrm{d}x + xz\,\mathrm{d}y + xy\,\mathrm{d}z。$$

由于已知 $|\Delta x| \leqslant 0.2, |\Delta y| \leqslant 0.2, |\Delta z| \leqslant 0.2$，为了求体积的最大误差，取 $\mathrm{d}x = \mathrm{d}y = \mathrm{d}z = 0.2$，再结合 $x=75, y=60, z=40$，得

$$\Delta V \approx \mathrm{d}V = 60 \times 40 \times 0.2 + 75 \times 40 \times 0.2 + 75 \times 60 \times 0.2 = 1980,$$

即每边仅 $0.2\mathrm{cm}$ 的误差可以导致体积的计算误差达到 $1980\mathrm{cm}^3$。

【大而化之】

全微分由关于 x 和 y 的偏导数及增量共同确定，体现了由现象到本质，大化小的哲学思想，对同学们来说这也是以后处理事情的方式，无论多大的事情，总可以把其分解，只要把各个细节解决了，困难也就迎刃而解了。

习　题　9.2

1. 求下列函数的偏导数：

(1) $z = ax^2y + axy^2$；

(2) $z = \tan^2(x^2+y^2)$；

(3) $z = \dfrac{x}{y} + \dfrac{y}{x}$；

(4) $z = \arctan \dfrac{x}{y^2}$；

(5) $z = \ln(x + \sqrt{x^2-y^2}\,)$；

(6) $u = \ln(x + 2^{yz})$；

(7) $z = (1+xy)^y$；

(8) $z = \mathrm{e}^{\tan\frac{x}{y}}$。

2. 求下列函数在指定点处的一阶偏导数：

(1) $f(x,y) = x + (y-1)\arcsin\sqrt{\dfrac{x}{y}}$ 在点 $(x,1)$ 对 x 的偏导数 $f_x(x,1)$；

(2) $f(x,y) = x^2\mathrm{e}^y + (x-1)\arctan\sqrt{\dfrac{y}{x}}$ 在点 $(1,0)$ 的两个偏导数 $f_x(1,0)$ 与 $f_y(1,0)$。

3. 求下列函数的所有二阶偏导数：

(1) $z = \cos^2(ax - by)$；　　　　　　(2) $z = e^{-ax}\sin\beta y$；

(3) $z = xe^{-xy}$；　　　　　　　　　(4) $z = y^x$。

4. 求下列函数的指定的高阶偏导数：

(1) $z = x\ln(xy)$, z_{xxy}, z_{xyy}；

(2) $u = x^a y^b z^c$, $\dfrac{\partial^6 u}{\partial x \partial y^2 \partial z^3}$；

(3) $f(x, y, z) = xy^2 + yz^2 + zx^2$, $f_{xx}(0,0,1)$, $f_{yz}(0,-1,0)$ 及 $f_{zzx}(2,0,1)$。

5. 验证：

(1) $y = e^{-\ln^2 t}\sin nx$ 满足 $\dfrac{\partial y}{\partial t} = k\dfrac{\partial^2 y}{\partial x^2}$；

(2) $z = \varphi(x)\varphi(y)$ 满足 $z \cdot \dfrac{\partial^2 z}{\partial x \partial y} = \dfrac{\partial z}{\partial x} \cdot \dfrac{\partial z}{\partial y}$；

(3) $u = \sin(x - at) + \ln(x + at)$ 满足 $u_{tt} = a^2 u_{xx}$。

6. 求下列函数的全微分：

(1) $z = 6xy^2 + \dfrac{x}{y}$；　　　　　　(2) $z = \sin(x\cos y)$；

(3) $z = \dfrac{x}{\sqrt{x^2 + y^2}}$；　　　　　(4) $u = x^{yz}$。

7. 求函数 $z = \ln(2 + x^2 + y^2)$ 在 $x = 2, y = 1$ 时的全微分。

8. 求函数 $z = e^{xy}$ 在 $x = 1, y = 1, \Delta x = 0.1, \Delta y = -0.2$ 时的全增量和全微分。

9. 计算 $\sqrt{(1.02)^3 + (0.97)^3}$ 的近似值。

10. 计算 $(1.008)^{2.98}$ 的近似值。

11. 已知边长为 $x = 6\text{m}$ 与 $y = 8\text{m}$ 的矩形，如果 x 边增加 2cm，y 边减少 5cm。问这个矩形的对角线变化的近似值是多少？

12. 测得一块三角形土地的两边边长分别为 $(63 \pm 0.1)\text{m}$ 和 $(78 \pm 0.1)\text{m}$，这两边的夹角为 $60° \pm 1°$。试求三角形面积的近似值，并求其绝对误差和相对误差。

13. 根据欧姆定律，电流 I、电压 V 及电阻 R 之间的关系为 $R = \dfrac{V}{I}$。若测得 $V = 110\text{V}$，测量的最大绝对误差为 2V；测得 $I = 20\text{A}$，测量的最大绝对误差为 0.5A。问由此计算所得到的 R 的最大绝对误差和最大相对误差是多少？

9.3 多元复合函数微分法与隐函数微分法

9.3.1 多元复合函数微分法

与一元函数类似，多元函数也常以复合函数的形式出现。在一元函数的复合求导中，有所谓的链式法则，这一法则可以推广到多元复合函数的情形。

链式法则在不同的复合情形下有不同的表达形式，为了便于掌握，将其归纳为三种情形加以讨论。

1. 复合函数的中间变量均为一元函数的情形

定理 1　如果函数 $u=\varphi(t)$ 及 $v=\psi(t)$ 都在点 t 可导，函数 $z=f(u,v)$ 在对应点 (u,v) 具有连续偏导数，则复合函数 $z=f[\varphi(t),\psi(t)]$ 在点 t 可导，且有

$$\frac{\mathrm{d}z}{\mathrm{d}t}=\frac{\partial z}{\partial u}\cdot\frac{\mathrm{d}u}{\mathrm{d}t}+\frac{\partial z}{\partial v}\cdot\frac{\mathrm{d}v}{\mathrm{d}t}。 \tag{9.1}$$

证　设 t 获得增量 Δt，相应地使函数 $u=\varphi(t)$，$v=\psi(t)$ 获得增量 Δu，Δv，从而函数 $z=f(u,v)$ 获得增量 Δz。由假定，函数 $z=f(u,v)$ 在点 (u,v) 具有连续偏导数，从而在点 (u,v) 可微，于是有

$$\Delta z=\frac{\partial z}{\partial u}\Delta u+\frac{\partial z}{\partial v}\Delta v+\alpha\Delta u+\beta\Delta v,$$

这里，当 $\Delta u\to0$，$\Delta v\to0$ 时，$\alpha\to0$，$\beta\to0$。

将上式两边同时除以 Δt，得

$$\frac{\Delta z}{\Delta t}=\frac{\partial z}{\partial u}\cdot\frac{\Delta u}{\Delta t}+\frac{\partial z}{\partial v}\cdot\frac{\Delta v}{\Delta t}+\alpha\frac{\Delta u}{\Delta t}+\beta\frac{\Delta v}{\Delta t}。$$

由于 $u=\varphi(t)$ 及 $v=\psi(t)$ 都在点 t 可导，所以当 $\Delta t\to0$ 时，$\dfrac{\Delta u}{\Delta t}\to\dfrac{\mathrm{d}u}{\mathrm{d}t}$，$\dfrac{\Delta v}{\Delta t}\to\dfrac{\mathrm{d}v}{\mathrm{d}t}$。又由于 $\Delta t\to0$ 时，$\Delta u\to0$，$\Delta v\to0$，于是 $\alpha\dfrac{\Delta u}{\Delta t}+\beta\dfrac{\Delta u}{\Delta t}\to0$，从而得

$$\lim_{\Delta t\to0}\frac{\Delta z}{\Delta t}=\frac{\partial z}{\partial u}\cdot\frac{\mathrm{d}u}{\mathrm{d}t}+\frac{\partial z}{\partial v}\cdot\frac{\mathrm{d}v}{\mathrm{d}t}。$$

这就证明了复合函数 $z=f[\varphi(t),\psi(t)]$ 在点 t 可导，且其导数可用公式 (9.1) 计算。

式 (9.1) 可以推广到中间变量为 3 个或 3 个以上的函数中去。例如，由 $z=f(u,v,w)$，$u=\varphi(t)$，$v=\psi(t)$，$w=\omega(t)$ 复合而成的复合函数

$$z=f[\varphi(t),\psi(t),\omega(t)]。$$

在与定理 1 相似的条件下，该函数在点 t 可导，且其导数可用下面的公式计算：

$$\frac{\mathrm{d}z}{\mathrm{d}t}=\frac{\partial z}{\partial u}\cdot\frac{\mathrm{d}u}{\mathrm{d}t}+\frac{\partial z}{\partial v}\cdot\frac{\mathrm{d}v}{\mathrm{d}t}+\frac{\partial z}{\partial \omega}\frac{\mathrm{d}\omega}{\mathrm{d}t} \tag{9.2}$$

式 (9.1) 及式 (9.2) 中的导数 $\dfrac{\mathrm{d}z}{\mathrm{d}t}$ 称为**全导数**。

例 1　设 $z=\mathrm{e}^{2u-v}$，其中 $u=x^2$，$v=\sin x$。求 $\dfrac{\mathrm{d}z}{\mathrm{d}x}$。

解　由于 $\dfrac{\partial z}{\partial u}=2\mathrm{e}^{2u-v}$，$\dfrac{\partial z}{\partial v}=-\mathrm{e}^{2u-v}$，$\dfrac{\mathrm{d}u}{\mathrm{d}x}=2x$，$\dfrac{\mathrm{d}v}{\mathrm{d}x}=\cos x$，所以

$$\frac{\mathrm{d}z}{\mathrm{d}x}=\frac{\partial z}{\partial u}\cdot\frac{\mathrm{d}u}{\mathrm{d}x}+\frac{\partial z}{\partial v}\cdot\frac{\mathrm{d}v}{\mathrm{d}x}=2\mathrm{e}^{2u-v}\cdot2x-\mathrm{e}^{2u-v}\cdot\cos x$$

$$=\mathrm{e}^{2u-v}(4x-\cos x)=\mathrm{e}^{2x^2-\sin x}(4x-\cos x)。$$

例 2　设 $z=uv+\sin t$，其中 $u=\mathrm{e}^t$，$v=\cos t$。求 $\dfrac{\mathrm{d}z}{\mathrm{d}t}$。

解

$$\frac{\mathrm{d}z}{\mathrm{d}t} = \frac{\partial z}{\partial u} \cdot \frac{\mathrm{d}u}{\mathrm{d}t} + \frac{\partial z}{\partial v} \cdot \frac{\mathrm{d}v}{\mathrm{d}t} + \frac{\partial z}{\partial t} = v\mathrm{e}^t - u\sin t + \cos t$$

$$= \mathrm{e}^t \cos t - \mathrm{e}^t \sin t + \cos t = \mathrm{e}^t(\cos t - \sin t) + \cos t.$$

2. 复合函数的中间变量均为多元函数的情形

定理 2 如果函数 $u = u(x,y)$ 及 $v = v(x,y)$ 都在点 (x,y) 具有对 x 及对 y 的偏导数,函数 $z = f(u,v)$ 在对应点 (u,v) 具有连续偏导数,则复合函数 $z = f[u(x,y), v(x,y)]$ 在点 (x,y) 的两个偏导数都存在,且有

$$\frac{\partial z}{\partial x} = \frac{\partial z}{\partial u} \cdot \frac{\partial u}{\partial x} + \frac{\partial z}{\partial v} \cdot \frac{\partial v}{\partial x}, \tag{9.3}$$

$$\frac{\partial z}{\partial y} = \frac{\partial z}{\partial u} \cdot \frac{\partial u}{\partial y} + \frac{\partial z}{\partial v} \cdot \frac{\partial v}{\partial y}. \tag{9.4}$$

事实上,由于求 $\dfrac{\partial z}{\partial x}$ 时是将 y 看作常量,因此中间变量 u 及 v 仍可看作一元函数而应用定理 1。只不过由于 $z = f[u(x,y), v(x,y)]$,$u = u(x,y)$ 及 $v = v(x,y)$ 都是 x,y 的二元函数,所以应将式(9.1)中的 d 改为 ∂,并将其中的 t 换成 x 或 y,这样就得到了式(9.3)和式(9.4)。

定理 2 可以推广到中间变量为三元或三元以上的函数的复合函数中去。

例 3 设 $z = f(xy, x^2 - y^2)$,且 f 可微,求 $\dfrac{\partial z}{\partial x}, \dfrac{\partial z}{\partial y}$。

解 令 $u = xy, v = x^2 - y^2$,则

$$\frac{\partial z}{\partial x} = \frac{\partial z}{\partial u} \cdot \frac{\partial u}{\partial x} + \frac{\partial z}{\partial v} \cdot \frac{\partial v}{\partial x} = y\frac{\partial f}{\partial u} + 2x\frac{\partial f}{\partial v},$$

$$\frac{\partial z}{\partial y} = \frac{\partial z}{\partial u} \cdot \frac{\partial u}{\partial y} + \frac{\partial z}{\partial v} \cdot \frac{\partial v}{\partial y} = x\frac{\partial f}{\partial u} - 2y\frac{\partial f}{\partial v}.$$

例 4 设 $w = f(x+y+z, xyz)$,且 f 具有二阶连续偏导数,求 $\dfrac{\partial w}{\partial x}$ 及 $\dfrac{\partial^2 w}{\partial x \partial z}$。

解 令 $u = x+y+z, v = xyz$,则 $w = f(u,v)$。

为表达简便起见,引入以下记号:

$$f_1' = \frac{\partial f(u,v)}{\partial u}, \quad f_{12}'' = \frac{\partial^2 f(u,v)}{\partial u \partial v},$$

这里,下标 1 表示对第一个变量 u 求偏导数;下标 2 表示对第二个变量求偏导数。同理有 f_2', f_{11}'', f_{22}'' 等。

因所给函数由 $w = f(u,v)$,$u = x+y+z$ 及 $v = xyz$ 复合而成,根据复合函数求导法则,有

$$\frac{\partial w}{\partial x} = \frac{\partial f}{\partial u} \cdot \frac{\partial u}{\partial x} + \frac{\partial f}{\partial v} \cdot \frac{\partial v}{\partial x} = f_1' + yzf_2',$$

$$\frac{\partial^2 w}{\partial x \partial z} = \frac{\partial}{\partial z}(f_1' + yzf_2') = \frac{\partial f_1'}{\partial z} + yf_2' + yz\frac{\partial f_2'}{\partial z}.$$

求 $\dfrac{\partial f_1'}{\partial z}$ 及 $\dfrac{\partial f_2'}{\partial z}$ 时,应注意 f_1' 与 f_2' 仍旧是复合函数,因此有

$$\frac{\partial f_1'}{\partial z} = \frac{\partial f_1'}{\partial u} \cdot \frac{\partial u}{\partial z} + \frac{\partial f_1'}{\partial v} \cdot \frac{\partial v}{\partial z} = f_{11}'' + xyf_{12}'',$$

$$\frac{\partial f_2'}{\partial z} = \frac{\partial f_2'}{\partial u} \cdot \frac{\partial u}{\partial z} + \frac{\partial f_2'}{\partial v} \cdot \frac{\partial v}{\partial z} = f_{21}'' + xyf_{22}'',$$

于是

$$\frac{\partial^2 w}{\partial x \partial z} = f_{11}'' + xyf_{12}'' + yf_2' + yzf_{21}'' + xy^2zf_{22}''$$

$$= f_{11}'' + y(x+z)f_{12}'' + yf_2' + xy^2zf_{22}''.$$

3. 复合函数的中间变量既有一元函数又有多元函数的情形

定理 3　如果函数 $u = \varphi(x,y)$ 在点 (x,y) 具有对 x 及对 y 的偏导数，函数 $v = \psi(y)$ 在点 y 可导，函数 $z = f(u,v)$ 在对应点 (u,v) 具有连续偏导数，则复合函数 $z = f[\varphi(x,y), \psi(y)]$ 在点 (x,y) 的两个偏导数存在，且有

$$\frac{\partial z}{\partial x} = \frac{\partial z}{\partial u} \cdot \frac{\partial u}{\partial x}, \tag{9.5}$$

$$\frac{\partial z}{\partial y} = \frac{\partial z}{\partial u} \cdot \frac{\partial u}{\partial y} + \frac{\partial z}{\partial v} \cdot \frac{\mathrm{d}v}{\mathrm{d}y}. \tag{9.6}$$

情形 3 实际上是情形 2 的一种特例，即在情形 2 中，如果变量 v 与 x 无关，则 $\frac{\partial v}{\partial x} = 0$，在求 v 对 y 的导数时，由于 v 是 y 的一元函数，故将 $\frac{\partial v}{\partial y}$ 写为 $\frac{\mathrm{d}v}{\mathrm{d}y}$，便得到上述结果。

在情形 3 中常常会出现某些变量"一身兼两职"的情况，即该变量既是中间变量又是自变量的情形。例如，设 $z = f(u,x,y)$ 具有连续偏导数，而 $u = \varphi(x,y)$ 具有偏导数，则复合函数 $z = f[\varphi(x,y),x,y]$ 具有对 x 和 y 的偏导数。按照式（9.5）和式（9.6）可得其计算公式为

$$\frac{\partial z}{\partial x} = \frac{\partial f}{\partial u} \cdot \frac{\partial u}{\partial x} + \frac{\partial f}{\partial x},$$

$$\frac{\partial z}{\partial y} = \frac{\partial f}{\partial u} \cdot \frac{\partial u}{\partial y} + \frac{\partial f}{\partial y}.$$

注意　这里等式两端的 $\frac{\partial z}{\partial x}$ 与 $\frac{\partial f}{\partial x}$ 是不同的。左端的 $\frac{\partial z}{\partial x}$ 是把复合函数 $z = f[\varphi(x,y),x,y]$ 中的自变量 y 都看作常数而对自变量 x 的偏导数，右端的 $\frac{\partial f}{\partial x}$ 是把未经复合的函数 $z = f[u,x,y]$ 中的中间变量 u 和 y 都看作常数而对中间变量 x 的偏导数。$\frac{\partial z}{\partial y}$ 与 $\frac{\partial f}{\partial y}$ 也有类似的区别。这里，变量 x 和 y 既是中间变量，又是自变量。

例 5　设 $u = xf\left(y, \dfrac{y}{x}\right)$，$f$ 具有二阶连续偏导数，求 $\dfrac{\partial^2 u}{\partial x \partial y}$。

解　这里的变量 x 和 y 既是复合函数的自变量，又是中间变量，所以有

$$\frac{\partial u}{\partial x} = f\left(y, \frac{y}{x}\right) + xf_2' \cdot \left(-\frac{y}{x^2}\right) = f - \frac{y}{x}f_2',$$

$$\frac{\partial^2 u}{\partial x \partial y} = \frac{\partial f}{\partial y} - \frac{1}{x} f_2' - \frac{y}{x} \frac{\partial f_2'}{\partial y} = f_1' + f_2' \cdot \frac{1}{x} - \frac{1}{x} \cdot f_2' - \frac{y}{x} \left(f_{21}'' + f_{22}'' \cdot \frac{1}{x} \right)$$

$$= f_1' - \frac{y}{x^2} (x f_{21}'' + f_{22}'')。$$

在9.2.2节中引进的全微分也称为一阶全微分。我们知道，一元函数具有一阶微分的形式不变性，对于多元函数来说，一阶全微分也具有这个性质。下面介绍一阶全微分形式的不变性。

对于可微函数 $z = f(u, v)$，不管 u, v 是中间变量还是自变量，总有

$$dz = \frac{\partial z}{\partial u} du + \frac{\partial z}{\partial v} dv。 \tag{9.7}$$

事实上，当 u, v 是自变量时，式(9.7)显然是成立的。现在假设 u, v 是 x, y 的函数 $u = \varphi(x, y)$，$v = \psi(x, y)$，且这两个函数具有连续偏导数，则复合函数

$$z = f[\varphi(x, y), \psi(x, y)]$$

的全微分为

$$dz = \frac{\partial z}{\partial x} dx + \frac{\partial z}{\partial y} dy。$$

但根据复合函数的链式求导法则，有

$$\frac{\partial z}{\partial x} = \frac{\partial z}{\partial u} \cdot \frac{\partial u}{\partial x} + \frac{\partial z}{\partial v} \cdot \frac{\partial v}{\partial x}, \frac{\partial z}{\partial y} = \frac{\partial z}{\partial u} \cdot \frac{\partial u}{\partial y} + \frac{\partial z}{\partial v} \cdot \frac{\partial v}{\partial y},$$

代入上式得

$$dz = \left(\frac{\partial z}{\partial u} \cdot \frac{\partial u}{\partial x} + \frac{\partial z}{\partial v} \cdot \frac{\partial v}{\partial x} \right) dx + \left(\frac{\partial z}{\partial u} \cdot \frac{\partial u}{\partial y} + \frac{\partial z}{\partial v} \cdot \frac{\partial v}{\partial y} \right) dy$$

$$= \frac{\partial z}{\partial u} \left(\frac{\partial u}{\partial x} dx + \frac{\partial u}{\partial y} dy \right) + \frac{\partial z}{\partial v} \left(\frac{\partial v}{\partial x} dx + \frac{\partial v}{\partial y} dy \right)$$

$$= \frac{\partial z}{\partial u} du + \frac{\partial z}{\partial v} dv。$$

例6 设 $z = f(x^y, y + 3)$，且 f 具有二阶连续偏导数，求 $\dfrac{\partial^2 z}{\partial x \partial y}$。

解 设 $u = x^y$，$v = y + 3$，则

$$\frac{\partial z}{\partial x} = \frac{\partial f}{\partial u} \cdot \frac{\partial u}{\partial x} + \frac{\partial f}{\partial v} \cdot \frac{\partial v}{\partial x} = f_1' \cdot y \cdot x^{y-1} + f_2' \cdot 0 = y x^{y-1} f_1',$$

所以

$$\frac{\partial^2 z}{\partial x \partial y} = (y x^{y-1} f_1')_y' = x^{y-1} f_1' + y x^{y-1} \ln x f_1' + \left(\frac{\partial f_1'}{\partial u} \frac{\partial u}{\partial y} + \frac{\partial f_1'}{\partial v} \frac{\partial v}{\partial y} \right) y x^{y-1}$$

$$= x^{y-1} f_1' + y x^{y-1} \ln x f_1' + y x^{y-1} (f_{11}'' x^y \ln x + f_{12}'')。$$

例7 设 $u = e^{x^2 + y^2 + z^2}$，$z = x^2 \sin y$，求 $\dfrac{\partial u}{\partial x}$，$\dfrac{\partial u}{\partial y}$。

解 根据一阶全微分的形式不变性，得

$$du = e^{x^2 + y^2 + z^2} d(x^2 + y^2 + z^2) = e^{x^2 + y^2 + z^2} (2x dx + 2y dy + 2z dz)$$

$$= e^{x^2 + y^2 + z^2} [2x dx + 2y dy + 2z (2x \sin y dx + x^2 \cos y dy)]$$

$$= e^{x^2 + y^2 + z^2} [(2x + 4xz \sin y) dx + (2y + 2x^2 z \cos y) dy],$$

故

$$\frac{\partial u}{\partial x} = \mathrm{e}^{x^2+y^2+z^2}(2x+4xz\sin y),$$

$$\frac{\partial u}{\partial y} = \mathrm{e}^{x^2+y^2+z^2}(2y+2x^2z\cos y)_\circ$$

9.3.2 隐函数的求导法

1. 一个方程的情形

在一元函数微分法中一元隐函数求导法解决了由 $F(x,y)=0$ 确定隐函数 $y=f(x)$ 的导数的问题,现在我们由多元函数的复合函数的求导法给出了隐函数的导数公式。

定理 4(隐函数存在定理 1) 设函数 $F(x,y)$ 在点 (x_0,y_0) 的某邻域内具有连续偏导数,且 $F(x_0,y_0)=0,F_y(x_0,y_0)\neq0$,则方程 $F(x,y)=0$ 在点 (x_0,y_0) 的某邻域内能唯一确定一个具有连续导数的函数 $y=f(x)$,它满足条件 $y_0=f(x_0)$,且有

$$\frac{\mathrm{d}y}{\mathrm{d}x} = -\frac{F_x}{F_y}_\circ \tag{9.8}$$

本书对这个定理不加证明,而就式(9.8)作如下推导。

根据定理前半部分的结论,设方程 $F(x,y)=0$ 在点 (x_0,y_0) 的某邻域内确定了一个具有连续导数的隐函数 $y=f(x)$,则对于 $f(x)$ 定义域中的所有 x,有

$$F[x,f(x)] \equiv 0,$$

其左端可以看作是一个 x 的复合函数,求这个函数的全导数,由于恒等式两端求导后仍然相等,即得

$$\frac{\partial F}{\partial x} + \frac{\partial F}{\partial y} \cdot \frac{\mathrm{d}y}{\mathrm{d}x} = 0_\circ$$

由于 F_y 连续,且 $F_y(x_0,y_0)\neq0$,所以存在点 (x_0,y_0) 的某个邻域,在这个邻域内 $F_y(x,y)\neq0$,于是得

$$\frac{\mathrm{d}y}{\mathrm{d}x} = -\frac{F_x}{F_y}_\circ$$

如果 $F(x,y)$ 的二阶偏导数也都连续,注意到 $-\dfrac{F_x}{F_y}$ 中的 y 仍然是 x 的函数,因而可得到二阶导数公式

$$\frac{\mathrm{d}^2 y}{\mathrm{d}x^2} = \frac{\partial}{\partial x}\left(-\frac{F_x}{F_y}\right) + \frac{\partial}{\partial y}\left(-\frac{F_x}{F_y}\right) \cdot \frac{\mathrm{d}y}{\mathrm{d}x}$$

$$= -\frac{F_{xx}F_y - F_x F_{yx}}{F_y^2} - \frac{F_{xy}F_y - F_x F_{yy}}{F_y^2} \cdot \left(-\frac{F_x}{F_y}\right)$$

$$= -\frac{F_{xx}F_y^2 - 2F_{xy}F_x F_y + F_{yy}F_x^2}{F_y^3}_\circ$$

例 8 验证开普勒(Kepler)方程 $y-x-\varepsilon\sin y=0(0<\varepsilon<1)$ 在点 $(0,0)$ 的某邻域内能唯一确定一个有连续导数、当 $x=0$ 时 $y=0$ 的隐函数 $y=f(x)$,并求 $f'(0)$ 和 $f''(0)$ 的值。

解 设 $F(x,y)=y-x-\varepsilon\sin y$,则 $F_x=-1,F_y=1-\varepsilon\cos y,F(0,0)=0,F_y(0,0)=$

$1-\varepsilon \neq 0$。因此由定理 1 可知，方程 $y-x-\varepsilon \sin y=0$ 在点 $(0,0)$ 的某邻域内能唯一确定一个有连续导数、当 $x=0$ 时 $y=0$ 的函数 $y=f(x)$。

下面求这个函数的一阶及二阶导数。

$$\frac{\mathrm{d}y}{\mathrm{d}x}=-\frac{F_x}{F_y}=\frac{1}{1-\varepsilon \cos y},$$

$$\frac{\mathrm{d}^2 y}{\mathrm{d}x^2}=\frac{\mathrm{d}}{\mathrm{d}x}\left(\frac{1}{1-\varepsilon \cos y}\right)=\frac{-\varepsilon \sin y \cdot y'}{(1-\varepsilon \cos y)^2}=\frac{-\varepsilon \sin y}{(1-\varepsilon \cos y)^3},$$

所以 $f'(0)=\dfrac{1}{1-\varepsilon}, f''(0)=0$。

在一定条件下，一个二元方程 $F(x,y)=0$ 可以确定一个一元隐函数 $y=f(x)$；那么一个三元方程

$$F(x,y,z)=0$$

就有可能确定一个二元隐函数。关于这一点，有下面的定理。

定理 5（隐函数存在定理 2） 设函数 $F(x,y,z)$ 在点 (x_0,y_0,z_0) 的某一邻域内具有连续偏导数，且 $F(x_0,y_0,z_0)=0, F_z(x_0,y_0,z_0)\neq 0$，则方程 $F(x,y,z)=0$ 在点 (x_0,y_0,z_0) 的某一邻域内能唯一确定一个具有连续偏导数的函数 $z=f(x,y)$，它满足条件 $z_0=f(x_0,y_0)$，并有

$$\frac{\partial z}{\partial x}=-\frac{F_x}{F_z}, \qquad \frac{\partial z}{\partial y}=-\frac{F_y}{F_z}. \tag{9.9}$$

本书对这个定理不加证明，而仅就式 (9.9) 作如下推导。

由方程 $F(x,y,z)=0$ 确定了具有连续偏导数的二元函数 $z=f(x,y)$，那么在恒等式

$$F[x,y,f(x,y)]\equiv 0$$

的两端分别对 x 和 y 求偏导数，由链式法则得

$$\frac{\partial F}{\partial x}+\frac{\partial F}{\partial z}\cdot\frac{\partial z}{\partial x}=0, \qquad \frac{\partial F}{\partial y}+\frac{\partial F}{\partial z}\cdot\frac{\partial z}{\partial y}=0.$$

因为 F_z 连续且 $F_z(x_0,y_0,z_0)\neq 0$，所以存在点 (x_0,y_0,z_0) 的某个邻域，在该邻域内 $F_z\neq 0$，于是得

$$\frac{\partial z}{\partial x}=-\frac{F_x}{F_z}, \qquad \frac{\partial z}{\partial y}=-\frac{F_y}{F_z}.$$

例 9 设由 $F\left(\dfrac{x}{z},\dfrac{y}{z}\right)=0$ 所确定的隐函数 $z=f(x,y)$，求 $\dfrac{\partial z}{\partial x},\dfrac{\partial z}{\partial y}$。

解 因为

$$F_x=F_1'\frac{1}{z}+F_2'\cdot 0=\frac{1}{z}\cdot F_1',$$

$$F_y=F_1'\cdot 0+F_2'\cdot\frac{1}{z}=\frac{1}{z}\cdot F_2', \qquad F_z=F_1'\cdot\frac{-x}{z^2}+F_2'\cdot\frac{-y}{z^2}.$$

故

$$\frac{\partial z}{\partial x}=-\frac{F_x}{F_z}=-\frac{\dfrac{1}{z}\cdot F_1'}{F_1'\cdot\dfrac{-x}{z^2}+F_2'\cdot\dfrac{-y}{z^2}}=\frac{zF_1'}{xF_1'+yF_2'},$$

$$\frac{\partial z}{\partial y} = -\frac{F_y}{F_z} = -\frac{\dfrac{1}{z}\cdot F_2'}{F_1'\cdot\dfrac{-x}{z^2}+F_2'\cdot\dfrac{-y}{z^2}} = \frac{zF_2'}{xF_1'+yF_2'}。$$

例 10　设 $z^3-3xyz=1$，求 $\dfrac{\partial z}{\partial x},\dfrac{\partial z}{\partial y}$ 及 $\dfrac{\partial^2 z}{\partial x\partial y}$。

解　设 $F(x,y,z)=z^3-3xyz-1$，则

$$F_x=-3yz,\quad F_y=-3xz,\quad F_z=3(z^2-xy),$$

从而，当 $z^2-xy\neq 0$ 时，有

$$\frac{\partial z}{\partial x} = -\frac{F_x}{F_z} = -\frac{-3yz}{3(z^2-xy)} = \frac{yz}{z^2-xy},$$

同理,得

$$\frac{\partial z}{\partial y} = \frac{xz}{z^2-xy},$$

$$\begin{aligned}
\frac{\partial^2 z}{\partial x\partial y} &= \frac{\partial}{\partial y}\left(\frac{yz}{z^2-xy}\right) = \frac{\left(z+y\dfrac{\partial z}{\partial y}\right)(z^2-xy)-yz\left(2z\dfrac{\partial z}{\partial y}-x\right)}{(z^2-xy)^2}\\
&= \frac{\left(z+\dfrac{xyz}{z^2-xy}\right)(z^2-xy)-yz\left(\dfrac{2xz^2}{z^2-xy}-x\right)}{(z^2-xy)^2}\\
&= \frac{z(z^4-2xyz^2-x^2y^2)}{(z^2-xy)^3}。
\end{aligned}$$

2. 由方程组确定的隐函数的导数

下面我们将隐函数求导方法推广到方程组的情形。例如，对方程组

$$\begin{cases} F(x,y,u,v)=0, \\ G(x,y,u,v)=0 \end{cases}$$

来说，4 个变量 x,y,u,v 中通常只能有两个变量独立变化，因此方程组就有可能确定两个二元函数，比如 $u=u(x,y),v=v(x,y)$。关于这样的二元函数是否存在，它们的性质如何，我们有下面的定理。

定理 6（隐函数存在定理）　设函数 $F(x,y,u,v),G(x,y,u,v)$ 在点 (x_0,y_0,u_0,v_0) 的某邻域内具有连续的偏导数，又 $F(x_0,y_0,u_0,v_0)=0,G(x_0,y_0,u_0,v_0)=0$，且偏导数所组成的函数行列式（或称雅可比(Jacobi)式）

$$J = \frac{\partial(F,G)}{\partial(u,v)} = \begin{vmatrix} \dfrac{\partial F}{\partial u} & \dfrac{\partial F}{\partial v} \\ \dfrac{\partial G}{\partial u} & \dfrac{\partial G}{\partial v} \end{vmatrix}$$

在点 (x_0,y_0,u_0,v_0) 不等于零。则方程组 $\begin{cases} F(x,y,u,v)=0, \\ G(x,y,u,v)=0 \end{cases}$ 在点 (x_0,y_0,u_0,v_0) 的某邻域

内能唯一确定一对具有连续偏导数的函数 $u=u(x,y),v=v(x,y)$，它们满足条件 $u_0=u(x_0,y_0),v_0=v(x_0,y_0)$，并有

$$
\begin{cases}
\dfrac{\partial u}{\partial x}=-\dfrac{1}{J}\cdot\dfrac{\partial(F,G)}{\partial(x,v)}=-\dfrac{\begin{vmatrix} F_x & F_v \\ G_x & G_v \end{vmatrix}}{\begin{vmatrix} F_u & F_v \\ G_u & G_v \end{vmatrix}}, \\[18pt]
\dfrac{\partial v}{\partial x}=-\dfrac{1}{J}\cdot\dfrac{\partial(F,G)}{\partial(u,x)}=-\dfrac{\begin{vmatrix} F_u & F_x \\ G_u & G_x \end{vmatrix}}{\begin{vmatrix} F_u & F_v \\ G_u & G_v \end{vmatrix}}, \\[18pt]
\dfrac{\partial u}{\partial y}=-\dfrac{1}{J}\cdot\dfrac{\partial(F,G)}{\partial(y,v)}=-\dfrac{\begin{vmatrix} F_y & F_v \\ G_y & G_v \end{vmatrix}}{\begin{vmatrix} F_u & F_v \\ G_u & G_v \end{vmatrix}}, \\[18pt]
\dfrac{\partial v}{\partial y}=-\dfrac{1}{J}\cdot\dfrac{\partial(F,G)}{\partial(u,y)}=-\dfrac{\begin{vmatrix} F_u & F_y \\ G_u & G_y \end{vmatrix}}{\begin{vmatrix} F_u & F_v \\ G_u & G_v \end{vmatrix}}.
\end{cases}
\tag{9.10}
$$

式(9.10)推导如下。

由于

$$
\begin{cases}
F[x,y,u(x,y),v(x,y)]\equiv 0, \\
G[x,y,u(x,y),v(x,y)]\equiv 0,
\end{cases}
$$

将恒等式两边分别对 x 求偏导数，应用复合函数的链式求导法则得到

$$
\begin{cases}
F_x+F_u\dfrac{\partial u}{\partial x}+F_v\dfrac{\partial v}{\partial x}=0, \\[10pt]
G_x+G_u\dfrac{\partial u}{\partial x}+G_v\dfrac{\partial v}{\partial x}=0.
\end{cases}
$$

这是关于 $\dfrac{\partial u}{\partial x},\dfrac{\partial v}{\partial x}$ 的线性方程组，由定理条件知在点 (x_0,y_0,u_0,v_0) 的某邻域内，系数行列式

$$
J=\begin{vmatrix} F_u & F_v \\ G_u & G_v \end{vmatrix}\neq 0,
$$

从而可解出 $\dfrac{\partial u}{\partial x},\dfrac{\partial v}{\partial x}$，得

$$
\dfrac{\partial u}{\partial x}=-\dfrac{1}{J}\cdot\dfrac{\partial(F,G)}{\partial(x,v)},\ \dfrac{\partial v}{\partial x}=-\dfrac{1}{J}\cdot\dfrac{\partial(F,G)}{\partial(u,x)}.
$$

同理可得

$$
\dfrac{\partial u}{\partial y}=-\dfrac{1}{J}\cdot\dfrac{\partial(F,G)}{\partial(y,v)},\quad \dfrac{\partial v}{\partial y}=-\dfrac{1}{J}\cdot\dfrac{\partial(F,G)}{\partial(u,y)}.
$$

例 11 设 $xu-yv=0,yu+xv=1$，求 $\dfrac{\partial u}{\partial x},\dfrac{\partial u}{\partial y},\dfrac{\partial v}{\partial x}$ 和 $\dfrac{\partial v}{\partial y}$。

解 将所给方程的两边对 x 求导并移项，得

$$\begin{cases} x\dfrac{\partial u}{\partial x}-y\dfrac{\partial v}{\partial x}=-u,\\[2mm] y\dfrac{\partial u}{\partial x}+x\dfrac{\partial v}{\partial x}=-v。\end{cases}$$

在 $J=\begin{vmatrix} x & -y \\ y & x \end{vmatrix}=x^2+y^2\neq 0$ 的条件下，有

$$\frac{\partial u}{\partial x}=\frac{\begin{vmatrix} -u & -y \\ -v & x \end{vmatrix}}{\begin{vmatrix} x & -y \\ y & x \end{vmatrix}}=-\frac{xu+yv}{x^2+y^2},$$

$$\frac{\partial v}{\partial x}=\frac{\begin{vmatrix} x & -u \\ y & -v \end{vmatrix}}{\begin{vmatrix} x & -y \\ y & x \end{vmatrix}}=\frac{yu-xv}{x^2+y^2}。$$

将所给方程的两边对 y 求导。用同样的方法在 $J=x^2+y^2\neq 0$ 的条件下可得

$$\frac{\partial u}{\partial y}=\frac{xv-yu}{x^2+y^2},\qquad \frac{\partial v}{\partial y}=-\frac{xu+yv}{x^2+y^2}。$$

例 12 设函数 $x=u^2+v^2,y=u^3-v^3$，求 $\dfrac{\partial u}{\partial x},\dfrac{\partial v}{\partial x},\dfrac{\partial u}{\partial y}$ 和 $\dfrac{\partial v}{\partial y}$。

解 将方程组 $\begin{cases} x=u^2+v^2,\\ y=u^3-v^3 \end{cases}$ 两边求关于 x 的偏导数（此时 u,v 为 x 的函数，y 为常数），从而

$$\begin{cases} 1=2u\dfrac{\partial u}{\partial x}+2v\dfrac{\partial v}{\partial x},\\[2mm] 0=3u^2\dfrac{\partial u}{\partial x}-3v^2\dfrac{\partial v}{\partial x}。\end{cases}$$

解得

$$\frac{\partial u}{\partial x}=\frac{v}{2u(u+v)},\qquad \frac{\partial v}{\partial x}=\frac{u}{2v(u+v)}。$$

同理可求得

$$\frac{\partial u}{\partial y}=\frac{v}{u(u+v)},\qquad \frac{\partial v}{\partial y}=\frac{u}{v(u+v)}。$$

习　题　9.3

1. 求下列函数的一阶偏导数：

(1) 设 $z=u^2+v^2$，其中 $u=x+y,v=x-y$；

(2) 设 $z=u^2\ln v$，其中 $u=\dfrac{x}{y},v=3x-2y$；

(3) 设 $z=\mathrm{e}^{x-2y}$，其中 $x=\sin t$，$y=t^3$；

(4) 设 $z=\arctan(xy)$，其中 $y=\mathrm{e}^x$。

2. 设 $z=\arctan\dfrac{x}{y}$，其中 $x=u+v$，$y=u-v$，验证：

$$\frac{\partial z}{\partial u}+\frac{\partial z}{\partial v}=\frac{u-v}{u^2+v^2}。$$

3. 求下列函数的一阶偏导数（其中 f 具有一阶连续偏导数）：

(1) $u=f(x^2-y^2,\mathrm{e}^{xy})$；　　　　(2) $u=f\left(\dfrac{x}{y},\dfrac{y}{x}\right)$；

(3) $u=f(x,xy,xyz)$。

4. 设 $x^2+y^2+z^2=4z$，求 $\dfrac{\partial^2 z}{\partial x^2}$。

5. 设 $\mathrm{e}^z-xyz=0$，求 $\dfrac{\partial^2 z}{\partial x^2}$。

9.4　多元函数的极值及其应用

9.4.1　二元函数的极值及其求法

在实际问题中，往往会遇到多元函数的最大值、最小值问题。与一元函数相类似，多元函数的最大值、最小值与极大值、极小值有密切联系，因此以二元函数为例，先来讨论二元函数极值的定义及判别方法。

定义 1　设函数 $z=f(x,y)$ 在点 (x_0,y_0) 的某邻域内有定义，如果对该邻域内异于 (x_0,y_0) 的点 (x,y)，恒有不等式 $f(x_0,y_0)>f(x,y)$（或 $f(x_0,y_0)<f(x,y)$）成立，则称函数 $z=f(x,y)$ 在点 (x_0,y_0) 处取得极大值（或极小值）$f(x_0,y_0)$，并称点 (x_0,y_0) 为 $z=f(x,y)$ 的极大值点（或极小值点）。函数的极大值与极小值统称为极值，极大值点与极小值点统称为极值点。

例 1　函数 $z=x^2+y^2$ 在点 $(0,0)$ 处取极小值，这是因为对任何 $(x,y)\neq(0,0)$ 恒有 $z=x^2+y^2>0=f(0,0)$ 成立。

例 2　函数 $z=-\sqrt{x^2+y^2}$ 在点 $(0,0)$ 处取极大值，因为在点 $(0,0)$ 处函数值为零，而对于点 $(0,0)$ 的任一邻域内异于 $(0,0)$ 的点，函数值都为负。点 $(0,0,0)$ 是位于 xOy 平面下方的锥面 $z=-\sqrt{x^2+y^2}$ 的顶点。

例 3　函数 $z=xy$ 在点 $(0,0)$ 处既不取得极大值也不取得极小值。因为在点 $(0,0)$ 处的函数值为零，而在点 $(0,0)$ 的任一邻域内，总有使函数值为正的点，也有使函数值为负的点。

二元函数的极值问题，一般可以利用偏导数来解决。下面的两个定理就是关于该问题的结论。

定理 1（必要条件）　设函数 $z=f(x,y)$ 在点 (x_0,y_0) 处具有偏导数，且在点 (x_0,y_0) 处有极值，则有

$$f_x(x_0,y_0)=0,\quad f_y(x_0,y_0)=0。$$

证　不妨设 $z=f(x,y)$ 在点 (x_0,y_0) 处有极大值。依极大值的定义，在点 (x_0,y_0) 的

某邻域内异于(x_0,y_0)的点(x,y)都适合不等式

$$f(x,y) < f(x_0,y_0)。$$

特别地,在该邻域内取$y=y_0$而$x \ne x_0$的点,也应适合不等式

$$f(x,y_0) < f(x_0,y_0)。$$

这表明一元函数$f(x,y_0)$在$x=x_0$处取得极大值,因而必有

$$f_x(x_0,y_0)=0。$$

类似地可证

$$f_y(x_0,y_0)=0。$$

从几何上看,这时如果曲面$z=f(x,y)$在点(x_0,y_0,z_0)处有切平面,则切平面

$$z-z_0=f_x(x_0,y_0)(x-x_0)+f_y(x_0,y_0)(y-y_0)$$

成为平行于xOy坐标面的平面$z-z_0=0$。

仿照一元函数,凡是能使$f_x(x_0,y_0)=0$,$f_y(x_0,y_0)=0$同时成立的点(x_0,y_0)称为函数的**驻点**。从定理1可知,具有偏导数的函数的极值点必定是驻点。但函数的驻点不一定是极值点,例如,点$(0,0)$是函数$z=xy$的驻点,但函数在该点并无极值。

那么如何判定一个驻点是否是极值点呢?有如下的充分性定理。

定理 2 设函数$z=f(x,y)$在点(x_0,y_0)的某邻域内连续且有一阶及二阶连续偏导数,又$f_x(x_0,y_0)=0$,$f_y(x_0,y_0)=0$,令

$$f_{xx}(x_0,y_0)=A, \quad f_{xy}(x_0,y_0)=B, \quad f_{yy}(x_0,y_0)=C,$$

则$f(x,y)$在(x_0,y_0)处是否取得极值的条件如下:

(1) $AC-B^2>0$时具有极值,且当$A<0$时有极大值,当$A>0$时有极小值;

(2) $AC-B^2<0$时没有极值;

(3) $AC-B^2=0$时可能有极值,也可能没有极值,还需另作讨论。

证明略。

利用定理1和定理2,具有二阶连续偏导数的函数$z=f(x,y)$的极值的求解步骤如下。

第一步,解方程组

$$f_x(x,y)=0, \quad f_y(x,y)=0,$$

求得一切实数解,即可求得一切驻点。

第二步,对于每一个驻点(x_0,y_0),求出二阶偏导数的值A、B和C。

第三步,定出$AC-B^2$的符号,按定理2的结论判定$f(x_0,y_0)$是不是极值,是极大值还是极小值。

例 4 求函数$f(x,y)=x^3-y^3+3x^2+3y^2-9x$的极值。

解 先解方程组

$$\begin{cases} f_x(x,y)=3x^2+6x-9=0, \\ f_y(x,y)=-3y^2+6y=0, \end{cases}$$

求得驻点为$(1,0)$,$(1,2)$,$(-3,0)$,$(-3,2)$。

再求出二阶偏导数

$$f_{xx}(x,y)=6x+6, \quad f_{xy}(x,y)=0, \quad f_{yy}(x,y)=-6y+6。$$

在点$(1,0)$处,$AC-B^2=12\times6>0$,又$A>0$,所以函数在$(1,0)$处有极小值$f(1,0)=-5$。

在点$(1,2)$处,$AC-B^2=12\times(-6)<0$,所以$f(1,2)$不是极值。

在点$(-3,0)$处,$AC-B^2=-12\times6<0$,所以$f(-3,0)$不是极值。

在点 $(-3,2)$ 处，$AC-B^2=-12\times(-6)>0$，又 $A<0$，所以函数在 $(-3,2)$ 处有极大值 $f(-3,2)=31$。

例5 求函数 $f(x,y)=(2ax-x^2)(2by-y^2)$ 的极值，其中 a,b 为非零常数。

解 先解方程组

$$\begin{cases} f_x(x,y)=2(a-x)(2by-y^2)=0, \\ f_y(x,y)=2(2ax-x^2)(b-y)=0, \end{cases}$$

求得驻点为 $(a,b),(0,0),(0,2b),(2a,0),(2a,2b)$。

再求出二阶偏导数

$f_{xx}(x,y)=-2(2by-y^2)$, $f_{xy}(x,y)=4(a-x)(b-y)$, $f_{yy}(x,y)=-2(2ax-x^2)$。

在点 (a,b) 处，有 $A=-2b^2<0,B=0,C=-2a^2,AC-B^2=4a^2b^2>0$，所以函数在 (a,b) 处有极大值 $f(a,b)=a^2b^2$。

在点 $(0,0)$ 处，有 $A=C=0,B=4ab,AC-B^2=-16a^2b^2<0$，所以函数在 $(0,0)$ 处没有极值。

类似地可以验证，点 $(0,2b),(2a,0),(2a,2b)$ 都不是极值点。

【数学文化】

《题西林壁》是宋代文学家苏轼的诗作，它是一首诗中有画的写景诗，又是一首哲理诗。"横看成岭侧成峰，远近高低各不同"描绘的是庐山随着观察者角度不同，呈现出不同的样貌。二元函数的图形是一张曲面，就像庐山的山岭一样连绵起伏，极大值在山顶取得，极小值则是出现在山谷。人生何尝不是如此，起起落落乃世之常情。谁都会经历阶段性的高峰和低谷，人生不可能都是一条直线走到头，而是在曲折中上升前行。

9.4.2 二元函数的最值

与一元函数类似，我们可以利用函数的极值来求函数的最大值和最小值。我们知道，如果函数 $f(x,y)$ 在有界闭区域 D 上连续，则 $f(x,y)$ 在 D 必定能取得最大值和最小值。这种使函数取得最大值或最小值的点既可能在 D 的内部，也可能在 D 的边界上。因此，求函数的最大值和最小值的一般方法是：将函数 $f(x,y)$ 在 D 内的所有驻点处的函数值及在 D 的边界上的最大值和最小值相互比较，其中最大的就是最大值，最小的就是最小值。但这种做法，由于要求求出 $f(x,y)$ 在 D 的边界上的最大值和最小值，所以往往相当复杂。在通常遇到的实际问题中，如果根据问题的性质，知道函数 $f(x,y)$ 的最大值（最小值）一定在 D 的内部取得，而函数在 D 内只有一个驻点，那么可以肯定该驻点处的函数值就是函数 $f(x,y)$ 在 D 上的最大值（最小值）。

例6 某企业生产两种商品的产量分别为 x 单位和 y 单位，利润函数为

$$L=64x-2x^2+4xy-4y^2+32y-14。$$

求最大利润。

解 由极值条件

$$L_x=64-4x+4y=0,$$
$$L_y=32-8y+4x=0,$$

解得唯一驻点 $x_0=40,y_0=24$。由于

$$L_{xx}=-4, \quad A=-4<0, \quad L_{xy}=4, B=4,$$
$$L_{yy}=-8, \quad C=-8<0, \quad AC-B^2=16>0,$$

所以,点$(40,24)$为极大值点,亦即最大值点,最大值为1650。

例 7 有一宽24cm的长方形铁板,把它两边折起,做成一个横截面为等腰梯形的水槽。问怎样折法,才能使梯形截面的面积最大。

解 设折起来的边长为x,倾角为α,那么梯形的面积为x和α的函数。

设
$$L=(24-2x+x\cos\alpha) \cdot x\sin\alpha,$$

即
$$L=24x\sin\alpha-2x^2\sin\alpha+x^2\sin\alpha \cdot \cos\alpha,$$

其定义域为$0<x<12, 0<\alpha\leqslant\dfrac{\pi}{2}$,故

$$\frac{\partial L}{\partial x}=L_x=24\sin\alpha-4x\sin\alpha+2x\sin\alpha\cos\alpha=2\sin\alpha(12-2x+x\cos\alpha),$$

$$\frac{\partial L}{\partial \alpha}=L_\alpha=24x\cos\alpha-2x^2\cos\alpha+x^2(\cos^2 x-\sin^2\alpha)$$

$$=24x\cos\alpha-2x^2\cos\alpha+x^2(2\cos^2\alpha-1)。$$

令$L_x=0, L_y=0$,得

$$\begin{cases} 2\sin\alpha(12-2x+x\cos\alpha)=0, \\ x[24\cos\alpha-2x\cos\alpha+x(2\cos^2\alpha-1)]=0。 \end{cases}$$

由于$x\neq 0, \alpha\neq 0$,所以得

$$\begin{cases} 12-2x+x\cos\alpha=0, \\ 24\cos\alpha-2x\cos\alpha+x(2\cos^2\alpha-1)=0。 \end{cases}$$

解方程组,得$x=8, \alpha=\dfrac{\pi}{3}$。

根据题意可知,截面面积的最大值一定存在,并且在区域$D: 0<x<12, 0<\alpha\leqslant\dfrac{\pi}{2}$内取得,而函数在$D$内只有一个驻点:$x=8, \alpha=\dfrac{\pi}{3}$,因此可以断定当$x=8, \alpha=\dfrac{\pi}{3}$时,能使水槽梯形的截面面积最大。

9.4.3 条件极值与拉格朗日乘数法

前面讨论的极值问题,自变量在定义域内可以任意取值,未受任何限制,通常称为无条件极值。在实际问题中,求极值或最值时,对自变量的取值往往要附加一定的约束条件,这类附有约束条件的极值问题,称为条件极值。条件极值的约束条件分为等式约束条件和不等式约束条件两类。这里仅讨论等式约束下的条件极值问题。

考虑函数$z=f(x,y)$在满足约束条件$\varphi(x,y)=0$时的条件极值问题。求解这一条件极值问题的常用方法是拉格朗日乘数法,其基本思想方法是:将条件极值化为无条件极值。

拉格朗日乘数法的具体步骤如下。

(1) 构造辅助函数(称为拉格朗日函数)
$$F=F(x,y,\lambda)=f(x,y)+\lambda\varphi(x,y),$$

其中,λ 为待定常数,称为拉格朗日乘数。将原条件极值化为求三元函数 $F(x,y,\lambda)$ 的无条件极值问题。

（2）由无条件极值问题的极值必要条件,有
$$\begin{cases} F_x = f_x(x,y) + \lambda\varphi_x(x,y) = 0, \\ F_y = f_y(x,y) + \lambda\varphi_y(x,y) = 0, \\ F_\lambda = \varphi(x,y) = 0。 \end{cases}$$
联立求解这个方程组,解出可能的极值点 (x,y) 和乘数 λ。

（3）判别求出的 (x,y) 是否为极值点,通常由实际问题的实际意义判定。

当然,上述条件极值问题也可以采用如下的方法求解:先由方程 $\varphi(x,y)=0$,解出 $y = \psi(x)$ 并将其代入 $f(x,y)$,得 x 的一元函数 $z = f(x,\psi(x))$;然后再求此一元函数的无条件极值。

例 8　求表面积为 a^2 而体积最大的长方体的体积。

解　设长方体的三棱长为 x,y,z,则问题就是在条件
$$\varphi(x,y,z) = 2xy + 2yz + 2xz - a^2 = 0$$
下,求函数
$$V = xyz \quad (x > 0, y > 0, z > 0)$$
的最大值。作拉格朗日函数
$$L(x,y,z) = xyz + \lambda(2xy + 2yz + 2xz - a^2),$$
求其对 x,y,z 的偏导数,并使之为零,得到
$$yz + 2\lambda(y+z) = 0,$$
$$xz + 2\lambda(x+z) = 0,$$
$$xyz + 2\lambda(y+x) = 0。$$
再与 $\varphi(x,y,z) = 2xy + 2yz + 2xz - a^2 = 0$ 联立求解。

因 x,y,z 都不等于零,所以由上述方程组可得
$$\frac{x}{y} = \frac{x+z}{y+z}, \quad \frac{y}{z} = \frac{x+y}{x+z}。$$
由以上两式解得
$$x = y = z。$$
将此代入 $\varphi(x,y,z) = 2xy + 2yz + 2xz - a^2 = 0$ 中,便得
$$x = y = z = \frac{\sqrt{6}}{6}a。$$

这是唯一可能的极值点。因为由问题本身可知最大值一定存在,所以最大值就在这个可能的极值点处取得。也就是说,表面积为 a^2 的长方体中,以棱长为 $\frac{\sqrt{6}}{6}a$ 的正方体的体积最大,最大体积为 $\frac{\sqrt{6}}{36}a^3$。

例 9　求函数 $u = xyz$ 在附加条件
$$\frac{1}{x} + \frac{1}{y} + \frac{1}{z} = \frac{1}{a}, \quad x > 0, y > 0, z > 0, a > 0$$

下的极值。

解 作拉格朗日函数

$$L(x,y,z) = xyz + \lambda\left(\frac{1}{x} + \frac{1}{y} + \frac{1}{z} - \frac{1}{a}\right)。$$

令

$$L_x = yz - \frac{\lambda}{x^2} = 0,$$

$$L_y = xz - \frac{\lambda}{y^2} = 0,$$

$$L_z = xy - \frac{\lambda}{z^2} = 0。$$

注意到以上三个方程左端的第一项都是三个变量 x,y,z 中某两个变量的乘积,将各方程两端同乘以相应缺少的那个变量,使各方程左端的第一项都成为 xyz,然后将所得的三个方程左、右两端相加,得

$$3xyz - \lambda\left(\frac{1}{x} + \frac{1}{y} + \frac{1}{z}\right) = 0,$$

得

$$xyz = \frac{\lambda}{3a}。$$

再把这个结果分别代入三个偏导数方程中,便得 $x = y = z = 3a$。由此得到点 $(3a,3a,3a)$ 是函数 $u = xyz$ 在附加条件下唯一可能的极值点。把附加条件确定的隐函数记作 $z = z(x,y)$,将目标函数看作 $u = xyz(x,y) = F(x,y)$,再应用二元函数极值的充分条件判断,可知点 $(3a,3a,3a)$ 是函数 $u = xyz$ 在附加条件下的极小值点。因此,目标函数 $u = xyz$ 在附加条件下在点 $(3a,3a,3a)$ 处取得极小值 $27a^3$。

例 10 某同学计划用 50 元购买两种商品(钢笔与笔记本)。假定购买 x 支钢笔与 y 个笔记本的效用函数为

$$U(x,y) = 3\ln x + \ln y,$$

已知钢笔的单价是 6 元,笔记本的单价是 4 元。请你为这位同学做一安排,如何购买,才使购买这两种商品的效用最大?

解 这是一个约束优化问题:在预算限制 $6x + 4y = 50$ 之下,求效用函数
$$U(x,y) = 3\ln x + \ln y$$
的最大值。

先构造拉格朗日函数
$$L(x,y,\lambda) = U(x,y) + \lambda(6x + 4y - 50) = 3\ln x + \ln y + \lambda(6x + 4y - 50),$$
解方程组

$$\begin{cases} L_x(x,y,\lambda) = \dfrac{3}{x} + 6\lambda = 0, \\[2mm] L_y(x,y,\lambda) = \dfrac{1}{y} + 4\lambda = 0, \\[2mm] L_\lambda(x,y,\lambda) = 6x + 4y - 50 = 0, \end{cases}$$

得

$$\begin{cases} x = \dfrac{25}{4} = 6.250, \\[2mm] y = \dfrac{25}{8} = 3.125。 \end{cases}$$

这就是说,这位同学只要购买 6 支钢笔、3 个笔记本所需的费用不超过 50 元而使效用最大。

习　题　9.4

1. 求下列函数的极值:

(1) $f(x,y) = 4(x-y) - x^2 - y^2$;

(2) $f(x,y) = xy + x^3 + y^3$;

(3) $f(x,y) = 1 - \sqrt{x^2 + y^2}$;

(4) $f(x,y) = e^{2x}(x + y^2 + 2y)$。

2. 求下列函数在指定条件下的条件极值:

(1) $f(x,y) = \dfrac{1}{x} + \dfrac{4}{y}$,如果 $x + y = 3$;

(2) $f(x,y) = xy$,如果 $x + y = 1$;

(3) $f(x,y) = x + y$,如果 $\dfrac{1}{x} + \dfrac{1}{y} = 1$ 且 $x > 0, y > 0$。

3. 某工厂生产的一种产品同时在两个市场销售,售价分别为 p_1, p_2,销售量分别为 q_1 和 q_2,且

$$q_1 = 24 - 0.2p_1, \quad q_2 = 10 - 0.05p_2,$$

总成本函数为

$$c = 35 + 40(q_1 + q_2)。$$

试问:厂家应如何确定两个市场的售价,才能使其获得的总利润最大?最大总利润为多少?

4. 某地区用 k 单位资金投资三个项目,投资额分别为 x, y, z 个单位,所能获得的利益为 $R = x^{\alpha} y^{\beta} z^{\gamma}$,$\alpha, \beta, \gamma$ 为正的常数。问如何分配 k 单位的投资额,能使效益最大?最大效益为多少?

总 习 题 9

1. 填空题

(1) 设 $f\left(x+y, \dfrac{y}{x}\right) = x^2 - y^2$,则 $f(x,y) = $ _____。

(2) 由方程 $xyz + \sqrt{x^2 + y^2 + z^2} = \sqrt{2}$ 所确定的函数 $z = z(x,y)$ 在点 $(1,0,-1)$ 处的全微分 $\mathrm{d}z = $ _____。

(3) 设 $z = \sqrt{x}\sin\dfrac{y}{x}$,则 $x\dfrac{\partial z}{\partial x} + y\dfrac{\partial z}{\partial y} = $ _____。

(4) $z = f(x,y)$ 的偏导数 $\dfrac{\partial z}{\partial x}$ 及 $\dfrac{\partial z}{\partial y}$ 在点 (x,y) 存在且连续是 $f(x,y)$ 在该点可微分的

_____条件，$z = f(x,y)$ 在点 (x,y) 可微分是函数在该点的偏导数 $\dfrac{\partial z}{\partial x}$ 及 $\dfrac{\partial z}{\partial y}$ 存在的

_____条件。

2. 求函数 $f(x,y) = \dfrac{\sqrt{4x-y^2}}{\ln(1-x^2-y^2)}$ 的定义域，并求 $\lim\limits_{(x,y) \to \left(\frac{1}{2},0\right)} f(x,y)$。

3. 设

$$f(x,y) = \begin{cases} (x^2+y^2)\sin\dfrac{1}{x^2+y^2}, & x^2+y^2 \neq 0, \\ 0, & x^2+y^2 = 0, \end{cases}$$

求 $f_x(0,0), f_y(0,0)$。

4. 设

$$\begin{cases} x^2+y^2-uv = 0, \\ xy^2-u^2+v^2 = 0, \end{cases}$$

确定函数 $u = u(x,y), v = v(x,y)$。求 $\dfrac{\partial u}{\partial x}, \dfrac{\partial u}{\partial y}, \dfrac{\partial v}{\partial x}, \dfrac{\partial v}{\partial y}$。

5. 证明下列各式：

(1) 设 $z = \varphi(x^2+y^2)$，则 $y\dfrac{\partial z}{\partial x} - x\dfrac{\partial z}{\partial y} = 0$；

(2) 设 $u = \sin x + f(\sin y - \sin x)$，则 $\dfrac{\partial u}{\partial y}\cos x + \dfrac{\partial u}{\partial x}\cos y = \cos x \cdot \cos y$；

(3) 设 $f(x+zy^{-1}, y+zx^{-1}) = 0$ 成立，则 $x\dfrac{\partial z}{\partial x} + y\dfrac{\partial z}{\partial y} = z - xy$；

(4) 设 $u = x\varphi(x+y) + y\varphi(x+y)$，则 $\dfrac{\partial^2 u}{\partial x^2} - 2\dfrac{\partial^2 u}{\partial x \partial y} + \dfrac{\partial^2 u}{\partial y^2} = 0$。

二 重 积 分

重积分是一元函数定积分在多元函数领域内的推广,它和定积分一样,也是应几何、物理等实际问题的需要而产生的。比如,如何求曲顶柱体的体积? 如何求质量分布不均匀的平面薄板的质量? 种种诸如此类问题,都不是定积分所能解决的,更多的实际问题还需要我们继续探讨。本章以定积分为基础,建立二重积分的概念,给出二重积分的计算方法——将二重积分转化为二次积分进行计算。

10.1 二重积分的概念与性质

10.1.1 二重积分的概念

1. 二重积分的定义

例1 曲顶柱体的体积。

设函数 $z = f(x,y)$ 为有界闭区域 D 上的非负连续函数。我们称以曲面 $z = f(x,y)$ 为顶,以 xOy 平面上的区域 D 为底,以 D 的边界曲线为准线且母线平行于 z 轴的柱面为侧面的立体为**曲顶柱体**(见图 10.1)。下面我们来讨论如何求曲顶柱体的体积 V。

对于平顶柱体,平顶柱体的体积=底面积×高。而对于曲顶柱体,当点 (x,y) 在区域 D 上变化时,高度 $f(x,y)$ 也是变化的,因此它的体积不能直接用上式来计算。我们回顾一下前面求曲边梯形面积的过程,就不

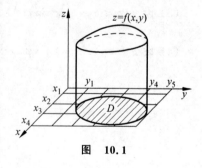

图   10.1

难想到,这种解决问题的思路,同样可以用来求曲顶柱体的体积。

首先,用一组平面曲线网将区域 D 分割为 n 个小区域

$$\Delta\sigma_1, \Delta\sigma_2, \cdots, \Delta\sigma_i, \cdots, \Delta\sigma_n,$$

相应地将曲顶柱体分割为 n 个小曲顶柱体

$$\Delta V_1, \Delta V_2, \cdots, \Delta V_i, \cdots, \Delta V_n,$$

其中,ΔV_i 既表示第 i 个小曲顶柱体,也表示它的体积,则 $V = \sum_{i=1}^{n} \Delta V_i$。对于每个小曲顶柱体来说,由于 $f(x,y)$ 在 $\Delta\sigma_i$ 上连续,故只要 $\Delta\sigma_i$ 的直径充分小,则 $f(x,y)$ 在 $\Delta\sigma_i$ 上的函数值几乎相等。因此,在每个 $\Delta\sigma_i$ 中任取一点 (ξ_i, η_i),以 $f(\xi_i, \eta_i)$ 为高、以 $\Delta\sigma_i$ 为底的平顶

柱体的体积 $f(\xi_i,\eta_i)\Delta\sigma_i$ 近似等于以 $\Delta\sigma_i$ 为底的小曲顶柱体的体积 ΔV_i(见图 10.2),即

$$\Delta V_i \approx f(\xi_i,\eta_i)\Delta\sigma_i, \quad i=1,2,\cdots,n,$$

把这些平顶柱体体积相加,得到整个曲顶柱体体积的近似值,即

$$V \approx \sum_{i=1}^{n} f(\xi_i,\eta_i)\Delta\sigma_i.$$

最后,令 λ 表示各小区域直径中的最大值。当 λ 越小,即对于区域 D 的分割就越细,近似值 $\sum_{i=1}^{n} f(\xi_i,\eta_i)\Delta\sigma_i$ 就越接近曲顶柱体的体积 V,由极限的定义,曲顶柱体的体积为

$$V = \lim_{\lambda \to 0} \sum_{i=1}^{n} f(\xi_i,\eta_i)\Delta\sigma_i.$$

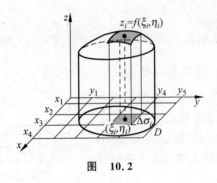

图 10.2

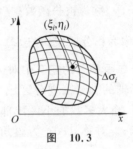

图 10.3

例 2 平面薄板的质量。

设有一平面薄板占有 xOy 面上的闭区域 D(见图 10.3),它在点 (x,y) 处的面密度为 $\mu=\mu(x,y)$,且 $\mu=\mu(x,y)$ 在区域 D 上连续,现在要计算该平面薄板的质量 M。

用任意一组平面曲线网把 D 分成 n 个小区域

$$\Delta\sigma_1,\Delta\sigma_2,\cdots,\Delta\sigma_i,\cdots,\Delta\sigma_n,$$

各小块质量的近似值为

$$\mu(\xi_i,\eta_i)\Delta\sigma_i, \ i=1,2,\cdots,n,$$

各小块质量近似值之和作为平面薄片的质量的近似值,即

$$M \approx \sum_{i=1}^{n} \mu(\xi_i,\eta_i)\Delta\sigma_i.$$

令 λ 表示各小区域直径中的最大值,当 λ 越小,即对于区域 D 的分割就越细,近似值 $\sum_{i=1}^{n} \mu(\xi_i,\eta_i)\Delta\sigma_i$ 就越接近平面薄板的质量 M,故平面薄板的质量为

$$M = \lim_{\lambda \to 0} \sum_{i=1}^{n} \mu(\xi_i,\eta_i)\Delta\sigma_i.$$

上面讨论的两个问题一个是几何问题,一个是物理问题,虽然它们代表的实际意义不尽相同,但我们解决这两个问题的思想和过程是相同的,即"分割、近似、作和、取极限",并且我们得到了两个形式完全相同的极限。在物理、几何和工程技术中,有许多实际问题的解决都可以划归为这类极限。因此,我们要对这类极限问题进行一般性研究,抛开上述问题的实际意义,把解决这些问题的思想和过程加以抽象概括,便得到二重积分的精确定义。

定义 1　设 $f(x,y)$ 是有界闭区域 D 上的有界函数。将闭区域 D 任意分成 n 个小闭区域

$$\Delta\sigma_1,\Delta\sigma_2,\cdots,\Delta\sigma_i,\cdots,\Delta\sigma_n,$$

其中 $\Delta\sigma_i$ 即表示第 i 个小区域，也表示它的面积。在每个小区域 $\Delta\sigma_i$ 上任取一点 (ξ_i,η_i)，作乘积 $f(\xi_i,\eta_i)\Delta\sigma_i$，并求和 $\sum\limits_{i=1}^{n}f(\xi_i,\eta_i)\Delta\sigma_i$。

如果各小区域直径中的最大值 λ 趋于零时，和式 $\sum\limits_{i=1}^{n}f(\xi_i,\eta_i)\Delta\sigma_i$ 的极限总存在，则称此极限为函数 $f(x,y)$ 在闭区域 D 上的二重积分，记作 $\iint\limits_{D}f(x,y)\mathrm{d}\sigma$，即

$$\iint\limits_{D}f(x,y)\mathrm{d}\sigma=\lim_{\lambda\to0}\sum_{i=1}^{n}f(\xi_i,\eta_i)\Delta\sigma_i。$$

其中 $f(x,y)$ 称为被积函数；$f(x,y)\mathrm{d}\sigma$ 称为被积表达式；$\mathrm{d}\sigma$ 称为面积元素；x,y 称为积分变量；D 称为积分区域；表达式 $\sum\limits_{i=1}^{n}f(\xi_i,\eta_i)\Delta\sigma_i$ 称为积分和。

由于二重积分的定义中对区域 D 的划分是任意的，若用一组平行于坐标轴的直线来划分区域 D，那么除了靠近边界曲线的一些小区域之外，绝大多数的小区域都是矩形（见图 10.4），因此可以将 $\mathrm{d}\sigma$ 记作 $\mathrm{d}x\mathrm{d}y$。并称 $\mathrm{d}x\mathrm{d}y$ 为直角坐标系下的面积元素，故二重积分也可表示成为 $\iint\limits_{D}f(x,y)\mathrm{d}x\mathrm{d}y$。

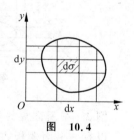

图　10.4

由二重积分的定义可知，曲顶柱体的体积等于曲顶柱体的曲面 $f(x,y)$ 在底 D 上的二重积分，即 $V=\iint\limits_{D}f(x,y)\mathrm{d}\sigma$。

平面薄板的质量等于薄板的面密度 $\mu(x,y)$ 在薄板所占闭区域 D 上的二重积分，即 $M=\iint\limits_{D}\mu(x,y)\mathrm{d}\sigma$。

2. 二重积分的存在性

可以证明，当 $f(x,y)$ 在有界闭区域 D 上连续时，积分和的极限是存在的，也就是说函数 $f(x,y)$ 在 D 上的二重积分是存在的。因此在下面的讨论中，我们总假定函数 $f(x,y)$ 在有界闭区域 D 上连续，以后不再每次加以说明。

3. 二重积分的几何意义

由本节开始引出的第一个例子（曲顶柱体的体积）可以看出，当 $f(x,y)\geqslant0$ 时，以闭区域 D 为底、以曲面 $z=f(x,y)$ 为顶的曲顶柱体的体积为 $\iint\limits_{D}f(x,y)\mathrm{d}\sigma$。一般情况，如果 $f(x,y)\geqslant0,(x,y)\in D$，则二重积分 $\iint\limits_{D}f(x,y)\mathrm{d}\sigma$ 表示以区域 D 为底、以曲面 $z=f(x,y)$ 为顶的曲顶柱体体积；如果 $f(x,y)\leqslant0,(x,y)\in D$，则二重积分 $\iint\limits_{D}f(x,y)\mathrm{d}\sigma$ 表示以区域 D 为底、以曲面 $z=f(x,y)$ 为顶的曲顶柱体体积的负值；如果函数 $f(x,y)$ 在区域 D 的若干

部分上是正的,在其他部分上是负的,则二重积分 $\iint\limits_D f(x,y)\mathrm{d}\sigma$ 表示以区域 D 为底,位于 xOy 平面以上的柱体体积减去位于 xOy 平面以下的柱体体积。

例 3 利用二重积分的几何意义,求 $\iint\limits_D \sqrt{9-x^2-y^2}\,\mathrm{d}x\,\mathrm{d}y$,其中积分区域为 $D=\{(x,y)\mid x^2+y^2\leqslant 9\}$。

解 由二重积分的几何意义知,二重积分 $\iint\limits_D \sqrt{9-x^2-y^2}\,\mathrm{d}x\,\mathrm{d}y$ 表示的是以半径 $r=3$ 的圆盘 D 为底、以上半球面 $z=\sqrt{9-x^2-y^2}$ 为顶的曲顶柱体的体积。

再由球体的体积公式,得上半球体的体积为 $V=\dfrac{1}{2}\cdot\dfrac{4}{3}\pi r^3=\dfrac{1}{2}\cdot\dfrac{4}{3}\pi 3^3=18\pi$。因此得

$$\iint\limits_D \sqrt{9-x^2-y^2}\,\mathrm{d}x\,\mathrm{d}y=18\pi。$$

10.1.2 二重积分的性质

假设函数 $f(x,y),g(x,y)$ 在闭区域 D 上的二重积分总存在。

性质 1 被积函数中的常数因子可以提到二重积分的前面,即

$$\iint\limits_D kf(x,y)\mathrm{d}\sigma=k\iint\limits_D f(x,y)\mathrm{d}\sigma,\quad k \text{ 为常数。}$$

性质 2 两个函数和(或差)的二重积分等于它们二重积分的和(或差),即

$$\iint\limits_D [f(x,y)\pm g(x,y)]\mathrm{d}\sigma=\iint\limits_D f(x,y)\mathrm{d}\sigma\pm\iint\limits_D g(x,y)\mathrm{d}\sigma。$$

该性质可以推广到任意有限个函数的情形。

性质 3 如果闭区域 D 被有限条曲线分为有限个部分闭区域,则函数在闭区域 D 上的二重积分等于函数在各部分闭区域上二重积分的和。例如,如果闭区域 D 可分为两个闭区域 D_1 与 D_2,则

$$\iint\limits_D f(x,y)\mathrm{d}\sigma=\iint\limits_{D_1} f(x,y)\mathrm{d}\sigma+\iint\limits_{D_2} f(x,y)\mathrm{d}\sigma。$$

性质 4 如果 $f(x,y)\equiv 1,(x,y)\in D$,$\sigma$ 为闭区域 D 的面积,则

$$\iint\limits_D f(x,y)\mathrm{d}\sigma=\iint\limits_D 1\cdot\mathrm{d}\sigma=\iint\limits_D \mathrm{d}\sigma=\sigma。$$

该性质的几何意义就是高为 1 的平顶柱体的体积等于该柱体的底面积。

性质 5 如果在闭区域 D 上,有 $f(x,y)\leqslant g(x,y)$,则

$$\iint\limits_D f(x,y)\mathrm{d}\sigma\leqslant\iint\limits_D g(x,y)\mathrm{d}\sigma。$$

利用这个不等式可以证明下面不等式:

$$\left|\iint\limits_D f(x,y)\mathrm{d}\sigma\right|\leqslant\iint\limits_D |f(x,y)|\mathrm{d}\sigma。$$

性质 6 设 M,m 分别是 $f(x,y)$ 在闭区域 D 上的最大值和最小值,σ 为区域 D 的面积,则有

$$\iint\limits_{D} f(x,y)\mathrm{d}\sigma \leqslant M\sigma。$$

性质 7（二重积分的中值定理） 设函数 $f(x,y)$ 在闭区域 D 上连续，σ 为区域 D 的面积，则在区域 D 上至少存在一点 (ξ,η)，使得

$$\iint\limits_{D} f(x,y)\mathrm{d}\sigma = f(\xi,\eta)\sigma。$$

证 把性质 6 中不等式均除以 σ，有

$$m \leqslant \frac{1}{\sigma}\iint\limits_{D} f(x,y)\mathrm{d}\sigma \leqslant M。$$

这说明数值 $\frac{1}{\sigma}\iint\limits_{D} f(x,y)\mathrm{d}\sigma$ 介于函数 $f(x,y)$ 的最大值 M 与最小值 m 之间。根据闭区域上连续函数的介值定理，在区域 D 上至少存在一点 (ξ,η)，使得

$$\frac{1}{\sigma}\iint\limits_{D} f(x,y)\mathrm{d}\sigma = f(\xi,\eta)，$$

上式两端乘以 σ，即得所需证明的等式。

例 4 比较 $I_1 = \iint\limits_{D} \ln(x+y)\mathrm{d}\sigma$ 与 $I_2 = \iint\limits_{D} [\ln(x+y)]^2\mathrm{d}\sigma$ 的大小关系，其中积分区域为 $D = \{(x,y) \mid 3 \leqslant x \leqslant 5, 0 \leqslant y \leqslant 1\}$。

解 显然区域 D 位于直线 $x+y=\mathrm{e}$ 的上方，故当 $(x,y) \in D$ 时，有 $x+y > \mathrm{e}$，从而

$$\ln(x+y) > 1，$$

因而 $$[\ln(x+y)]^2 > \ln(x+y)，$$

由性质 5，可得

$$\iint\limits_{D} [\ln(x+y)]^2 \mathrm{d}\sigma > \iint\limits_{D} \ln(x+y)\mathrm{d}\sigma，$$

即 $$I_2 > I_1。$$

例 5 估计二重积分 $I = \iint\limits_{D} xy(x+y)\mathrm{d}\sigma$，其中 $D = \{(x,y) \mid 0 \leqslant x \leqslant 1, 0 \leqslant y \leqslant 1\}$。

解 因为 $(x,y) \in D$，所以 $0 \leqslant x \leqslant 1, 0 \leqslant y \leqslant 1$，从而

$$0 \leqslant xy \leqslant 1，\quad 0 \leqslant x+y \leqslant 2，$$

进一步可得

$$0 \leqslant xy(x+y) \leqslant 2，$$

由性质 6，知

$$\iint\limits_{D} 0\mathrm{d}\sigma \leqslant \iint\limits_{D} xy(x+y)\mathrm{d}\sigma \leqslant \iint\limits_{D} 2\mathrm{d}\sigma，$$

即 $$0 \leqslant \iint\limits_{D} xy(x+y)\mathrm{d}\sigma \leqslant 2。$$

习 题 10.1

1. 填空题

(1) 设有一平面薄板（不计其厚度），占有 xOy 面上的闭区域 D，薄板上分布有面密度

为 $\mu=\mu(x,y)$ 的电荷，且 $\mu=\mu(x,y)$ 在 D 上连续。试用二重积分来表示该板上全部电荷 $Q=\underline{\qquad}$。

(2) 设 $D=\{(x,y)\,|\,(x-2)^2+(y-1)^2\leqslant 2\}$，试比较二重积分 $I_1=\iint\limits_{D}(x+y)\mathrm{d}\sigma$ 与 $I_2=\iint\limits_{D}(x+y)^3\mathrm{d}\sigma$ 的大小关系 $\underline{\qquad}$。

(3) 设 $D=\{(x,y)\,|\,3\leqslant x\leqslant 5,0\leqslant y\leqslant 1\}$，试比较二重积分 $I_1=\iint\limits_{D}\ln(x+y)\mathrm{d}\sigma$ 与 $I_2=\iint\limits_{D}[\ln(x+y)]^3\mathrm{d}\sigma$ 的大小关系 $\underline{\qquad}$。

(4) 根据二重积分的几何意义求下列积分：

① 设 $D_1=\{(x,y)\,|\,x^2+y^2\leqslant R^2\}$，则 $\iint\limits_{D_1}\sqrt{R^2-x^2-y^2}\,\mathrm{d}\sigma=\underline{\qquad}$；

② 设 $D_2=\left\{(x,y)\,|\,\dfrac{x^2}{4}+\dfrac{y^2}{9}\leqslant 1\right\}$，则 $\iint\limits_{D_2}\mathrm{d}\sigma=\underline{\qquad}$。

2．选择题

设 $I=\iint\limits_{D}(x^2+4y^2+9)\mathrm{d}\sigma$，其中 $D=\{(x,y)\,|\,x^2+y^2\leqslant 4\}$，则 I 的估值是（　　）。

A．$18\pi\leqslant I\leqslant 50\pi$；　　　　　　　　B．$9\pi\leqslant I\leqslant 100\pi$；

C．$36\pi\leqslant I\leqslant 50\pi$；　　　　　　　　D．$36\pi\leqslant I\leqslant 100\pi$。

3．利用二重积分的性质估计下列积分值：

(1) $I=\iint\limits_{D}\sin^2 x\sin^2 y\mathrm{d}\sigma$，其中 $D=\{(x,y)\,|\,0\leqslant x\leqslant\pi,0\leqslant y\leqslant\pi\}$；

(2) $I=\iint\limits_{D}(x+y+1)\mathrm{d}\sigma$，其中 $D=\{(x,y)\,|\,0\leqslant x\leqslant 1,0\leqslant y\leqslant 2\}$；

(3) $I=\iint\limits_{D}xy\mathrm{d}\sigma$，其中 $D=\{(x,y)\,|\,x^2+y^2\leqslant 1,x\geqslant 0,y\geqslant 0\}$。

10.2　二重积分的计算

二重积分在工程技术和实际生产中有着广泛的应用。因此，如何计算二重积分显得十分重要。如果按照二重积分的定义来计算二重积分，对少数比较简单的被积函数和积分区域来说是可行的，但是对于一般的被积函数和积分区域来说，这种方法显然行不通，也就失去了引入二重积分的价值和意义。为此，本节将要介绍一种计算二重积分的重要方法，这种方法就是将二重积分的计算转化为二次定积分的计算。

10.2.1　在直角坐标系下计算二重积分

为简单起见，先假设 $z=f(x,y)$ 在区域 D 上连续，且 $f(x,y)\geqslant 0$。由二重积分的几何意义知，二重积分 $\iint\limits_{D}f(x,y)\mathrm{d}\sigma$ 的值等于以 D 为底、以曲面 $z=f(x,y)$ 为顶的曲顶柱体的

体积。根据这一点,就可将二重积分的计算问题转化为计算曲顶柱体的体积问题。在定积分的应用中曾讨论过"平行截面面积为已知的立体体积计算"的方法,我们就利用这种方法来研究二重积分的计算问题,下面根据积分区域的不同情形进行讨论。

1. 积分区域为 X 型区域

所谓 X 型区域是指这样的一类区域:用平行于 y 轴的直线穿过区域内部,直线与区域边界的交点不多于两个。

如图 10.5 所示的区域是 X 型区域中最简单同时也是最基本的形式:它在 x 轴上的投影区间为 $[a,b]$,其上、下边界分别为区间 $[a,b]$ 上的连续曲线 $y=y_1(x)$ 与 $y=y_2(x)$。因此,区域 D 可以表示为

$$D=\{(x,y)\,|\,y_1(x)\leqslant y\leqslant y_2(x),a\leqslant x\leqslant b\}。 \tag{10.1}$$

下面讨论积分区域为 X 型区域时二重积分的计算问题。

为了利用定积分中"平行截面面积为已知的立体体积计算"的方法来计算这个曲顶柱体的体积。首先在区间 $[a,b]$ 内任意取定一点 x_0,过该点作平行于 yOz 面的平面,该平面截曲顶柱体所得截面是一个以区间 $[y_1(x_0),y_2(x_0)]$ 为底、以曲线 $z=f(x_0,y)$ 为曲边的曲边梯形(见图 10.6)。

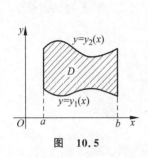

图 10.5

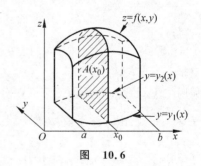

图 10.6

因此,该截面的面积为

$$A(x_0)=\int_{y_1(x_0)}^{y_2(x_0)}f(x_0,y)\mathrm{d}y。$$

一般地,在区间 $[a,b]$ 内任意一点 x 处的截面面积为

$$A(x)=\int_{y_1(x)}^{y_2(x)}f(x,y)\mathrm{d}y,$$

由"平行截面面积为已知的立体体积的计算"方法,得曲顶柱体体积为

$$V=\int_a^b A(x)\mathrm{d}x=\int_a^b\left[\int_{y_1(x)}^{y_2(x)}f(x,y)\mathrm{d}y\right]\mathrm{d}x。$$

另一方面,曲顶柱体的体积为 $V=\iint\limits_D f(x,y)\mathrm{d}\sigma$,于是有

$$\iint\limits_D f(x,y)\mathrm{d}\sigma=\int_a^b\left[\int_{y_1(x)}^{y_2(x)}f(x,y)\mathrm{d}y\right]\mathrm{d}x。 \tag{10.2}$$

上式右端的积分叫作先对 y 后对 x 的二次积分。也就是说,在被积函数 $f(x,y)$ 中,先把 x 看作常数,函数 $f(x,y)$ 先对变量 y 从 $y_1(x)$ 到 $y_2(x)$ 求定积分;然后再把算出的结果(是 x 的函数)作为被积函数对变量 x 在区间 $[a,b]$ 上求定积分。这个先对 y 后对 x 的二次积分

也常记作

$$\iint\limits_{D} f(x,y)\mathrm{d}\sigma = \int_a^b \mathrm{d}x \int_{y_1(x)}^{y_2(x)} f(x,y)\mathrm{d}y。$$

2. 积分区域为 Y 型区域

所谓 Y 型区域是指这样的一类区域：用平行于 x 轴的直线穿过区域内部，直线与区域边界的交点不多于两个。

如图 10.7 所示的区域是 Y 型区域中最简单同时也是最基本的形式：它在 y 轴上的投影区间为 $[c,d]$，其左、右边界分别为区间 $[c,d]$ 上的连续曲线 $x=x_1(y)$ 与 $x=x_2(y)$。

因此，区域 D 可以表示为

$$D = \{(x,y) \mid x_1(y) \leqslant x \leqslant x_2(y), c \leqslant y \leqslant d\} \quad (10.3)$$

的形式。在这样的积分区域下，类似于前面对 X 型区域的讨论，可得

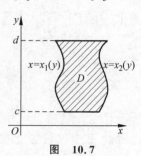

图 10.7

$$\iint\limits_{D} f(x,y)\mathrm{d}\sigma = \int_c^d \left[\int_{x_1(y)}^{x_2(y)} f(x,y)\mathrm{d}x \right] \mathrm{d}y。 \quad (10.4)$$

上式右端的积分叫作先对 x 后对 y 的二次积分。也就是说，在被积函数 $f(x,y)$ 中，先把 y 看作常数，函数 $f(x,y)$ 先对变量 x 从 $x_1(y)$ 到 $x_2(y)$ 上求定积分；然后再把算得的结果（是 y 的函数）作为被积函数对变量 y 在区间 $[c,d]$ 上求定积分。这个先对 x 后对 y 的二次积分也常记作

$$\iint\limits_{D} f(x,y)\mathrm{d}\sigma = \int_c^d \mathrm{d}y \int_{x_1(y)}^{x_2(y)} f(x,y)\mathrm{d}x。$$

如果积分区域 D 既是 X 型的，又是 Y 型的，即

$$D = \{(x,y) \mid y_1(x) \leqslant y \leqslant y_2(x), a \leqslant x \leqslant b\}$$
$$= \{(x,y) \mid x_1(y) \leqslant x \leqslant x_2(y), c \leqslant y \leqslant d\},$$

则由式 (10.2) 及式 (10.4) 得

$$\iint\limits_{D} f(x,y)\mathrm{d}\sigma = \int_a^b \mathrm{d}x \int_{y_1(x)}^{y_2(x)} f(x,y)\mathrm{d}y = \int_c^d \mathrm{d}y \int_{x_1(y)}^{x_2(y)} f(x,y)\mathrm{d}x。$$

在上述讨论所得出的结果中，我们总是假定函数 $f(x,y) \geqslant 0$。事实上，对于一般的函数 $f(x,y)$，上面所得出的结论也是成立的。因为对于任何函数 $f(x,y)$，总有

$$f(x,y) = \left\{ \frac{f(x,y) + |f(x,y)|}{2} \right\} - \left\{ \frac{|f(x,y)| - f(x,y)}{2} \right\}$$

成立，而且

$$\frac{f(x,y) + |f(x,y)|}{2}, \frac{|f(x,y)| - f(x,y)}{2}$$

均为非负函数，故由二重积分的线性性质可得结论。

例1 计算 $\iint\limits_{D} xy\mathrm{d}\sigma$，其中 D 是由直线 $y=1, x=2$ 及 $y=x$ 所围成的闭区域。

解 解法1 先画出积分区域 D（见图 10.8）。该积分区域 D 可表示成 X 型区域，即

$$D = \{(x,y) \mid 1 \leqslant x \leqslant 2, 1 \leqslant y \leqslant x\},$$

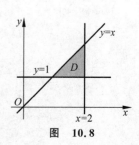

图 10.8

于是

$$\iint_D xy\,\mathrm{d}\sigma = \int_1^2 \left[\int_1^x xy\,\mathrm{d}y\right]\mathrm{d}x = \int_1^2 \left[x \cdot \frac{y^2}{2}\right]_1^x \mathrm{d}x = \frac{1}{2}\int_1^2 (x^3 - x)\,\mathrm{d}x$$

$$= \frac{1}{2}\left[\frac{x^4}{4} - \frac{x^2}{2}\right]_1^2 = \frac{9}{8}.$$

解法 2 积分区域 D 又可表示成 Y 型区域，即

$$D = \{(x,y)\,|\,1 \leqslant y \leqslant 2, y \leqslant x \leqslant 2\},$$

于是

$$\iint_D xy\,\mathrm{d}\sigma = \int_1^2 \left[\int_y^2 xy\,\mathrm{d}x\right]\mathrm{d}y = \int_1^2 \left[y \cdot \frac{x^2}{2}\right]_y^2 \mathrm{d}y = \int_1^2 \left(2y - \frac{y^3}{2}\right)\mathrm{d}y = \left[y^2 - \frac{y^4}{8}\right]_1^2 = \frac{9}{8}.$$

例 2 计算 $\iint_D y\sqrt{1+x^2-y^2}\,\mathrm{d}\sigma$，其中 D 是由直线 $y=x$，$x=-1$ 和 $y=1$ 所围成的闭区域。

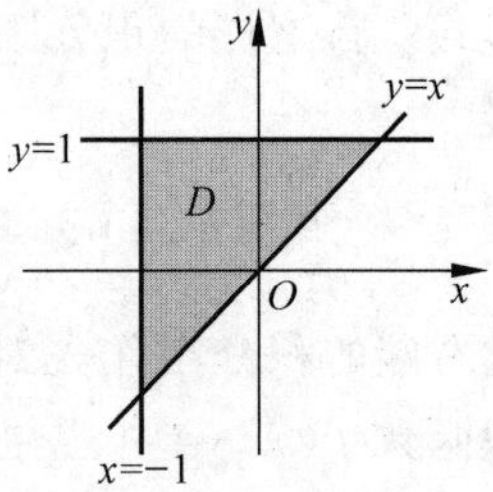

解 积分区域 D 如图 10.9 所示，可见，积分区域 D 既是 X 型的，又是 Y 型的。若把 D 看作 X 型区域，即

$$D = \{(x,y)\,|\,-1 \leqslant x \leqslant 1, x \leqslant y \leqslant 1\},$$

于是

$$\iint_D y\sqrt{1+x^2-y^2}\,\mathrm{d}\sigma = \int_{-1}^1 \left[\int_x^1 y\sqrt{1+x^2-y^2}\,\mathrm{d}y\right]\mathrm{d}x = -\frac{1}{3}\int_{-1}^1 \left[(1+x^2-y^2)^{\frac{3}{2}}\right]_x^1 \mathrm{d}x$$

$$= -\frac{1}{3}\int_{-1}^1 (|x|^3 - 1)\,\mathrm{d}x = -\frac{2}{3}\int_0^1 (x^3 - 1)\,\mathrm{d}x = \frac{1}{2}.$$

图 10.9

若把区域 D 看作 Y 型区域，即

$$D = \{(x,y)\,|\,-1 \leqslant y \leqslant 1, -1 \leqslant x \leqslant y\},$$

于是

$$\iint_D y\sqrt{1+x^2-y^2}\,\mathrm{d}\sigma = \int_{-1}^1 y\left[\int_{-1}^y \sqrt{1+x^2-y^2}\,\mathrm{d}x\right]\mathrm{d}y.$$

显然，计算函数 $\sqrt{1+x^2-y^2}$ 关于 x 的原函数比较麻烦，所以把积分区域 D 看作 X 型区域进行计算比较方便。

例 3 计算 $\iint_D xy\,\mathrm{d}\sigma$，其中区域 D 是由抛物线 $y^2=x$ 及直线 $y=x-2$ 所围成的闭区域。

解 积分区域 D 如图 10.10 所示，可见，区域 D 既是 X 型的，又是 Y 型的。若把 D 看作 Y 型区域，即

$$D = \{(x,y)\,|\,-1 \leqslant y \leqslant 2, y^2 \leqslant x \leqslant y+2\},$$

于是

$$\iint_D xy\,\mathrm{d}\sigma = \int_{-1}^2 \left[\int_{y^2}^{y+2} xy\,\mathrm{d}x\right]\mathrm{d}y = \int_{-1}^2 \left[\frac{x^2}{2}y\right]_{y^2}^{y+2} \mathrm{d}y = \frac{1}{2}\int_{-1}^2 \left[y(y+2)^2 - y^5\right]\mathrm{d}y$$

$$= \frac{1}{2}\left[\frac{y^4}{4} + \frac{4}{3}y^3 + 2y^2 - \frac{y^6}{6}\right]_{-1}^2 = \frac{45}{8}.$$

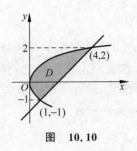

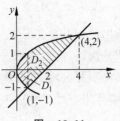

图 10.10　　　　　　　　　图 10.11

若把区域 D 看作 X 型区域来计算,由于在区间$[0,1]$及$[1,4]$上函数 $y_1(x)$ 的表达式不同,所以需要用经过交点$(1,-1)$且平行于 y 轴的直线 $x=1$ 把区域 D 分成 D_1 和 D_2 两部分(见图 10.11),其中

$$D_1=\{(x,y)\mid -\sqrt{x}\leqslant y\leqslant\sqrt{x},0\leqslant x\leqslant 1\},$$
$$D_2=\{(x,y)\mid x-2\leqslant y\leqslant\sqrt{x},1\leqslant x\leqslant 4\}。$$

因此,根据二重积分的性质 3,有

$$\iint\limits_D xy\,\mathrm{d}\sigma=\iint\limits_{D_1}xy\,\mathrm{d}\sigma+\iint\limits_{D_2}xy\,\mathrm{d}\sigma=\int_0^1\left[\int_{-\sqrt{x}}^{\sqrt{x}}xy\,\mathrm{d}y\right]\mathrm{d}x+\int_1^4\left[\int_{x-2}^{\sqrt{x}}xy\,\mathrm{d}y\right]\mathrm{d}x=\frac{45}{8}。$$

由此可见,在这里若把区域 D 看作 X 型区域来进行计算比较麻烦。

通过对上述几个例题的求解可以看出,在二重积分的计算过程中,为了计算简便,需要选择恰当的积分次序。在选择积分次序时既要考虑积分区域 D 的形状特点,又要考虑被积函数 $f(x,y)$ 的特性,这一点需要我们在学习过程中特别注意。

例 4　计算 $\iint\limits_D\mathrm{e}^{-y^2}\mathrm{d}\sigma$,其中区域 D 是由 $y=x,y=1,x=0$ 所围成的闭区域。

解　积分区域 D 如图 10.12 所示,可见,积分区域 D 既是 X 型的,又是 Y 型的。若把 D 看作 Y 型区域,即

$$D=\{(x,y)\mid 0\leqslant y\leqslant 1,0\leqslant x\leqslant y\},$$

于是

$$\iint\limits_D\mathrm{e}^{-y^2}\mathrm{d}\sigma=\int_0^1\left[\int_0^y\mathrm{e}^{-y^2}\mathrm{d}x\right]\mathrm{d}y=\int_0^1\left[\mathrm{e}^{-y^2}x\right]_0^y\mathrm{d}y=\int_0^1\mathrm{e}^{-y^2}y\,\mathrm{d}y=-\frac{1}{2}\int_0^1\mathrm{e}^{-y^2}\mathrm{d}(-y^2)$$
$$=\left[-\frac{1}{2}\mathrm{e}^{-y^2}\right]_0^1=\frac{1}{2}\left(1-\frac{1}{\mathrm{e}}\right)。$$

思考题　若将 D 看作 X 型区域,即先对 y 后对 x 积分来计算可以吗?

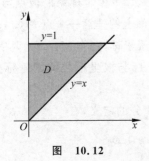

图 10.12

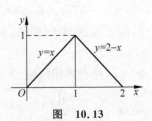

图 10.13

例 5 交换二次积分 $\int_0^1 \mathrm{d}y \int_y^{2-y} f(x,y)\mathrm{d}x$ 的积分顺序。

解 题中给出的积分是先 x 后 y 的二次积分,即积分区域按照 Y 型区域化成的二次积分。要想交换积分次序,需要将积分区域按照 X 型区域表示出来。为此,要根据所给二次积分的积分限画出积分区域 D 的草图(见图 10.13)。可见,积分区域 D 的上边界由两条线段构成。因此,需要用直线 $x=1$ 将积分区域 D 划分为两个区域,即

$$D_1 = \{(x,y) \mid 0 \leqslant x \leqslant 1, 0 \leqslant y \leqslant x\},$$
$$D_2 = \{(x,y) \mid 1 \leqslant x \leqslant 2, 0 \leqslant y \leqslant 2-x\}.$$

在积分区域 D_1,D_2 上分别将二重积分按照 X 型区域化成二次积分,得

$$\int_0^1 \mathrm{d}y \int_y^{2-y} f(x,y)\mathrm{d}x = \iint_D f(x,y)\mathrm{d}x\mathrm{d}y = \iint_{D_1} f(x,y)\mathrm{d}x\mathrm{d}y + \iint_{D_2} f(x,y)\mathrm{d}x\mathrm{d}y$$

$$= \int_0^1 \mathrm{d}x \int_0^x f(x,y)\mathrm{d}y + \int_1^2 \mathrm{d}x \int_0^{2-x} f(x,y)\mathrm{d}y.$$

一般而言,在交换积分次序时,积分限也会随之变化。

例 6 计算二次积分 $\int_0^1 \mathrm{d}y \int_{\sqrt{y}}^1 \dfrac{\sin x}{x^2}\mathrm{d}x$ 。

解 由于被积函数 $\dfrac{\sin x}{x^2}$ 关于 y 的原函数为 $\dfrac{\sin x}{x^2}y$,而它关于 x 的原函数不容易求。所以应该将上面二次积分先交换积分次序,然后再进行计算。把积分区域 D 表示成 X 型区域,即

$$D = \{(x,y) \mid 0 \leqslant x \leqslant 1, 0 \leqslant y \leqslant x^2\},$$

于是

$$\int_0^1 \mathrm{d}y \int_{\sqrt{y}}^1 \frac{\sin x}{x^2}\mathrm{d}x = \int_0^1 \mathrm{d}x \int_0^{x^2} \frac{\sin x}{x^2}\mathrm{d}y = \int_0^1 \left[\frac{\sin x}{x^2}y\right]_0^{x^2}\mathrm{d}x$$

$$= \int_0^1 \frac{\sin x}{x^2} \cdot x^2 \mathrm{d}x = \int_0^1 \sin x\, \mathrm{d}x = [-\cos x]_0^1 = 1 - \cos 1.$$

10.2.2 在极坐标系下计算二重积分

我们知道,有些平面区域的边界(曲线)方程和被积函数用直角坐标来表示非常麻烦,而用极坐标来表示比较简单。这启发我们,在计算二重积分时能否也可以像用换元积分法来计算定积分那样,考虑利用极坐标来替换直角坐标,使得二重积分的计算问题变得简单。

下面我们来讨论这一问题。为此,首先建立极坐标系。令极坐标系的极点与直角坐标系(xOy 系)的原点重合,取 x 轴的正半轴为极轴。这样平面上的任意一个点 $M(x,y)$ 都与一个二元数组 (r,θ) 形成一一对应关系,则称 (r,θ) 为点 M 的极坐标,记作 $M(r,\theta)$,其中称 $r(r \geqslant 0)$ 为点 M 的极径,称 θ 为点 M 的极角。于是得到直角坐标与极坐标之间的坐标变换关系为 $x = r\cos\theta, y = r\sin\theta$ 。

设函数 $f(x,y)$ 在有界闭区域 D 上连续,由二重积分的定义,有

$$\iint_D f(x,y)\mathrm{d}\sigma = \lim_{\lambda \to 0} \sum_{i=1}^n f(\xi_i, \eta_i)\Delta\sigma_i.$$

下面我们来研究这个和式的极限在极坐标系中的形式。

由于对积分区域 D 的划分是任意的,因此在极坐标系中,我们可以用以极点为中心的一族同心圆 $r=$ 常数与从极点出发的一族射线 $\theta=$ 常数为曲线网,将区域把 D 划分成 n 个小闭区域(见图 10.14),除了包含边界点的一些小闭区域外,其他各小闭区域的面积 $\Delta\sigma_i$ 可计算如下:

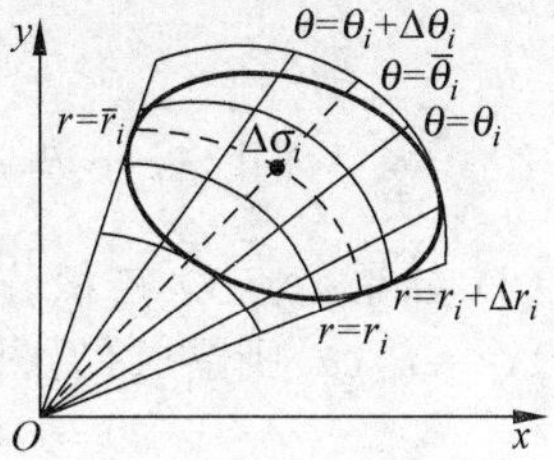

$$
\begin{aligned}
\Delta\sigma_i &= \frac{1}{2}(r_i + \Delta r_i)^2 \cdot \Delta\theta_i - \frac{1}{2}r_i^2\Delta\theta_i \\
&= \frac{1}{2}(2r_i + \Delta r_i)\Delta r_i \cdot \Delta\theta_i \\
&= \frac{r_i + (r_i + \Delta r_i)}{2} \cdot \Delta r_i \cdot \Delta\theta_i \\
&= \bar{r}_i \cdot \Delta r_i \cdot \Delta\theta_i,
\end{aligned}
$$

图 10.14

其中,$\bar{r}_i$ 表示相临两圆弧半径的平均值。在这个小闭区域内取圆周 $r=\bar{r}_i$ 上的一点 $(\bar{r}_i, \bar{\theta}_i)$,该点的直角坐标设为 (ξ_i, η_i),则由直角坐标与极坐标之间的关系,有

$$
\xi_i = \bar{r}_i\cos\bar{\theta}_i, \quad \eta_i = \bar{r}_i\sin\bar{\theta}_i,
$$

于是

$$
\lim_{\lambda\to 0}\sum_{i=1}^{n}f(\xi_i, \eta_i)\Delta\sigma_i = \lim_{\lambda\to 0}\sum_{i=1}^{n}f(\bar{r}_i\cos\bar{\theta}_i, \bar{r}_i\sin\bar{\theta}_i)\bar{r}_i \cdot \Delta r_i \cdot \Delta\theta_i,
$$

即

$$
\iint\limits_{D}f(x, y)\mathrm{d}\sigma = \iint\limits_{D}f(r\cos\theta, r\sin\theta)r\mathrm{d}r\mathrm{d}\theta. \tag{10.5}
$$

式(10.5)就是二重积分的变量从直角坐标变换为极坐标的变换公式,其中 $r\mathrm{d}r\mathrm{d}\theta$ 是极坐标系中的面积元素。

式(10.5)表明,要把二重积分中的变量从直角坐标变换为极坐标,只要把被积函数中的 x, y 分别换成 $r\cos\theta, r\sin\theta$,并把直角坐标系下的面积元素 $\mathrm{d}x\mathrm{d}y$ 换成极坐标下的面积元素 $r\mathrm{d}r\mathrm{d}\theta$ 即可。

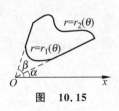

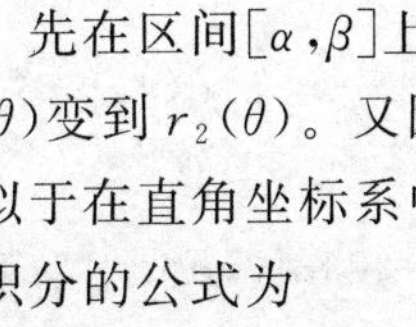

图 10.15

利用极坐标来计算二重积分 $\iint\limits_{D}f(r\cos\theta, r\sin\theta)r\mathrm{d}r\mathrm{d}\theta$,同样也需要将关于 r, θ 的二重积分化为二次积分。在化成二次积分的过程中需要把积分区域 D 用极坐标表示出来。设积分区域 D 可以用不等式 $r_1(\theta)\leqslant r\leqslant r_2(\theta), \alpha\leqslant\theta\leqslant\beta$ 来表示(见图 10.15),其中函数 $r_1(\theta), r_2(\theta)$ 在区间 $[\alpha, \beta]$ 上连续。

先在区间 $[\alpha, \beta]$ 上任意取定一个 θ 值,对应于这个取定的 θ 值,区域 D 上点的极径 r 从 $r_1(\theta)$ 变到 $r_2(\theta)$。又因为 θ 是在区间 $[\alpha, \beta]$ 上任意取定的,所以 θ 的变化范围是区间 $[\alpha, \beta]$。类似于在直角坐标系中二重积分化为二次积分的分析过程,极坐标系中的二重积分化为二次积分的公式为

$$
\iint\limits_{D}f(r\cos\theta, r\sin\theta)r\mathrm{d}r\mathrm{d}\theta = \int_{\alpha}^{\beta}\left[\int_{r_1(\theta)}^{r_2(\theta)}f(r\cos\theta, r\sin\theta)r\mathrm{d}r\right]\mathrm{d}\theta.
$$

上式也可写成

$$
\iint\limits_{D}f(r\cos\theta, r\sin\theta)r\mathrm{d}r\mathrm{d}\theta = \int_{\alpha}^{\beta}\mathrm{d}\theta\int_{r_1(\theta)}^{r_2(\theta)}f(r\cos\theta, r\sin\theta)r\mathrm{d}r.
$$

下面分三种情况进行讨论。

(1) 如果极点 O 在积分区域 D 的内部,且区域 D 由连续曲线 $r=r(\theta)$ 所围成(见图 10.16),即

$$D=\{(r,\theta)\mid 0\leqslant r\leqslant r(\theta),0\leqslant\theta\leqslant 2\pi\},$$

则有

$$\iint\limits_{D}f(r\cos\theta,r\sin\theta)r\mathrm{d}r\mathrm{d}\theta=\int_{0}^{2\pi}\mathrm{d}\theta\int_{0}^{r(\theta)}f(r\cos\theta,r\sin\theta)r\mathrm{d}r\,.$$

(2) 如果极点 O 在积分区域 D 的外部,且区域 D 由射线 $\theta=\alpha,\theta=\beta$ 和连续曲线 $r=r_1(\theta),r=r_2(\theta)$ 所围成(见图 10.17),即

$$D=\{(r,\theta)\mid r_1(\theta)\leqslant r\leqslant r_2(\theta),\alpha\leqslant\theta\leqslant\beta\},$$

则有

$$\iint\limits_{D}f(r\cos\theta,r\sin\theta)r\mathrm{d}r\mathrm{d}\theta=\int_{\alpha}^{\beta}\mathrm{d}\theta\int_{r_1(\theta)}^{r_2(\theta)}f(r\cos\theta,r\sin\theta)r\mathrm{d}r\,.$$

(3) 如果极点 O 在积分区域 D 的边界上,且区域 D 由射线 $\theta=\alpha,\theta=\beta$ 和连续曲线 $r=r(\theta)$ 所围成(见图 10.18),即

$$D=\{(r,\theta)\mid 0\leqslant r\leqslant r(\theta),\alpha\leqslant\theta\leqslant\beta\},$$

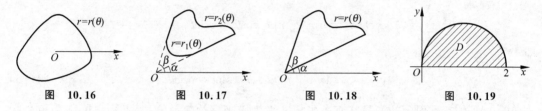

图 10.16　　　　　图 10.17　　　　　图 10.18　　　　　图 10.19

则有

$$\iint\limits_{D}f(r\cos\theta,r\sin\theta)r\mathrm{d}r\mathrm{d}\theta=\int_{\alpha}^{\beta}\mathrm{d}\theta\int_{0}^{r(\theta)}f(r\cos\theta,r\sin\theta)r\mathrm{d}r\,.$$

例 7　计算 $\iint\limits_{D}\sqrt{4-x^2-y^2}\,\mathrm{d}x\mathrm{d}y$,其中区域 D 是由上半圆周 $x^2+y^2=2x$ 和 x 轴所围成的闭区域。

解　积分区域 D 如图 10.19 所示,由于积分区域是半圆型区域,所以采用极坐标来计算比较简单。在极坐标系下,积分区域 D 可表示为

$$D=\left\{(r,\theta)\mid 0\leqslant\theta\leqslant\frac{\pi}{2},0\leqslant r\leqslant 2\cos\theta\right\},$$

于是

$$\iint\limits_{D}\sqrt{4-x^2-y^2}\,\mathrm{d}x\mathrm{d}y=\int_{0}^{\frac{\pi}{2}}\mathrm{d}\theta\int_{0}^{2\cos\theta}\sqrt{4-r^2}\cdot r\mathrm{d}r=-\frac{1}{2}\int_{0}^{\frac{\pi}{2}}\mathrm{d}\theta\int_{0}^{2\cos\theta}(4-r^2)^{\frac{1}{2}}\mathrm{d}(4-r^2)$$

$$=-\frac{1}{2}\cdot\frac{2}{3}\int_{0}^{\frac{\pi}{2}}\left[(4-r^2)^{\frac{3}{2}}\right]_{0}^{2\cos\theta}\mathrm{d}\theta=\frac{1}{3}\int_{0}^{\frac{\pi}{2}}(8-8\sin^3\theta)\mathrm{d}\theta$$

$$=\frac{4}{3}\left(\pi-\frac{4}{3}\right).$$

例 8　计算 $\iint\limits_{D}\arctan\dfrac{y}{x}\mathrm{d}x\mathrm{d}y$,其中区域 D 是由圆周 $x^2+y^2=4,x^2+y^2=1$ 及直线 $y=0$, $y=x$ 所围成的第一象限内的闭区域。

解 积分区域 D 如图 10.20 所示,由于积分区域是环形区域的一部分,所以采用极坐标来计算比较简单。在极坐标系下,区域 D 可表示为

$$D = \{(r,\theta) \mid 0 \leqslant \theta \leqslant \frac{\pi}{4}, 1 \leqslant r \leqslant 2\},$$

于是

$$\iint\limits_{D} \arctan\frac{y}{x} \mathrm{d}\sigma = \iint\limits_{D} \arctan(\tan\theta) \cdot r\mathrm{d}r\mathrm{d}\theta = \iint\limits_{D}\theta \cdot r\mathrm{d}r\mathrm{d}\theta = \int_0^{\frac{\pi}{4}}\mathrm{d}\theta\int_1^2 \theta \cdot r\mathrm{d}r$$

$$= \int_0^{\frac{\pi}{4}}\theta\mathrm{d}\theta\int_1^2 r\mathrm{d}r = \frac{3\pi^2}{64}.$$

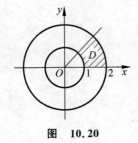

图 10.20

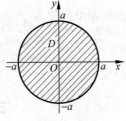

图 10.21

例 9 计算 $\iint\limits_{D} \mathrm{e}^{-x^2-y^2}\mathrm{d}x\mathrm{d}y$,其中区域 D 是由中心在圆点、半径为 a 的圆周所围成的闭区域。

解 积分区域 D 如图 10.21 所示,由于积分区域是一个圆形区域,所以采用极坐标来计算此积分比较简单。在极坐标系下,闭区域 D 可表示为

$$D = \{(r,\theta) \mid 0 \leqslant r \leqslant a, 0 \leqslant \theta \leqslant 2\pi\},$$

于是

$$\iint\limits_{D} \mathrm{e}^{-x^2-y^2}\mathrm{d}x\mathrm{d}y = \iint\limits_{D}\mathrm{e}^{-r^2}r\mathrm{d}r\mathrm{d}\theta = \int_0^{2\pi}\left[\int_0^a \mathrm{e}^{-r^2}r\mathrm{d}r\right]\mathrm{d}\theta = \int_0^{2\pi}\left[\int_0^a -\frac{1}{2}\mathrm{e}^{-r^2}\mathrm{d}(-r^2)\right]\mathrm{d}\theta$$

$$= \int_0^{2\pi}\left[-\frac{1}{2}\mathrm{e}^{-r^2}\right]_0^a\mathrm{d}\theta = \frac{1}{2}(1-\mathrm{e}^{-a^2})\int_0^{2\pi}\mathrm{d}\theta = \pi(1-\mathrm{e}^{-a^2}).$$

本题如果利用直角坐标来计算,由于函数 e^{-x^2} 的原函数不是初等函数,所以不定积分 $\int \mathrm{e}^{-x^2}\mathrm{d}x$ 算不出来。

现在我们利用例 9 的结果来计算广义积分 $\int_0^{+\infty}\mathrm{e}^{-x^2}\mathrm{d}x$。

设

$$D_1 = \{(x,y) \mid x^2+y^2 \leqslant R^2, x \geqslant 0, y \geqslant 0\},$$
$$D_2 = \{(x,y) \mid x^2+y^2 \leqslant 2R^2, x \geqslant 0, y \geqslant 0\},$$
$$S = \{(x,y) \mid 0 \leqslant x \leqslant R, 0 \leqslant y \leqslant R\},$$

显然 $D_1 \subset S \subset D_2$(见图 10.22)。由于在整个坐标平面上,函数 $\mathrm{e}^{-x^2-y^2} > 0$,从而在这些闭区域上的二重积分之间满足不等式

$$\iint\limits_{D_1}\mathrm{e}^{-x^2-y^2}\mathrm{d}x\mathrm{d}y < \iint\limits_{S}\mathrm{e}^{-x^2-y^2}\mathrm{d}x\mathrm{d}y < \iint\limits_{D_2}\mathrm{e}^{-x^2-y^2}\mathrm{d}x\mathrm{d}y.$$

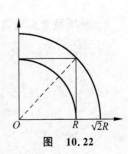

图 10.22

因为

$$\iint\limits_{S} \mathrm{e}^{-x^2-y^2}\mathrm{d}x\,\mathrm{d}y = \int_0^R \mathrm{e}^{-x^2}\mathrm{d}x \cdot \int_0^R \mathrm{e}^{-y^2}\mathrm{d}y = \left(\int_0^R \mathrm{e}^{-x^2}\mathrm{d}x\right)^2,$$

应用上面例 9 已得的结果,有

$$\iint\limits_{D_1} \mathrm{e}^{-x^2-y^2}\mathrm{d}x\,\mathrm{d}y = \frac{\pi}{4}(1-\mathrm{e}^{-R^2}), \qquad \iint\limits_{D_2} \mathrm{e}^{-x^2-y^2}\mathrm{d}x\,\mathrm{d}y = \frac{\pi}{4}(1-\mathrm{e}^{-2R^2}),$$

故有

$$\frac{\pi}{4}(1-\mathrm{e}^{-R^2}) < \left(\int_0^R \mathrm{e}^{-x^2}\mathrm{d}x\right)^2 < \frac{\pi}{4}(1-\mathrm{e}^{-2R^2})。$$

令 $R \to +\infty$,上式两端的极限为 $\dfrac{\pi}{4}$,由夹逼准则,有

$$\int_0^{+\infty} \mathrm{e}^{-x^2}\mathrm{d}x = \frac{\sqrt{\pi}}{2}。$$

习　题　10.2

1. 利用直角坐标计算下列二重积分:

(1) $\iint\limits_{D}(2x+y)\mathrm{d}x\,\mathrm{d}y$,其中 D 是由 $y=\sqrt{x}$,$y=0$,$x+y=2$ 所围成的闭区域;

(2) $\iint\limits_{D}(3x+2y)\mathrm{d}\sigma$,其中 D 是由两坐标轴及直线 $x+y=2$ 所围成的闭区域;

(3) $\iint\limits_{D}(x^2+y^2)\mathrm{d}\sigma$,其中 $D=\{(x,y)\,|\,|x|\leqslant 1,|y|\leqslant 1\}$;

(4) $\iint\limits_{D}(x^3+3x^2y+y^2)\mathrm{d}\sigma$,其中 $D=\{(x,y)\,|\,0\leqslant x\leqslant 1,0\leqslant y\leqslant 1\}$;

(5) $\iint\limits_{D}x\cos(x+y)\mathrm{d}\sigma$,其中 D 是顶点分别为 $(0,0)$,$(\pi,0)$ 和 (π,π) 的三角形闭区域;

(6) $\iint\limits_{D}xy\mathrm{e}^{x^2+y^2}\mathrm{d}\sigma$,其中 $D=\{(x,y)\,|\,0\leqslant x\leqslant 1,0\leqslant y\leqslant 2\}$;

(7) $\iint\limits_{D}\mathrm{e}^{x+y}\mathrm{d}\sigma$,其中 $D=\{(x,y)\,|\,|x|\leqslant 1,|y|\leqslant 1\}$;

(8) $\iint\limits_{D}\mathrm{e}^{-\frac{y^2}{2}}\mathrm{d}\sigma$,其中 D 是由 $y=0$,$x=1$ 及 $y=\sqrt{x}$ 所围成的闭区域。

2. 利用极坐标计算下列二重积分:

(1) $\iint\limits_{D}\mathrm{e}^{x^2+y^2}\mathrm{d}\sigma$,其中 D 是由圆周 $x^2+y^2=4$ 所围成的闭区域;

(2) $\iint\limits_{D}\sqrt{x^2+y^2}\mathrm{d}\sigma$,其中 D 是圆环形闭区域 $\{(x,y)\,|\,a^2\leqslant x^2+y^2\leqslant b^2\}$;

(3) $\iint\limits_{D}\sin\sqrt{x^2+y^2}\mathrm{d}\sigma$,其中 $D=\{(x,y)\,|\,\pi^2\leqslant x^2+y^2\leqslant 4\pi^2\}$。

3. 设 $f(x,y)$ 连续,交换下列二次积分的顺序:

(1) $I = \int_0^1 \mathrm{d}y \int_{y^2}^y f(x,y)\mathrm{d}x$;

(2) $I = \int_0^2 \mathrm{d}x \int_{\sqrt{2x-x^2}}^1 f(x,y)\mathrm{d}y$;

(3) $I = \int_1^e \mathrm{d}x \int_0^{\ln x} f(x,y)\mathrm{d}y$;

(4) $I = \int_0^1 \mathrm{d}y \int_0^{2y} f(x,y)\mathrm{d}x + \int_1^3 \mathrm{d}y \int_0^{3-y} f(x,y)\mathrm{d}x$;

(5) $I = \int_{\frac{1}{2}}^1 \mathrm{d}x \int_{\frac{1}{x}}^2 f(x,y)\mathrm{d}y + \int_1^2 \mathrm{d}x \int_x^2 f(x,y)\mathrm{d}y$。

4. 计算下列积分:

(1) $\int_0^1 \mathrm{d}x \int_x^{\sqrt{x}} \dfrac{\sin y}{y}\mathrm{d}y$;　　　　(2) $\int_0^1 \mathrm{d}y \int_y^1 \mathrm{e}^{x^2}\mathrm{d}x$。

5. 化下列二次积分为极坐标形式的二次积分:

(1) $\int_0^{2a} \mathrm{d}x \int_0^{\sqrt{2ax-x^2}} f(x,y)\mathrm{d}y$;　　　(2) $\int_0^1 \mathrm{d}x \int_0^{x^2} f(x,y)\mathrm{d}y$;

(3) $\int_0^1 \mathrm{d}x \int_{1-x}^{\sqrt{1-x^2}} f(x,y)\mathrm{d}y$;　　　(4) $\int_{-1}^1 \mathrm{d}x \int_{-\sqrt{1-x^2}}^{\sqrt{1-x^2}} f(x,y)\mathrm{d}y$。

6. 如果二重积分 $\iint\limits_D f(x,y)\mathrm{d}x\mathrm{d}y$ 的被积函数 $f(x,y)$ 是两个函数 $f_1(x)$ 及 $f_2(y)$ 的乘积,即 $f(x,y)=f_1(x)f_2(y)$,积分区域 $D=\{(x,y)\,|\,a\leqslant x\leqslant b, c\leqslant y\leqslant d\}$。证明这个二重积分等于两个定积分的乘积,即

$$\iint\limits_D f_1(x)f_2(y)\mathrm{d}x\mathrm{d}y = \int_a^b f_1(x)\mathrm{d}x \int_c^d f_2(y)\mathrm{d}y。$$

7. 设 $f(x,y)$ 在 D 上连续,其中 D 是由直线 $y=x, y=a$ 及 $x=b(b>a)$ 围成的闭区域。证明 $\int_a^b \mathrm{d}x \int_a^x f(x,y)\mathrm{d}y = \int_a^b \mathrm{d}y \int_y^b f(x,y)\mathrm{d}x$。

8. 设平面薄片所占的闭区域 D 由直线 $x+y=2, y=x$ 和 x 轴所围成,它的面密度为 $\mu(x,y)=x^2+y^2$。求该薄片的质量 M。

总 习 题 10

1. 填空题

(1) 设 D 是由 $y=x, y=0$ 及 $x=1$ 所围成的闭区域,则 $\iint\limits_D xy^2\mathrm{d}x\mathrm{d}y = $ _____。

(2) 设 D 是由 $x=2, y=x$ 及 $xy=1$ 所围成的闭区域,则 $\iint\limits_D \dfrac{x^2}{y^2}\mathrm{d}\sigma = $ _____。

(3) 设 $I = \int_1^2 \mathrm{d}x \int_{2-x}^{\sqrt{2x-x^2}} f(x,y)\mathrm{d}y$,则交换积分次序后,$I = $ _____。

(4) 设 $I = \int_1^e \mathrm{d}x \int_0^{\ln x} f(x,y)\mathrm{d}y$,则交换积分次序后,$I = $ _____。

(5) 设 $D=\{(x,y)\,|\,0\leqslant y\leqslant 1-x,0\leqslant x\leqslant 1\}$，将 $\iint\limits_{D}f(x,y)\mathrm{d}x\mathrm{d}y$ 化为极坐标系下的二次积分为_____。

(6) 设 D 是由圆周 $x^2+y^2=1$ 及坐标轴围成的在第一象限内的闭区域，则 $\iint\limits_{D}\ln(1+x^2+y^2)\mathrm{d}\sigma=$_____。

2. 选择题

(1) 由三个坐标面及平面 $x+y+4z=1$ 所围成的立体的体积是（　　）。

A. $\int_0^1\mathrm{d}x\int_0^{1-x}\frac{1}{4}(1-x-y)\mathrm{d}y$ 　　B. $\int_0^1\mathrm{d}x\int_0^x\frac{1}{4}(1-x-y)\mathrm{d}y$

C. $\int_0^1\mathrm{d}y\int_0^1\frac{1}{4}(1-x-y)\mathrm{d}x$ 　　D. $\int_0^1\mathrm{d}x\int_0^y\frac{1}{4}(1-x-y)\mathrm{d}y$

(2) 设 $f(x,y)$ 为连续函数，则 $\int_0^1\mathrm{d}x\int_{x^2}^{3-2x}f(x,y)\mathrm{d}y=$（　　）。

A. $\int_0^3\mathrm{d}y\int_0^{\sqrt{y}}f(x,y)\mathrm{d}x$ 　　B. $\int_0^1\mathrm{d}y\int_0^{\sqrt{y}}f(x,y)\mathrm{d}x+\int_1^3\mathrm{d}y\int_0^{-\frac{1}{2}(y-3)}f(x,y)\mathrm{d}x$

C. $\int_0^3\mathrm{d}y\int_0^{-\frac{1}{2}(y-3)}f(x,y)\mathrm{d}x$ 　　D. $\int_0^1\mathrm{d}y\int_0^{-\frac{1}{2}(y-3)}f(x,y)\mathrm{d}x+\int_1^3\mathrm{d}y\int_0^{\sqrt{y}}f(x,y)\mathrm{d}x$

(3) 设 $f(x,y)$ 是连续函数，则 $I=\int_{-2}^0\mathrm{d}y\int_0^{y+2}f(x,y)\mathrm{d}x+\int_0^4\mathrm{d}y\int_0^{\sqrt{4-y}}f(x,y)\mathrm{d}x=$（　　）。

A. $\int_{-2}^4\mathrm{d}x\int_0^{\sqrt{4-y^2}}f(x,y)\mathrm{d}y$ 　　B. $\int_0^2\mathrm{d}x\int_{x-2}^{4-x^2}f(x,y)\mathrm{d}y$

C. $\int_0^2\mathrm{d}x\int_0^{\sqrt{4-y^2}}f(x,y)\mathrm{d}y$ 　　D. $\int_{-2}^4\mathrm{d}x\int_0^{y+2}f(x,y)\mathrm{d}y$

(4) 设 D 是由 $x^2+(y-1)^2=1$ 所围成的右半区域，将 $\iint\limits_{D}f(x,y)\mathrm{d}\sigma$ 化成极坐标系下的二次积分为（　　）。

A. $\int_0^{\frac{\pi}{2}}\mathrm{d}\theta\int_0^{2\sin\theta}f(r\cos\theta,r\sin\theta)r\mathrm{d}r$ 　　B. $\int_0^{\pi}\mathrm{d}\theta\int_0^{2\sin\theta}f(r\cos\theta,r\sin\theta)r\mathrm{d}r$

C. $\int_0^{\frac{\pi}{2}}\mathrm{d}\theta\int_0^{\sin\theta}f(r\cos\theta,r\sin\theta)r\mathrm{d}r$ 　　D. $\int_0^{\frac{\pi}{2}}\mathrm{d}\theta\int_0^{2\sin\theta}f(r\cos\theta,r\sin\theta)\mathrm{d}r$

3. 选用适当的坐标计算下列二重积分：

(1) $\iint\limits_{D}x\sqrt{y}\,\mathrm{d}\sigma$，其中 D 是由两条抛物线 $y=\sqrt{x}$，$y=x^2$ 所围成的闭区域；

(2) $\iint\limits_{D}|\cos(x+y)|\mathrm{d}\sigma$，其中 D 是由 $y=x,y=0$ 及 $x=\frac{\pi}{2}$ 所围成的闭区域；

(3) $\iint\limits_{D}(x^2+y^2-x)\mathrm{d}\sigma$，其中 D 是由直线 $y=2,y=x$ 及 $y=2x$ 轴所围成的闭区域；

(4) $\iint\limits_{D}\frac{\sin y}{y}\mathrm{d}x\mathrm{d}y$，其中 D 是由 $y=\sqrt{x}$ 和 $y=x$ 所围成的闭区域；

(5) $\iint\limits_{D}\mathrm{e}^{x^2}\mathrm{d}\sigma$，其中 D 是由 $x=2,y=x$ 及 x 轴所围成的闭区域；

(6) $\iint\limits_{D} \arctan \dfrac{y}{x} \mathrm{d}\sigma$，其中 D 是由圆周 $x^2+y^2=9$，$x^2+y^2=1$ 及直线 $y=\dfrac{x}{\sqrt{3}}$，$y=\sqrt{3}\,x$ 所围成的第一象限内的闭区域；

(7) $\iint\limits_{D} |xy| \mathrm{d}\sigma$，其中 $D=\{(x,y)\,|\,x^2+y^2\leqslant 1\}$。

4. 将二次积分 $\displaystyle\int_0^1 \mathrm{d}y \int_{1-\sqrt{1-y^2}}^{2-y} f(x^2+y^2) \mathrm{d}x$ 化为极坐标系下的二次积分。

5. 利用极坐标计算下列二次积分：

(1) $\displaystyle\int_0^{2a} \mathrm{d}x \int_0^{\sqrt{2ax-x^2}} (x^2+y^2) \mathrm{d}y$；　　(2) $\displaystyle\int_0^1 \mathrm{d}x \int_{x^2}^{x} (x^2+y^2)^{-\frac{1}{2}} \mathrm{d}y$。

6. 计算由四个平面 $x=0$，$y=0$，$x=1$，$y=1$ 所围成的柱体被平面 $z=0$ 及 $2x+3y+z=6$ 截得的立体的体积。

7. 计算以 xOy 平面上圆域 $x^2+y^2=ax$ 围成的闭区域为底、以曲面 $z=x^2+y^2$ 为顶的曲顶柱体的体积。

基本初等函数图形

1. 幂函数

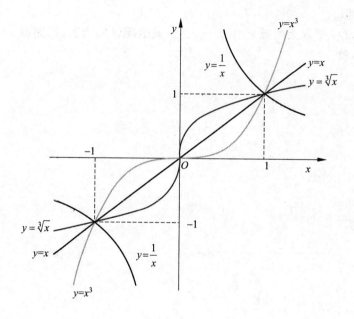

2. 指数函数

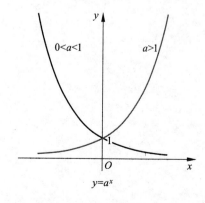

3．对数函数

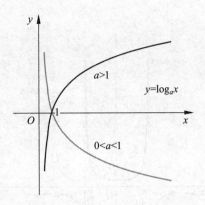

4．正弦和余弦函数

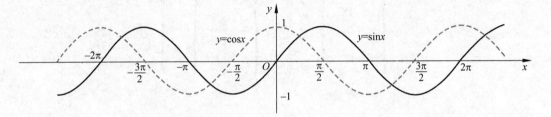

5．正切和余切函数

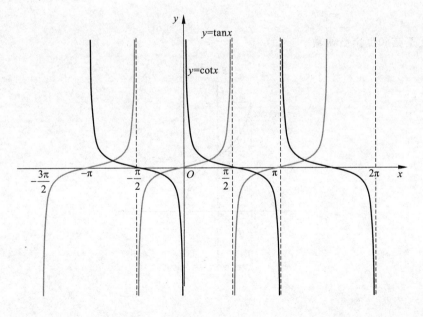

6. 正割和余割函数

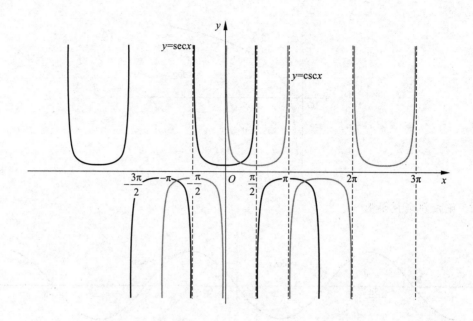

7. 反正弦和反余弦函数

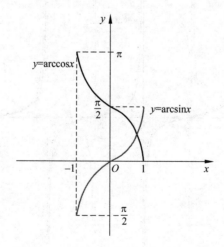

8. 反正切和反余切函数

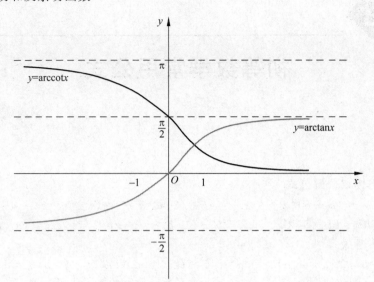

初等数学常用公式

1. 乘法与因式分解公式

(1) $a^2 - b^2 = (a+b)(a-b)$；   (2) $a^3 \pm b^3 = (a \pm b)(a^2 \mp ab + b^2)$；

(3) $a^n - b^n = (a-b)(a^{n-1} + a^{n-2}b + a^{n-3}b^2 + \cdots + ab^{n-2} + b^{n-1})$ (n 为正整数)。

2. 三角不等式

(1) $|a+b| \leqslant |a| + |b|$；   (2) $|a-b| \leqslant |a| + |b|$；

(3) $|a-b| \geqslant |a| - |b|$；   (4) $-|a| \leqslant a \leqslant |a|$；

(5) $|a| \leqslant b(b > 0) \Leftrightarrow -b \leqslant a \leqslant b$。

3. 一元二次方程 $ax^2 + bx + c = 0 (a \neq 0)$ 的解

(1) $x_1 = \dfrac{-b + \sqrt{b^2 - 4ac}}{2a}$，$x_2 = \dfrac{-b - \sqrt{b^2 - 4ac}}{2a}$；

(2) (韦达定理)根与系数的关系：$x_1 + x_2 = -\dfrac{b}{a}$，$x_1 x_2 = \dfrac{c}{a}$；

(3) 根的判别式 $\Delta = b^2 - 4ac$

    ①当 $\Delta > 0$ 时，方程有两个不相等的实数根；

    ②当 $\Delta = 0$ 时，方程有两个相等的实数根；

    ③当 $\Delta < 0$ 时，方程有一对共轭复数根。

4. 某些数列的前 n 项和

(1) $1 + 2 + 3 + \cdots + n = \dfrac{n(n+1)}{2}$； (2) $1 + 3 + 5 + \cdots + (2n-1) = n^2$；

(3) $2 + 4 + 6 + \cdots + 2n = n(n+1)$； (4) $1^2 + 2^2 + 3^2 + \cdots + n^2 = \dfrac{n(n+1)(2n+1)}{6}$；

(5) $1^2 + 3^2 + 5^2 + \cdots + (2n-1)^2 = \dfrac{n(4n^2 - 1)}{3}$；

(6) $1^3 + 2^3 + 3^3 + \cdots + n^3 = \dfrac{n^2(n+1)^2}{4}$；

(7) $1^3 + 3^3 + 5^3 + \cdots + (2n-1)^3 = n^2(2n^2 - 1)$；

(8) $1 \times 2 + 2 \times 3 + 3 \times 4 + \cdots + n(n+1) = \dfrac{n(n+1)(n+2)}{3}$。

5. 二项式展开公式

$$(a+b)^n = a^n + na^{n-1}b + \frac{n(n-1)}{2!}a^{n-2}b^2 + \cdots + \frac{n(n-1)\cdots(n-k+1)}{k!}a^{n-k}b^k + \cdots + b^n$$

$$= a^n + C_n^1 a^{n-1}b + C_n^2 a^{n-2}b^2 + \cdots + C_n^k a^{n-k}b^k + \cdots + b^n。$$

6. 三角函数公式

（1）同角三角函数关系

① $\sin^2\alpha + \cos^2\alpha = 1$；　② $\sec^2\alpha = 1 + \tan^2\alpha$；　③ $\csc^2\alpha = 1 + \cot^2\alpha$；　④ $\tan\alpha = \dfrac{\sin\alpha}{\cos\alpha}$；

⑤ $\cot\alpha = \dfrac{1}{\tan\alpha}$；　　　⑥ $\sec\alpha = \dfrac{1}{\cos\alpha}$；　　　⑦ $\csc\alpha = \dfrac{1}{\sin\alpha}$；　　　⑧ $\cot\alpha = \dfrac{\cos\alpha}{\cos\beta}$。

（2）两角和公式

① $\sin(\alpha \pm \beta) = \sin\alpha\cos\beta \pm \cos\alpha\sin\beta$；　　　② $\cos(\alpha \pm \beta) = \cos\alpha\cos\beta \mp \sin\alpha\sin\beta$；

③ $\tan(\alpha \pm \beta) = \dfrac{\tan\alpha \pm \tan\beta}{1 \mp \tan\alpha\tan\beta}$；　　　④ $\cot(\alpha \pm \beta) = \dfrac{\cot\alpha\cot\beta \mp 1}{\cot\beta \pm \cot\alpha}$。

（3）倍角公式

① $\sin 2\alpha = 2\sin\alpha\cos\alpha$；　② $\cos 2\alpha = \cos^2\alpha - \sin^2\alpha = 2\cos^2\alpha - 1 = 1 - 2\sin^2\alpha$；

③ $\tan 2\alpha = \dfrac{2\tan\alpha}{1 - \tan^2\alpha}$；　④ $\cot 2\alpha = \dfrac{\cot^2\alpha - 1}{2\cot\alpha}$。

（4）半角公式

① $\sin\dfrac{\alpha}{2} = \pm\sqrt{\dfrac{1 - \cos\alpha}{2}}$；　　　　　　② $\cos\dfrac{\alpha}{2} = \pm\sqrt{\dfrac{1 + \cos\alpha}{2}}$；

③ $\tan\dfrac{\alpha}{2} = \pm\sqrt{\dfrac{1 - \cos\alpha}{1 + \cos\alpha}} = \dfrac{1 - \cos\alpha}{\sin\alpha} = \dfrac{\sin\alpha}{1 + \cos\alpha}$；

④ $\cot\dfrac{\alpha}{2} = \pm\sqrt{\dfrac{1 + \cos\alpha}{1 - \cos\alpha}} = \dfrac{\sin\alpha}{1 - \cos\alpha} = \dfrac{1 + \cos\alpha}{\sin\alpha}$。

（5）积化和差

① $2\sin\alpha\cos\beta = \sin(\alpha + \beta) + \sin(\alpha - \beta)$；　　② $2\cos\alpha\sin\beta = \sin(\alpha + \beta) - \sin(\alpha - \beta)$；

③ $2\cos\alpha\cos\beta = \cos(\alpha + \beta) + \cos(\alpha - \beta)$；　　④ $-2\sin\alpha\sin\beta = \cos(\alpha + \beta) - \cos(\alpha - \beta)$。

（6）和差化积

① $\sin\alpha + \sin\beta = 2\sin\dfrac{\alpha + \beta}{2}\cos\dfrac{\alpha - \beta}{2}$；　　　　② $\sin\alpha - \sin\beta = 2\cos\dfrac{\alpha + \beta}{2}\sin\dfrac{\alpha - \beta}{2}$；

③ $\cos\alpha + \cos\beta = 2\cos\dfrac{\alpha + \beta}{2}\cos\dfrac{\alpha - \beta}{2}$；　　　④ $\cos\alpha - \cos\beta = -2\sin\dfrac{\alpha + \beta}{2}\sin\dfrac{\alpha - \beta}{2}$；

⑤ $\tan\alpha \pm \tan\beta = \dfrac{\sin(\alpha \pm \beta)}{\cos\alpha\cos\beta}$；　　　　　⑥ $\cot\alpha \pm \cot\beta = \pm\dfrac{\sin(\alpha + \beta)}{\sin\alpha\sin\beta}$。

7. 极坐标

（1）极坐标与直角坐标的转化公式

$$\begin{cases} x = r\cos\theta, \\ y = r\sin\theta, \end{cases} \quad x^2 + y^2 = r^2。$$

（2）常用函数的直角坐标与极坐标的方程互换：

	直角坐标		极坐标
① 圆	$x^2 + y^2 = a^2$	$\leftrightarrow$	$r = a$
② 圆	$(x - a)^2 + y^2 = a^2$ 即 $x^2 - 2ax + y^2 = 0$	$\leftrightarrow$	$r = 2a\cos\theta$
③ 圆	$x^2 + (y - a)^2 = a^2$ 即 $x^2 + y^2 - 2ay = 0$	$\leftrightarrow$	$r = 2a\sin\theta$
④ 直线	$y = kx$	$\leftrightarrow$	$\tan\theta = k$ 或 $\theta = $ 常数

习题参考答案

习 题 1.1

1. (1) $f(x)=x^2-x$；　　　　　(2) $f(x)=x^2-2$；

　 (3) $f(x)=\dfrac{1}{3}x^2+\dfrac{2}{3}x-\dfrac{1}{3}$；　　(4) $f(x)=\sin x$。

2. (1) $D=(-2,2)$；　　　　　(2) $D=\{x\,|\,x\neq k\pi+\dfrac{\pi}{2}-2\}(k=0,\pm1,\pm2,\cdots)$；

　 (3) $D=[2,4]$；　　　　　　(4) $D=\{x\,|\,x>-1\}$；

　 (5) $D=[-1,0)\bigcup(0,1]$；　　(6) $D=(-\infty,0)\bigcup(0,3)$。

3. (1) 不同。因为定义域不同；

　 (2) 不同。因为对应法则不同；

　 (3) 相同。因为定义域、对应法则均相同；

　 (4) 不同。因为定义域不同。

4. (1) 单调递减；　(2) 单调递减；　　(3) 单调递增；　　(4) 单调递减。

5. (1) 奇函数；　　(2) 偶函数；　　(3) 非奇非偶函数；　(4) 偶函数；

　 (5) 奇函数；　　(6) 奇函数。

6. (1) 是周期函数,周期为 $T=2\pi$；　　　(2) 是周期函数,周期为 $T=\dfrac{\pi}{2}$；

　 (3) 是周期函数,周期为 $T=2$；　　　(4) 不是周期函数；

　 (5) 是周期函数,周期为 $T=\pi$。

7. (1) $[-1,1]$。　　(2) $[2k\pi,2k\pi+\pi](k=0,\pm1,\pm2,\cdots)$。　　(3) $[-a,1-a]$。

　 (4) 当 $0<a\leqslant\dfrac{1}{2}$ 时,$D=[a,1-a]$；当 $a>\dfrac{1}{2}$ 时,函数无意义。

8. $f_4(x)=f(f(f(f(x))))=\dfrac{x}{\sqrt{1+4x^2}}$。

9. 函数 $D(x)=\begin{cases}1(x \text{ 为有理数}),\\0(x \text{ 为无理数})\end{cases}$ 为非单调函数、有界函数、周期函数。

10. 提示：利用函数奇偶性的定义证明。

11. 提示：利用奇函数的定义和单调性证明。

12. (1) $y=\ln(1+x^2),y_1=0,y_2=\ln5$；　　(2) $y=(\sin x)^2,y_1=0,y_2=1$；

　 (3) $y=\sin2x,y_1=\dfrac{\sqrt{2}}{2},y_2=1$；　　　(4) $y=\mathrm{e}^{x^2},y_1=1,y_2=\mathrm{e}$。

13. 证明：(1) 由于 $F(-x)=f(-x)+f(x)=F(x)$,故 $F(x)$ 为偶函数；

　　　(2) 由于 $G(-x)=f(-x)-f(x)=-G(x)$,故 $G(x)$ 为奇函数；

　　　(3) $f(x)=\dfrac{1}{2}[F(x)+G(x)]$。

习 题 1.2

1. (1) 0;   (2) 0;   (3) 2;   (4) 1;   (5) 没有极限。

2. 略。   3. $\dfrac{1}{1-x}$。   4~8. 略。

习 题 1.3

1. 略。   2. $\delta = 0.002$。

3. $\lim\limits_{x \to 2^-} f(x) = -1$, $\lim\limits_{x \to 2^+} f(x) = 1$, $\lim\limits_{x \to 2} f(x)$ 不存在。

4. (1) $\lim\limits_{x \to 3^-} f(x) = -3a$, $\lim\limits_{x \to 3^+} f(x) = 9$; (2) $a = -3$。

5~9. 略。

习 题 1.4

1. (1) 例如 $y = x \cos x$ 在 $(-\infty, +\infty)$ 内是无界函数, 但不是 $x \to \infty$ 的无穷大量;

(2) 例如当 $x \to 0$ 时, $\alpha = 5x$, $\beta = 3x$ 都是无穷小量, 但 $\dfrac{\alpha}{\beta}$ 不是无穷小量;

(3) 例如当 $x \to +\infty$ 时, $\alpha = 3x$, $\beta = -3x$ 都是无穷大量, 但 $\alpha + \beta$ 不是无穷大量;

(4) 例如当 $x \to +\infty$ 时, $\alpha = 0$ 是无穷小量, $\beta = x^2$ 是无穷大量, 但 $\alpha \cdot \beta$ 不是无穷大量。

2~3. 略。

4. $y = x \cos x$ 在 $(-\infty, +\infty)$ 内是无界函数, 但当 $x \to \infty$ 时, 此函数不是无穷大量。

习 题 1.5

1. (1) $-\dfrac{3}{7}$;   (2) 0;   (3) $2x$;   (4) $\dfrac{1}{2}$;   (5) $\dfrac{m}{n}$;

(6) 1;   (7) $\dfrac{2}{3}$;   (8) -1;   (9) $\dfrac{1}{2}$;   (10) 0;

(11) 不存在;   (12) 2;   (13) $\dfrac{2^{30} \cdot 3^{20}}{5^{50}}$;   (14) $\dfrac{1}{2}$;   (15) $\dfrac{1}{5}$;

(16) 2;   (17) $\dfrac{1}{2}$;   (18) $\dfrac{4}{3}$;   (19) $\dfrac{1}{2}$。

2. (1) 0;   (2) $\dfrac{1}{5}$;   (3) 0。

3. (1) $a = -7, b = 6$;   (2) $a = 1, b = -3$;

(3) $a = 1, b = -\dfrac{1}{2}$;   (4) $a = -1, b = \dfrac{1}{2}$。

4. (1) -6;   (2) -85;   (3) $-\dfrac{33}{17}$。

5. 略。

习 题 1.6

1. (1) 1;   (2) $\dfrac{a}{b}$;   (3) $\dfrac{1}{3}$;   (4) 8;   (5) 2;

(6) 1;   (7) 2;   (8) x。

2. (1) 1;   (2) e^{2a};   (3) 1;   (4) e^{-2};   (5) e^{3};

    (6) e^{2};   (7) 1;   (8) $e^{-\frac{1}{2}}$ (9) 1;   (10) -2。

3. $c = \ln 2$。

4. (1) 提示: $\dfrac{n}{\sqrt{n^2+n}} \leqslant \dfrac{1}{\sqrt{n^2+1}} + \dfrac{1}{\sqrt{n^2+2}} + \cdots + \dfrac{1}{\sqrt{n^2+n}} \leqslant \dfrac{n}{\sqrt{n^2+1}}$;

    (2) 提示: $\dfrac{n(n+1)}{4n^2+2n} \leqslant \dfrac{1}{2n^2+1} + \dfrac{2}{2n^2+2} + \cdots + \dfrac{n}{2n^2+n} \leqslant \dfrac{n(n+1)}{4n^2}$。

习 题 1.7

1. $x^2 - x^3 = \circ(2x - x^2)$。

2. 略。

3. (1) $\begin{cases} 0, m > m, \\ \infty, m < n, \\ 1, m = n; \end{cases}$ (2) 2;   (3) 8;   (4) 2;

    (5) 1;   (6) $\dfrac{1}{3}$;   (7) $\dfrac{a^2}{b^2}$;   (8) $-\dfrac{3}{2}$。

4. 略。

习 题 1.8

1. (1) 在 $\{x \mid x \neq \pm 1\}$ 处连续;   (2) 在 $\{x \mid x \geqslant 1\}$ 处连续;

    (3) 在 $(0,2)$ 内连续;   (4) 在 $(-\infty, -1) \cup (-1, +\infty)$ 内连续。

2. (1) $x = -1$ 为无穷间断点。

    (2) $x = 2$ 为无穷间断点; $x = 1$ 为可去间断点, 补充定义为 $f(1) = -2$。

    (3) $x = 1$ 为无穷间断点。

    (4) $\{x \mid x = k\pi, k \in \mathbb{Z}, k \neq 0\}$ 为无穷间断点; $x = 0$ 为可去间断点, 补充定义为 $f(0) = 1$。

3. $f(x) = \begin{cases} -x, & |x| > 1, \\ x, & |x| < 1, \\ 0, & |x| = 1, \end{cases}$ $x = \pm 1$ 为跳跃间断点。

习 题 1.9

1. (1) $\sqrt{5}$;   (2) $-\dfrac{1}{2}(e^{-2}+1)$;   (3) 1;   (4) 0;   (5) $-\dfrac{\sqrt{2}}{2}$;

    (6) $\dfrac{1}{2}$;   (7) -2;   (8) 2;   (9) ∞。   (10) 0。

2. (1) 1;   (2) 0;   (3) 1;   (4) e^{3};   (5) 1。

3. 对 $f(x) = x^5 - 3x - 1$ 使用 $[1,2]$ 上的零点定理。

4. 对 $f(x) = e^x \cos x$ 使用 $[0, \pi]$ 上的零点定理。

总 习 题 1

1. (1) $(0,1) \cup (1,5]$;   (2) 2;   (3) 5;   (4) 2;

    (5) $\dfrac{3^{20}}{2^{30}}$;   (6) -2;   (7) $\dfrac{2}{3}$。

2. (1) A;　　　　　(2) A;　　　　　(3) C;　　　　　(4) A;

　(5) D;　　　　　(6) D;　　　　　(7) D;　　　　　(8) C。

3. (1) $\dfrac{1}{2}$;　　　(2) $\dfrac{1}{2}mn(n-m)$;　　(3) e^2;　　　(4) 1;

　(5) e^2;　　　(6) $\dfrac{1}{2}$;　　　(7) $\dfrac{3}{2}$;　　　(8) -1;

　(9) $\begin{cases} 0, n>m, \\ 1, n=m, \\ \infty, n<m; \end{cases}$　(10) -3;　　　(11) -2;　　　(12) $\dfrac{1}{4}$。

4. $a=\ln 3$。　　　5. $a=-2, b=-3$。　　　6. $a=-2$。

7. 提示：令 $f(x)=x^5-3x-1$，应用零点定理。

8. 提示：应用介值定理。

9. 提示：令 $F(x)=f(x)-g(x)$，应用零点定理。

习　题　2.1

1. 思考题

　(1) 错，比如 $x=y^2$ 在 $x=0$ 处不可导但有切线 $x=0$;　　　(2) 是;

　(3) 不一定。

　(4) 不一定。

2. (1) $-f'(x_0)$;　　(2) $-f'(x_0)$;　　(3) $3f'(x_0)$;　　(4) $f'(0)$。

3. 10。　　　4. $y=4x-5, y=-\dfrac{1}{4}x+\dfrac{7}{2}$。　　　5. $x=-\dfrac{1}{\sqrt[3]{6}}$。

6. (1) 连续可导;　　(2) 连续不可导;　　(3) 不连续不可导。

7. $a=2, b=-1$　　　8. 2。

习　题　2.2

1. (1) $y'=x+1$;　　(2) $y'=3x^2+3^x\ln 3$;　　(3) $y'=-\dfrac{3}{2}x^{-\frac{5}{2}}+2x^{-3}$;

　(4) $y'=\dfrac{7}{8}x^{-\frac{1}{8}}$;　　(5) $y'=\dfrac{2}{(x+1)^2}$;　　(6) $y=\dfrac{-2}{x(1+\ln x)^2}$;

　(7) $y'=3x^2+12x+11$;

　(8) $y'=2^x\left(\ln 2\cos x\ln x+\dfrac{\cos x}{x}-\sin x\ln x\right)$。

2. (1) 11;　　　(2) $\dfrac{\sqrt{2}}{4}\left(1+\dfrac{\pi}{2}\right)$。

3. (1) $y'=-20(1-2x)^9$;　　(2) $y'=\csc x$;　　(3) $y'=x(1-x^2)^{-\frac{3}{2}}$;

　(4) $y'=-x^{-2}e^{\sin\frac{1}{x}}\cos\dfrac{1}{x}$;　　(5) $y'=(\sin x)^{x^2}(2x\ln\sin x+x^2\cot x)$。

习　题　2.3

1. (1) $y''=\dfrac{2(1-x^2)}{(1+x^2)^2}$;　　　　　(2) $y''=e^{\sin x}(\cos^2 x-\sin x)$;

(3) $y''=2\arctan x+\dfrac{2x}{1+x^2}$;　　　　　　　(4) $y''=\dfrac{6\ln x-5}{x^4}$ 。

2. (1) 0;　　　　　　(2) 10e;　　　　　　(3) $\dfrac{\mathrm{e}^2}{4}$ 。

3. (1) $y''=2f'(x^2)+4x^2f''(x^2)$;　　　　　　(2) $y''=x^{-4}\left[f''\left(\dfrac{1}{x}\right)+2xf'\left(\dfrac{1}{x}\right)\right]$;

　　(3) $y''=\dfrac{f(x)f''(x)-f'^2(x)}{f^2(x)}$ 。

习 题 2.4

1. (1) $y'=\dfrac{y}{y-1}$;　　　　　　　　(2) $y'=\dfrac{\sin(x-y)+y\cos x}{\sin(x-y)-\sin x}$;

　　(3) $y'=\dfrac{y^2(\ln x-1)}{x^2(\ln y-1)}$;　　　　　(4) $y'=\dfrac{\tan y}{x\tan y-x\sec^2 y}$ 。

2. $y'(0)=2$ 。

3. $y''=\dfrac{-4}{y^3}$; $y''=\dfrac{-\cos(x+y)}{[1+\sin(x+y)]^3}$ 。

4. (1) $y'=(1+x^{-1})^x\left(\ln(1+x^{-1})-\dfrac{1}{x+1}\right)$;

　　(2) $y'=(x^2+1)^3(x+2)^2x^6\left(\dfrac{6x}{x^2+1}+\dfrac{2}{x+2}+\dfrac{6}{x}\right)$;

　　(3) $y'=\dfrac{1}{2}\sqrt{\dfrac{(x-1)(x-2)}{(x-3)(x-4)}}\left[\dfrac{1}{(x-1)}+\dfrac{1}{(x-2)}-\dfrac{1}{(x-3)}-\dfrac{1}{(x-4)}\right]$;

　　(4) $y'=\dfrac{(3-x)^4\sqrt{2+x}}{(x+1)^5}\left(\dfrac{-4}{3-x}+\dfrac{1}{2(x+2)}-\dfrac{5}{x+1}\right)$ 。

5. (1) $y=-x+\sqrt{2}$, $y=x$;　　　　　(2) $y=-x+a$, $y=x$ 。

6. (1) $y'=-\dfrac{2}{3}\mathrm{e}^{2t}$, $y''=\dfrac{4}{9}\mathrm{e}^{3t}$;　　　　(2) $y'=1-\dfrac{1}{3}t^{-2}$, $y''=-\dfrac{2}{9}t^{-5}$;

　　(3) $y'=\dfrac{3b}{2a}t$, $y''=\dfrac{3b}{4a^2t}$ 。

习 题 2.5

1. (1) $\mathrm{d}y=(10x+3)\mathrm{d}x$;　　　(2) $\mathrm{d}y=(3x^2-4x-8)\mathrm{d}x$;　　　(3) $\mathrm{d}s=\sec t\,\mathrm{d}t$ 。

2. (1) $\mathrm{d}y=-\dfrac{\pi}{135}\left(1+\dfrac{\sqrt{3}}{3}\right)^{-3}$;　　(2) $\mathrm{d}y=-0.0017\mathrm{e}^3$ 。

3. $\mathrm{d}y=\dfrac{y-2x^2y^3}{2x^3y^2-x}\mathrm{d}x$ 。

4. (1) x^2+C ;　　　　(2) $\ln|x|+C$;　　　(3) $\dfrac{1}{x}+C$;　　　(4) $-\mathrm{e}^{-x}+C$;

　　(5) $-\dfrac{1}{2}\cos 2x+C$;　　(6) $\sqrt{x}+C$;　　　　(7) $\mathrm{e}^{x^2}+C$;　　(8) $2\sin x$, $\sin 2x$ 。

5. (1) $\dfrac{1}{2}-\dfrac{\sqrt{3}\pi}{360}$;　　(2) 1.002;　　　　(3) 0.03。

6. 125.757g。

总 习 题 2

1. (1) $y'=\dfrac{\sqrt{1-x^2}+x\arcsin x}{(1-x^2)\sqrt{1-x^2}}$;　　　　　　(2) $y=x+1$;

(3) $\dfrac{\mathrm{d}y}{\mathrm{d}x}\Big|_{x=0}=-\mathrm{e}$;　　　　(4) $-\pi\mathrm{d}x$;　　(5) $f'''(2)=2\mathrm{e}^3$。

2. (1) C;　　(2) C;　　(3) B;　　(4) C;　　　(5) A。

3. (1) $\dfrac{\mathrm{d}y}{\mathrm{d}x}\Big|_{x=0}=\mathrm{e}(1-\mathrm{e})$。

(2) ① $y'=-\dfrac{1}{|x|\sqrt{x^2-1}}$; ② $y'=\dfrac{1-2x^2}{\sqrt{1-x^2}}$。

(3) ① $\mathrm{d}f=0.05$; ② $\mathrm{d}f=0.01$。

4. 当 $0<k\leqslant1$ 时连续但不可导。

习　题　3.1

1. (1) $\xi=4$;　(2) $\xi=0$。　　2. (1) $\xi=\dfrac{1}{2}$;　(2) $\xi=\dfrac{1}{\ln 2}$。

3~5. 略。　　6. $\xi=\dfrac{14}{9}\in(1,2)$。　　　7~16. 略。

习　题　3.2

1. (1) $\dfrac{1}{2\sqrt{5}}$;　　(2) 1;　　(3) $\dfrac{4}{\mathrm{e}}$。　　(4) 1;　　(5) $\dfrac{1}{2}$;

(6) 0;　　　(7) $\dfrac{1}{2}$;　　(8) $+\infty$;　　(9) $\dfrac{1}{4}$;　　(10) 0;

(11) $\dfrac{1}{3}$;　　(12) 1;　　(13) 1;　　(14) e^{-1};　　(15) e;　　(16) 1。

2~3. 略。

习　题　3.3

1. $f(x)=7+7(x-1)-(x-1)^2-4(x-1)^3$。

2. $\sqrt{x}=2+\dfrac{1}{4}(x-4)-\dfrac{1}{64}(x-4)^2+\dfrac{1}{512}(x-4)^3-\dfrac{15(x-4)^4}{4!\ 16[4+\theta(x-4)]^{\frac{7}{2}}}$ $(0<\theta<1)$。

3. $\dfrac{1}{x}=-[1+(x+1)+(x+1)^2+\cdots+(x+1)^n]+$

$\qquad(-1)^{n+1}\dfrac{(x+1)^{n+1}}{[-1+\theta(x+1)]^{n+2}}$ $(0<\theta<1)$。

4. $\ln x=\ln 2+\dfrac{1}{2}(x-2)-\dfrac{1}{2^2}(x-2)^2+\dfrac{1}{3\cdot2^3}(x-2)^3-\cdots+$

$\qquad(-1)^{n-1}\dfrac{1}{n\cdot2^n}(x-2)^n+o[(x-2)^n]$。

5. $x\mathrm{e}^x = x + x^2 + \dfrac{x^3}{2!} + \cdots + \dfrac{x^n}{(n-1)!} + o(x^n)$。

6. $\sin 1 \approx 1 - \dfrac{1}{3!} \approx 0.833$。误差为 $|R_4| < 9 \times 10^{-3}$。

习 题 3.4

1. (1) 单调减少；

   (2) 单调增加；

   (3) 单调增加。

2. (1) 函数在 $(-\infty, -1]$ 及 $[0, 1]$ 上是单调减少的,在 $[-1, 0]$ 及 $[1, +\infty)$ 上是单调增加的；

   (2) 函数在 $(-\infty, +\infty)$ 上单调增加；

   (3) 函数在 $(0, 2)$ 上单调减少,在 $[2, +\infty)$ 上单调增加；

   (4) 函数在 $\left(-\infty, \dfrac{1}{2}\right]$ 上单调减少,在 $\left[\dfrac{1}{2}, +\infty\right)$ 上单调增加；

   (5) 函数在 $[0, n]$ 上单调增加,在 $[n, +\infty)$ 上单调减少；

   (6) 函数在 $[0, 1]$ 上单调增加,在 $[1, 2]$ 上单调减少。

3. 略。

习 题 3.5

1. (1) $f(x)$ 在 $x=3$ 点取得极小值；$f(3) = -47$；$f(x)$ 在 $x=-1$ 点取得极大值：$f(-1) = 17$。

   (2) $f(x)$ 在 $x = \dfrac{2}{5}$ 处取得极小值,$f\left(\dfrac{2}{5}\right) = -\dfrac{3}{5}\sqrt[3]{\dfrac{4}{25}}$；$f(x)$ 在 $x=0$ 处取得极大值,$f(0) = 0$。

   (3) 函数在 $x = -2$ 处取得极小值 $\dfrac{8}{3}$,在 $x = 0$ 处取得极大值 4。

   (4) $y(\mathrm{e}) = \mathrm{e}^{\frac{1}{\mathrm{e}}}$ 为函数 $f(x)$ 的极大值。

   (5) $f(0) = 1$ 为极大值。

   (6) 极大值 $y(-2) = -2$,极小值 $y(2) = 2$。

2. B。

3. $f(x)$ 在 $\dfrac{\pi}{3}$ 处取得极大值,$f\left(\dfrac{\pi}{3}\right) = 2 \cdot \dfrac{\sqrt{3}}{2} + 0 = \sqrt{3}$。

4. (1) 最大值 $y(\pm 2) = 13$,最小值 $y(\pm 1) = 4$；

   (2) 最大值为 $\dfrac{5}{4}$,最小值为 $-5 + \sqrt{6}$。

5. $t(\mathrm{e}^{\mathrm{e}}) = 1 - \dfrac{1}{\mathrm{e}}$ 为极小值,从而是最小值。

6. 当 $AD = x = 15\mathrm{km}$ 时,总运费最省。

7. 售出价格定在 60 元时能带来最大利润。

习 题 3.6

1. (1) 函数 y 在 $(-\infty,+\infty)$ 上为凸的;　　　　(2) 函数 y 在 $(0,+\infty)$ 上为凹的。

2. (1) 曲线拐点是 $(0,1),\left(\dfrac{2}{3},\dfrac{11}{27}\right)$。在 $(-\infty,0)\cup\left(\dfrac{2}{3},+\infty\right)$ 上是凹的,在 $\left(0,\dfrac{2}{3}\right)$ 上是凸的。

　(2) y 在 $(2,+\infty)$ 上是凹的,在 $(-\infty,2)$ 上是凸的。点 $(2,2\mathrm{e}^{-2})$ 为曲线的拐点。

　(3) y 在 $(-\infty,-1]$ 上为凸的,在 $[-1,1]$ 上为凹的,在 $[1,+\infty)$ 上为凸的。$(-1,\ln 2),(1,\ln 2)$ 为函数的两个拐点。

　(4) 函数 y 在 $\left(-\infty,\dfrac{1}{2}\right)$ 上为凹的,在 $\left(\dfrac{1}{2},+\infty\right)$ 上为凸的。$\left(\dfrac{1}{2},\mathrm{e}^{\arctan\frac{1}{2}}\right)$ 为函数的拐点。

3. $a=-\dfrac{3}{2},b=\dfrac{9}{2}$。　　4. $a=1,b=-3,c=-24,d=16$。　　5. 略。

总 习 题 3

1. 略。　　2. $\xi_1=\dfrac{1}{2},\xi_2=\dfrac{1}{\sqrt{3}},\xi_3=\dfrac{2}{3}$。　　3. 极限不存在。

4. $\sqrt{x}=2+\dfrac{1}{4}(x-4)-\dfrac{1}{64}(x-4)^2+\dfrac{1}{512}(x-4)^3+O[(x-4)^3]$。　　5. 略。

6. (1) 函数 $f(x)$ 在 $(-\infty,0]$ 及 $[2,+\infty)$ 上是单调增加的,在 $[0,2]$ 上是单调减少的;

　(2) 函数 $f(x)$ 在 $(-\infty,-2]$ 及 $[2,+\infty)$ 上是单调增加的,在 $[-2,0)$ 及 $(0,2]$ 上是单调减少的;

　(3) 函数 $f(x)$ 在 $(-1,0]$ 上是单调减少的,在 $[0,+\infty)$ 上是单调增加的;

　(4) 函数 $f(x)$ 在 $(-\infty,0]$ 上是单调增加的,在 $[0,+\infty)$ 上是单调减少的。

7. 房租定为 1800 元可获最大收入。

8. 纵坐标最大点为 $(1,2)$,纵坐标最小点为 $(-1,-2)$。

9. D。

习 题 4.1

1. (1) $\dfrac{3}{2}x^2+C$;　　(2) $\dfrac{4}{3}x^{\frac{3}{2}}+1$;　　(3) $6\sqrt{x}+2$;

　(4) $-\dfrac{5}{x}+6$;　　(5) $\ln|1+x|$;　　(6) $\dfrac{1}{5}\mathrm{e}^{5x}+\dfrac{4}{5}$。

2. (1) $\ln|x|-\dfrac{2^x}{\ln 2}+5\sin x+C$;　　　　(2) $-\dfrac{1}{x}+C$;

　(3) $\dfrac{4}{11}x^{\frac{11}{4}}+C$;　　　　　　　　(4) $\dfrac{(2\mathrm{e})^x}{1+\ln 2}+C$;

　(5) $2x-\dfrac{5}{\ln 2-\ln 3}\left(\dfrac{2}{3}\right)^x+C$;　　(6) $\sec x+\tan x-x+C$;

　(7) $\sin x+\cos x+C$;　　　　　　　(8) $\dfrac{1}{2\cos x}+C$;

(9) $4\arctan x - 3\arcsin x + C$;　　　　(10) $-\dfrac{1}{x} - \arctan x + C$。

3. $s(t) = \mathrm{e}^{-t} + t - 1, s(5) = \mathrm{e}^{-5} + 4$。

习　题　4.2

1. (1) $-\dfrac{1}{3}$;　　　(2) $\dfrac{1}{10}$;　　　(3) $-\dfrac{1}{3}$;　　　(4) 2;

(5) $-\dfrac{1}{2}$;　　　(6) 1;　　　(7) 1;　　　(8) $\dfrac{1}{3}$。

2. (1) $-\dfrac{1}{4}(1+2x)^{-2} + C$;　　　　(2) $\dfrac{1}{3}(x^2-5)^{\frac{3}{2}} + C$;

(3) $-2\cos\sqrt{x} + C$;　　　　(4) $5\ln|x| + \dfrac{\ln^2 x}{2} + C$;

(5) $\dfrac{2^{\arcsin x}}{\ln 2} + C$;　　　　(6) $\arctan \mathrm{e}^x + C$;

(7) $\dfrac{1}{6}\arctan \dfrac{3x}{2} + C$;　　　　(8) $\dfrac{1}{5}\arcsin \dfrac{5x}{4} + C$;

(9) $-\dfrac{1}{2}\sin\dfrac{2}{x} + C$;　　　　(10) $\dfrac{1}{3}\cos^3 x - \cos x + C$;

(11) $\dfrac{1}{5}\sin^5 x + C$;　　　　(12) $\dfrac{1}{3}\sec^3 x - \sec x + C$。

习　题　4.3

(1) $2\sqrt{x-1} - 2\arctan\sqrt{x-1} + C$;　　　　(2) $6\sqrt[6]{x} - 6\arctan\sqrt[6]{x} + C$;

(3) $\sqrt{x^2-1} + C$;　　　　(4) $\dfrac{1}{2}\arcsin x - \dfrac{x}{2}\sqrt{1-x^2} + C$;

(5) $2\sqrt{\mathrm{e}^x-1} - 2\arctan\sqrt{\mathrm{e}^x-1} + C$;　　　　(6) $\ln\left|\sqrt{x^2+x+1} + x + \dfrac{1}{2}\right| + C$;

(7) $\dfrac{1}{8}\ln\left|\dfrac{x^8}{x^8+1}\right| + C$;

(8) $\dfrac{3}{2}(x+2)^{\frac{2}{3}} - 3(x+2)^{\frac{1}{3}} + 3\ln\left|(x+2)^{\frac{1}{3}} + 1\right| + C$。

习　题　4.4

(1) $-x\cos x + \sin x + C$;　　　　(2) $-x\mathrm{e}^{-x} - \mathrm{e}^{-x} + C$;

(3) $\dfrac{1}{3}x^3\ln x - \dfrac{1}{9}x^3 + C$;　　　　(4) $x\arccos x - \sqrt{1-x^2} + C$;

(5) $\dfrac{1}{2}\mathrm{e}^x(\sin x - \cos x) + C$;　　　　(6) $\dfrac{1}{2}x^2\arcsin x - \dfrac{1}{4}\arcsin x + \dfrac{x}{4}\sqrt{1-x^2} + C$

(7) $x\ln(1+x^2) - 2x + 2\arctan x + C$;　　　　(8) $3\mathrm{e}^{\sqrt[3]{x}}(\sqrt[3]{x^2} - 2\sqrt[3]{x} + 2) + C$。

习　题　4.5

(1) $\dfrac{1}{\sqrt{2}}\arctan \dfrac{x+1}{\sqrt{2}} + C$;　　　　(2) $\dfrac{1}{4}\ln\left|\dfrac{x-1}{x+3}\right| + C$;

(3) $\dfrac{1}{2}\ln|x^2+2x+3|-\dfrac{3\sqrt{2}}{2}\arctan\dfrac{x+1}{\sqrt{2}}+C$;

(4) $\dfrac{1}{5}\ln\left|\dfrac{x^5}{x^5+1}\right|+C$;   (5) $\dfrac{1}{2}\ln\left|\dfrac{x-2}{x}\right|+C$;

(6) $\ln(1+\sin^2 x)+C$。

总习题 4

1. (1) B;   (2) D;   (3) A;   (4) C;   (5) A。

2. (1) $-20\sin 5x$;   (2) $-\mathrm{e}^{-x}+C,\dfrac{1}{2}\mathrm{e}^{-x^2}+C$;

(3) $-\dfrac{1}{2}x^2+2x$;   (4) $x-\arctan x+C$;

(5) $-\cot x-x+C$;   (6) $\dfrac{x}{2}-\dfrac{\sin x}{2}+C$;

(7) $x+f(x)+C$;   (8) $\dfrac{1}{2}F(2\ln x)+C$。

3. (1) $\ln|x+\sin x|+C$;   (2) $\dfrac{1}{2}\ln(1+x^2)-\dfrac{1}{2}\arctan^2 x+C$;

(3) $-\dfrac{1}{x\ln x}+C$;   (4) $(\arctan\sqrt{x})^2+C$;

(5) $\dfrac{9}{2}\arcsin\dfrac{x}{3}+\dfrac{x}{2}\sqrt{9-x^2}+C$;   (6) $\dfrac{x^3}{3}\arctan x-\dfrac{x^2}{6}+\dfrac{1}{6}\ln(1+x^2)+C$;

(7) $x\tan x+\ln|\cos x|+C$;   (8) $\dfrac{x^2}{2}\ln(1+x)^2-\dfrac{x^2}{2}+x-\ln|1+x|+C$;

(9) $\arctan(x+2)+C$;   (10) $\dfrac{1}{2}\ln(x^2+4x+5)-2\arctan(x+2)+C$。

4. $xf(x)-F(x)+C$。   5. $\dfrac{1}{2}F(\tan^2 x)+C$。

习 题 5.1

1. $c(b-a)$。

2. (1) 0;   (2) $\dfrac{\pi R^2}{2}$;   (3) 0;   (4) 1。

3. (1) 成立;   (2) 不成立。

4. (1) $\displaystyle\int_0^1 x\,\mathrm{d}x\geqslant\int_0^1 x^3\,\mathrm{d}x$;   (2) $\displaystyle\int_1^2 x\,\mathrm{d}x\leqslant\int_1^2 x^3 x^2\,\mathrm{d}x$;

(3) $\displaystyle\int_1^2 \ln x\,\mathrm{d}x\geqslant\int_1^2 x(\ln x)^2\,\mathrm{d}x$; (4) $\displaystyle\int_0^1(1+x)\,\mathrm{d}x\leqslant\int_0^1 \mathrm{e}^x\,\mathrm{d}x$。

5. $\dfrac{79}{8}\leqslant\displaystyle\int_{-1}^1(3x^4-2x^3+5)\,\mathrm{d}x\leqslant 20$。   6. $\dfrac{\pi}{4}$。

7. 前者计算公式是 $\dfrac{1}{n}\displaystyle\sum_{i=1}^n a_i$, 后者计算公式是 $\dfrac{1}{b-a}\displaystyle\int_a^b f(x)\,\mathrm{d}x$。

习 题 5.2

1. (1) $\cos x^2$;　　(2) $-e^{x^2}$;　　　(3) $2x\cos x^2$;　　(4) $2x\sin x^4 - \sin x^2$。

2. $2t$。　　　　3. $\dfrac{dy}{dx} = \dfrac{\sin x}{\cos y}$。

4. 极小值为 $\Phi(0) = \displaystyle\int_0^0 e^{-t^2}\,dt = 0$。　　　　5. $-\dfrac{1}{\pi}$。　　　　6. 0。

7. (1) $e-1$;　　(2) $\dfrac{1}{11}$;　　(3) 1。

8. (1) 1;　　(2) 4。

9. $-\dfrac{1}{6}$。

习 题 5.3

1. (1) 1;　　(2) $\dfrac{2}{9}$;　　(3) $\dfrac{\pi}{4} + \dfrac{1}{2}$;　　(4) π。

2. (1) $3\ln 3$;　　(2) $\dfrac{4}{3}$;　　(3) $\dfrac{1}{5}$;　　(4) $\dfrac{2}{3}$;

　　(5) π;　　(6) $2-\sqrt{2}$。

3. (1) 0;　　(2) 3π;　　(3) $\dfrac{\pi^3}{12}$;　　(4) 0。

4. (1) $e-2$;　　(2) $-\dfrac{\pi}{2}$;　　(3) $\dfrac{\pi}{12} + \dfrac{\sqrt{3}}{2} - 1$;　　(4) $\dfrac{e^2}{4} + \dfrac{1}{4}$;

　　(5) $\left(\dfrac{1}{4} - \dfrac{\sqrt{3}}{9}\right)\pi + \dfrac{1}{2}\ln\dfrac{3}{2}$;　　(6) $\dfrac{\pi}{2} - 1$;

　　(7) $-\dfrac{2}{5}(e^{2\pi} + 1)$;　　　　(8) $\dfrac{1}{2}(e\cdot\sin 1 + e\cdot\cos 1 - 1)$。

习 题 5.4

1. (1) 收敛, $\dfrac{1}{2}$;　　(2) 收敛, $\dfrac{\pi}{2}$;　　(3) 收敛, π;

　　(4) 发散;　　(5) 发散;　　(6) 收敛, $\dfrac{1}{p^2}$。

2. (1) 收敛, $\dfrac{\pi}{2}$;　　(2) 收敛, 4;　　(3) 收敛, 2;

　　(4) 收敛, $\dfrac{\pi}{3}$;　　(5) 发散;　　(6) 发散。

3. 当 $k > 1$ 时, 广义积分 $\displaystyle\int_e^{+\infty}\dfrac{dx}{x(\ln x)^k}$ 收敛, 且 $\displaystyle\int_e^{+\infty}\dfrac{dx}{x(\ln x)^k} = \dfrac{1}{k-1}$; 当 $k \leqslant 1$ 时, 广义

积分 $\displaystyle\int_e^{+\infty}\dfrac{dx}{x(\ln x)^k}$ 发散。

总 习 题 5

1. (1) B;　　(2) C;　　(3) C;　　(4) C;

　　(5) D;　　(6) D;　　(7) C;　　(8) B。

2. (1) 7；　　　　(2) 2π；　　　　(3) $4a$；　　　　(4) e；

(5) $-\dfrac{\cos x}{y^2}$；　　(6) $f(1)$；　　(7) $2e-1$；　　(8) 0。

3. $\ln\dfrac{3}{4}$。　　　4. (1) 1；　　(2) $\dfrac{1}{2}$。

5. 提示：利用定积分的估值问题。

6. (1) $\dfrac{1}{2}(4-\ln 5)$；　(2) $2\left(1-\dfrac{\pi}{4}\right)$；　　(3) π；　　(4) $e-2$；

(5) 2；　　　　(6) 1。

7. (1) $I=-\dfrac{\pi}{2}\ln 2$；　(2) $\dfrac{\pi}{4}$。

习 题 6.1

1. 略。

2. 微元法的步骤为三步,具体为：(1)确定积分变量和积分区间；(2)确定所求量的微元素；(3)建立所求量的积分表达式。

习 题 6.2

1. $\dfrac{1}{3}$。　　2. $\dfrac{8}{3}$。　　3. $\dfrac{99}{10}\ln 10-\dfrac{81}{10}$。　　4. 18。　　5. $\dfrac{3\pi+2}{9\pi-2}$。

6. $\dfrac{3\pi a^2}{8}$。　　7. $\dfrac{\pi}{4}a^2$。　　8. $\dfrac{5\pi}{24}-\dfrac{\sqrt{3}}{4}$。

习 题 6.3

1. $\dfrac{400}{3}$。　　2. $\dfrac{\pi^2}{2}$。　　3. $2\pi^2 a^2 b$。　　4. $\dfrac{4}{3}\pi a^2 b$。　　5. $\dfrac{32}{105}\pi a^3$。

6. 16π。　　7. $6\pi^3 a^3$。

总 习 题 6

1. (1) $e+e^{-1}-2$；　　　(2) $e^2-1-\dfrac{\pi}{2}$；　　　(3) $\dfrac{\pi}{2}-1$。

2. (1) $\dfrac{166}{15}\pi$；　　(2) $\pi\left(\dfrac{e^2}{6}-\dfrac{1}{2}\right)$。

习 题 7.1

1. (1),(2),(4),(5)是一阶常微分方程；(3),(6)是二阶常微分方程。

2. 略。　　3. $mg-kv=m\dfrac{\mathrm{d}v}{\mathrm{d}t}$。

习 题 7.2

1. (1) $\ln|xy|+x-y=C$；　　　　(2) $(1+x^2)(1+y^2)=Cx^2$；

(3) $3x\sqrt{1-y^2}+Cx=1$；　　(4) $y=Cx^2-x$；

(5) $xy=c(x^3+y^3)$；　　　　(6) $\dfrac{x^2}{y^2}+2\ln y=0$；

(7) $y=Ce^x-x-1$；　　　　(8) $y=\dfrac{\sin x+C}{x}$。

2. (1) $y=\dfrac{1}{\ln|(x+1)|+1}$;　　　　　　(2) $y=4x^{-2}$;

　　(3) $3(x^2-y^2)+2(x^3-y^3)+5=0$;　　(4) $y=-\dfrac{2}{3}e^{-3x}+\dfrac{8}{3}$。

3. $2\ln|xy|=x^2-1$。　　　　4. $y=2x+2e^{-x}-2$。

习 题 7.3

1. (1) $y=\dfrac{1}{24}x^4+\sin x+C_1x^2+C_2x+C_3$;　　　(2) $y=C_1e^{-x}+\dfrac{1}{2}x^2-x+C_2$;

　　(3) $y=1-\dfrac{1}{C_1x+C_2}$;　　　　　　　　(4) $y=-\ln(C_1x+C_2)$;

　　(5) $y=e^{3x}(C_1+C_2x)$;　　　　　　　　(6) $y=C_1e^{4x}+C_2e^{-5x}$。

2. (1) $y=-\dfrac{1}{2}\ln(2x+1)+1$;　　　　　　(2) $y=e^{5x}-e^{-2x}$;

　　　　(3) $y=\dfrac{3}{2}e^{4x}+\dfrac{1}{2}e^{-4x}$。

总习题 7

1. (1) $\displaystyle\int\dfrac{1}{g(y)}dy=\int f(x)dx$;

　　(2) 一阶线性常微分方程, $y=e^{\int -P(x)dx}\left(\displaystyle\int Q(x)e^{\int P(x)dx}dx+C\right)$;

　　(3) 三阶微分方程;　　(4) $y^2+y'=0$;

　　(5) $\lambda^2-1=0$, $y=C_1e^x+C_2e^{-x}$, $y=\dfrac{1}{2}(e^x-e^{-x})$;　　(6) 3。

2. (1) B;　　　　　　　(2) A;　　　　　　　(3) C;
　　(4) C;　　　　　　　(5) D;　　　　　　　(6) A。

3. (1) $3(x^2+y^2)+2(x^3+y^3)=5$;　　　　(2) $y=C_1e^x+C_2e^{-2x}$;
　　(3) $y=(C_1+C_2x)e^{-2x}$;　　　　　　　(4) $y''-y'-2y=(1-2x)e^x$。

总习题 8

1. (1) y 轴;　　　(2) yOz 面;　　　(3) xOz 面;　　　(4) Ⅷ卦限。

2. $B(1,-3,-4)$。

3. $(0,0,3)$。

4. (1) 椭圆柱面;　　(2) 双曲柱面;　　(3) 球面;　　(4) 平面;
　　(5) 单叶双曲面;　　(6) 椭圆抛物面。

5. 表示圆心为 $(0,0,1)$、半径为 $2\sqrt{2}$ 的圆。

6. $x^2+y^2=\dfrac{5}{3}$; $\begin{cases}x^2+y^2=\dfrac{5}{3},\\ z=0。\end{cases}$

7. (1) $\dfrac{2\sqrt{70}}{35}$;　　　　(2) -32;　　(3) $-18i+18j+36k$。

8. $x+2y-5z-4=0$。　　9. $\dfrac{x-3}{1}=\dfrac{y-1}{2}=\dfrac{z+2}{-1}$。　　10. $\dfrac{x-1}{-13}=\dfrac{y-2}{10}=\dfrac{z-4}{11}$。

习　题　9.1

1. (1) $\{(x,y)\,|\,y^2>2x-1\}$;

   (2) $\{(x,y)\,|\,2k\pi\leqslant x^2+y^2\leqslant 2k\pi+\pi,k\in\mathbb{Z}^+\}$;

   (3) $\{(x,y)\,|\,0\leqslant y\leqslant x^2\}$;

   (4) $\{(x,y)\,|-x<y<x\}$;

   (5) $\{(x,y)\,|\,r^2<x^2+y^2\leqslant R^2\}$;

   (6) $\{(x,y)\,|-1\leqslant x-y^2\leqslant 1$ 且 $x^2+4y^2<9\}$。

2. $f\left(1,\dfrac{y}{x}\right)=\dfrac{2xy}{x^2+y^2}$。　　　　3. $f(x,y)=\dfrac{x^2(1-y^2)}{(y+1)^2}$。

4. (1) $\{(x,y)\,|\,y^2=2x\}$;　　　　　　(2) $\{(x,y)\,|\,x+y=0\}$;

   (3) $\{(x,y)\,|\,x^2+y^2\geqslant a^2\}$;　　(4) $\{(x,y)\,|\,x=k\pi$ 或 $y=k\pi,k\in\mathbb{Z}\}$。

5. (1) 2;　　　　　(2) 0;　　　　　(3) 1;　　　　　(4) 2。

6. (x,y) 沿直线 $y=kx$ 趋于 $(0,0)$ 时，有

$$\lim_{(x,y)\to(0,0)}\frac{x^2-y^2}{x^2+y^2}=\lim_{\substack{x\to 0\\y=kx}}\frac{x^2-(kx)^2}{x^2+(kx)^2}=\frac{1-k^2}{1+k^2}。$$

因此 $\lim\limits_{(x,y)\to(0,0)}f(x,y)$ 不存在。

习　题　9.2

1. (1) $\dfrac{\partial z}{\partial x}=2axy+ay^2$, $\dfrac{\partial z}{\partial y}=ax^2+2axy$;

   (2) $\dfrac{\partial z}{\partial x}=4x\sec^2(x^2+y^2)\tan(x^2+y^2)$, $\dfrac{\partial z}{\partial y}=4y\sec^2(x^2+y^2)\tan(x^2+y^2)$;

   (3) $\dfrac{\partial z}{\partial x}=\dfrac{1}{y}-\dfrac{y}{x^2}$, $\dfrac{\partial z}{\partial y}=\dfrac{1}{x}-\dfrac{x}{y^2}$;

   (4) $\dfrac{\partial z}{\partial x}=\dfrac{y^2}{x^2+y^4}$, $\dfrac{\partial z}{\partial y}=\dfrac{-2xy}{x^2+y^4}$;

   (5) $\dfrac{\partial z}{\partial x}=\dfrac{1}{\sqrt{x^2-y^2}}$, $\dfrac{\partial z}{\partial y}=\dfrac{-y}{\sqrt{x^2-y^2}\,(x+\sqrt{x^2-y^2})}$;

   (6) $\dfrac{\partial u}{\partial x}=\dfrac{1}{x+2^{yz}}$, $\dfrac{\partial u}{\partial y}=\dfrac{z2^{yz}\ln 2}{x+2^{yz}}$, $\dfrac{\partial u}{\partial z}=\dfrac{y2^{yz}\ln 2}{x+2^{yz}}$;

   (7) $\dfrac{\partial z}{\partial x}=y^2(1+xy)^{y-1}$, $\dfrac{\partial z}{\partial y}=(1+xy)^y\left[\ln(1+xy)+\dfrac{xy}{1+xy}\right]$;

   (8) $\dfrac{\partial z}{\partial x}=\mathrm{e}^{\tan\frac{x}{y}}\cdot\sec^2\dfrac{x}{y}\cdot\dfrac{1}{y}$, $\dfrac{\partial z}{\partial y}=\mathrm{e}^{\tan\frac{x}{y}}\cdot\sec^2\dfrac{x}{y}\cdot\dfrac{-x}{y^2}$。

2. (1) $f_x(x,1)=1$;　　　　　　　　　(2) $f_x(1,0)=2,f_y(1,0)=1$。

3. (1) $\dfrac{\partial^2 z}{\partial x^2}=-2a^2\cos[2(ax-by)]$, $\dfrac{\partial^2 z}{\partial x\partial y}=2ab\cos[2(ax-by)]$,

   $\dfrac{\partial^2 z}{\partial y^2}=-2b^2\cos[2(ax-by)]$;

   (2) $\dfrac{\partial^2 z}{\partial x^2}=\alpha^2\mathrm{e}^{-\alpha x}\sin(\beta y)$, $\dfrac{\partial^2 z}{\partial x\partial y}=-\alpha\beta\mathrm{e}^{-\alpha x}\cos(\beta y)$, $\dfrac{\partial^2 z}{\partial y^2}=-\beta^2\mathrm{e}^{-\alpha x}\sin(\beta y)$;

(3) $\dfrac{\partial^2 z}{\partial x^2}=y\mathrm{e}^{-xy}(-2+xy),\dfrac{\partial^2 z}{\partial x\partial y}=x\mathrm{e}^{-xy}(-2+xy),\dfrac{\partial^2 z}{\partial y^2}=x^3\mathrm{e}^{-xy}$;

(4) $\dfrac{\partial^2 z}{\partial x^2}=y^x(\ln y)^2,\dfrac{\partial^2 z}{\partial x\partial y}=y^{x-1}(x\ln y+1),\dfrac{\partial^2 z}{\partial y^2}=x(x-1)y^{x-2}$。

4. (1) $z_{xxy}=0,z_{xyy}=-\dfrac{1}{y^2}$;

(2) $\dfrac{\partial^6 u}{\partial x\partial y^2\partial z^3}=ab(b-1)c(c-1)(c-2)x^{a-1}y^{b-2}z^{c-3}$;

(3) $2,0,0$。

5. 略。

6. (1) $\mathrm{d}z=\left(6y^2+\dfrac{1}{y}\right)\mathrm{d}x+\left(12xy-\dfrac{x}{y^2}\right)\mathrm{d}y$;

(2) $\mathrm{d}z=\cos(x\cos y)\cos y\mathrm{d}x-x\cos(x\cos y)\sin y\mathrm{d}y$;

(3) $\mathrm{d}z=\dfrac{y^2}{(x^2+y^2)^{\frac{3}{2}}}\mathrm{d}x-\dfrac{xy}{(x^2+y^2)^{\frac{3}{2}}}\mathrm{d}y$;

(4) $\mathrm{d}u=yzx^{yz-1}\mathrm{d}x+zx^{yz}\ln x\mathrm{d}y+yx^{yz}\ln x\mathrm{d}z$。

7. $\mathrm{d}z=\dfrac{4}{7}\mathrm{d}x+\dfrac{2}{7}\mathrm{d}y$。

8. $\Delta z=\mathrm{e}^{1.1\cdot0.8}-\mathrm{e}^1=\mathrm{e}^{0.88}-\mathrm{e},\mathrm{d}z=\mathrm{e}\cdot0.1+\mathrm{e}\cdot(-0.2)=-0.1\mathrm{e}$。

9. 1.4034。　　　　10. 1.024。　　　　11. -0.028。

12. 绝对误差为 27.54，相对误差为 0.0224。

13. 最大绝对误差为 0.2375，最大相对误差为 0.0432。

习 题 9.3

1. (1) $\dfrac{\partial z}{\partial x}=4x,\dfrac{\partial z}{\partial y}=4y$;

(2) $\dfrac{\partial z}{\partial x}=\dfrac{2x}{y^2}\ln(3x-2y)+\dfrac{3x^2}{y^2(3x-2y)},\dfrac{\partial z}{\partial y}=\dfrac{-2x^2}{y^3}\ln(3x-2y)-\dfrac{2x^2}{y^2(3x-2y)}$;

(3) $\dfrac{\mathrm{d}z}{\mathrm{d}t}=\mathrm{e}^{x-2y}(\cos t-6t^2)$;

(4) $\dfrac{\mathrm{d}z}{\mathrm{d}x}=\dfrac{\mathrm{e}^x(1+x)}{1+x^2\mathrm{e}^{2x}}$。

2. 由于 $\dfrac{\partial z}{\partial u}=\dfrac{y-x}{x^2+y^2},\dfrac{\partial z}{\partial v}=\dfrac{y+x}{x^2+y^2}$, 因此

$$\dfrac{\partial z}{\partial u}+\dfrac{\partial z}{\partial v}=\dfrac{y-x}{x^2+y^2}+\dfrac{y+x}{x^2+y^2}=\dfrac{2y}{x^2+y^2}=\dfrac{2(u-v)}{(u+v)^2+(u-v)^2}=\dfrac{(u-v)}{u^2+v^2}$$。

3. (1) $\dfrac{\partial u}{\partial x}=2xf_1'+y\mathrm{e}^{xy}f_2',\dfrac{\partial u}{\partial y}=-2yf_1'+x\mathrm{e}^{xy}f_2'$;

(2) $\dfrac{\partial u}{\partial x}=\dfrac{1}{y}f_1'-\dfrac{y}{x^2}f_2',\dfrac{\partial u}{\partial y}=-\dfrac{x}{y^2}f_1'+\dfrac{1}{x}f_2'$;

(3) $\dfrac{\partial u}{\partial x}=f_1'+yf_2'+yzf_3',\dfrac{\partial u}{\partial y}=xf_2'+xzf_3',\dfrac{\partial u}{\partial z}=xyf_3'$。

4. $\dfrac{\partial z}{\partial x}=\dfrac{x}{2-z}$，$\dfrac{\partial^2 z}{\partial x^2}=\dfrac{(2-z)^2+x^2}{(2-z)^3}$。

5. $\dfrac{\partial z}{\partial x}=\dfrac{yz}{\mathrm{e}^z-xy}$，$\dfrac{\partial^2 z}{\partial x^2}=\dfrac{2y^2z(\mathrm{e}^z-xy)-\mathrm{e}^z y^2 z^2}{(\mathrm{e}^z-xy)^3}$。

习　题　9.4

1. (1) 极大值为 $f(2,-2)=8$；　　　　　(2) 极大值为 $f\left(-\dfrac{1}{3},-\dfrac{1}{3}\right)=\dfrac{1}{27}$；

　(3) 极大值为 $f(0,0)=1$；　　　　　(4) 极小值为 $f\left(\dfrac{1}{2},-1\right)=-\dfrac{1}{2}\mathrm{e}$。

2. (1) 极大值为 3；　　(2) 极大值为 $\dfrac{1}{4}$；　　(3) 极小值为 4。

3. $p_1=80,p_2=120$，最大总利润为 1565。

4. $x=\dfrac{\alpha k}{\alpha+\beta+\gamma}$，$y=\dfrac{\beta k}{\alpha+\beta+\gamma}$，$x=\dfrac{\gamma k}{\alpha+\beta+\gamma}$，最大效益为 $\dfrac{\alpha^\alpha\beta^\beta\gamma^\gamma k^{\alpha+\beta+\gamma}}{(\alpha+\beta+\gamma)^{\alpha+\beta+\gamma}}$。

总习题 9

1. (1) $\dfrac{x^2(1-y^2)}{(1+y)^2}$；　　(2) $\mathrm{d}x-\sqrt{2}\,\mathrm{d}y$；　　(3) $\dfrac{\sqrt{x}}{2}\sin\dfrac{y}{x}$；　　　(4) 充分，充分。

2. $\{(x,y)\mid 0<x^2+y^2<1\ \text{且}\ y^2\leqslant 4x\}$，$\dfrac{\sqrt{2}}{\ln\dfrac{3}{4}}$。

3. $f_x(0,0)=0,f_y(0,0)=0$。

4. $\dfrac{\partial u}{\partial x}=\dfrac{4xv+uy^2}{2(u^2+v^2)}$，$\dfrac{\partial v}{\partial x}=\dfrac{4ux-vy^2}{2(u^2+v^2)}$，$\dfrac{\partial u}{\partial y}=\dfrac{uxy+2vy}{u^2+v^2}$，$\dfrac{\partial v}{\partial y}=\dfrac{2uy-uxy}{u^2+v^2}$。

5. 证：

(1) $\dfrac{\partial z}{\partial x}=2x\varphi'(x^2+y^2)$，$\dfrac{\partial z}{\partial y}=2y\varphi'(x^2+y^2)$。

(2) $\dfrac{\partial u}{\partial y}=f'(\sin y-\sin x)\cos y$，$\dfrac{\partial u}{\partial x}=f'(\sin y-\sin x)(-\cos x)$。

(3) $\dfrac{\partial z}{\partial x}=\dfrac{y(-x^2f_1'+zf_2')}{x(xf_1'+yf_2')}$，$\dfrac{\partial z}{\partial y}=\dfrac{x(zf_1'-y^2f_2')}{y(xf_1'+yf_2')}$。

(4) $\dfrac{\partial^2 u}{\partial x^2}=2\varphi'(x+y)+(x+y)\varphi''(x+y)$，$\dfrac{\partial^2 u}{\partial x\partial y}=2\varphi'(x+y)+(x+y)\varphi''(x+y)$，

$\dfrac{\partial^2 u}{\partial y^2}=2\varphi'(x+y)+(x+y)\varphi''(x+y)$。

习　题　10.1

1. (1) $Q=\iint\limits_{D}\mu(x,y)\mathrm{d}\sigma$。　　　　　(2) $I_1<I_2$。

　(3) $I_1<I_2$。　　　　　(4) ① $\dfrac{2}{3}\pi R^3$；② 6π。

2. D。

3. (1) $0\leqslant I\leqslant\pi^2$；　　(2) $2\leqslant I\leqslant 8$；　　(3) $0\leqslant I\leqslant\dfrac{\pi}{8}$。

习 题 10.2

1. (1) $\dfrac{51}{20}$;　　　　(2) $\dfrac{20}{3}$;　　　　(3) $\dfrac{8}{3}$;　　　　(4) $\dfrac{13}{12}$;

　(5) $-\dfrac{3}{2}\pi$;　　　(6) $\dfrac{1}{4}(e-1)(e^4-1)$; (7) $(e-e^{-1})^2$;　(8) $e^{-\frac{1}{2}}$。

2. (1) $\pi(e^4-1)$;　　　(2) $\dfrac{2}{3}\pi(b^3-a^3)$;　　(3) $-6\pi^2$。

3. (1) $I=\displaystyle\int_0^1 dx\int_x^{\sqrt{x}} f(x,y)dy$;

　(2) $I=\displaystyle\int_0^1 dy\int_0^{1-\sqrt{1-y^2}} f(x,y)dx+\int_0^1 dy\int_{1+\sqrt{1-y^2}}^2 f(x,y)dx$;

　(3) $I=\displaystyle\int_0^1 dy\int_{e^y}^{e} f(x,y)dx$;

　(4) $I=\displaystyle\int_0^2 dx\int_{\frac{1}{2}x}^{3-x} f(x,y)dy$;

　(5) $I=\displaystyle\int_1^2 dy\int_{\frac{1}{y}}^{y} f(x,y)dx$。

4. (1) $1-\sin 1$;　　　(2) $\dfrac{1}{2}(e-1)$。

5. (1) $\displaystyle\int_0^{\frac{\pi}{2}} d\theta\int_0^{2a\cos\theta} f(r\cos\theta,r\sin\theta)r\,dr$;　　　(2) $\displaystyle\int_0^{\frac{\pi}{4}} d\theta\int_{\sec\theta\tan\theta}^{\sec\theta} f(r\cos\theta,r\sin\theta)r\,dr$;

　(3) $\displaystyle\int_0^{\frac{\pi}{2}} d\theta\int_{\frac{1}{\cos\theta+\sin\theta}}^{1} f(r\cos\theta,r\sin\theta)r\,dr$;　　　(4) $\displaystyle\int_0^{2\pi} d\theta\int_0^1 f(r\cos\theta,r\sin\theta)r\,dr$。

6～7. 略。　　　8. $M=\dfrac{4}{3}$。

总习题 10

1. (1) $\dfrac{1}{15}$;　　　　(2) $\dfrac{9}{4}$;　　　　(3) $I=\displaystyle\int_0^1 dy\int_{2-y}^{1+\sqrt{1-y^2}} f(x,y)dx$;

　(4) $I=\displaystyle\int_0^1 dy\int_{e^y}^{e} f(x,y)dx$;　　　　(5) $I=\displaystyle\int_0^{\frac{\pi}{2}} d\theta\int_0^{\frac{1}{\sin\theta+\cos\theta}} f(r\cos\theta,r\sin\theta)r\,dr$;

　(6) $\dfrac{\pi}{4}(2\ln 2-1)$。

2. (1) A;　　　(2) B;　　　(3) B;　　　(4) A。

3. (1) $\dfrac{6}{55}$;　　　(2) $\dfrac{\pi}{2}-1$;　　　(3) $\dfrac{13}{6}$;　　　(4) $1-\sin 1$;

　(5) $\dfrac{e^4-1}{2}$;　　　(6) $\dfrac{\pi^2}{6}$;　　　(7) $\dfrac{1}{2}$。

4. $\displaystyle\int_0^{\frac{\pi}{4}} d\theta\int_{\frac{2}{\cos\theta+\sin\theta}}^{2\cos\theta} f(r)r\,dr$。　　5. (1) $\dfrac{3}{4}\pi a^4$;　　(2) $\sqrt{2}-1$。

6. $\dfrac{7}{2}$。　　　7. $\dfrac{3}{32}a^4\pi$。

参 考 文 献

[1] 王金金. 高等数学[M]. 北京：北京邮电大学出版社,2010.

[2] 罗蕴玲,等. 高等数学及其应用[M]. 北京：高等教育出版社,2010.

[3] 萧铁树. 微积分[M]. 北京：清华大学出版社,2006.

[4] 丁杰,等. 高等数学[M]. 天津：天津大学出版社,2004.

[5] 同济大学应用数学系. 高等数学[M]. 7版. 北京：高等教育出版社,2014.